国家科学技术学术著作出版基金

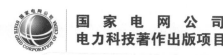

国家电网公司
电力科技著作出版项目

U0261709

大型电力变压器
主动保护与安全运行

郑玉平　等◎著

中国电力出版社
CHINA ELECTRIC POWER PRESS

图书在版编目（CIP）数据

大型电力变压器主动保护与安全运行 / 郑玉平等著. -- 北京：中国电力出版社，2024. 12.
ISBN 978-7-5198-9555-6

Ⅰ. TM41

中国国家版本馆 CIP 数据核字第 2024GQ3913 号

出版发行：中国电力出版社
地　　址：北京市东城区北京站西街 19 号（邮政编码 100005）
网　　址：http://www.cepp.sgcc.com.cn
责任编辑：杨敏群　孙世通　钟　瑾　马　丹　王　欢
责任校对：黄　蓓　朱丽芳　马　宁
装帧设计：张俊霞
责任印制：钱兴根

印　　刷：北京瑞禾彩色印刷有限公司
版　　次：2024 年 12 月第一版
印　　次：2024 年 12 月北京第一次印刷
开　　本：787 毫米×1092 毫米　16 开本
印　　张：25.25
字　　数：566 千字
定　　价：128.00 元

序

　　大型电力变压器是变电站的核心设备，其安全可靠运行一直是电力系统关注的重点。近年来，我国相继发生了一些变压器因内部故障引起的爆燃事故，这些事故呈突发性特征，现有变压器在线监测技术侧重发现早期缺陷，通过测量特征量的变化趋势和统计规律判断故障情况，反应速度慢，难以及时预警快速发展的严重缺陷；差动保护依赖变压器端部大电流特征，即使保护快速动作，油箱爆裂起火事故也无法完全避免；轻瓦斯保护依赖聚集气体体积判别，放电下的产气和聚气过程速度慢，且易受窝气等非故障因素影响，即使由报警改为跳闸策略也难免爆燃，且存在误动风险。因此，开展变压器故障演化机理和故障感知辨识技术研究，探索新的变压器保护原理和技术，对避免变压器爆燃等事故发生、保障系统安全运行具有重要意义。

　　郑玉平博士长期致力于电力系统继电保护与控制的理论研究、装备研发和工程应用，主持国家重点研发计划项目、国家 863 计划项目等，研制系列差动保护装置，在我国各级电网获得广泛应用，实现了继电保护技术的中国引领。近年来，他主持国家自然科学基金智能电网联合基金集成项目"电力变压器多参量自适应保护与安全运行基础研究"，聚合产学研多方力量，学科交叉融合形成协同攻关团队，在变压器内部故障快速感知和主动保护方面开展系统深入的研究，取得创新性成果。

　　本书介绍了作者团队在变压器安全运行防护方面的最新成果，包括变压器缺陷和故障演化规律、状态感知技术、主动保护方法、常规保护性能提升方法、安全裕度评估等内容。本书针对变压器内部缺陷发展为严重缺陷最终导致电弧击穿的全过程，提出了构建大型变压器安全运行三级防护体系：一是提升早期缺陷的检测灵敏度，及时预警处置；二是提出严重缺陷的主动式跳闸技术，避免高能电弧故障产生；

三是提高故障后传统差动保护动作速度，减少高能电弧故障能量积累，降低爆燃事故发生概率。同时建立了 110kV 真型变压器内部故障演变过程可观可测的主动保护试验系统，验证了研究成果的有效性。

　　本书既有理论深度，又兼顾工程应用和最新技术进展，能够引导读者认识变压器故障演化过程、缺陷感知与辨识技术、主动式保护方法等。本书可供从事变压器监测、保护技术研究、装置研发和运行维护等方面的专业技术人员参考，亦可作为本科生或研究生的专业选修教材。愿本书对支撑电力设备安全运行和人才培养有所助益！

2024 年 8 月

前　言

电力变压器是电力系统的核心主设备，是电能传输与电压变换的关键装备。变压器的安全运行直接关系到电力系统的可靠与稳定。随着电网电压等级和系统容量的不断增加，高压大容量变压器的规模越来越大，同时电网联系紧密，短路容量越来越大。近年来，超/特高压变压器、换流变压器发生过爆炸起火事故，这些案例表明，现有的变压器差动保护即使在 10ms 左右快速动作出口，但由于断路器开断还需数十毫秒的时间，在电弧故障被切除前，故障能量也已经积累到足以让油箱破裂的程度，导致变压器爆燃事故发生，造成严重的财产损失和事故扩大。国际大电网 CIGRE 变压器 A2.33 工作组 2013 年统计结果表明，当发生内部故障后，约 10% 的油浸式变压器会发生爆裂起火事故。因此，开展变压器内部缺陷发展演变过程的多物理场特征规律研究，探索新的变压器保护原理和技术，在严重放电缺陷不可逆发展为高能量贯穿性故障前跳开变压器，对防范变压器恶性事故发生具有重要意义。

本书针对变压器内部缺陷发展为严重缺陷最终导致电弧击穿的全过程，提出了构建大型变压器安全运行三级防护体系，介绍了变压器安全运行防护方面的最新成果，包括变压器缺陷和故障演化规律、状态感知技术、主动保护方法、常规保护性能提升方法、安全裕度评估等内容。本书第 1 章由郑玉平撰稿，第 2 章由郝治国撰稿，第 3 章由齐波撰稿，第 4 章由郝建撰稿，第 5 章由郑玉平、郝治国撰稿，第 6 章由郑玉平撰稿，第 7 章由王建撰稿。全书由郑玉平统稿。

感谢国家自然科学基金智能电网联合基金集成项目"电力变压器多参量自适应保护与安全运行基础研究"（项目号 U1866603）、国家科学技术学术著作出版基金项目和国家电网公司电力科技著作出版项目对本书出版提供的资助。

对本书所引用的公开发表的国内外有关研究成果的作者表示衷心感谢。特别感谢国网电科院伍志荣、潘书燕、夏雨、王小红、滕贤亮、吴通华、吴崇昊、戴魏、姚刚、马玉龙、胡国、刘诣、薛众鑫、龚心怡、柴济民、龙锋、闫兴中、戴申鉴、郑占锋、任达、孙江，西安交通大学汲胜昌、董明、李斯盟、张凡、李博宇，重庆大学熊小伏、周渝、江天炎、王强钢、王有元、刘丛、欧阳希、吴洁、莫复雪、万易，华北电力大学李成榕、黄猛、高春嘉、朱柯翰、冀茂等人，在项目研究和本书撰稿过程中给予的指导和支持。

由于编写时间紧、任务重，书中难免有疏漏之处，敬请批评指正。

郑玉平

2024 年 8 月于南瑞集团

目　录

第1章
概　　述

1.1　研究背景及意义

电力变压器是电力系统的核心主设备，是电能传递与电压变换的关键装备。随着电网系统容量的增加，高压大容量变压器的规模越来越大，同时电网联系紧密，短路容量越来越大。一旦发生故障，变压器本体可能因内部故障压力冲击而发生损坏，甚至引起爆炸、起火事故，严重威胁电网安全运行。根据国家能源局的统计数据，2023 年全国 220kV 及以上在投变压器 229.380 百台年，统计数量较 2019 年增加 46.242 百台年，五年年均增长率 5.820%；运行中因其他部件设备、套管和线圈等引起变压器非计划停运，强迫停运率达 0.144 次/百台年❶。国际大电网会议（CIGRE）变压器 A2.33 工作组 2013 年统计结果表明❷，当发生内部故障后，约 10%的油浸式变压器会发生爆裂起火事故。

继电保护是保障设备安全的最后防线，承担着快速隔离故障、防范变压器烧损和故障扩大化的重要作用。近年来，超/特高压变压器、换流变压器发生过爆炸起火事故，工程中配置的主保护由电流差动保护和机械式瓦斯继电器构成。现有的变压器差动保护在高压端对地故障时 10ms 左右快速动作，但由于断路器开断还需数十毫秒的时间，在电弧被切除之前故障能量已经积累到足以令油箱破裂的程度，导致变压器爆燃事故发生。目前，轻瓦斯保护仍沿用自 1921 年提出的机械式瓦斯保护原理及方法，依赖聚集气体体积判别，但电弧放电的聚气过程相对较慢，且易受窝气等非故障因素影响，即使由报警改为跳闸策略也难免爆燃，且存在误动风险。另外，根据 DL/T 722—2014《变压器油中溶解气体分析和判断导则》等标准规定，为进一步确定是否为内部故障，需要人工现场取气分析，这种方式也存在较大的安全隐患。如 2019 年某 1000kV 特高压变压器在发出轻瓦斯报警23min 后发生爆燃，造成了巨大的损失。

变压器内部故障一般由缺陷发展而来，图 1－1 反映了变压器由缺陷到故障的不同发展阶段。现有继电保护是一种故障发生后的"被动式"保护，在线监测的目标之一是实现

---

❶ 国家能源局，中国电力企业联合会. 2023 年全国电力可靠性年度报告［R］. 2024.
❷ Working Group A2. 33. Guide for Transformer Fire Safety Practices［R］. Paris, France: CIGRE, 2013.

变压器早期缺陷的预警。为了发现早期缺陷，学术界和工程界已对变压器在线监测方法开展了较为深入的研究，诸如油色谱分析、局放监测、温度监测等相关方向取得了丰富的成果，并广泛应用于设备检修辅助决策。在线监测重视缺陷检测的灵敏度，反映的是长时间尺度（年～月～天）的状态变化，因此对短时间尺度（天～小时～分钟～秒）的严重缺陷，其判断有效性存在不足。当早期缺陷不能被及时发现并继续演化为内部故障时，对变压器可能已造成严重损伤。例如某电网 500kV 变压器差动保护动作跳闸，解体检查发现高压绕组因突发性放电造成匝间短路烧损，但故障当天油色谱监测正常，并且此案例也表明变压器内部缺陷的发展过程存在突变特征，依靠单一的油色谱特征难以快速有效反映设备状态的改变。在线监测和继电保护在检测变压器状态改变过程中虽然对象相同，但二者之间在特征量检测灵敏度、监测时间尺度、判断置信度和依据结果处置的方式上存在较大差异，对于介于缺陷和故障之间的快速发展阶段（严重缺陷）国内外技术尚不能提供有效的保护。因此，需要构建"主动式"保护作为前置防线，识别并阻断严重缺陷的发展，避免变压器状态的进一步恶化，提升设备的安全运行水平。

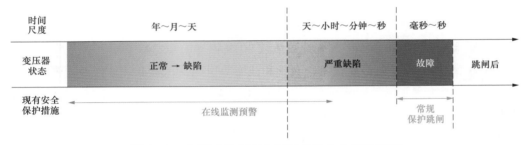

图 1-1   变压器状态演变及对应的安全保护措施

在国家自然科学基金智能电网联合基金集成项目的资助下，研究团队围绕大型电力变压器主动保护与安全运行领域开展了深入研究。本书凝练项目研究成果，围绕构建电力变压器全链条安全体系中的理论和技术需求，首先介绍了变压器缺陷和故障演化规律及状态参量特征、面向变压器主动保护与安全运行的新型感知技术，在此基础上介绍了最新的变压器缺陷在线辨识方法、变压器"主动式"保护、"被动式"保护等新原理新技术，以及变压器与电网协同安全的主动调控方法。相关技术对于全面提升继电保护性能，防范变压器由严重缺陷发展成恶性故障，增强电网紧急状态下的安全支撑能力，提高变压器与电网协同安全运行水平，具有重要的科学意义和工程价值。

1.2   变压器保护与安全运行技术发展现状

本书涉及继电保护性能提升、变压器安全运行，支撑保护原理的缺陷演化和故障特征分析，以及面向新型保护原理的故障特征信息感知，因此下面分别从变压器继电保护研究现状、变压器缺陷辨识、变压器故障特征信息感知几个方面综述国内外变压器保护现状及发展趋势。

1.2.1 变压器继电保护研究现状

继电保护是电力系统安全运行的第一道防线，在日益复杂的电网形态下，对变压器继电保护的适应性提出了更加严苛的要求。目前工程上多采用电流差动保护和瓦斯保护作为变压器的主保护。迄今为止，电流差动保护经历了机电式—晶体管式—微机保护的发展，但基于变压器各侧端部电流变化，属于"被动式保护"，难以灵敏快速反应早期故障，如小匝间故障灵敏度的问题，且受励磁涌流影响，进一步降低了保护的可靠性和快速性。非电量保护仍沿用自 1921 年提出的机械式瓦斯保护原理及方法，保护动作慢且可靠性不高。

1. 电流差动保护性能提升研究

变压器的电量主保护——电流差动保护是基于磁势平衡原理，励磁电流是不平衡电流的主要来源。由于变压器铁芯具有非线性励磁特性，在空投、区外故障切除电压恢复等工况时易发生铁芯饱和而产生励磁涌流现象，励磁涌流幅值与短路电流相当，易导致差动保护发生误动作。由于无法实时预知各种工况变化过程中是否会产生涌流，致使传统方法涌流闭锁判据需贯穿故障辨识全过程。国内外学者们提出了许多方法鉴别励磁涌流与故障电流，包括二次谐波制动、间断角识别、波形对称法等。这些方法主要依据励磁涌流的波形特征进行辨识，受复杂的电磁暂态过程、电力电子器件控制、YD 转换等因素影响，保护动作时间随机、离散，至少需要 20ms（一个工频周期完整波形时间判别）甚至数百毫秒才能动作。

变压器是通过磁路将各绕组联系到一起的电气元件，当磁路未饱和时其电压和电流可以近似看作线性关系；若磁路达到饱和，变压器成为一个非线性元件，此时其电压和电流不再呈线性相关，电压和电流成为两个独立的状态变量，只有综合利用这两个量才能正确描述变压器运行状态。20 世纪 90 年代以来，国内外学者提出了综合使用电压量、电流量构成的保护方法：基于瞬时功率的识别方法、反映变压器内部故障的基于等值回路方程和漏感参数辨识的变压器保护，以及基于等效瞬时励磁电感的变压器保护原理。基于功率差动原理的辨识励磁涌流与内部故障的方法识别速度较慢。基于回路方程的变化保护原理的特征明显且其动作门槛有较大的裕度，但是在发生轻微匝间故障时仍然难以识别。基于漏感参数辨识的变压器保护方案由于漏感参数数值较小，辨识误差大，同样难以提高轻微匝间故障时的灵敏度。基于等效瞬时励磁电感的变压器保护原理体现了变压器涌流产生的本质特征，等效瞬时电感在故障时维持基本不变而在励磁涌流工况时在铁芯饱和与不饱和间反复大范围波动，根据这个特征可以识别变压器的励磁涌流和内部故障。相比于计算变压器的漏感值，等效励磁电感数值较大，计算误差造成的影响较小，但主要用于单相变压器。

2. 非电量保护应用和研究

变压器内部发生轻微匝间故障、局部放电等低能量故障及铁芯发热等非电气故障时，油中产生的气体引起油流涌动和压力升高，根据气体、油流、压力等故障特征构成的非电气量保护，对于内部弱故障较电量保护具有更高的灵敏度。

瓦斯保护应用已有近100年，其中轻瓦斯保护反映油中析出气体聚集程度，重瓦斯保护反映油流流速。研究主要集中在继电器结构优化方面，提出了双浮球式、浮球挡板式、开口杯挡板式等继电器机构，部分解决了油泵启停、器箱遭受外力晃动等机械扰动引起的误动问题。但是长期以来非电量保护正确率处于较低水平，目前已有的流速感受型、压力感受型、气体检测型非电量机械式继电器抗干扰能力差。近年来，随着大电网互联的逐渐加强，短路电流不断增加，外部故障穿越性电流引起非电量保护误动的事件频发，且目前尚无解决非电量保护误动问题的有效对策。仅我国某电网范围内2011—2014年间就发生了8起500kV变压器重瓦斯保护因区外故障误动作跳闸的事故，由于瓦斯保护误动原因尚不明确，运行人员只能人为延迟瓦斯保护动作时间至1000ms。该策略虽减低了瓦斯保护外部短路条件下的误动风险，但是一旦发生内部故障，瓦斯保护将因无法及时、可靠动作而失去作用。轻瓦斯保护仅依赖聚集气体体积判别，易受窝气等非故障因素影响，保护可靠性不足，为此欧洲以及北美多个国家的电力部门在实际应用中常将瓦斯继电器仅工作在轻瓦斯报警方式，我国电网制定了相关的规定，为提升轻瓦斯告警的可靠性，在轻瓦斯动作后，需要进一步确认变压器是否真的发生故障，需人工到现场进行取气分析，而人员取气过程中，电力变压器仍处于投运状态，若变压器发生严重内部故障，将会带来极大安全隐患。20世纪60年代至今，国内外多位专家对瓦斯保护误动问题相继开展了研究工作，并从定值整定、闭锁等方面提出了应对措施，但是相关措施多为经验性总结，缺乏理论支撑难以推广应用。此外，瓦斯保护动作时间受到故障点位置、气体产量产速、绝缘油黏性与可压缩性以及运行环境等因素的影响，近年来全球范围内频发的由于内部故障非电量保护动作不及时而引起的电力变压器爆炸起火事故说明，瓦斯保护的灵敏度和动作时间并不能完全满足继电保护快速性要求。

1.2.2 变压器缺陷辨识研究现状

已有的运行经验表明，局部放电、过热和绕组变形是变压器内部缺陷的主要形式，2015年CIGRE发布的变压器故障原因统计报告显示，放电缺陷是变压器内部故障的主要来源，占比达63%，局部过热及绕组变形长期积累将造成绝缘损伤，最终发展为短路等故障。变压器内部缺陷发展影响因素多、周期长、随机性强，发展演化机理复杂。不同缺陷发展过程中伴随着电、磁、热、声以及特征气体等参量的变化，不同物理参量之间还往往相互耦合，导致缺陷表现更为复杂。现有缺陷辨识方法基于相关物理参量的变化对变压器的状态进行甄别，主要有离线和在线两种形式。

电力变压器在生产、运输、安装、运行、检修过程中可能存在气泡、裂痕、悬浮和毛刺等局部缺陷。这些局部缺陷的存在，可能会造成绝缘表面或内部出现局部电场集中，当这些局部场强高于绝缘介质本身的临界场强时，会在局部区域发生放电，引发局部放电现象。持续的局部放电会引起周边的绝缘介质进一步老化，进而导致贯穿性电弧放电故障。局部放电缺陷的离线检测方面，DL/T 1685—2017《油浸式变压器（电抗器）状态评价导则》规定了油中含气量、油中溶解气体、局部放电三类检测量。虽然离线检测的手段比较丰富，并且可以同步开展耐压试验，但是要求被试设备退出运行状态，而且是周期性间断地施行，导致诊断时设备状态与实际运行有显著区别，有效性和时效性差。

变压器在线监测和状态辨识历来受到广泛关注，由于内部电故障在形成贯穿性击穿通道以前会伴随局部放电现象，因此利用局部放电来识别气泡、裂缝、毛刺等缺陷类型，进而判断缺陷严重程度与识别缺陷位置已成为一种常用手段。虽然目前对放电过程中的气体、电、声等信号进行了一系列研究，但多以小缺陷中的微弱放电或绝缘失效的贯穿性放电为研究对象，需要进一步聚焦到严重缺陷演变至故障这一特定过程中的演变规律进而给出判据。

当变压器的铁芯、绕组、油箱等处的温度超过温升限值，长期过热会导致变压器内的部件发生热故障，因此可通过实时在线测量温度情况，并与正常温升和温度限值对比，分析过热故障前兆信息。温升是反映变压器内部状态和安全传输容量的重要指标，但是变压器热点的产生机理异常复杂，与组成变压器的物理结构和材料属性密切相关，现有 IEEE 标准、IEC 标准和中国国家标准推荐的计算方法均是对正常工况下的变压器温度进行计算，主要分为场的方法和路的方法，大都集中于稳态工况的计算，不能适用于计算异常动态工况下的温度变化。同时，热缺陷演化规律还不完善，无法有效支撑变压器安全裕度的精细化评估，变压器保护方法未计及异常动态工况下变压器内部温升变化情况。

无论是过热缺陷还是放电类缺陷，缺陷点附近的绝缘材料发生分解产生 CO、CO_2 以及水和烃类气体，这些气体会溶解于变压器油中，油中溶解气体分析是判别电力变压器内部放电和过热故障的主要手段之一。

变压器绕组变形是反映变压器结构安全的关键指标之一，对变压器绕组变形的检测，目前主要采用频率响应法、低电压短路阻抗法、扫频阻抗法、振动信号分析法和基于漏感参数识别的检测方法等，并形成了指导现场离线检查的技术规范，这些方法对变压器绕组整体发生大范围变形的情况较为适宜，但对绕组的轻微变形难以有效检出，并且难以实现绕组变形情况的在线监测。已有的研究表明，变压器绕组发生形变后漏磁场会改变，因此变压器内部电磁场测量为其绕组形变在线监测提供了新的思路。

综上所述，在线监测及故障诊断技术对于变压器的状态评价与维修决策起到了重要作用，但是在线监测以变压器缺陷灵敏识别为主要目标，而继电保护则以故障是否发生为主要识别目标，两者在监测变压器状态改变过程中虽然对象相同，但在特征量检测灵敏度、监测时间尺度、判断置信度和依据结果处置的方式上存在较大差异，对于介于缺陷和故障之间的快速发展阶段（严重缺陷）尚不能提供有效的保护。掌握变压器由严重缺陷到故障发展演化规律及表征参量典型特征，研究变压器严重缺陷阶段实时感知与快速辨识方法，构建秒级到分钟/小时/天级时间尺度的监测手段和保护策略，有效阻止变压器由严重缺陷发展成严重故障。

1.2.3　变压器故障特征信息感知研究现状

无论是变压器内部出现严重缺陷还是发展为故障，变压器内部将会产生各种明显、灵敏反映运行状态的特征量，如漏磁、压力、气体、流速等，但是现有的监测缺乏针对这些特征参量的监测。由于传感器需安装在变压器内部，若采用有源传感器可能会对变压器造成隐患，并且变压器内部是一个密闭、多物理场共存的复杂环境，传感器的运行条件恶劣、供能困难、维护烦琐，因此亟待研究针对变压器新型保护原理需要的无源传感技术。

目前常用的无源传感器主要有声表面波传感器、光纤传感器等。声表面波传感器由于测量距离小，不适宜在大型电力变压器中使用。光纤传感技术是一种新型传感技术，已被广泛应用于温度、折射率、液位深度、压力、应变、振动等多种物理量的测量。光纤本身具有先天抗电磁干扰、绝缘性强等特性，尤其适用于大电流、强电磁磁场等恶劣环境下的检测分析。

（1）在无源光纤漏磁传感技术研究方面，无源光纤磁场传感器根据测量原理可以分为磁流体型、磁致伸缩型、法拉第效应型等。磁流体型传感器具有极高的灵敏度，可达78pm/Oe（对应的磁感应强度约为 1.4×10^{-3}T），但是需要对光纤进行特殊处理，成本较高，应用的相对较少。磁致伸缩型传感器制备工艺简单，成本低。美国海军试验室采用磁致伸缩材料研制的光纤传感器，检测灵敏度达到了 10^{-9}T 量级，但磁致伸缩材料较为脆弱，在高频工作状态下会因低电阻率而产生较强的涡流效应，并且存在饱和效应，限制了传感器的测量范围。磁流体型传感器和磁致伸缩型传感器通常用于微弱磁场的测量，目前可测最大磁感应强度约为 0.3T。法拉第效应型传感器应用光学的磁光效应，可以实现对磁场的直接测量。2015 年，在内蒙古 110kV 柴河变电站的变压器撑条中埋设光纤传感器对缺陷进行监测，至今运行效果良好。由于光纤材料的参数固定，偏振光旋转角度对于磁场的敏感度较低，法拉第效应型传感器测量精度难以进一步提高，并且价格昂贵，对光纤和光源的稳定性要求也较高，但是测量范围较大，可达特级。为实现电力变压器基于漏磁的数字式保护，迫切需要一种高灵敏度、动态范围广的漏磁无源传感器。

（2）在无源光纤压力传感技术研究方面，电力变压器在发生匝间短路故障时，变压器油箱内的压力在几个毫秒内由几千帕快速上升到几百千帕。无源光纤压力传感器主要分为强度调制型、相位调制型、光纤光栅调制型和偏振调制型等。强度调制型传感器受光源强度波动与传输光特性影响较大，对于光源的选择要求很高，且易受温度干扰，难以实际应用。相位调制型传感器的缺点在于系统结构复杂、体积庞大，且测量过程中要求保持参考臂稳定，否则会使测量不准确，受环境因素影响较大。偏振调制型传感器的主要弊端在于灵敏度不稳定，且受温度干扰严重。光纤光栅调制型传感器通过检测光纤光栅反射光中心波长的变化得到待测压力值，可通过弹性敏感元件来增加压力的检测灵敏度，目前灵敏度已经达到帕级，并且实现了在 10MPa 的压力范围的准确测量。然而，光纤光栅调制型传感器对光源输出功率及波长范围要求严格，易受温度干扰，并且用于增敏材料的制备工艺复杂、成本较高。

（3）在无源光纤气体浓度传感技术研究方面，针对变压器油中溶解气体的检测，无源光纤气体浓度传感器主要分为气敏型、红外吸收型和拉曼型。气敏型无源光纤气体传感器只能检测有限的几种特定气体。红外吸收型无源光纤气体传感器主要基于吸收效应进行气体检测,由于不同气体吸收谱线所处位置相差较大,而光纤有效传输带宽较小,难以利用同一光纤实现混合气体的同时检测。拉曼型无源光纤气体传感器利用拉曼效应进行检测,单波长激光能同时激发多种物质的拉曼光谱,可实现基于单激光器和单光纤的混合气体同时检测。目前,其实现了 CH_4、H_2、CO_2 等混合气体的检测,最小检测浓度分别达到了 μL/L 级。受限的检测灵敏度是拉曼型无源光纤气体传感器应用于变压器油中溶解气体检测分析的瓶颈,但是集气杯中游离气体浓度大于油中溶解气体,而且腔增强技术还可以有效提高气体拉曼散射信号强度。

(4)在无源光纤流速传感技术研究方面,变压器内部故障产生的故障电流导致油流体运动是引起油流速变化的主要原因,变化范围为 0.01~3m/s。目前重瓦斯流速整定值均为 1.5m/s(管径 80mm)。机械式流速、流量传感器测量误差大、精度低。后来出现的利用超声波、电磁波和声学多普勒效应的流速仪等,其测量精度虽然较高,但其成本高且易受电磁波干扰。光纤流体流速传感器常用于石油化工、医药、能源计量、环境监测等工业生产过程中的流速、流量监测,常见的类型有悬臂梁型和分布式光纤传感技术。悬臂梁型一般适用于小流速、低黏滞的测量或者高流速的测量,响应时间长,滞后约 2s;而分布式光纤传感技术由于基于光纤温度的变化,其分辨率有限。激光多普勒测速系统的测量精度可以达到 1%以内,测速范围广,可用于测量 0.1~2mm/s 的微循环血液流速,也可以测量每秒千米的流速,并且动态响应快。

可见,虽然电气设备运行状态多参量光纤传感技术已经成为国际电力行业的研究热点之一,但是除了温度光纤传感器的应用较为广泛以外,针对磁场、压力、游离气体和流速的无源传感方法虽有研究,但是仅探索过变压器在线监测中的漏磁传感方法,适用于变压器保护这一特殊情形中可靠、灵敏、响应快、抗干扰的无源传感成果鲜见报道,无法形成面向新型变压器保护原理的故障信息感知技术,不能满足电力变压器多参量自适应保护和主动安全保护对多种类型传感器的需求。

1.3　大型电力变压器安全运行三级防护

大型电力变压器内部故障一般由内部缺陷发展而来,国内外专家在变压器安全运行领域开展了大量研究与实践。审视现有变压器缺陷辨识和继电保护策略,缺陷辨识关注于轻微缺陷的灵敏识别但在线监测手段有限,继电保护依赖于故障后电量、非电量显著变化特征动作跳闸,因而轻微故障不能及时切除,对于严重缺陷阶段快速判别和保护方法关注不足。

本书以提升大型电力变压器的安全运行水平为目标,面向变压器内部缺陷发展为严重缺陷最终导致电弧故障的全过程,构建电力变压器安全运行三级防护体系,如图 1-2 所示。第一级防护为对轻微缺陷的检测和预警,防范缺陷进一步发展;第二级防护为在严重放电缺陷阶段主动式保护,实现击穿前 100ms 跳闸,防范高能电弧故障发生;第三级防护为针对电弧故障,提升传统变压器保护的性能,灵敏、快速切除故障,减少高能电弧故障持续时间。

第一级防护针对放电类、过热类、绕组变形类缺陷，充分挖掘缺陷发展过程中溶解气体、温度、超声、特高频、高频脉冲电流、漏磁等表征参量与缺陷关联规律，提升变压器缺陷在线辨识与状态评估能力。

第二级防护主要面向严重放电缺陷阶段，掌握严重放电缺陷到电弧故障演化规律及游离气体、特高频、高频脉冲电流等参量变化显著特征，构建多维参量多元特征融合的主动保护方案，实现严重放电灵敏动作、轻微放电可靠不动作，阻止严重放电缺陷发展为严重电弧故障。

第三级防护针对变压器内部故障提升现有继电保护的动作性能，掌握轻微故障发展过程及参量特征，通过设计新型非电量保护和完善电流差动保护，保证变压器内部故障后快速灵敏动作。

三级防护系统所应用的参量互有重叠，但是在时间窗选取、特征选取、定值整定以及对缺陷或故障的处置方式上有明显的区别。三级防护梯次配置、互相补充，形成整体的针对变压器安全运行的三级防护体系。

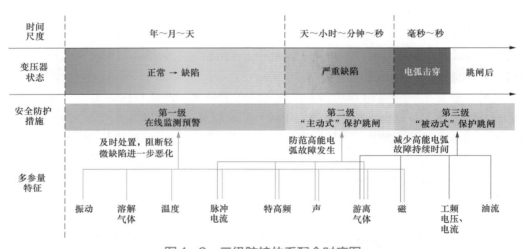

图 1-2　三级防护体系配合时序图

第 2 章
变压器缺陷和故障演化规律及状态参量特征

变压器内部故障一般由缺陷发展而来。针对变压器内部放电、过热、绕组形变等诸多缺陷，目前的在线监测手段以变压器缺陷症候识别为主要目标，而继电保护则以故障是否发生为主要识别目标，两者在监测变压器状态改变过程中虽然对象相同，但在特征量检测灵敏度、监测时间尺度、判断置信度和依据结果处置的方式上存在较大差异，对于介于缺陷和故障之间的快速发展阶段（严重缺陷）尚不能提供有效的保护。其根源在于对变压器由严重缺陷到故障发生过程的演化规律以及典型特征认识不完备，因此，本章对变压器内部典型放电缺陷、过热缺陷与绕组变形缺陷的发展演化规律及期间各参量特征进行了深入研究，并构建了相应多物理场耦合模型进行仿真分析，研究结果为大型电力变压器三级防线的构建奠定了基础。

2.1 变压器典型放电缺陷演化过程与参量特征

2.1.1 典型放电缺陷模拟试验平台

在变压器内部典型放电缺陷的发展过程中，外在表现为多种参量信号呈现出显著的规律性趋势，其中蕴含丰富的信息。本章中，为了探索油纸绝缘结构典型缺陷的发展演化规律以及在整个放电过程中相关物理量的变化特征，基于电场等效与结构等效原则设计了典型放电缺陷模拟试验平台以及相应的多参量同步观测系统。

2.1.1.1 放电模拟系统

1. 试验平台

试验平台模拟了油浸式变压器内部典型放电缺陷，并利用超声传感器、特高频传感器、电流传感器以及光学传感器对放电过程中的对应物理信息进行测量。图 2-1 所示的试验平台由试验变压器、放电测试回路、试验腔体、模拟缺陷及对应的信号测量系统等几部分组成，实现对油纸绝缘结构中典型缺陷放电过程的模拟以及对应信号的测量。在信号测量系统中安装有超声传感器、特高频传感器、高频电流互感器（HFCT）、光学传感器以及高速摄像机等，同时对同一个放电信号进行测量。其中 HFCT 灵敏度为 5V/A，带宽在 460kHz～120MHz 之间；数字示波器检测带宽为 0～600MHz，最大采样率为 10GSa/s；8 通道数据采集卡采集频率 80Ms/s，检测带宽 16kHz～20MHz，分辨率为 12bit，记忆深度为 256Ms；使用 1:2000 的阻容式分压器对变压器输出的外施电压进行测量；局部放电测试回路中选用耐压为 100kV 的标准高压脉冲电容器；并且为了减少空间中电磁干扰的影响，信号传输线均采用 50Ω 双层屏蔽单芯电缆，并应用铝制屏蔽线穿套电缆，回路中的高压连接线也进行了防电晕处理。

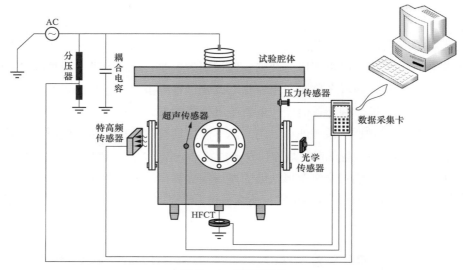

图 2-1　试验平台

2. 典型放电缺陷

变压器内部结构复杂，导致可能存在的缺陷类型繁多且位置分布广泛，为了准确地对不同类型绝缘缺陷放电的一般规律进行研究，需要利用不同缺陷模型进行模拟。在试验室中采用并设计、制作了油纸金属尖端放电模型、油纸沿面放电模型（强垂直分量）、气隙放电模型和纯油间隙电弧放电模型 4 种典型的放电缺陷模型对相应缺陷进行模拟。考虑到试验电极的大小以及放电电压，油纸金属尖端放电模型和油纸沿面放电模型绝缘纸板厚度选择为 2mm，气隙放电模型纸板采用"三明治"结构，两侧纸板厚度选择 500μm，中间纸板厚度为 2mm。

图 2-2（a）所示为油纸金属尖端放电模型。针电极接高压，针尖等效曲率半径为 50μm，下板电极接地，油浸纸板为半径 30mm 圆形。

图 2-2（b）所示为油纸沿面放电模型（强垂直分量）。高压电极直径为 25mm，紧贴半径 30mm 圆形油浸绝缘纸板并紧放在接地下极板上。在高压电极上通入工频周期电压，使得两极间产生了强烈的与绝缘纸板面垂直的电场，进而形成强垂直分量的沿面放电。

图 2-2（c）所示为气隙放电模型。高压电极直径 25mm，将"三明治"结构的三层纸板中的中层纸板（半径 30mm）打一个直径为 4mm 的圆孔，模拟纸板内部气隙。

图 2-2（d）所示为纯油间隙电弧放电模型。针电极接高压，针尖等效曲率半径为 50μm，下板电极接地，模拟变压器中尖端放电引起的油中电弧故障。

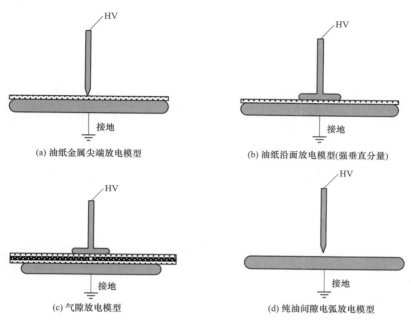

(a) 油纸金属尖端放电模型　　　　　(b) 油纸沿面放电模型(强垂直分量)

(c) 气隙放电模型　　　　　　　　(d) 纯油间隙电弧放电模型

图 2-2　典型放电缺陷模型

2.1.1.2　局部放电信号分析处理方法

1. 脉冲重复率

在选定的时间内，所得到的放电脉冲总数与该记录时间的比值，称为脉冲重复率，即每秒的放电脉冲数。

2. 平均每周期内放电量

平均每周期内放电量反映的是，在选定的参考时间 T_{ref} 内，放电量总和除以该时间间隔，再除以 50，即参考时间内的总放电量平均到每个周期内的放电量，计算式为

$$Q_{\mathrm{ave}} = \frac{1}{T_{\mathrm{ref}} \times 50}(|q_1| + |q_2| + \cdots + |q_n|) \tag{2-1}$$

式中：Q_{ave} 为平均每周期内放电量；T_{ref} 为参考时间，即为选择进行计算的时间长度，s；q_n 为单个视在电荷的放电量。

3. 偏斜度

偏斜度 S_{k} 是对统计数据分布偏斜方向及程度的度量，其定义为

$$S_{\mathrm{k}} = \frac{\sum_n (x_i - \mu)^3}{\sigma^3 \cdot n} \qquad (2-2)$$

式中：x_i 为放电脉冲幅值，V；μ 为放电脉冲幅值的平均值，V；n 为放电脉冲数量；σ 为标准差，V。

当偏斜度为正值时，PRPD（Phase Resolved Partial Discharge，局部放电相位分布）谱图呈现左偏；当偏斜度为负值时，PRPD 谱图呈现右偏。

4. 陡峭度

陡峭度 K_{u} 用来描述随机变量分布相对于正态分布的平坦程度，其定义为

$$K_{\mathrm{u}} = \frac{\sum_n (x_i - \mu)^4}{\sigma^4 \cdot n} - 3 \qquad (2-3)$$

当陡峭值为正时，该 PRPD 谱图轮廓相比于正态分布轮廓更陡峭，反之则更平坦。

5. 平均放电光辐射强度

平均放电光辐射强度 $L_{\mathrm{PD}}(t)$ 反映的是参考时间内放电产生的光辐射强度的总和与参考时间的比值，计算式为

$$L_{\mathrm{PD}}(t) = \frac{1}{T_{\mathrm{ref}}}(|L_1| + |L_2| + \cdots + |L_n|) \qquad (2-4)$$

式中：T_{ref} 为参考时间，即为选择进行计算的时间长度，s；$L_{\mathrm{PD}}(t)$ 为平均放电光辐射强度，a.u.。

6. 光辐射强度分量占比

光辐射强度分量占比指的是不同光谱下检测结果与全波段强度的比例，各个谱段的占比计算式为

$$i\% = \frac{L_{\mathrm{PD}i}}{L_{\mathrm{PDQ}}} \times 100\% \qquad (2-5)$$

式中：$i\%$ 为光辐射强度分量占比，包括各个谱段；$L_{\mathrm{PD}i}$ 为光辐射强度，a.u.；L_{PDQ} 为全波段光辐射强度，a.u.。

2.1.2 油纸绝缘尖端放电演化过程

油纸绝缘尖端放电模拟的是绕组塑性形变后产生的金属尖端放电，随着放电作用下油浸纸板不断劣化，多参量信号呈现趋势性变化规律。

2.1.2.1 脉冲电流信号变化规律

1. PRPD 谱图分析

对于缺陷导致的放电，在其整个过程中从初始有效电子的产生到电子崩的推进都具有较大的随机性，因此分析整个放电发展过程时不能够利用单个或几个脉冲信号分析放电发展程度与观测量的变化规律之间的联系，必须利用统计性的方法进行研究。在工频电压下，PRPD 谱图为解决这一问题提供了有效的思路以及方法。记录尖端放电缺陷从开始施加电压一直到绝缘纸板绝缘失效发生贯穿性电弧放电的 PRPD 谱图，整个

过程约历时 2h37min，如图 2-3 所示为放电初始时刻，放电发展 30、60、90、120min 以及 150min 的 PRPD 谱图。

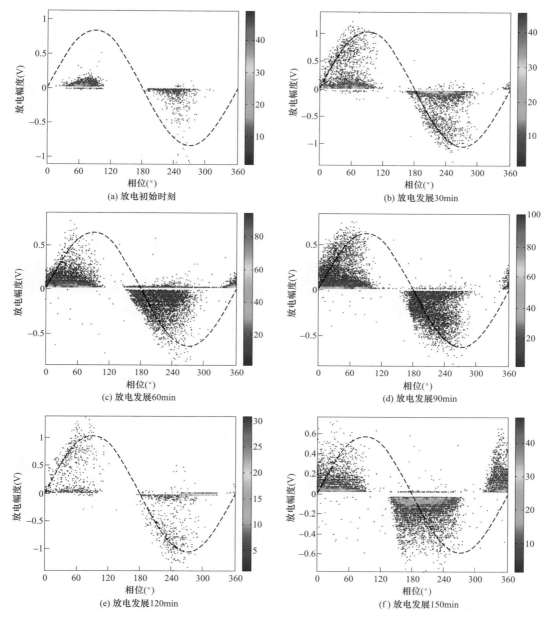

图 2-3　不同时刻放电 PRPD 谱图

尖端类缺陷放电，在初始时刻放电活动尚不剧烈，放电信号主要出现于外施电压正负半周的峰值处，电压正半周放电活跃程度强于负半周，且多以小幅值脉冲为主；随着放电时间的增加，带电粒子轰击纸板表面，导致纸板绝缘结构发生破坏，放电活动开始变得剧烈，持续施压 30min 后，正负半周放电脉冲幅值相较初始时刻变大，由于空间电荷的积聚，放电信号出现的相位逐渐前移，甚至出现"过零现象"；放电发展 60min 和 90min，记录得到的 PRPD 谱图形状相似，此时由于施加电压的时间较长且放电剧烈，放电会在绝缘纸板表面遗留大量的空间电荷，由于空间电荷来不及消散，导致空间电场畸变，故 PRPD 谱图出现明显的"过零"现象，谱图中幅值较大的脉冲信号正半周出现在 60° 左右，负半周出现 240° 左右，且与 30min 时刻相比，出现的脉冲信号幅值减小；随着放电继续发展，当外施电压时间为 120min 时，放电剧烈程度减弱，脉冲信号出现的相位范围减小，但是又出现了幅值较大的放电信号；随着放电过程进入末期，放电已经扩散到纸板内部，纸板的绝缘结构被严重破坏，放电活动又逐渐变得活跃，相比于 120min 时，虽然出现的脉冲信号幅值变小，然而脉冲信号出现的相位范围增大；随后，绝缘纸板击穿，发生贯穿性的电弧放电。

PRPD 谱图统计算子如图 2-4 所示。从图 2-4（a）中可以看出，谱图正半周期偏斜度始终处于右偏，随着放电发展，右偏的趋势逐渐减小；而谱图负半周期始终处于左偏，并且左偏的趋势也在逐渐减小。图 2-4（b）给出了谱图陡峭度的变化趋势，负半周期谱图陡度较正半周期更大，并且谱图正负半周都随着放电的发展逐渐平坦。谱图统计算子在整个放电发展过程中具有较为明显的变化趋势，可以作为辅助判断放电严重的指标之一。

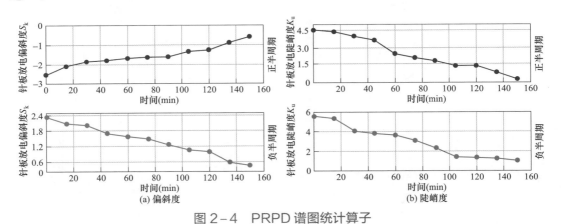

图 2-4 PRPD 谱图统计算子

2. 脉冲重复率、平均每周期内放电量及放电最大幅值变化趋势分析

脉冲重复率在一定程度上可以反映出放电的活跃性，如图 2-5（a）所示，在放电发展过程初期，脉冲重复率较小，此时由于电老化对绝缘纸板造成的破坏尚不明显，纸板的绝缘状况尚佳，故放电的活跃程度不明显。随着加压时间的增加，脉冲重复率缓慢增加，在 60min 时，脉冲重复率到达约每秒 430 次，此后，脉冲重复率迅速增加到整个放电过程的峰值，在 75min 时，脉冲重复率达到约每秒 1000 次，然后进入一个停滞阶段，脉冲重复率在此阶段内逐渐下降，直到在 120min 时降至约每秒 230 次，然而，在 120~150min

这段时间内，脉冲重复率又有显著的增加，最后纸板绝缘失效被击穿，发生贯穿性的电弧放电。

在实际应用中，监测设备通常会根据观测量的幅值或者视在放电量作为评估电力设备绝缘状况的依据，故分析在整个放电过程中放电信号出现的峰值以及视在放电量的变化规律，能够为以观测量的幅值或者视在放电量作为评价指标的评估模型提供一定依据。如图 2-5（b）所示，脉冲幅值以及平均每周期内视在放电量变化规律并不具有一致性，相反，在整个放电过程的某些时刻，二者具有相反的变化规律。在放电初期，会出现峰值较大的脉冲信号，但此时平均每周期内的视在电量并不高；随着放电时间的增加，放电进入发展阶段，30~90min 这段时间内，脉冲信号的幅值逐渐减小，但放电量却迅速上升。可见，单纯以放电幅值作为放电严重程度的判别标准，其准确性并不高，甚至会出现误报或者漏报的情况，造成严重的后果。随后，放电进入一个停滞阶段，平均每周期内的视在放电量逐渐减小，并且又出现了峰值较大的放电信号。经过这一停滞阶段，放电进入最后的爆发阶段，此时平均每周期内的放电量开始迅速增加，直到绝缘失效，发生击穿。上述变化规律可以用纸板的不同绝缘状态和纸板上自由电子的聚集状态来解释，放电产生的电子对纸板表面和绝缘油的撞击会产生大量的空间电荷，在放电初期由于纸板绝缘状态良好，其电导率较低，故有较多的空间电荷被吸附在纸板表面，当针尖极性反转时，会中和这些残留的空间的电荷，故会出现幅值较大放电脉冲，但由于此时绝缘状况尚佳，所以总放电量并不大。随着多次放电的发生，在自由电子的轰击下，纸板上会产生一定量的气泡，同时，纸板电阻率一直在下降，此时纸板吸附空间电荷的能力下降，所以在表现形式上，放电脉冲的幅值有所下降。但由于纸板绝缘的下降，放电更容易发生，所以此时的脉冲重复率和放电量都有所增加。随着放电进一步发展，气泡会大量产生，包绕在针尖处，气泡的包绕可能会使得针尖处的场强分布发生变化，使得其变得均匀，所以此时放电量与脉冲重复率下降。直到最后，纸板绝缘完全失效，放电量和脉冲重复率又会突然增加。

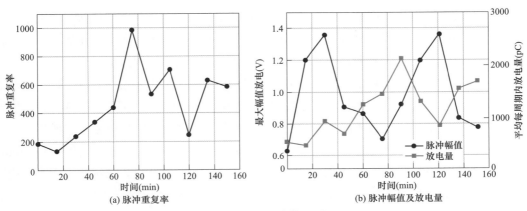

图 2-5　统计结果图

在油纸绝缘结构中，金属尖端缺陷引发的放电发展过程中，单纯的脉冲电流信号的幅值或者视在放电量并不能准确地反映此时放电发展的严重程度，需要其他检测手段的辅助分析。

2.1.2.2 特高频信号变化规律

1. PRPD 谱图分析

在放电初始时刻，特高频信号主要集中出现于外施电压正半周的上升沿以及负半周的下降沿，幅值较大的特高频信号主要集中出现在 60°与 240°处，纵向对比整个放电发展周期特高频信号的幅值，初始时刻电磁波信号幅值相对较大；随着放电过程的发展，持续施压 30min 后，特高频信号幅值增大，特高频信号依旧集中出现在外施电压正半周上升沿与负半周下降沿，此时幅值较大的特高频信号较初始时刻分布范围更广；随着放电过程发展，受到空间电荷的影响，特高频信号也出现"过零"现象，此时出现的特高频信号幅值减小，但特高频信号出现的相位分布更广；放电持续 120min 时，特高频信号幅值稍有增加，但信号出现相位分布变窄，此现象与脉冲电流信号变化规律具有一定的一致性；当放电进入末期，特高频信号分布范围又逐渐变大，但幅值减小。

就 PRPD 谱图而言，特高频信号在整个放电发展过程中的变化规律与脉冲电流信号的变化规律具有一定相似性，如图 2-6 所示。

图 2-7 给出了放电发展过程中，特高频谱图的统计算子。特高频谱图的偏斜度正负半周都呈现左偏趋势，随着放电发展，谱图的偏斜度都先略有增加而后减小。谱图的陡峭度变化趋势相对平稳，正负半周整体向平坦的趋势发展。

2. 脉冲重复率和放电最大幅值变化趋势分析

如图 2-8 所示，特高频信号随着放电过程的发展逐渐增加，在 0~75min，特高频信号的脉冲重复率始终在增加，并且在 75min 时达到峰值，随后脉冲重复率开始快速减小，并在 120min 时到达一个极小值。在放电发展的末期，脉冲重复率又显著增加然后快速减小。

在整个放电发展的过程中，特高频信号的幅值在初始放电阶段就比较大，然后稍有增加，在 30~90min 这个时间段内，特高频信号的幅值都在逐渐下降，并且降到了一个较低的水平，直到放电发展末期，信号幅值才稍有增加，但增幅不大。

特高频信号的脉冲重复率与脉冲电流信号类似，在整个放电发展过程中，脉冲重复率都在一开始具有增长趋势，并且在放电发展的 75min 左右具有一个明显的"拐点"。放电的活跃性会在这个拐点之后逐渐下降，进入一个"停滞"期，并在放电末期有所增加。特高频信号幅值的变化规律与脉冲电流信号不同，其变化规律不明显，在放电的 90~150min 时间段内，特高频信号的幅值会始终维持在一个较低的水平。所以，在实际应用中，较低幅值的特高频信号也应该给予高度的关注，同时也表明特高频信号的脉冲重复率相比于信号幅值可能更能反映放电的剧烈程度。

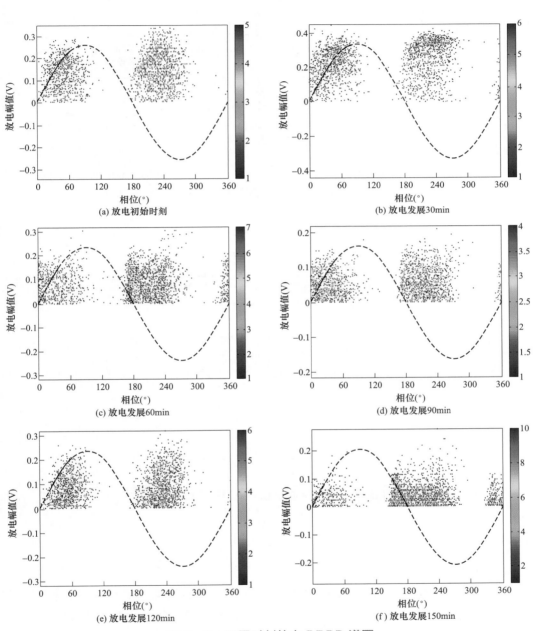

(a) 放电初始时刻　　　　　　　　　(b) 放电发展30min

(c) 放电发展60min　　　　　　　　(d) 放电发展90min

(e) 放电发展120min　　　　　　　(f) 放电发展150min

图 2-6　不同时刻放电 PRPD 谱图

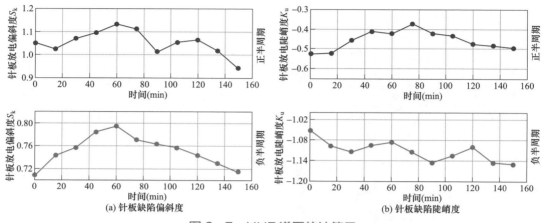

(a) 针板缺陷偏斜度   (b) 针板缺陷陡峭度

图 2-7   UHF 谱图统计算子

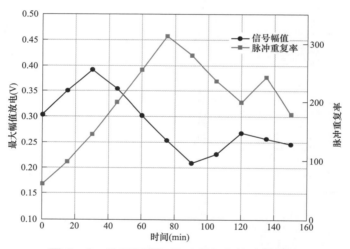

图 2-8   信号幅值及脉冲重复率统计结果图

2.1.2.3   光信号变化规律

1. PRPD 谱图分析

本小节利用不同波段内的相位谱图对针板缺陷下的放电发展过程进行检测，如图 2-9、图 2-10 所示，在放电初始时刻，由于油纸绝缘系统中放电信号的光谱主要集中于 550~700nm，因此，此时 800、940nm 谱段光辐射强度较小，且在针板放电初始时刻，脉冲信号主要出现于外施电压的正半周期。随着加压时间的增加，在 30min 时，各谱段内的光辐射强度增大，800、940nm 这两个谱段所占比例依旧较小。

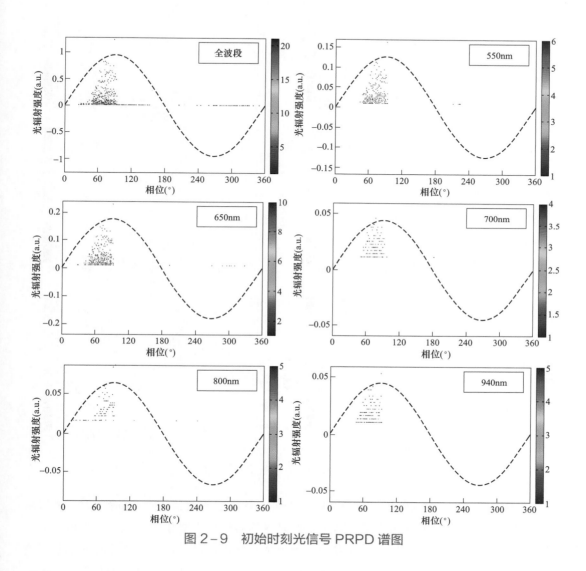

图 2-9　初始时刻光信号 PRPD 谱图

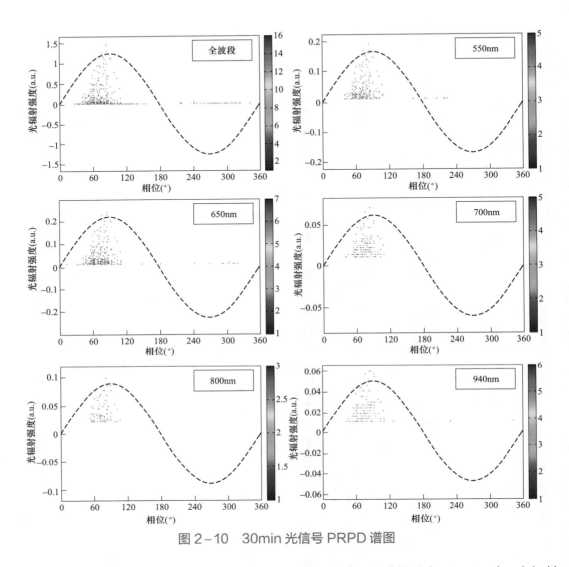

图 2-10   30min 光信号 PRPD 谱图

随着纸板绝缘结构被破坏，放电活跃性增强，各谱段光谱信号在 60min 时，光辐射强度增大，且光信号出现的相位范围增加，此时光信号依旧主要集中出现于外施电压的正半周。在 90min 时，随着放电继续发展，纸板绝缘结构被进一步破坏，此时光辐射强度进一步增加，负半周也开始出现较为明显的放电信号。由于放电能量的长时间积累，800、940nm 谱段内光辐射强度与全波段光辐射强度之比，相比脉冲初始时刻有明显增加，表明随着放电发展，放电源局部能量的积聚，会使得放电光信号中，近红外部分的比例有所增加，如图 2-11、图 2-12 所示。

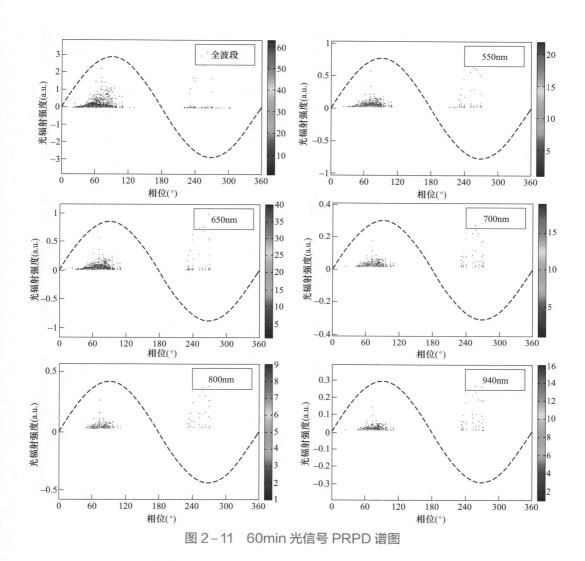

图 2-11 60min 光信号 PRPD 谱图

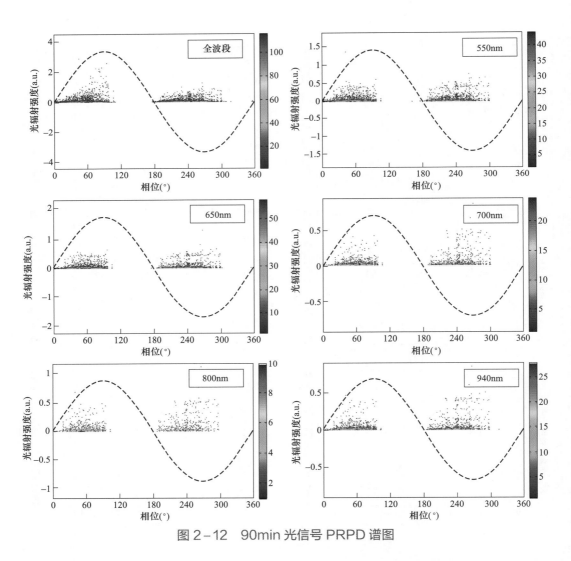

图 2-12　90min 光信号 PRPD 谱图

　　当放电进入发展末期，与其他检测手段类似，各个谱段的光辐射强度也会相应减弱，除全波段外，其余各波段负半周光辐射信号基本消失。在发生最终的击穿前，各波段的光辐射强度又稍有增强，如图 2-13、图 2-14 所示。

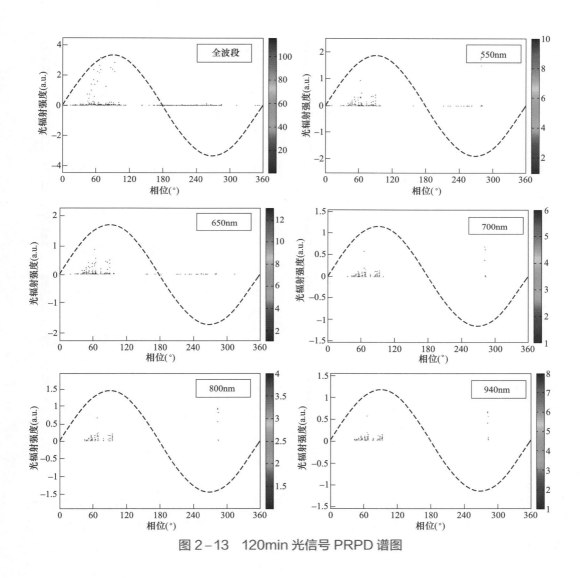

图 2-13　120min 光信号 PRPD 谱图

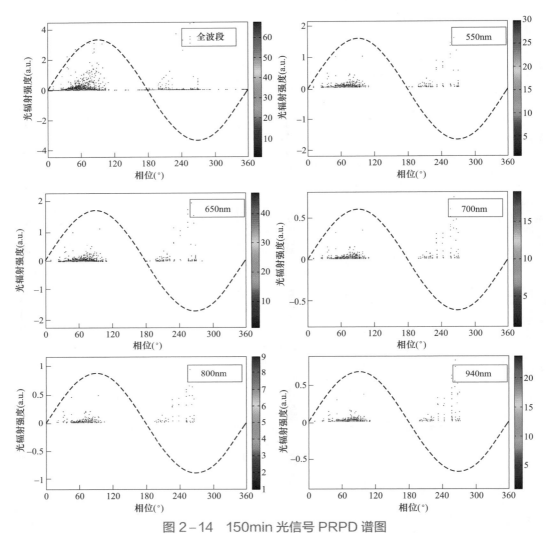

图 2-14 150min 光信号 PRPD 谱图

2. 平均光辐射强度变化趋势分析

对一个工频周期内的平均光辐射强度进行计算，如图 2-15 所示，在放电初始时刻，光信号分布范围较窄，正半周出现在约 30°～120°，负半周出现在约 210°～270°，光辐射强度在外施电压的正半周要显著大于负半周。随着放电发展，平均光辐射强度增加且分布范围变广，出现相位逐渐前移，负半周的光信号也开始显著增强，直到 90min 时达到峰值。进入放电后期，光信号也会有明显减弱的趋势，与此同时，平均光辐射强度出现的相位范围分布也有明显的减小，但是外施电压负半周有明显的光信号。与脉冲电流检测结果类似，光信号会在最后阶段有明显的增强，并且电压负半周的平均光辐射强度要显著大于正半周，随后发生击穿现象。

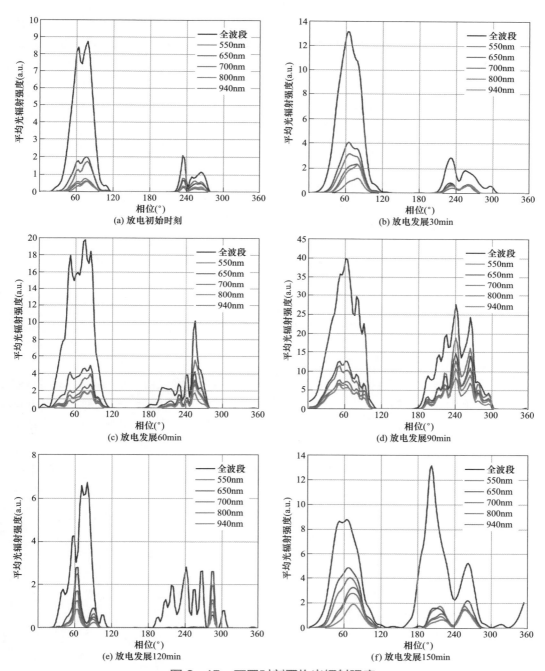

图 2-15　不同时刻平均光辐射强度

在获得一个周期内平均光辐射强度曲线的基础上,对全波段正负放电光脉冲序列的光辐射强度进行了统计。图2-16给出了尖端缺陷放电过程中全波段平光光辐射强度的变化规律,与脉冲电流法中放电量变化规律相似,全波段正负半周光辐射强度在放电的 0～90min,随着时间的增加也逐渐增长,并且在90min后开始下降,在最后的放电阶段内,负半周的光辐射强度超过了正半周。

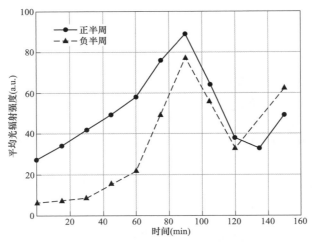

图2-16　全波段正负半周放电光辐射强度

3. 不同谱段光辐射强度与全波段光辐射强度比例

如图2-17所示,外施电压正半周期内,550、650nm谱段内光辐射强度与全波段强度的比值在整个放电周期内都占有比较大的比例,二者在0～30min,持续增加,在30min时达到峰值,随后开始减弱,并且在放电末期,120～150min时稍有增加。与500、650nm谱段不同,700、800、940nm谱段内光辐射强度与全波段光辐射强度比值一直在持续增加,这可能是由于随着放电过程的发展,放电源局部热量积累,导致近红外部分光辐射强

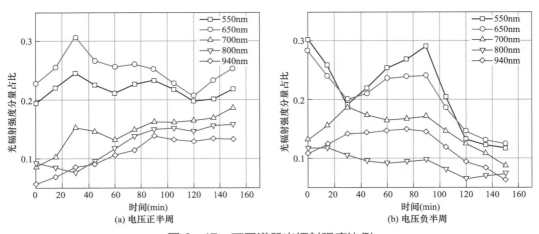

(a) 电压正半周　　　　　(b) 电压负半周

图2-17　不同谱段光辐射强度比例

度增加的缘故。外施电压负半周情况与正半周有所不同，550、650nm 谱段光辐射强度依旧占有较大比例，但二者在放电初始的 0～30min 内，所占比例持续下降，并且在 30min 时，降至一个临界点，随后开始增加，并且 90min 时所占比例达到最大，进入放电末期，又开始持续减小。700、800、940nm 谱段内光辐射强度与全波段光辐射强度比例变化趋势也与正半周不同，在整个放电发展过程中基本呈下降趋势。

2.1.2.4 超声信号变化规律

如图 2-18 所示，在放电初期，超声信号出现在外施电压正负半周的峰值处，信号频谱主要分布于 85～160kHz 之间，随着放电发展，在 60～90min 时，伴随空间电荷的积聚，

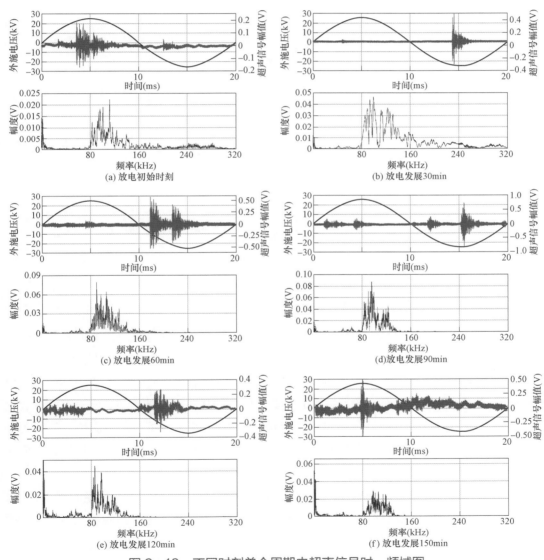

图 2-18 不同时刻单个周期内超声信号时、频域图

超声信号峰值出现相位逐渐前移，而且信号幅值增大，此时信号频谱主要分布在 85～120kHz，120kHz 以后部分所占比例减小。在 120min 时，放电信号幅值减弱，同脉冲电流法、特高频法及光学测量结果类似。此时信号频谱分布也主要集中于 85～120kHz；在放电最后阶段，超声信号幅值也有所增加，此时信号频谱分布基本上集中于 85～120kHz，120kHz 以后部分基本为 0。

如图 2-19 所示，对整个放电过程中超声信号峰值进行了统计，在 0～90min，超声信号峰值随着放电时间增加也逐渐增大，在 90min 时到达峰值。随后超声信号峰值会有一个较大衰减，跌落到一个较低的水平，在最后阶段有所回升。

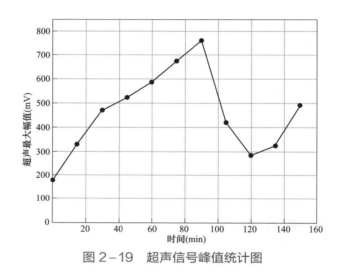

图 2-19　超声信号峰值统计图

2.1.2.5　油纸绝缘尖端放电演化过程分析

放电信号在整个放电过程中连续变化，仅采用单次测量数据与经验标准值进行对比来评估放电严重程度是不准确的，基于当前数据和历史数据的放电信号趋势性变化分析，可以更加直观地了解放电的严重程度。而传统放电阶段划分依靠单一手段下某些特征量的变化趋势将放电阶段划分成几个阶段，但由于受到信号传播路径等的影响，单一手段下放电阶段划分有时不能反映电力设备的实际运行状况，所以，综合分析不同检测信号的相关参数在放电过程中的变化规律，能够更加有效地划分放电严重程度，更贴近于基于大数据的智能电网发展趋势。

根据相关研究表明，脉冲重复率比脉冲幅值，甚至放电量更能反映放电的严重程度。所以，根据尖端放电过程中不同表征信号的变化规律，选取脉冲电流信号放电量、特高频信号的脉冲重复率、全波段光辐射强度以及超声信号峰值等几个具有明显变化趋势的表征量将针板放电过程中缺陷严重程度划分为三个阶段，如图 2-20 所示。

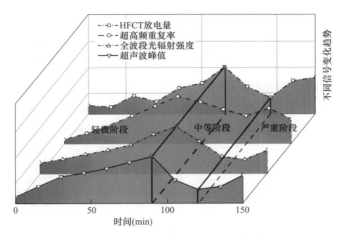

图 2–20　针板缺陷放电过程阶段划分

1. 轻微阶段

此阶段在整个放电过程中持续较长时间。脉冲电流信号 PRPD 谱图相位分布随时间逐渐变广，与此同时由于空间电荷的积累，谱图出现了明显的"过零"现象。这段时间内，谱图正半周期右偏的趋势和谱图负半周期左偏的趋势都在逐渐减缓，谱图正负半周逐渐变得平坦；脉冲电流信号放电量和重复率会在此阶段内有明显的增加，而信号幅值在此阶段初期会有较为明显的增长，但随着放电量的进一步增加，脉冲电流信号的幅值在该阶段的后半时间段内却有明显的下降。

特高频信号的相位分布范围也随时间的增长逐渐增加，谱图正负半周的左偏趋势在这个阶段内变得越发明显。谱图正半周期会变得稍显陡峭，而负半周期则变得相对平坦。特高频信号的重复率在这个阶段内有明显的增长，但信号幅值减小明显。

光信号谱图相位分布范围、单个周期平均光辐射强度也相应增加，550、650nm 波段光辐射强度正半周占比变化不明显，负半周出现较大的波动。但 700、800、940nm 谱段正半周光辐射强度占比则持续走高，负半周则一直减小。

超声信号幅值增加，频谱中 120kHz 以后部分所占比例减小。

2. 中等阶段

此阶段内脉冲电流信号、特高频信号以及光信号谱图出现的相位范围分布减小，脉冲电流信号重复率以及放电量都相应减小，但是脉冲电流信号幅值有明显的增长。特高频信号重复率也出现了明显的减小。550、650nm 谱段的光辐射强度在停滞阶段有明显的减小，700、800、940nm 谱段光辐射强度正半周期内占比增加，负半周期减小。超声信号幅值在停滞阶段内减小，频谱也主要集中分布在 85～120kHz 之间。

尖端放电缺陷经过一段时间发展，不同表征手段的某些特征量在这一阶段内都有明显降低，甚至进入了一个较低的水平。如果仅利用单次测量数据与经验值对比可能会认为此阶段内放电剧烈程度较低，而做出错误的判断。可利用不同谱段光辐射强度分量占比的趋势变化辅助判断放电严重程度。

3. 严重阶段

在经过前两个阶段的发展后，放电导致的绝缘劣化进入最后的严重阶段，此阶段内脉冲电流信号的谱图相位分布再次变宽，放电量、脉冲重复率二次增加，但放电信号幅值再次减小。特高频信号的重复率增加，信号幅值变化不明显。光信号的光辐射强度增加，各个谱段光辐射强度占比在正半周增大，负半周减小。超声信号的峰值有明显的增长，频谱分布在 85～120kHz 之间，120kHz 之后基本为 0。金属尖端缺陷预击穿过程持续时间不长，所以，在实际应用中当信号开始进入中等阶段时就应该给予高度的关注。

2.1.3　油纸绝缘沿面放电演化过程

油纸绝缘沿面放电模拟的是长垫块和围屏处发生的爬电现象，是一种同时沿横向和纵向双向发展的复合放电，既存在油纸界面上的沿面流注放电，又存在电极边缘的楔形油隙放电，在含有强垂直分量的沿面电场作用下纸板存在沿横向和纵向的同时劣化，多参量信号随之呈现趋势性变化规律。

2.1.3.1　脉冲电流信号变化规律

1. PRPD 谱图分析

沿面放电整个放电过程中，放电剧烈程度变化较为平稳，且持续时间较长，从开始加压到发生沿面闪络总历时约 3h 37min。如图 2－21 所示为放电初始时刻以及放电发展 45、90、135、180、210min 的 PRPD 谱图。

初始时刻放电脉冲信号同时出现在正负半周，负半周脉冲幅值相对较大，脉冲信号出现多集中于外施电压正半周的上升沿和负半周的下降沿，正半周约为 15°～90°，负半周约为 205°～270°。与针板放电模型不同的是，沿面放电信号的峰值总出现在外施电压的峰值处；在加压 45min 后，放电脉冲出现相位在正半周向 0° 方向，负半周向 180° 方向移动，在外施电压正半周下降沿和负半周上升沿，与放电初始时刻相比，二者 PRPD 谱图形状比较类似，说明沿面放电发展过程初期比较缓慢；在加压 90min 后，放电信号幅值逐渐增大，且信号出现范围逐渐增加，大幅值脉冲信号分布范围更广；加压 135min 后，脉冲幅值持续增加，由于电荷的积聚，电场发生畸变，PRPD 谱图也会出现"过零"现象；加压 180min 后，此时出现的放电信号幅值减小，而且由于空间电场畸变严重，此时的 PRPD 谱图出现明显"过零"现象；加压 210min 后，放电进入末期，此时放电活跃程度较高，然而，此时出现的放电信号幅值持续减小，并且在外施电压正半周的上升沿和负半周的下降沿，依旧没有出现明显放电信号。

与针板放电模型相比，沿面放电发展过程中，没有出现明显的放电停滞过程。虽然在放电的中、后期，放电信号的幅值减小，但放电信号出现的相位始终在增加；而且在放电初期，沿面放电模型的大幅值放电始终出现在外施电压的正负半周峰值处。

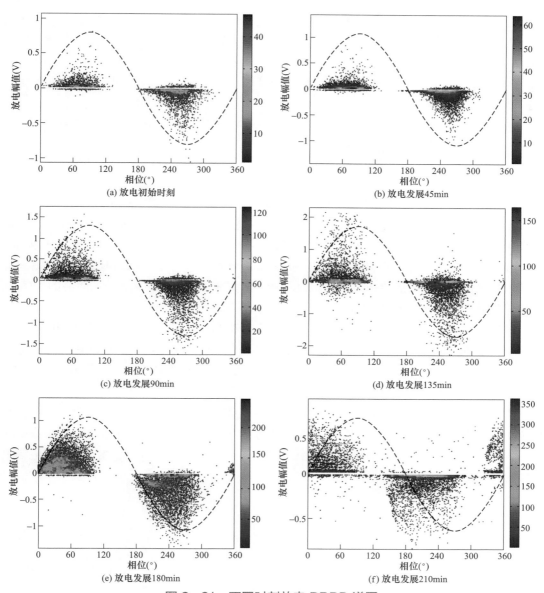

图 2-21　不同时刻放电 PRPD 谱图

图 2-22 给出了偏斜度和陡峭度随时间的变化趋势,可以看出沿面缺陷下谱图的偏斜度与针板缺陷下谱图的偏斜度有明显的不同,谱图正半周偏斜度由右偏逐渐变成左偏,负半周则持续左偏,且左偏的趋势随着放电的发展也逐渐增大。与针板缺陷类似,谱图的陡峭度在整个放电过程内呈现下降的趋势,说明谱图呈现出更平坦的趋势。

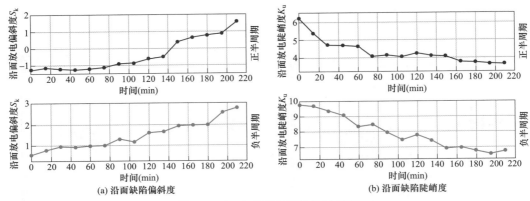

(a) 沿面缺陷偏斜度　　　　　　　　　(b) 沿面缺陷陡峭度

图 2-22　HFCT 谱图统计算子

2. 脉冲重复率、平均每周期内放电量及放电最大幅值变化趋势分析

图 2-23 给出整个放电过程中，脉冲重复率、脉冲幅值以及平均每周期内视在放电量的变化规律。在初始时刻，脉冲重复率增长较为缓慢，增长幅度不明显，直到加压 90min 后，沿面放电模型的脉冲重复率开始迅速增加，直到最后发生沿面闪络时达到峰值。与针板放电模型不同，沿面放电在整个放电过程中，其脉冲重复率始终增加，无明显的"停滞"现象，说明在沿面放电模型的放电活跃程度也随着时间逐渐增加。

在放电初期，沿面放电模型的放电信号幅值随着放电发展逐渐增加；随着放电进入中、后期，在 135min 时，放电信号的幅值开始持续减小，直到发生沿面闪络现象。与放电信号幅值变化规律不一样的是，平均每周期内视在放电量在整个放电发展过程中持续增加；在放电初期，平均每周期内视在放电量增加较为缓慢，当放电进入中、后期，放电量开始迅速增加。究其原因可能是，放电末期，由于带电粒子持续轰击纸板及绝缘油，在电极和油浸纸板表面产生大量游离气体，气泡附着在纸板表面，形成气体放电通路，使得放电更容易发生，所以此时放电信号的脉冲重复率以及单个周期内的总放电量上升，而放电幅值下降。

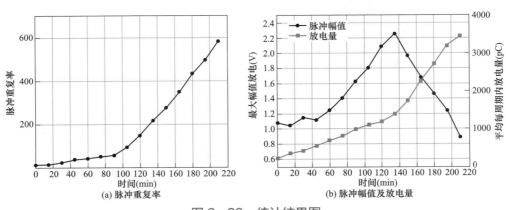

(a) 脉冲重复率　　　　　　　　　(b) 脉冲幅值及放电量

图 2-23　统计结果图

2.1.3.2　特高频信号变化规律

1. PRPD 谱图分析

如图 2-24 所示，在放电初始时刻，特高频信号主要的分布相位为 25°～110°、200°～300°之间，在外施电压的负半周放电次数较正半周而言数目较多，且大幅值脉冲集中出现于外施电压峰值处；随着放电过程的发展，正负半周特高频信号的分布相位持续扩大且电磁波信号幅值增加，与初始时刻相比，大幅值脉冲出现的相位范围也在持续增加，然而大幅值特高频信号出现次数较少，多数特高频信号的幅值较小；在持续加压 180min 后，

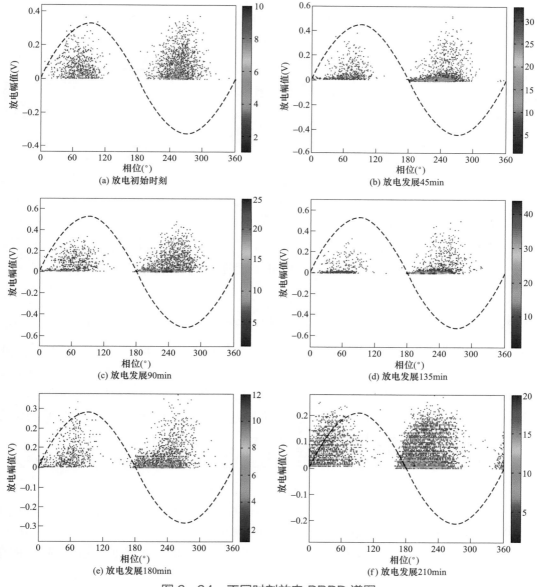

图 2-24　不同时刻放电 PRPD 谱图

特高频信号相比于之前幅值开始减小，但主要分布相位持续增加，并且不同幅值的特高频信号出现的频率基本一致；当放电进入末期，特高频信号的幅值进一步减小，且不同分布相位下，信号幅值差异不大。就 PRPD 谱图而言，在整个放电过程中，电磁波信号的发射情况与脉冲电流信号的变化趋势具有一定的相似性。

相比于尖端缺陷电磁波信号，在放电初期，沿面缺陷下，大幅值的特高频信号主要分布于外施电压的峰值处，其他相位下的信号幅值较小，针板放电模型中不同幅值的特高频信号的密集程度相对平均，而沿面放电模型的电磁波信号 PRPD 谱图中，小幅值信号的密集度较高，大幅值放电的密度稍显疏松。

如图 2-25 所示，与脉冲电流法谱图类似，特高频谱图的偏斜度在整个放电过程中呈上升趋势，但增幅不大。谱图正半周期陡峭度也逐渐减小，说明谱图正半周期逐渐平坦，然而谱图负半周期则逐渐变得陡峭。

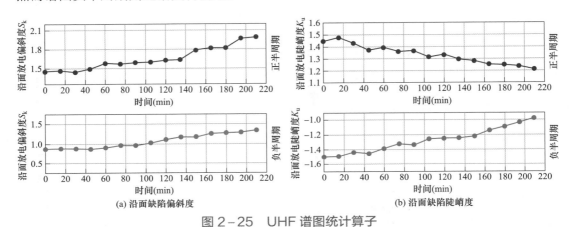

图 2-25　UHF 谱图统计算子

2. 脉冲重复率和放电最大幅值变化趋势分析

图 2-26 展示了沿面缺陷放电过程中特高频信号的幅值变化和信号脉冲重复率的变化规律。在放电初期，信号幅值会随着时间持续增加，并在 45min 时达到一个峰值。在 45～135min 这个时间段内，与脉冲电流信号的变化趋势不同，特高频信号的幅值基本上维持在 500mV 左右，变化幅度不明显。进入放电过程的中、后期，特高频信号开始持续下降，直到最后发生沿面闪络，此时的特高频信号幅值降低到一个较低水平。而特高频信号在单位时间内的重复率于整个放电过程中都始终在持续稳步增加。

与脉冲电流信号相比，二者在信号幅值的变化规律上都有先增加后减小的变化趋势，但是特高频信号在放电的前中期，信号幅值的变化幅度没有脉冲电流信号明显。对于脉冲重复率而言，特高频信号和脉冲电流信号也具有相同的变化趋势，但特高频信号的脉冲重复率增长的幅度相对平缓，而脉冲电流信号的脉冲重复率具有一个明显快速增长的节点。对于沿面放电缺陷模型而言，相比于信号幅值，特高频信号的脉冲重复率更能反映此时的放电严重程度。

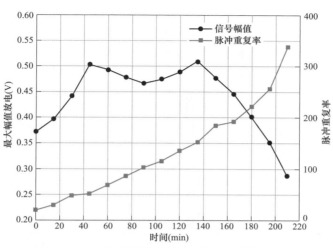

图 2－26　信号幅值及脉冲重复率统计结果图

2.1.3.3　光信号变化规律

1. PRPD 谱图分析

图 2－27、图 2－28 所示为沿面放电模型放电初始时刻以及放电 45min 时不同谱段的 PRPD 谱图，由图可知，沿面放电模型在放电初始时刻正负半周同时出现了放电信号，且信号初始分布相位范围较宽，但大多数放电信号出现在外施电压正负半周的峰值处；初始放电时刻除全波段信号外，650nm 波段内的光辐射强度最大，而 800、940nm 波段内放电信号较弱。在 45min 时，各谱段内放电信号的幅值均有不同程度的增加，与初始时刻相比，放电信号出现的相位范围变化不明显。

随着放电过程的发展，如图 2－29 所示，在 90min 时，各谱段内光辐射强度持续增加，而且放电信号的分布相位在外施电压的正负半周逐渐增加。但是大部分放电信号还是集中出现于外施电压的峰值处。在持续加压 135min 时，如图 2－30 所示，相比于 90min 时，此时放电信号的出现相位进一步增加，800nm 与 940nm 两谱段内的光辐射强度明显增强。

如图 2－31 所示，在 180min 时，由于长时间加压导致空间电场畸变，放电信号的相位分布也出现"过零"现象，而且大幅值的放电信号分布相位也增加，全波段、550nm 以及 650nm 的 PRPD 谱图出现了中等光辐射强度放电信号"断档"的现象，较高光辐射强度的放电信号区域以及光辐射强度较小的放电信号区域密集程度更高。随着放电发展进入末期，如图 2－32 所示，在 210min 时，不同谱段内的光辐射强度减弱，但放电信号出现相位范围进一步增加。此时 PRPD 谱图可以看出，低光辐射强度区域密集程度较高，光辐射强度比较大的放电信号偶有出现。

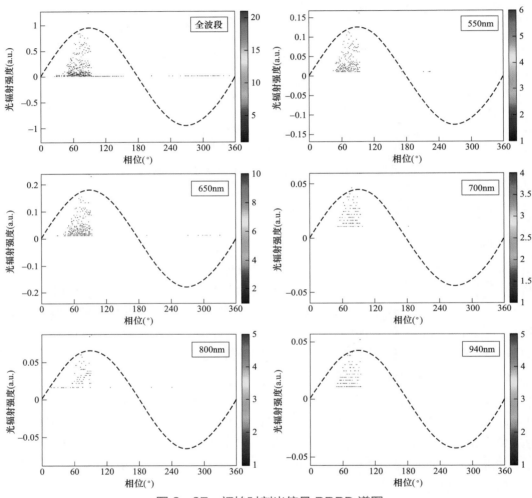

图 2−27　初始时刻光信号 PRPD 谱图

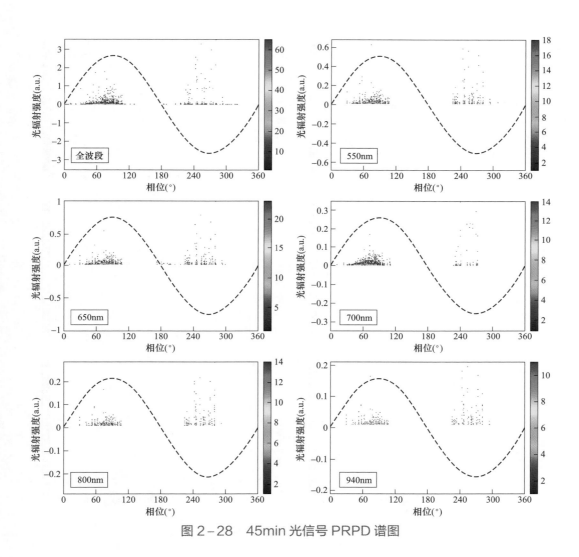

图 2-28　45min 光信号 PRPD 谱图

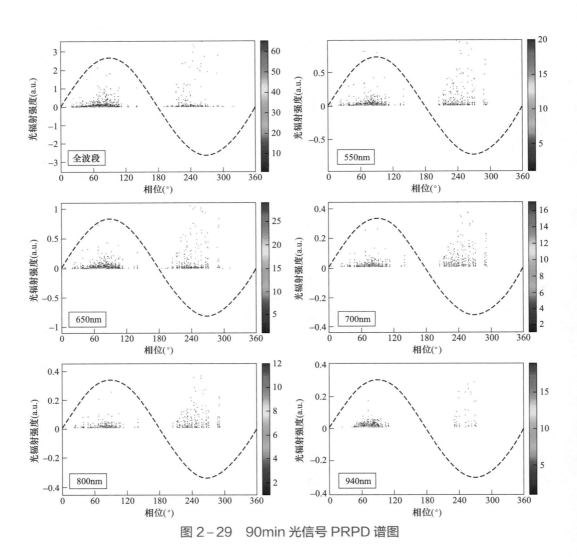

图 2-29　90min 光信号 PRPD 谱图

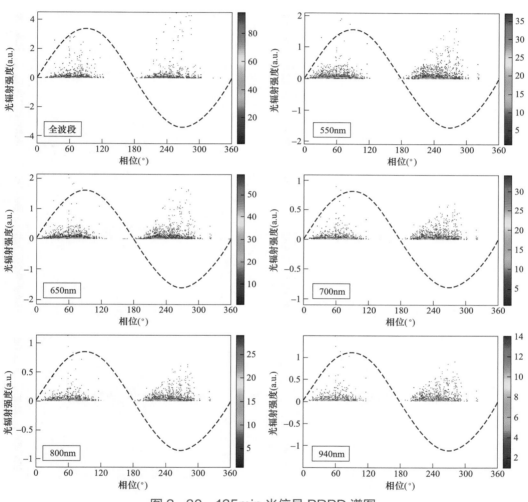

图 2-30 135min 光信号 PRPD 谱图

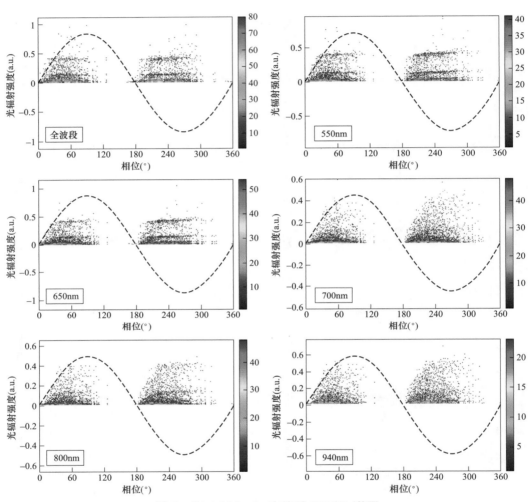

图 2-31　180min 光信号 PRPD 谱图

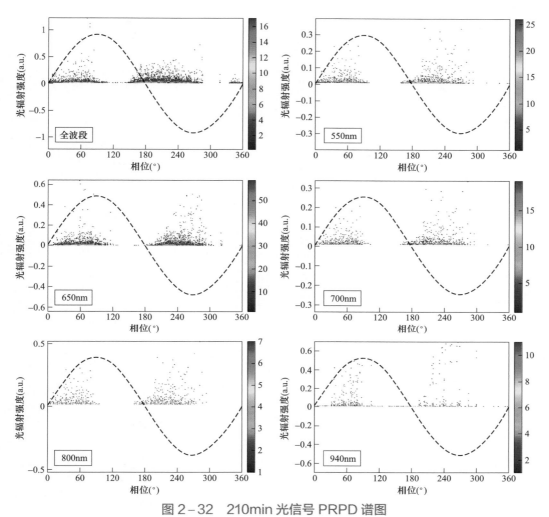

图 2-32　210min 光信号 PRPD 谱图

在整个放电发展过程中,放电信号的相位分布在持续增加,与脉冲电流信号和特高频信号类似,光信号的光辐射强度也是先逐渐增大,然后在放电发展的后期明显减小。与尖端放电模型不同的是,沿面放电模型的光辐射信号,初始时刻在外施电压负半周就出现了;并且在放电的前期,沿面放电模型的强光辐射强度的信号主要集中出现于外施电压的峰值处,在其他相位下较少出现。可以利用负半周出现的光学信号,以及较高强度的光辐射信号出现的位置,对针板缺陷放电和沿面缺陷放电进行有效的区分。

2. 平均光辐射强度变化趋势分析

对沿面放电模型下一个工频周期内放电光信号的平均光辐射强度进行计算,如图 2-33 所示,放电初始时刻,在电压正半周 15°左右,以及电压负半周 200°左右放电光信号开始出现,相比于针板放电模型,沿面放电模型在放电初始时刻,光信号分布相位更宽,并

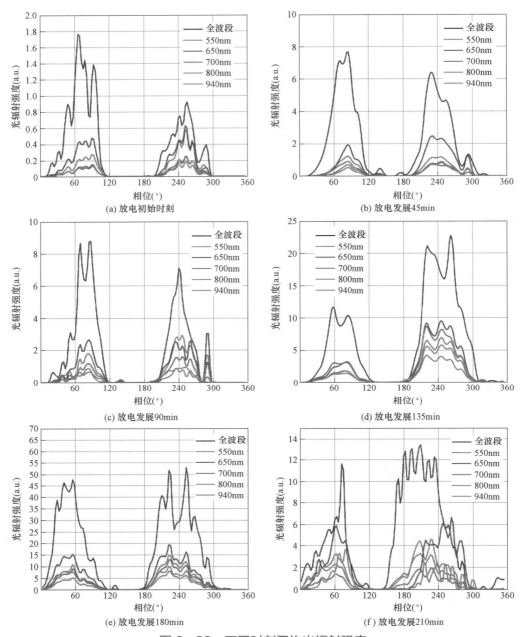

(a) 放电初始时刻

(b) 放电发展45min

(c) 放电发展90min

(d) 放电发展135min

(e) 放电发展180min

(f) 放电发展210min

图 2-33　不同时刻平均光辐射强度

且电压负半周放电明显。此时可见除全波段外，650nm 谱段内平均光辐射强度最高，700、800、940nm 这三个谱段平均光辐射强度接近且强度较小。随着放电过程的发展，在 45min 以及 90min 时，不同谱段内的平均光辐射强度从幅值上看，均有明显的增长，但是放电信号出现的相位变化不明显。在放电持续 135min 时，平均光辐射强度在外施电压负半周出现的相位范围较放电初期有所增加，但在电压正半周相位变化不明显，并且电压负半周的平均光辐射强度此时也显著大于电压正半周。随着放电进入中、后期，在 180min 时，平均光辐射强度出现的相位范围扩大，且幅值较大。当放电进入后期时，与脉冲电流法测量结果中单个周期内视在放电量持续增加的结论有所不同，不同谱段内的平均光辐射强度幅值下降，这可能是由于放电过程中产生大量游离气体，游离气体的产生阻挡了放电辐射的光子的传播通路，导致在放电末期不同谱段内的平均光辐射强度下降。

　　统计正负放电光脉冲序列的光辐射强度，如图 2－34 所示，沿面缺陷放电过程中全波段正负半周光辐射强度在 0～90min，随时间的增加，缓慢增长，正负半周放电光辐射强度差距不大。90min 之后，光辐射强度开始快速增长，此时负半周放电光辐射强度开始明显大于正半周放电。正负半周光辐射强度变化规律与脉冲电流法放电量变化规律基本一致，只是在 180min 之后，全波段正负半周光辐射强度下降明显。

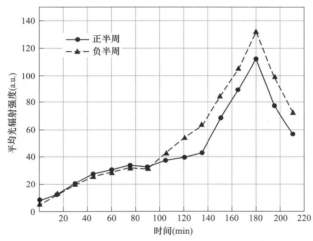

图 2－34　全波段正负半周放电光辐射强度

3. 不同谱段光辐射强度与全波段光辐射强度比例

　　计算整个放电过程中不同谱段内光辐射强度与全波段光辐射强度之比，如图 2－35 所示为外施电压正半周期内比例变化关系，由图可知，在整个放电过程中，650nm 谱段内光辐射强度所占比例最大，并且在整个放电过程中，其所占比例变化幅度不大，只是在放电末期 180～210min 时有一个明显的增长。550nm 谱段内光辐射强度所占比例则在整个放电过程变化较为平缓，没有明显的降低或者增长节点。而 700nm 谱段内的光辐射强度所占比例则是在 0～135min 有明显的增长，在 135～210min 开始降低。800、940nm 谱段内光辐射强所占比例在整个放电发展过程中缓慢上升。在电压负半周期中，650nm 谱段内光辐射强度所占比例在整个放电发展过程中持续下降。550nm 所占比例则在放电初期有一个明显降低和增长，随后在 90～210min 中持续降低。700nm 所占比例在整个放电过程中震荡上升；800nm 以及 940nm 谱段内光辐射强度所占比例则为持续上升。

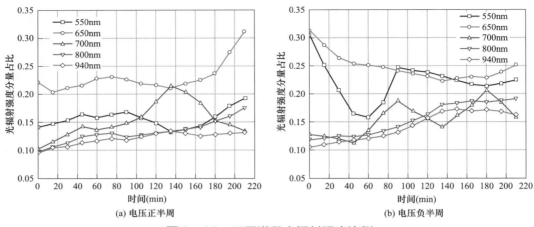

图 2-35 不同谱段光辐射强度比例

2.1.3.4 超声信号变化规律

如图 2-36 所示，放电初始时刻，超声信号幅值相对较小，超声信号的频谱分布相对集中，频率主要集中于 120kHz 左右。在 45min 时，超声信号的峰值稍有增加，但超声信号的频谱分布变化并不明显，频谱的峰值依旧出现在约 120kHz 附近。在 90min 时，超声信号的峰值稳定增加，同时，相比于 45min 时的超声信号，90min 出现的超声信号的频谱峰值向左移动，出现在约 110kHz 附近。在 135min 时，超声信号峰值增长到约 0.8V，而且此时超声信号频谱的峰值继续向左移动出现在约 100kHz 附近。随着放电进入末期，在 180min 和 210min，超声信号的峰值基本无变化，稳定在 0.8V 左右，超声信号频谱的峰值也稳定出现在约 95kHz 附近。

与针板放电模型相比，沿面放电过程中出现的超声信号，在整个放电过程中，幅值在前、中期有明显的增长，但是随着放电进入中、后期，其幅值变化不明显。沿面放电模型超声信号的频谱在初始阶段主要集中于 120kHz 附近，并且随着放电时间的增加，频谱峰值逐渐向低频移动。

图 2-37 给出了沿面放电整个过程中超声信号峰值的变化情况，可以看出，在整个放电过程中，超声信号的幅值基本持续增加。放电初始时刻，超声信号的幅值随着放电的发展，快速增加，由初始时刻的约 440mV 增长至 60min 时的 650mV，随后，进入一段平台期，期间超声信号幅值变化不明显。然后进入第二个增长期，在 90～135min 这个时间段内，超声幅值又有明显的增长；最后，超声信号基本维持在 780mV 附近。

2.1.3.5 油纸绝缘沿面放电演化过程分析

利用不同检测信号统计量的变化规律将沿面放电发展过程中缺陷严重程度同样划分为三个阶段，分别为轻微阶段、中等阶段以及严重阶段，如图 2-38 所示。

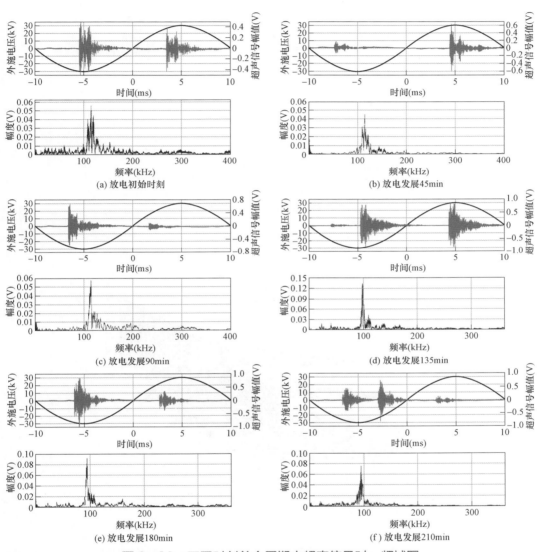

图 2-36 不同时刻单个周期内超声信号时、频域图

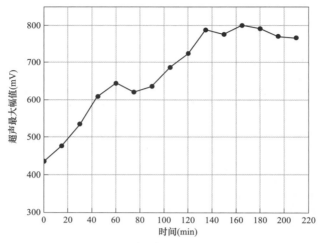

图 2-37 超声信号峰值统计图

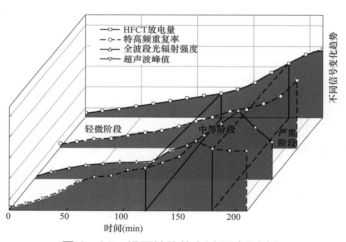

图 2-38 沿面缺陷放电过程阶段划分

1. 轻微阶段

此阶段内脉冲电流信号放电量、重复率以及信号幅值均有增加，脉冲电流信号的幅值增幅明显，谱图正半周期右偏趋势逐渐减小，开始变得左偏。特高频信号脉冲重复率略有增加，幅值在阶段初期有明显的增长，后期变化不明显。光信号光辐射强度随时间有一定程度的增加，550、650nm 谱段光辐射强度占比正半周期基本无变化，负半周期减小，其余谱段的光辐射强度占比正负半周都稍有增加。超声信号峰值在慢发展阶段内增幅明显，频谱峰值也从初始的 120kHz 附近左移至 110kHz 附近。此阶段在整个放电过程中持续时间较长。

2. 中等阶段

沿面缺陷放电经历长时间轻微阶段之后，进入中等阶段。脉冲电流信号放电量和脉冲重复率在此阶段内迅速增加，但此时的脉冲电流信号峰值却有明显的下降。特高频信号脉冲重复率上升，但信号幅值也有明显的降低。光信号光辐射强度在这一阶段内快速增加，650nm 谱段内光辐射强度占比正半周期内有明显的波动，其余谱段光辐射强度占比正半周期内均有增加；550、650nm 谱段内光辐射强度占比在负半周期内略有减小，其余谱段增加。超声信号幅值在这一阶段内增加，但增速放缓，频谱峰值继续左移至 100kHz 附近。

3. 严重阶段

经过长时间的电致劣化，放电缺陷进入严重阶段。此阶段内脉冲电流信号放电量、重复率以及特高频信号脉冲重复率依旧有较为明显的增长，但是脉冲的电流信号和特高频信号的幅值却持续减小。光信号光辐射强度和超声信号峰值在此阶段内开始下降，除 650nm 谱段外，其余谱段光辐射强度占比在正负半周期都有增加。超声信号的频谱峰值也左移至 95kHz 附近。由于沿面放电严重阶段存在时间较短，在实际应用中，当信号变化趋势出现明显增长分界点的时候，就应该给予高度的关注。

2.1.4　油纸绝缘气隙放电演化过程

油纸绝缘气隙放电模拟的是设备内部多种原因产生气泡引发的放电现象，放电首先在气体内部发生，使得周围绝缘材料发生劣化，多参量信号随之呈现趋势性变化规律。

2.1.4.1　脉冲电流信号变化规律

1. PRPD 谱图分析

油纸绝缘中气隙放电过程中放电起始电压较低，持续时间较长，从开始加压到绝缘纸板击穿总共历时约 5h 23min。如图 2−39 所示为气隙放电过程中初始时刻及 30、60、90、120、150、180、210、240、270、300、315min 的 PRPD 谱图。

气隙开始放电时，放电幅值较小，放电脉冲主要集中在 10°～100° 以及 190°～280°。气隙放电的 PRPD 谱图有明显的"兔耳"形状出现，而且"兔耳"形状集中出现于正负半周放电的首端。在 90min 时，放电信号幅值逐渐增加，起始放电相位朝 0°和 180°扩展，出现的"兔耳"形状也越发明显。然而在 120min 时，气隙放电信号的"兔耳"形状消失，放电谱图的形状变为山丘状，放电信号出现的相位角 90min 时变窄。随着放电继续发展，"兔耳"又再次出现，在整个气隙放电过程中，"兔耳"形状总是间隔一段时间出现，而且可以看出，当放电过程进入后期时，气隙放电过程中出现的"兔耳"信号的幅值会有显著增加。同时，在放电过程后期，当"兔耳"形状消失时，山丘状的放电信号出现的相位几乎遍布了整个 360°，但放电信号的幅值与放电过程中期相比变化不明显。

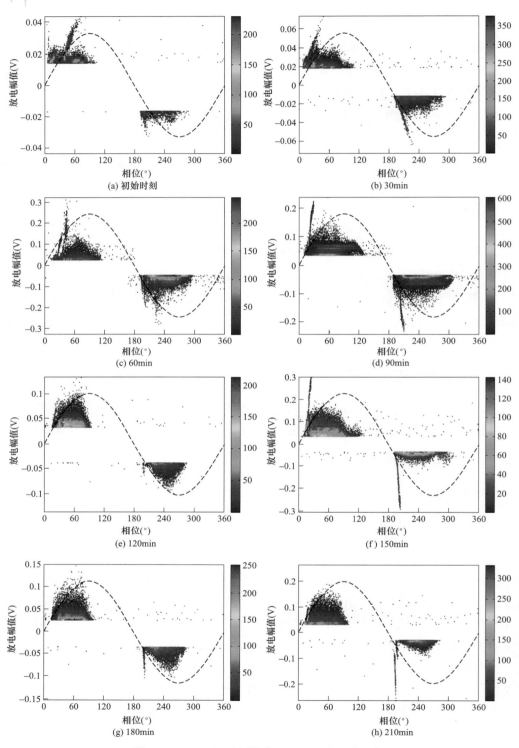

图 2-39 不同时刻放电 PRPD 谱图（一）

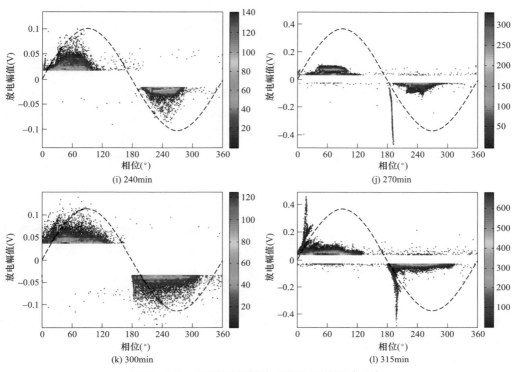

图 2-39 不同时刻放电 PRPD 谱图（二）

气隙放电模型的 PRPD 谱图具有其独特的"兔耳"特征，此特征可有效区别气隙放电缺陷与其他缺陷类型，同时通过对不同时刻出现的"兔耳"信号的幅值进行纵向对比，可以初步判断气隙放电的严重程度。

图 2-40 给出了气隙放电过程中谱图偏斜度以及陡峭度的变化规律，可以看出，谱图正负半周偏斜度始终处于正偏，且数值较小，并出现震荡现象。气隙放电陡峭度始终小于

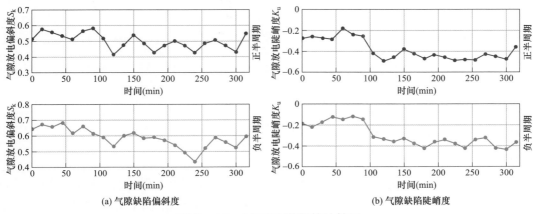

图 2-40 HFCT 谱图统计算子

零，说明气隙放电的谱图整体较为平坦，只有在出现"兔耳"形状时，谱图陡峭度才会略有增加。相比于针板、沿面缺陷而言，气隙缺陷谱图的偏斜度以及陡峭度无明显增大或减小的趋势，且数值较小，可作为辅助判别故障类型的判据之一。

2. 脉冲重复率、平均每周期内放电量及放电最大幅值变化趋势分析

油纸绝缘气隙放电刚开始产生放电时，无论其脉冲重复率、放电幅值以及放电量都较小，放电活动并不剧烈，此时对绝缘介质的损伤较小。随着放电发展，在 15～90min 这个时间段内，放电逐渐变得剧烈，此时间段内，无论是脉冲重复率、脉冲幅值以及放电量都有明显的增长。随后，气隙放电进入震荡状态，放电不稳定，并且可以看出，当 PRPD 谱图中有"兔耳"形状出现时，放电信号的脉冲重复率、放电幅值以及放电量都会有明显的增加，这可能是由于在放电过程中气隙内部气压的变化对放电产生了影响，放电出现"自熄"现象，导致在很长一段时间内，气隙内放电活动不稳定。当气隙放电进入末期时，脉冲重复率、放电幅值以及放电量都出现了明显的增长，与此同时在该阶段的试验过程中，缺陷模型出会发出"嗞、嗞"的响声。

与尖端放电模型以及沿面放电模型不同的是，气隙放电过程中脉冲重复率、放电幅值以及放电量都会出现明显震荡过程，而且相比于上述两种缺陷模型，气隙放电的放电量和脉冲幅值的变化关系具有较好的一致性。统计结果如图 2-41 所示。

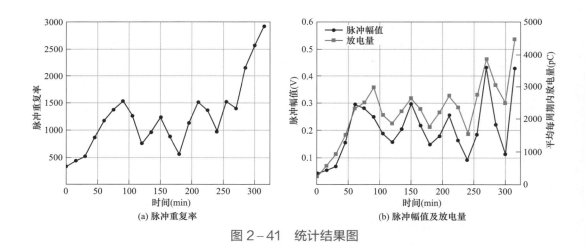

图 2-41　统计结果图

2.1.4.2　特高频信号变化规律

1. PRPD 谱图分析

如图 2-42 所示，在放电初始时刻特高频信号的幅值较小，但是其谱图也出现了较为明显的"兔耳"形状。随后，特高频信号的幅值有明显的增加，并且特高频信号出现的相位范围增加。

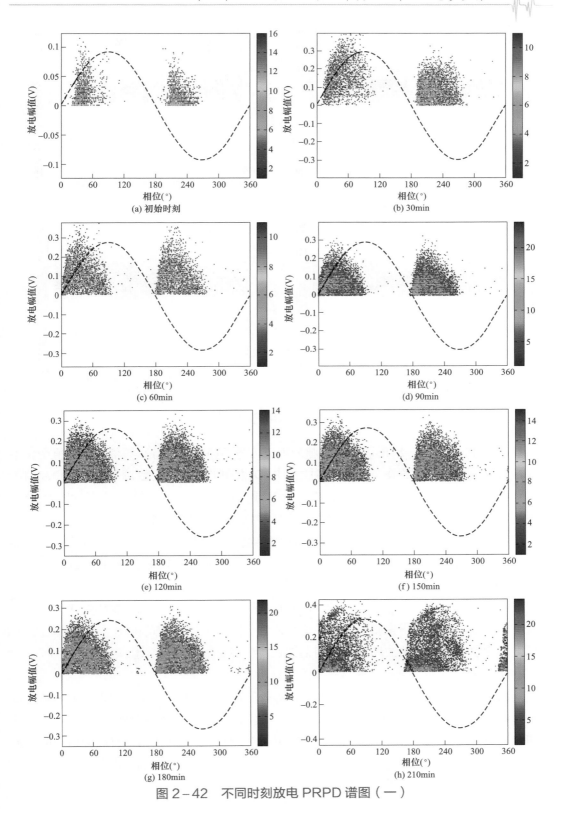

图 2-42　不同时刻放电 PRPD 谱图（一）

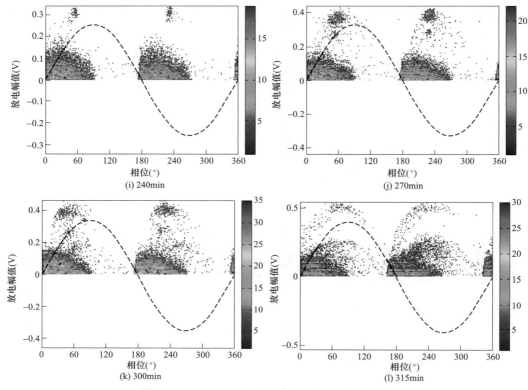

图 2-42　不同时刻放电 PRPD 谱图（二）

在 30～180min 这一时间段内，与脉冲电流信号不同的是，特高频信号的幅值变化不明显，最大信号幅值大约在 0.3V，此时的 PRPD 谱图形状基本一致，呈现左边稍高的山丘状。在 210～315min 的放电中、后期，特高频信号的幅值有所增加，并且 PRPD 谱图出现明显的"过零"现象，而且谱图中又出现明显的"兔耳"形状。

与尖端缺陷和沿面缺陷模型相比，油纸绝缘结构气隙放电过程中特高频信号的 PRPD 谱图在电压正负半周形状相似，而且在放电的初期以及中、后期都会出现明显的"兔耳"形状，并且在放电的后期，"兔耳"信号的幅值会有明显的增加。

如图 2-43 所示，气隙缺陷放电过程中特高频谱图偏斜度与陡峭度变化规律与脉冲电流法类似。谱图正负半周偏斜度无明显增长或者下降的趋势，只是在某一数值附近波动；谱图陡峭度也具有明显的波动趋势，但谱图正负半周总体上较为平坦。

2. 脉冲重复率和放电最大幅值变化趋势分析

如图 2-44 所示，特高频信号的脉冲重复率在放电开始时有明显的增长，随后脉冲重复率开始震荡增加，并在放电末期，脉冲重复率有明显的增长。特高频信号的幅值也在放电初期有较为明显的增长，但是在 30～180min 这一较长的时间段内，特高频信号的幅值无明显变化，基本在 0.3V 左右。当进入中、后期，特高频信号的幅值也在震荡上升，并且在最后的时间段内有明显的增长。

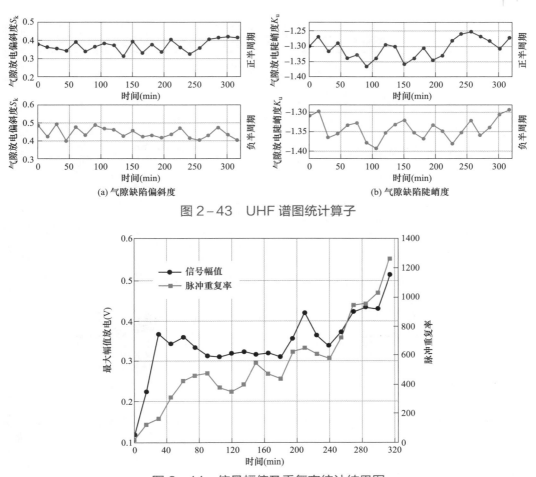

图 2-43　UHF 谱图统计算子

图 2-44　信号幅值及重复率统计结果图

与尖端缺陷、沿面缺陷模型相比，气隙缺陷模型在整个放电过程中，特高频信号的幅值无明显减小的趋势，并且在放电初期和末期有明显的增长。就脉冲重复率而言，气隙放电特高频信号的脉冲重复率也呈上升趋势，但与沿面缺陷放电过程中特高频信号的脉冲重复率不同，气隙放电过程中，脉冲重复率是震荡上升的。

2.1.4.3　超声信号变化规律

如图 2-45 所示，气隙放电过程中在电压的正负半周均有明显的超声信号，且超声信号幅值相对较小。在放电初始时刻，气隙放电超声信号的频谱分布范围相对较宽，在 40～150kHz 范围内均有分布。结合图 2-46 可以看出，随着放电过程发展，超声信号的幅值也发生震荡，时大时小，并且可以看出，当出现的超声信号幅值较小时，超声信号的频谱主要集中分布于 90～135kHz 之间，而当信号幅值增大时，频谱中 40～75kHz 这一谱段内的分量也有明显的增长。在进入放电末期，可以明显地看到超声信号的频率分布主要集中分布于 40～75kHz 以及 90～135kHz 之间。

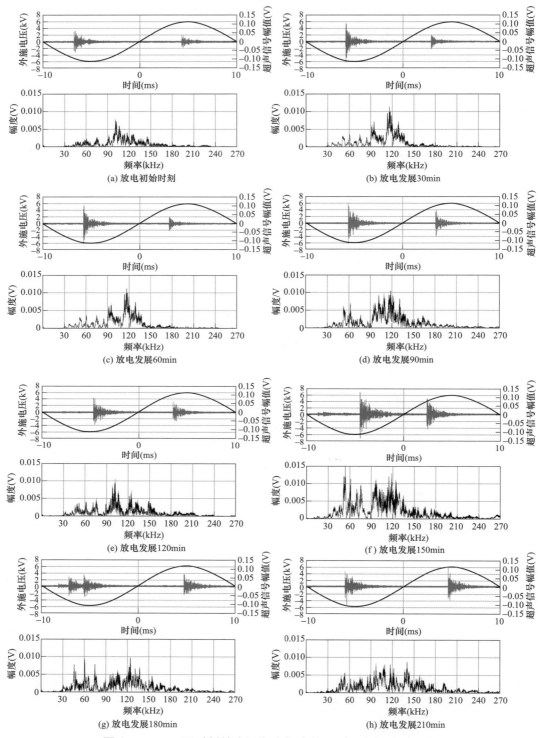

图 2-45　不同时刻单个周期内超声信号时、频域图（一）

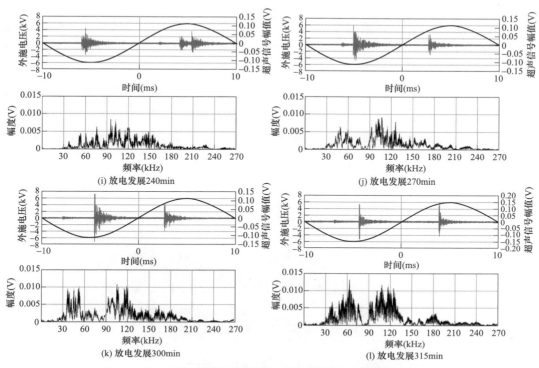

图 2-45 不同时刻单个周期内超声信号时、频域图（二）

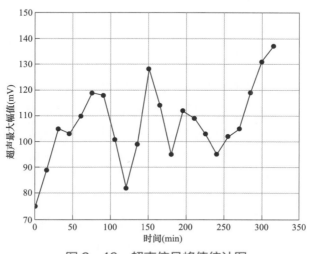

图 2-46 超声信号峰值统计图

由脉冲电流法结果可知，当其 PRPD 谱图出现"兔耳"形状时，脉冲重复率和放电量均会有明显的增长，超声信号幅值变化规律与其相似，而且出现"兔耳"的时刻，超声信号频谱中低频部分也会有明显的增长。

2.1.4.4 油纸绝缘气隙放电演化过程分析

气隙放电过程中缺陷严重程度同样可以划分为轻微阶段、中等阶段以及严重阶段，如图 2-47 所示。

1. 轻微阶段

在轻微阶段，脉冲电流信号放电量、脉冲重复率以及信号幅值都有明显的增加，信号谱图也基本有"兔耳"形状的出现。特高频信号重复率以及信号幅值在这一阶段内有较为明显的增长。超声信号的幅值在初始放电阶段增加，频谱分布范围相对较宽，在 40～150kHz 之间均有分布，但主要集中分布在 90～135kHz 之间。

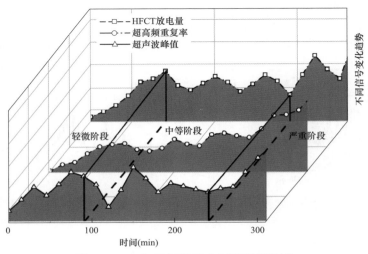

图 2-47　气隙缺陷放电过程阶段划分

2. 中等阶段

气隙放电缺陷的这一阶段较为特殊，并且较长时间存在于气隙缺陷放电发展的过程中。此阶段内脉冲电流信号的放电量、重复率以及脉冲幅值都震荡变化，对应谱图中"兔耳"形状的出现与消失。这一阶段内特高频信号的重复率震荡增加，但信号幅值基本无变化。超声信号的峰值在该阶段内也出现震荡，频谱分布中 40～90kHz 的低频部分占比逐渐增加。

3. 严重阶段

在经过震荡放电阶段后，气隙放电进入最后的严重阶段。脉冲电流信号放电量、信号幅值在该阶段依旧有震荡变化的趋势，然而信号脉冲重复率持续增加。特高频信号重复率以及信号幅值在预击穿阶段内增长明显。超声信号的峰值有明显增长，超声信号频谱分布在 40～75kHz 以及 90～135kHz 之间，出现明显的两部分。

传统利用单一脉冲电流法检测气隙缺陷放电，并进行气隙放电的阶段划分，可能会将严重阶段划分到震荡放电阶段或者大大缩小严重阶段的时间，给设备预警带来一定的风险。这也侧面说明了利用多手段对放电阶段划分的准确性和可靠性。

2.1.5 纯油间隙放电过程

纯油间隙放电主要模拟的是设备内部金属悬浮放电及击穿现象,基本无发展过程。

2.1.5.1 纯油间隙放电基本特征

1. 电弧电压和电流的典型波形和频谱特征

采用阶梯升压法加压,直至绝缘油击穿形成电弧。加压过程中通常会出现火花放电(预击穿)现象,但不会引起调压器跳闸,此时保持电压不变,等待绝缘油再次击穿形成电弧。

电极间距为 1mm,油中交流电弧电压电流波形如图 2-48 所示,采样率为 300kHz。从图中可以看出,间隙电压约为 22kV 时,在 $t=0$ 时刻发生击穿,随后形成稳定电弧,并于约 $t=88$ms 和 $t=188$ms 两次熄灭,随即重新击穿再次形成电弧。电弧持续过程中,电弧电流呈正弦波形,周期为 20ms,幅值较为稳定,在过零点和峰值处会出现高幅值的脉冲。电弧持续过程中,电弧电压的方向随电弧电流周期性变化,在半个工频周波内维持在较低水平,在电弧电流过零点附近会出现较大的正向和反向脉冲。

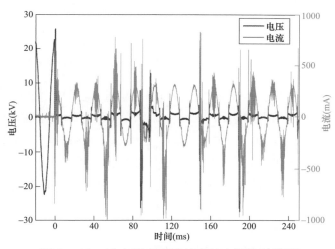

图 2-48 油中稳态电弧放电的电压电流波形

为了进一步分析电弧电压和电流信号的频谱成分,对电弧电压和电流信号分别进行了快速傅里叶变换,结果分别如图 2-49 和图 2-50 所示。可以看出,电弧电压信号主要包括三个频段的分量,分别为 50Hz 及其奇数次倍频分量、0.8~1.3kHz 分量、1.9~2.5kHz 分量。其中 50Hz 分量振幅最大,约为 700V,其奇数次倍频分量随着频率升高,振幅逐渐下降。0.8~1.3kHz 分量和 1.9~2.5kHz 分量的振幅相对较小,均在 50V 以下。电弧电流信号主要包括 50、100、200Hz 三个频率的分量,且 50Hz 的分量振幅最大,达 300mA;而 100Hz 和 200Hz 分量的振幅很小,不到 20mA。

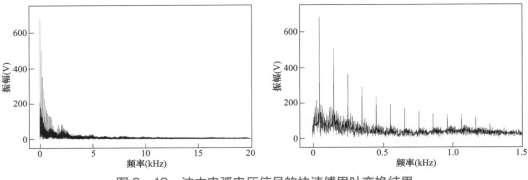

图 2-49   油中电弧电压信号的快速傅里叶变换结果

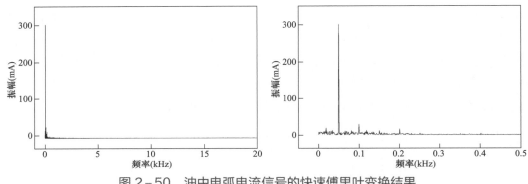

图 2-50   油中电弧电流信号的快速傅里叶变换结果

电弧电流大小取决于变压器输出电压和回路总阻抗,电弧放电过程中回路电流处于工频试验变压器正常工作范围内,因此可认为电弧前后变压器输出电压不变,而串联在回路中的水电阻阻值约为 60kΩ,远大于电弧弧阻,故可认为电弧放电过程中电流近似不变,因此电弧电流的主要成分即工频分量由试验变压器输出电压和水电阻决定,不受电弧状态的影响。因此可知,电弧电压的工频分量主要取决于电弧电流,而奇数次倍频分量、0.8～1.3kHz 和 1.9～2.5kHz 的电压分量则与电弧阻抗的波动变化有关。

2. 电弧功率、能量、动态伏安特性和等效阻抗

根据采集的电弧放电电压和电流信号,根据 $p(t)=u(t)i(t)$ 计算可得到电弧放电过程的瞬时功率,对瞬时功率 $p(t)$ 求关于电弧持续时间 t 的积分,可以得到电弧放电过程的累积能量曲线 $E(t)$,如图 2-51 所示。可以发现,瞬时放电功率 $p(t)$ 以 10ms 为周期变化,当电弧放电过程比较稳定时,放电功率较小,放电功率幅值在 100W 左右;当电弧放电过程不太稳定时,瞬时放电功率显著增加,在熄弧—重燃时刻,瞬时放电功率曲线出现脉冲,这是因为熄弧前气泡和油流的作用,使得电弧弧柱被拉长,由于电弧电流不变,电弧弧柱两端电压会随即升高,从而使得放电功率增加。从另一方面来说,电弧弧柱拉长使得电弧变得不稳定,维持电弧过程需要更大的放电功率或能量。熄弧后,等离子体通道温度迅速降低,通道电阻迅速增大,此时电流迅速减小,而工频试验变的输出电压主

58

要施加在间隙两端，但由于绝缘油裂解产生的气体和固体颗粒难以及时扩散，因此间隙难以完全恢复至击穿前的绝缘状态，从而使得间隙在工频电压的上升沿再次击穿并形成电弧，这一熄弧—重燃的过程中间隙电压和电流震荡变化，使得瞬时功率曲线出现正、负脉冲。

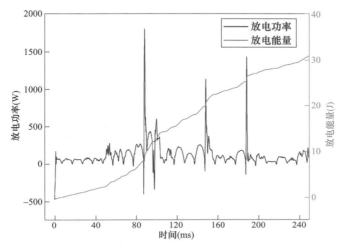

图 2-51 油中电弧放电的瞬时功率和累积能量曲线

进一步观察累积能量曲线可以发现，电弧放电过程较稳定时，累积能量随时间线性增长，不稳定电弧阶段和熄弧—重燃前后，累积能量的增长速率显著增加。

根据测得的电弧电压电流信号，绘制了 $t=17\text{ms}$ 至 $t=37\text{ms}$ 内的动态伏安特性曲线，如图 2-52 所示。可以发现，油中交流电弧的动态伏安特性曲线具有明显的滞回效应，此外，一个工频周期内伏安特性呈正、负特性交替变化，且电流的变化超前于电压。

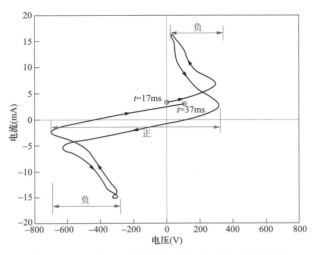

图 2-52 油中电弧放电的动态伏安特性曲线

由于电弧放电的电流以 50Hz 为主要成分，且电弧电流仅由电源和回路参数决定，因此以电弧电流的峰值时刻为基准，以电弧电压和电弧电流的瞬时值计算电弧等效阻抗，求得电弧放电过程中的等效阻抗曲线如图 2－53 所示。可以发现，$d=1.0mm$ 间隙的交流电弧等效阻抗为千欧级，当电弧较为稳定时，等效阻抗在 $0.5\sim3k\Omega$ 范围内波动。

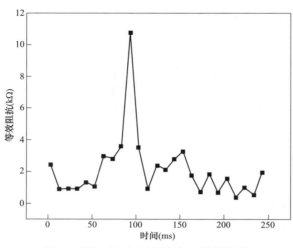

图 2－53 油中电弧放电的等效阻抗

2.1.5.2 电弧放电发射光谱信号特征

1. 油中电弧发射光谱的测量

采用光谱仪同步采集油中电弧放电的发射光谱，单条谱线的积分时间为 10ms，光谱仪采样时间间隔为 20ms，即采样频率为 50Hz，共采集了 $t=0ms$ 到 $t=1800ms$ 的发射光谱，如图 2－54 所示。可以看出，油中电弧放电的发射光谱主要位于 $300\sim900nm$ 波段，可见波段光谱强度较高，而紫外和近红外波段光谱强度相对较低。电弧放电过程中不同时刻的发射谱线强度有所不同，但谱线的形状和峰的位置具有较高的一致性。

光谱仪所采集的原始发射光谱及背景光谱如图 2－55 所示。可以发现，油中电弧放电的原始发射光谱由线状光谱和带状光谱叠加而成。

2. 发射光谱的基线校正和电弧等离子体电子温度估算

根据等离子体辐射光谱理论，电弧光源的光谱中通常包含黑体辐射、轫致辐射、复合辐射、分子发射光谱与原子/离子发射光谱。

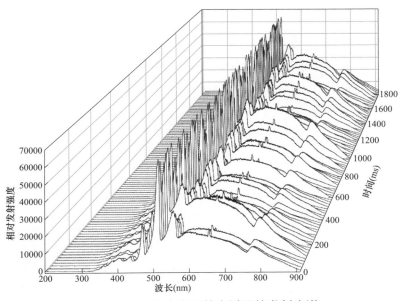

图 2−54　油中电弧放电过程的发射光谱

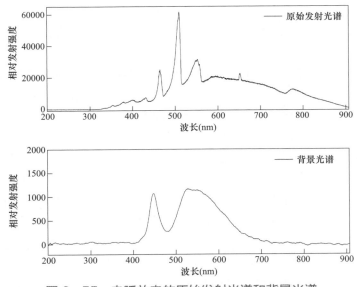

图 2−55　电弧放电的原始发射光谱和背景光谱

在利用电弧放电的发射光谱进行计算分析时，通常需要去除连续光谱和带状光谱成分，保留线状的原子/离子发射光谱。对原始发射光谱曲线去除背景光谱，并进行基线校正和插值处理，得到电弧放电的原子/离子发射光谱，如图 2−56 所示。

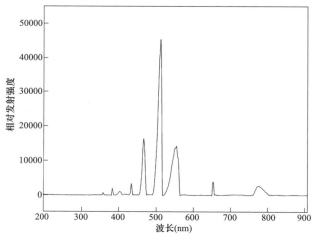

图 2-56　背景去除和基线校正后的发射光谱

通常情况下，原子处于基态，当原子获得足够的能量，外层电子由基态跃迁到较高的能量状态即激发态。处于激发态的原子是不稳定的，其寿命小于 10^{-8}s，激发态原子的外层电子就从高能级向较低能级或基态跃迁。多余能量的发射出来，就得到了一条光谱线。由于能级的不连续，原子发射光谱是离散的线状光谱。谱线波长与能量的关系为

$$\lambda = \frac{hc}{E_2 - E_1} \tag{2-6}$$

式中：E_2、E_1 分别为高能级与低能级的能量；λ 为发射谱线的波长；h 为普朗克常数；c 为光速。

原子光谱中每一条谱线的产生各有其相应的激发能，这些激发能在元素谱线表中可以查到。由第一激发态向基态跃迁所发射的谱线称为第一共振线。第一共振线具有能量小的激发能，因此最容易被激发，也是原子/离子谱线中最强的谱线。

在激发光源作用下，原子获得足够的能量就发生电离，电离所必需的能量称为电离能。离子也可能被激发，其外层电子跃迁也发射光谱，由于离子和原子具有不同的能量，所以离子发射的光谱与原子发射的光谱是不一样的。每一条离子线也都有其激发能，这些离子线激发能的大小与电离能高低无关。在原子谱线表中，用罗马字 I 表示中性原子发射的谱线，II 表示一次电离离子发射的谱线，III 表示二次电离离子发射的谱线，依此类推。

原子由某一激发态 i 向基态或较低能级跃迁发射谱线的强度，与激发态原子数成正比。在激发光源高温条件下，温度一定，处于热力学平衡状态时，单位体积基态原子数 N_0 与激发态原子数 N_i 之间遵守玻尔兹曼（Boltzmann）分布定律

$$N_i = N_0 \frac{g_i}{g_0} e^{-E_i/kT} \tag{2-7}$$

式中：g_i、g_0 为激发态与基态的统计权重；E_i 为激发能；k 为玻尔兹曼常数；T 为激发温度。

原子的外层电子从 p 能级跃迁至 q 能级，其发射谱线强度 I_{pq} 可表示为

$$I_{pq} = N_p A_{pq} h v_{pq} \qquad (2-8)$$

式中：A_{pq} 为两个能级间的跃迁概率；h 为普朗克常数；v_{pq} 为发射谱线的频率。

将式（2-7）代入式（2-8），可得发射谱线的表达式为

$$I_{pq} = N_0 \frac{g_p}{g_0} e^{-\bar{E}_p/kT} A_{pq} h v_{pq} \qquad (2-9)$$

由式（2-9）可见，影响谱线强度的因素为：

（1）统计权重：谱线强度与激发态和基态的统计权重之比 g_p/g_0 成正比。

（2）跃迁概率：谱线强度与跃迁概率成正比，跃迁概率是一个原子于单位时间内在两个能级间跃迁的概率。

（3）激发能：谱线强度与激发能呈负指数关系。在温度一定时，激发能愈高，处于激发状态的原子数愈少，谱线强度就愈小。激发能最低的共振线通常是强度最大的谱线。

（4）激发温度：温度升高，谱线强度增大。但温度过高，电离的原子数目也会增多，而相应的原子数会减少，致使原子谱线强度减弱，离子的谱线强度增大。

（5）基态原子数：谱线强度与基态原子数成正比。在一定条件下，基态原子数与该元素浓度成正比。

根据等离子体相关理论，等离子体中存在电子、离子、中性原子和分子等，但只有带电粒子才能在电场中被加速而获得动能，由于电子质量最轻，因此等离子体中的能量传递主要通过电子进行，电子从电场中获得动能，再与其他粒子碰撞将能量传递给其他粒子，通过不断地能量交换，组成等离子体的各种粒子的温度趋于相等，等离子体的这一状态称为热平衡状态。电弧放电形成的等离子体通道由于和外界有大量的能量和质量交换，因此各部分具有较大的温度梯度，体系不服从普朗克定律，因此不能认为是处于热平衡状态，但对于等离子体的某一部分，可以认为满足除普朗克定律以外的其他热平衡条件，因此称为局部热平衡体系（LTE）。已有试验证实电弧等离子体处于 LTE 状态。对于处于 LTE 状态时的电弧等离子体，其局部温度平衡，因此表征不同粒子物理过程的激发温度、气体动力学温度、电子温度、电离温度均相等。

根据式（2-9）及 LTE 条件，可由多条发射谱线的强度求得电弧等离子体温度，包括双线法和多谱线斜率法。双线法计算电弧等离子体温度的表达式如下

$$T_e = \frac{hc}{k} \frac{E_1 - E_2}{\ln\left(\dfrac{g_1 A_1}{g_2 A_2} \cdot \dfrac{\lambda_2 I_2}{\lambda_1 I_1} \right)} \qquad (2-10)$$

式中：T_e 为等离子体电子温度；1 和 2 为同一元素基态能级相同的两条发射谱线，即同为原子线或同价态离子线；E 为激发态能级的激发能；g 为激发态统计权重；A 为激发态向基态的跃迁概率；λ 为发射谱线的波长；I 为发射谱线的强度；k 为玻尔兹曼常数。g、A 和 E 可以通过原子/离子发射光谱数据库查询得到。

查询 NIST 原子发射光谱数据库，确定了三条 H 元素的原子线，如表 2-1 所示，分

别为 H 元素巴尔末系谱线中的 H–α、H–γ 和 H–η 谱线。

表 2–1 实 测 谱 线 及 其 参 数

实测谱线（nm）	理论谱线（nm）	类型	gA 值（s^{-1}）	E（cm^{-1}）	发射强度
383.67	383.5	H–η	2.46	108324.725	2038.80
434.08	434.1	H–γ	31.99	105291.657	3345.81
656.16	656.3	H–α	386.29	97492.304	3968.62

将表 2–1 中谱线参数代入式（2–10），可求得发射光谱对应的电弧等离子体电子温度，如表 2–2 所示，该温度值为电弧等离子体工频周期内的平均值。

表 2–2 LET 状态下电弧等离子体电子温度估算结果

谱线	H–α/H–γ	H–α/H–η	H–γ/H–η
电子温度 T_e（K）	5168.77	4745.12	5400.20
平均值（K）	5104.70		

2.1.5.3 电弧放电超声信号特征

电弧放电过程中的超声信号时域波形如图 2–57 所示。可以发现，超声信号主要出现在电弧电流脉冲附近，具体而言，当电弧较为稳定时，主要出现在电流过零点位置，当电弧不稳定时，超声信号总是伴随着电流脉冲出现。对时域超声信号进行快速傅里叶变换，

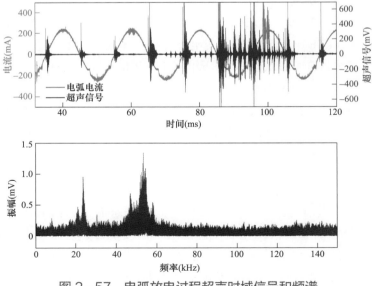

图 2–57 电弧放电过程超声时域信号和频谱

得到超声频谱,如图 2-57 所示。可以发现,电弧放电的超声信号主要包含 20~25kHz 和 44~59kHz 两个频段,其中心频率分别在 24、53kHz 附近,44~59kHz 的超声信号的振幅相对较大。

考虑到超声信号的频谱成分的复杂性,不便于直接对比时域信号的幅值,因此主要关注超声和油压信号特征频段的中心频率,以及中心频率分量的振幅大小。超声信号的中心频率和振幅随电极间距的变化如图 2-58 所示。不同电极间距下的电弧放电均能检出 20~25kHz 和 44~59kHz 两个频段的超声信号,且其中心频率变化不大,平均值分别为 23.815kHz 和 53.256kHz,中心频率处的信号振幅在一定范围内波动,其振幅平均值分别为 0.784mV 和 0.791mV。

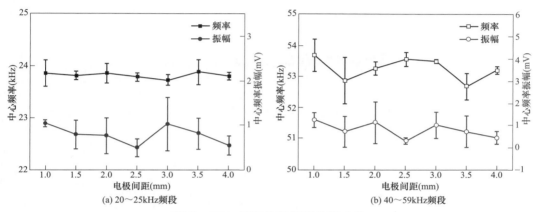

图 2-58　超声信号频谱参数变化

2.1.5.4　电弧放电压力特征

电弧放电过程中的油中压力信号时域波形如图 2-59 所示。由于试验所用的油压传感器为相对压力传感器,压力探头直接浸在油中,静态油压会使得油压传感器信号中有明显的直流分量,因此在后续压力信号处理过程中对直流分量进行了滤波处理,仅保留交流分量,以反映油压的波动情况。可以发现,电弧电流较稳定时,油压波动较小,当电弧电流过零点处出现较大的脉冲时,后续油压的波动幅值会明显增大,熄弧—重燃过程引起的油压波动可达 ±1kPa 左右。油压的波动频率和电弧的稳定性无关。对滤除直流分量的油压时域信号进行快速傅里叶变换,得到油中压力的频谱,如图 2-59 所示。可以发现,油中压力主要包括 50Hz 和 0.6~0.75kHz 两个频段的分量。其中 0.6~0.75kHz 的分量容易从油压的时域波形中观察到,50Hz 的分量与电弧电流周期性变化导致的气体生成和膨胀有关。

油压信号的中心频率和振幅的变化规律如图 2-60 所示,不同间距下电弧放电均能检出 0.6~0.75kHz 的油中压力信号,其中心频率平均值为 673Hz,中心频率处压力信号振幅随间距增大而增大。

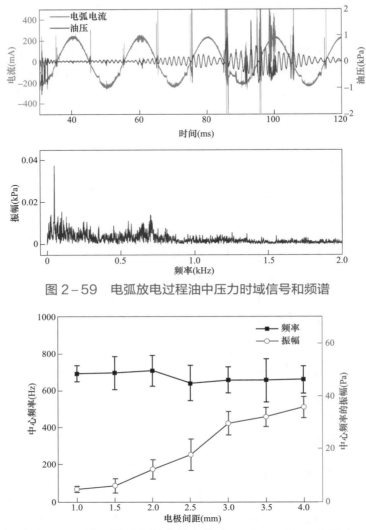

图 2-59　电弧放电过程油中压力时域信号和频谱

图 2-60　油压信号频谱参数变化（0.6~0.75kHz 频段）

2.2　多因素联合作用的变压器绕组温度分布规律

2.2.1　绕组温度分布仿真建模

变压器绕组的热源主要来自绕组电阻损耗和涡流损耗。电阻损耗由焦耳定律计算，涡流损耗由绕组域的漏磁分布计算。仿真计算绕组温度分布，需先计算变压器电磁场分布。图 2-61 所示是变压器绕组温度分布计算思路图。以三相交流变压器为例，首先，基于有限元原理，采用多物理场仿真技术建立变压器三维电磁场仿真模型，计算其三维电磁场分布。将得到的磁通密度结果代入涡流损耗计算公式,计算出绕组域的三维涡流损耗分布。然后,针对具有轴对称结构的低压绕组,建立热流场二维精细化仿真模型。将绕组域三维涡流损耗进行均值化处理,降维成二维涡流损耗,作为热源加载到绕组热流场二维精细化仿真模型。最终,仿真计算出绕组温度场和流体场。

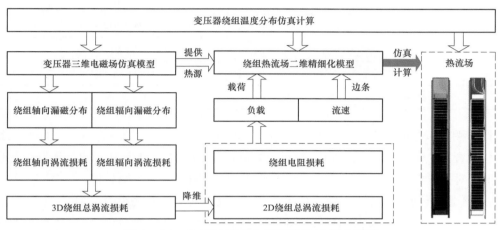

图 2-61 绕组温度分布仿真建模计算思路图

2.2.1.1 110kV 交流变压器温度分布仿真参数和几何模型

型号为 SSZ11-25000/110 的三相交流变压器的结构和铁芯尺寸如图 2-62 所示。该变压器铁芯为三相三柱式结构,铁芯各心柱上由内向外依次是低压绕组、中压绕组和高压绕组。该交流变压器的铭牌参数如表 2-3 所示,其额定容量是25000kVA,高、中、低压侧额定电压依次为 110、35、10.5kV,额定电流依次为 131.2、412.4、1374.7A。

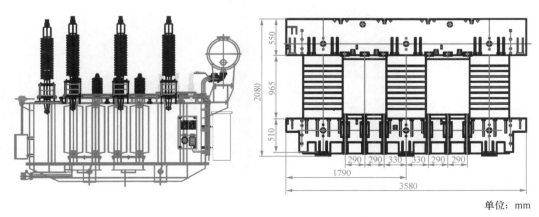

单位: mm

图 2-62 交流变压器结构和铁芯尺寸

表2-3 交流变压器铭牌参数

指标	参数
型号	SSZ11-25000/110
额定容量	25000/25000/25000kVA
额定电压	110/35/10.5kV
额定电流	131.2/412.4/1374.7A
联结组标号	YNyn0 d11
分接范围	110±8×1.25kV
冷却方式	ONAN/ONAF

针对图2-62所示交流变压器结构参数,建立变压器三维仿真模型和低压绕组二维精细化仿真模型,分别用以变压器电磁场计算和绕组温度分布计算。在构建变压器三维仿真模型时,对变压器进行如下简化:将变压器单个绕组简化为一个圆柱体,忽略其内部油道结构;简化变压器铁芯的铁芯叠片结构;本研究仅关注变压器绕组涡流损耗,因此,忽略变压器拉板、夹件等对其电磁场影响不大的结构。最终构建的变压器三维仿真模型中的铁芯—绕组结构如图2-63(a)所示。变压器低压绕组由42个线饼构成,总体高度为830mm。其中,每个线饼由五匝(每匝由五根导线并绕而成)导线组成,导线外面包裹绝缘纸。低压绕组内部不同轴向高度处共布置有五块挡油板,将低压绕组分为四个分区。依据变压器低压绕组实际结构及尺寸,建立考虑低压绕组线饼、绝缘纸、挡油板和内部油道等细微结构的二维精细化模型,建模结果如图2-63(b)所示。

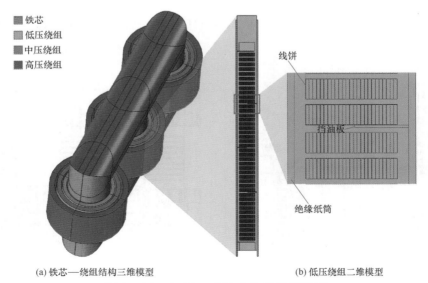

(a) 铁芯—绕组结构三维模型   (b) 低压绕组二维模型

图2-63 110kV交流变压器几何模型

2.2.1.2　变压器绕组涡流损耗计算

1. 变压器三维电磁场仿真模型

（1）控制方程和本构关系。多物理场仿真的本质是利用数值方法如有限元法（Finite Element Method，FEM）、有限体积法（Finite Volume Method，FVM）和有限差分法（Finite Difference Method，FDM）对描述物理量传递规则的偏微分方程进行求解，以求得物理量在时间上的演化规律和空间上的分布规律。麦克斯韦方程组是描述电磁场中各物理量之间规律的方程，也是工程电磁场数值计算的理论依据。方程组如式（2－11）所示。

$$\nabla \times \vec{E} = -\frac{\partial \vec{B}}{\partial t}$$

$$\nabla \times \vec{H} = \vec{J} + \frac{\partial \vec{D}}{\partial t}$$

$$\nabla \cdot \vec{D} = \rho_{\mathrm{e}} \tag{2－11}$$

$$\nabla \cdot \vec{B} = 0$$

式中：$\vec{E}$ 是电场强度，V/m；$\vec{D}$ 是电位移矢量，C/m²；$\vec{H}$ 是磁场强度，A/m；$\vec{B}$ 是磁感应强度，T；$\vec{J}$ 是涡流密度，A/m²；ρ_{e} 是电荷密度，C/m³。

变压器中电场和磁场的相互影响和相互作用可以用麦克斯韦方程组表征，而对于线性介质，还存在如式（2－12）所示的本构关系。

$$\vec{D} = \varepsilon \vec{E}$$

$$\vec{B} = \mu_{\mathrm{m}} \vec{H} \tag{2－12}$$

$$\vec{J} = \sigma \vec{E}$$

其中，ε 是介质介电常数，F/m；μ_{m} 是介质磁导率，H/m；σ 是介质电导率，S/m。对于各向同性介质，ε、μ 和 σ 为标量，而对于各向异性介质，这些参数皆为张量。

（2）材料属性。交流变压器铁芯为铁磁材料硅钢片，其磁导率非线性且具有饱和特征，相对磁导率不是常数，因此，采用 $B-H$ 曲线来表示铁芯材料的本构关系。图 2－64 显示了铁芯材料的磁化曲线。除铁芯材料的磁化特性外，交流变压器各部件详细材料属性如表 2－4 所示。

（3）边界条件与激励。要求解上述电磁场控制方程的特解，需给定初边值条件和激励条件。电磁场可以分为恒定场和瞬态场，求解恒定场只需要满足一定的边界条件，而求解瞬态场，还需要给定初始条件。电磁场数值计算的边界条件有三类，分别是狄利克雷（Dirichlet）边界条件、诺伊曼（Neumann）边界条件和洛平（Robin）边界条件。

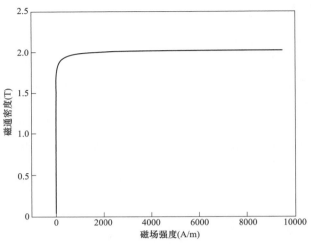

图 2-64　铁芯材料 $B-H$ 曲线

表 2-4　　　　　　　　　　变压器各部件材料电磁学属性

部件	材料	相对磁导率	电导率（S/m）	相对介电常数
铁芯	硅钢片	$B-H$ 曲线	4.545×10^6	1
绕组	电工铜	1	5.998×10^7	1
油域	绝缘油	1	10^{-12}	2.2

狄利克雷（Dirichlet）边界条件又称为第一类边界条件，直接描述物理系统边界上待求解的物理量，常用于边界上物理量已知的情形，可用式（2-13）描述。诺伊曼（Neumann）边界条件也称为第二类边界条件，描述物理系统边界上物理量的导数的情况，常用于边界上某种通量变化已知的情形，可用式（2-14）描述。洛平（Robin）边界条件是第三类边界条件，可以看作是第一类和第二类边界条件的线性叠加，描述物理系统边界上物理量与相关导数的线性组合，可用式（2-15）描述。

$$\vec{u}\big|_\Gamma = f_1(\Gamma) \tag{2-13}$$

$$\frac{\mathrm{d}\vec{u}}{\mathrm{d}\vec{n}}\bigg|_\Gamma = f_2(\Gamma) \tag{2-14}$$

$$\left(\eta\vec{u} + \beta\frac{\mathrm{d}\vec{u}}{\mathrm{d}\vec{n}}\right)\bigg|_\Gamma = f_3(\Gamma) \tag{2-15}$$

图 2-65 显示了变压器电磁场仿真模型按照变压器实际参数在各相绕组处外施激励的情况。将各相中压绕组开路，即不施加激励。利用场路耦合法，在各相低压绕组处添加外电路，并通过在外电路中设置电流源的方式施加激励。

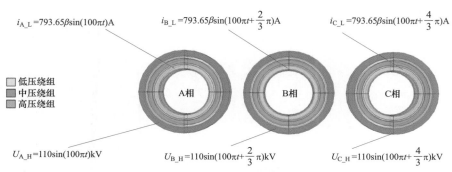

$i_{A\_L}=793.65\beta\sin(100\pi t)A$　　$i_{B\_L}=793.65\beta\sin(100\pi t+\dfrac{2}{3}\pi)A$　　$i_{C\_L}=793.65\beta\sin(100\pi t+\dfrac{4}{3}\pi)A$

□ 低压绕组
■ 中压绕组
■ 高压绕组

A相　　B相　　C相

$U_{A\_H}=110\sin(100\pi t)kV$　　$U_{B\_H}=110\sin(100\pi t+\dfrac{2}{3}\pi)kV$　　$U_{C\_H}=110\sin(100\pi t+\dfrac{4}{3}\pi)kV$

图 2-65　变压器电磁场仿真绕组外施激励情况

2. 变压器绕组涡流损耗计算

电阻损耗和涡流损耗是绕组损耗的主要组成部分。处于漏磁场中的绕组，会在绕组内部感应出电动势，从而形成涡流，产生涡流损耗。涡流损耗由两部分组成，分别是轴向与辐向涡流损耗。通过仿真得到绕组上的轴向与辐向漏磁，然后利用式（2-16）和式（2-17）计算其轴向与辐向涡流损耗。总涡流损耗为轴向涡流损耗和辐向涡流损耗之和，如式（2-18）所示。

轴向涡流损耗计算公式

$$P_{Zddy}=\frac{\pi Dba^3\omega^2\sigma B_{cv}^2}{24} \tag{2-16}$$

辐向涡流损耗计算公式

$$P_{Feddy}=\frac{\pi Dab^3\omega^2\sigma B_{av}^2}{24} \tag{2-17}$$

总涡流损耗计算公式

$$P_{eddy}=P_{Zddy}+P_{Feddy} \tag{2-18}$$

其中，P_{Zddy} 代表轴向涡流损耗，W；P_{Feddy} 代表辐向涡流损耗，W；P_{eddy} 代表总涡流损耗，W；D 代表线圈平均直径，m；a 代表导线宽度，m；b 代表导线高度，m；ω 代表电流频率，rad/s；σ 代表电导率，S/m；B_{av} 代表导线上的平均磁密，T。

图 2-66 显示了由式（2-16）～式（2-18）计算所得的不同负载率下各绕组线饼的总涡流损耗，涡流损耗在绕组轴向方向上呈现两端大、中间小的分布规律。随着负载率的增加，绕组上涡流损耗分布规律不发生改变，但涡流损耗值逐渐增加。将计算所得绕组涡流损耗与电阻损耗求和可得绕组总损耗，表 2-5 列出了不同负载率下变压器低压绕组电阻损耗、涡流损耗和总损耗值，绕组损耗是变压器绕组的热源。

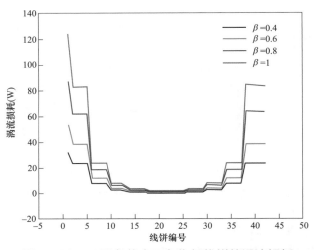

图 2-66　不同负载率下各绕组线饼的涡流损耗

表 2-5　　　　　　　　　不同负载率下变压器低压绕组损耗值

负载率	电阻损耗（W）	涡流损耗（W）	总损耗（W）
0.4	2292.76	341.51	2634.27
0.6	5158.72	548.95	5707.67
0.8	9171.06	892.01	10063.07
1	14329.78	1177.67	15507.45

2.2.1.3　绕组二维精细化热流场仿真模型

1. 传热过程与控制方程

结合变压器的发热与散热过程综合考虑，可知本研究中交流变压器绕组的热量传递过程如下：变压器绕组由于电阻损耗和涡流损耗发出热量，该部分热量以热传导的方式传递到绕组表面，由此，绕组表面温度大于与之接触的变压器油的温度，在温差的驱使下导致热量从变压器绕组表面以对流传热的方式传递到变压器油中。然后，变压器油通过流动将热量带到安装在变压器一侧的散热器中，并以对流传热的形式沿散热器内壁进入散热器壁，再以传导的形式传递到散热器外壁。最后，散热器外的空气以对流传热的形式带走散热器外壁的热量。

绕组固体域的传热过程满足能量守恒定律，如式（2-19）所示。绕组内绝缘油的非等温流动过程遵循质量守恒定律、动量守恒定律以及能量守恒定律，满足 Navier-Stokes 方程的约束，如式（2-20）所示。

$$\Delta U = Q - W \tag{2-19}$$

$$\frac{1}{r}\frac{\partial(rv_r)}{\partial r} + \frac{\partial v_z}{\partial z} = 0$$

$$\rho\left(v_r\frac{\partial v_r}{\partial r} + u_z\frac{\partial v_r}{\partial z}\right) = F_r - \frac{\partial p}{\partial r} + \frac{\mu}{r}\frac{\partial}{\partial r}\left(r\frac{\partial v_r}{\partial r} + \frac{\partial^2 v_r}{\partial z^2}\right)$$

$$\rho\left(v_r\frac{\partial v_z}{\partial r} + v_z\frac{\partial v_z}{\partial z}\right) = F_z - \frac{\partial p}{\partial z} + \frac{\mu}{r}\frac{\partial}{\partial r}\left(r\frac{\partial v_z}{\partial r} + \frac{\partial^2 v_z}{\partial z^2}\right) \qquad (2-20)$$

$$v_r\frac{\partial\rho cT}{\partial r} + v_z\frac{\partial\rho cT}{\partial z} = \lambda\left[\frac{1}{r}\frac{\partial}{\partial r}\left(r\frac{\partial T}{\partial r}\right) + \frac{\partial^2 T}{\partial z^2}\right]$$

$$\lambda\left[\frac{1}{r}\left(r\frac{\partial T}{\partial r}\right) + \frac{\partial^2 T}{\partial z^2}\right] = Se$$

其中，c 是比热容，J/（kg·K）；v 是流速，m/s；F 是流体微元所受外力，N/m³；p 是压力，N/m²；μ 是动力黏度，N·s/m²；ρ 是密度，kg/m³。

在求解变压器绕组热流场前，需利用雷诺数判断绝缘油的流动形式，雷诺数的计算公式如式（2-21）所示。当雷诺数较小时，黏滞力的作用大于惯性，流场中流速的扰动会因黏滞力而衰减，流体趋于稳定，为层流；反之，惯性对流场的影响大于黏滞力，流体流动较不稳定，流速的微小变化容易发展、增强，形成紊乱、不规则的紊流流场，为湍流。

$$Re = \frac{\rho vd}{\mu} \qquad (2-21)$$

式中：Re 为雷诺数；d 为流体的特征长度，m。

2. 材料参数

变压器绕组模型中，主要存在绝缘油、绝缘纸、铜三种材料。其中，铜与绝缘纸作为固体材料，其材料参数相对固定，参数值如表 2-6 所示。而绝缘油作为流体材料，其材料参数会随温度的改变而发生变化，其参数值关于温度的函数关系如表 2-7 所示。

表 2-6　　　　　　　　　固体材料参数

材料	导热系数 ［W/（m·K）］	密度（kg/m³）	相对介电常数	电导率（S/m）	恒压热容
铜	395	8923	1	4.69×10^7	387
绝缘纸	0.27	953	4.5	10^{-13}	600

表 2-7　　　　　　　　　绝缘油参数

物性参数	物性参数与温度函数关系式
密度（kg/m³）	$\rho(T) = 1055.75 - 0.59T$
导热系数［W/（m·K）］	$\lambda(T) = 0.15 - 8\times10^{-5}T$
动力黏度（N·s/m²）	$\mu(T) = 1\times10^{-5}T^2 - 0.0052T + 0.83$
比热容［J/（kg·K）］	$c(T) = 276.44 + 5.38T$

3. 边界条件及激励

针对绕组二维精细化热流场仿真模型，设置边界条件。

（1）油流入口边界条件：给定绕组入口油流速度，范围在 0.015～0.025 m/s，根据试验结果可知，额定入口油流速度为 0.017 m/s。

（2）设置油流出口为压力出口边界条件，规定为压力为 0。

（3）油道内外侧绝缘油桶的热导率极低，设置该部分温度边界条件为热绝缘边界条件。

（4）设置流固耦合面为无滑移的壁面边界条件。

结合上述边界条件，将计算所得的绕组损耗作为热源，分别加载到每个线饼上。

2.2.2　正常工况下绕组温度分布规律

2.2.2.1　负载率和油流速对绕组温度分布规律的影响

图 2−67 显示了额定负载下变压器三维流体场分布，图中箭头表示油流方向。变压器绝缘油从变压器油流入口流入，途径变压器铁芯、各相绕组并将其产生的热量带走，从变压器上方位置油流出口流出并流入散热器进行散热。变压器中油流最大流速可达 0.33m/s。图 2−68 显示了额定负载下变压器三维温度场分布。变压器热点温度为 98.8℃，位于变压器低压绕组；最低温度为 23.3℃，位于变压器底部区域。

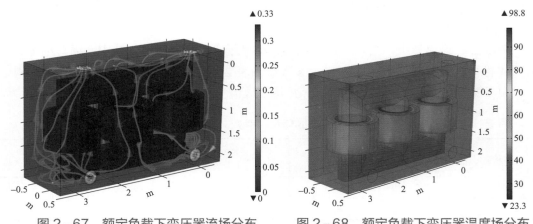

图 2−67　额定负载下变压器流场分布　　图 2−68　额定负载下变压器温度场分布
　　　　　（流速：m/s）　　　　　　　　　　　　　（温度：℃）

图 2−69 显示了额定负载下变压器铁芯三维温度场分布。铁芯热点温度为 59.7℃，位于中间心柱的中央区域；最低温度为 38.1℃，位于铁芯底部区域。铁芯高温区域位于铁芯三个心柱上，围绕该区域的绕组阻碍了油流流动，导致该区域散热不畅，温度较高。

图 2−70 显示了额定负载下变压器绕组三维温度场分布，图 2−70（a）是 B 相高、

中、低压绕组的正视图，图 2－70（b）是各相绕组的俯视图。低压绕组被高压和中压绕组包围，油流流动受阻，导致对流散热能力下降，因此，其温度远高于中、高压绕组，热点也位于变压器低压绕组。高压绕组处于高、中、低压绕组的最外围，从散热器流出的油流直接流向高压绕组进行对流换热，散热效果较好，其温度也最低。从图 2－70（a）可以看出，各绕组温度沿轴向组件上升，热点位于绕组上方区域。从图 2－70（b）可以看出，B 相绕组位于 A 相、C 相绕组之间，油流流通受旁边两相绕组的阻挡，且漏磁较大，因此温度略高于其他两相。各相绕组靠近油道的一侧直面从散热器流出的油流，温度略低于远离油道的一侧。

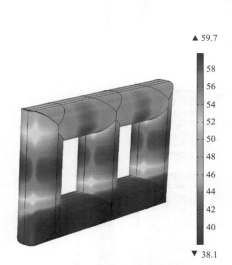

图 2－69　额定负载下变压器铁芯三维
温度场分布（温度：℃）

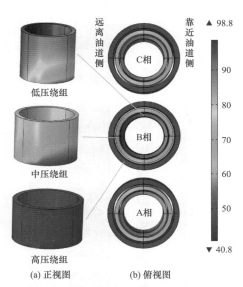

图 2－70　额定负载下变压器绕组三维
温度场分布（温度：℃）

图 2－71 显示了当变压器负载率 $\beta=1$、绕组入口油流速为 0.017m/s 时低压绕组内油流场分布。区域 1 中黑点位置流速最大，最大油流速为 0.03 m/s。在某一分区内，油流从该分区入口处流入，沿着入口侧轴向油道流动，然后，该侧轴向油道中的油流沿辐向油道向对侧轴向油道即出口侧轴向油道发展，最终，从出口侧轴向油道汇聚至分区出口处流出该分区，该油流路径为油流导向路径。在油流流动的过程中，将路径中线饼产生的热量带走，由此产生了油流导线路径上的温度梯度，并在线饼末端形成了如图 2－72 中所示的"热条纹"。图 2－72 是额定负载下变压器绕组局部区域的油流场和温度场，绕组的温度分布和油流分布有着十分密切的关系。图 2－73 显示了不同负载率下变压器绕组温度分布，随着负载率的增加，绕组整体温度随之增加，负载率 β 为 1.2 时的绕组热点温度最大，为 121℃。轴向方向上，绕组温度随着高度的增加而增加。

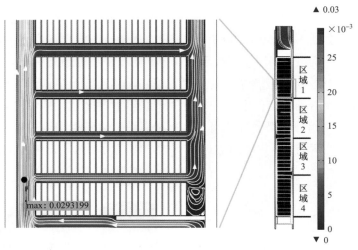

图 2-71　额定负载下变压器绕组流体场分布及油流流向（流速：m/s）

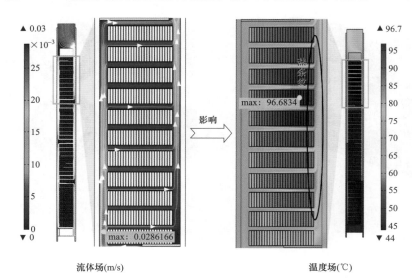

流体场(m/s)　　　　　　　　　　　　　温度场(℃)

图 2-72　额定负载下变压器绕组局部热流场分布（温度：℃）

　　图 2-74 显示了变压器绕组入口油流速取额定值 0.017 m/s 时，绕组热点温度和平均温度随负载的变化关系。图 2-74 表明，绕组热点温度和平均温度都与负载率呈正相关，负载率从 0.4 增长到 1.2，绕组的热点温度和平均温度分别增长了 84.4℃和 50.14℃。对绕组热点温度、平均温度与负载率进行拟合，分别获得了绕组热点温度和平均温度关于负载率的量化关系，满足 $T = a + be^{c \cdot \beta} (0.4 \leqslant \beta \leqslant 1.2)$。具体拟合公式如式（2-22）、式（2-23）所示，拟合优度 R^2 为 0.99，表明绕组热点温度和平均温度随负载率呈指数规律上升。

$$T_{\text{hot-spot}} = -140.48 + 145.52 e^{0.49\beta} \quad (0.4 \leqslant \beta \leqslant 1.2) \tag{2-22}$$

$$T_{\text{av}} = -589.96 + 597.59 e^{0.097\beta} \quad (0.4 \leqslant \beta \leqslant 1.2) \tag{2-23}$$

其中，$T_{\text{hot-spot}}$ 为绕组热点温度，℃；T_{av} 为绕组平均温度，℃；β 为负载率。

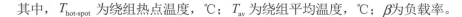

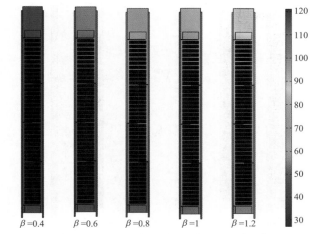

图 2-73　不同负载率下变压器绕组温度分布（温度：℃）

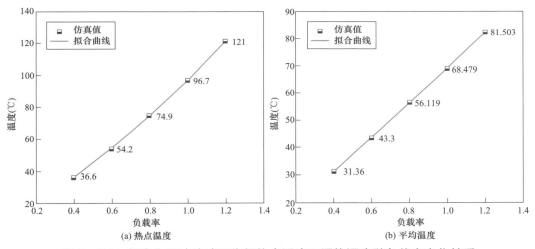

图 2-74　额定入口油流速下绕组热点温度和平均温度随负载率变化关系

图 2-75 显示了变压器带额定负载时，不同入口油流速下的绕组温度分布。随着入口油流速的增加，线饼和油流之间的对流传热加强，油流带走更多的热量，使得绕组整体温度下降。图 2-76 显示了变压器带额定负载时绕组热点温度和平均温度随入口油流速变化关系，随着入口油流速的增加，绕组热点温度和平均温度呈指数下降。绕组入口油流速从 0.015 m/s 增长到 0.025 m/s，绕组热点温度下降了 17.5℃，平均温度下降了 9.3℃。由此，实际工程中，可以通过促进油流流动的方式促进散热。对绕组热点温度、平均温度与入口油流速进行拟合，获得了绕组热点温度和平均温度与负载率的量化关系，满足 $T = a + be^{c \cdot v_{\text{oil}}}$（$0.015 \leqslant v_{\text{oil}} \leqslant 0.025$）。具体拟合公式如式（2-24）、式（2-25）所示，拟合优度 R^2 为 0.99，表明绕组热点温度和绕组整体平均温度均随负载率呈指数规律上升。

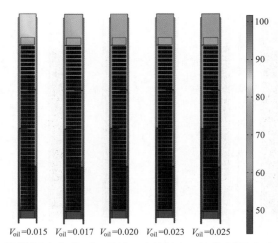

图 2-75 变压器带额定负载时不同入口油流速下的绕组温度分布（温度：℃）

$$T_{\text{hot-spot}} = 75.32 + 129.97e^{-105.74v_{\text{oil}}} \quad (0.015 \leqslant v_{\text{oil}} \leqslant 0.025) \tag{2-24}$$

$$T_{\text{av}} = 56.46 + 65.38e^{-99.45v_{\text{oil}}} \quad (0.015 \leqslant v_{\text{oil}} \leqslant 0.025) \tag{2-25}$$

其中，v_{oil} 为入口油流速。

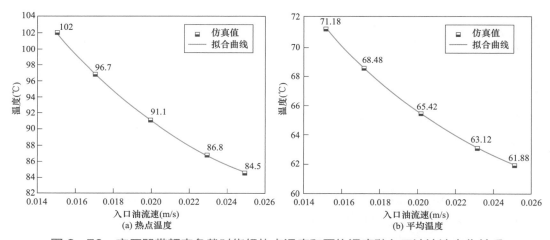

图 2-76 变压器带额定负载时绕组热点温度和平均温度随入口油流速变化关系

图 2-77（a）和图 2-77（b）分别显示了绕组热点、平均温度随负载率和入口油流速的变化关系。当负载率为 1.2、入口油流速度为 0.015m/s 时，绕组热点温度和平均温度取得最大值，分别为 128℃ 和 84.4℃。分别对绕组热点温度和平均温度关于负载率和入口油流速进行二元拟合，得到绕组热点温度和平均温度的量化计算公式，满足 $T = a + be^{c\beta} + fe^{gv_{\text{oil}}}$ $(0.4 \leqslant \beta \leqslant 1.2, 0.015 \leqslant v_{\text{oil}} \leqslant 0.025)$。具体拟合公式如式（2-26）、式（2-27）所示，拟合优度分别为 0.94 和 0.95。

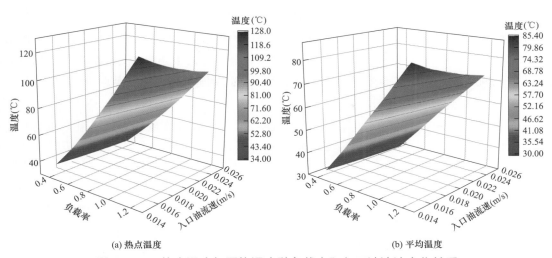

(a) 热点温度　　　　　　　　　　　(b) 平均温度

图 2-77　热点温度与平均温度随负载率和入口油流速变化关系

$$T_{\text{hot-spot}} = -17.59 + 35.52\mathrm{e}^{1.08\beta} - 6.06 \times 10^{-10}\,\mathrm{e}^{901.1\nu_{\text{oil}}} \qquad (2-26)$$

$$T_{\text{av}} = -347.2 + 347.9\mathrm{e}^{0.1649\beta} + 46.53 \times 10^{4}\,\mathrm{e}^{-97.41\nu_{\text{oil}}} \qquad (2-27)$$

其中，负载率在 0.4～1.2 之间，入口油流速在 0.015～0.025m/s 之间。

2.2.2.2　绕组热流场仿真模型试验验证

1. 试验介绍

针对型号为 SSZ11-25000/110 的交流变压器进行不同负载下的温升试验，以验证仿真模型的准确性。变压器实物如图 2-78 所示。变压器采用外置散热器结构，散热器被放置在变压器一侧，通过上下油管与变压器本体之间实现油循环。该变压器的散热方式有自然油循环（ONAN）和强迫油循环（ONAF）两种，利用安装在变压器下方油管的轴流式油泵进行散热方式的切换。

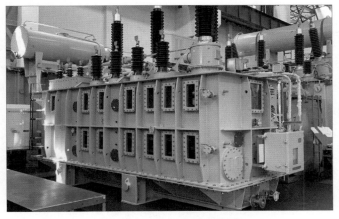

图 2-78　变压器实物图

使该变压器运行在强制对流换热（ODAN）模式下，对其连续施加负载率 β 分别为 0.4、0.6、0.8、1 和 1.2 的负载。当一种负载情况下的试验结束后，在原有负载的基础上增加电流，切换至下一种负载情况的试验，直到所有负载情况的试验完成。变压器温升达到稳定状态的判断依据是顶层油温温升的变化率小于 1K/h 并维持 3h，将测温点最后 1h 的温升平均值作为该测点的稳态温升值。

图 2-79 是变压器温升试验原理。温升试验时，交流试验变压器高压绕组施加电流激励，中压开路，低压短路，高电压绕组的 N 相接地。

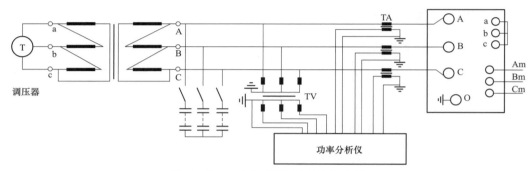

图 2-79　变压器温升试验原理图

在交流变压器 B 相低压绕组内布置了 5 个测温点，并在各个测温点处埋设了光纤温度传感器，实时监测试验过程中变压器低绕组内部的温升情况，以对比分析对应位置处试验值和仿真值的误差，验证仿真模型的可靠性。光纤传感探头采用稀土材料制作，光纤探头几乎可在任何环境下安全使用，不受 RF、MRI、RMI 和微波干扰，耐受高电压 100kV，具有尺寸小、测温精度高、响应速度快、性能稳定等特性。本次变压器温升试验中，变压器内部温度最大值被控制在 150℃ 以内，采用该测温系统完全能满足试验对测温范围及其他参数的要求。

图 2-80 显示了 B 相低压绕组内测温点位置、编号以及实际布置情况，表 2-8 列出了各测温点在低压绕组中的具体位置。图 2-80 中红色的测温点位于绕组线饼中，绿色的测温点位于绕组油道中，测温点编号为 T1～T5。线饼中的光纤布置方式如图 2-80 右上方所示，在与线饼贴近的垫块上斜向开出一条恰好能容纳光纤的矩形槽，将光纤埋设入矩形槽内合适位置，并用波纹纸包扎光纤和垫块使光纤传感探头紧贴线饼；油道中的光纤布置方式如图 2-80 右下方所示，将光纤伸入绕组油道中，使光纤探头轴向上到达指定位置，并用绑带固定，用波纹纸包裹光纤的方式使光纤探头翘起一个角度，达到辐向上对齐至指定测温位置的效果。光纤在低压绕组中的整体布置效果如图 2-80 中间部分所示。

图 2-80　低压绕组内测温点位置标定和实际布置图

表 2-8　　　　　　　　　　　　各测温点在低压绕组中位置

测温点	位置
T1	从上向下数第 3、4 个线饼之间，外侧纵向油道
T2	从上向下数第 4 个线饼中从右向左数第 5 匝线圈
T3	从上向下数第一个挡油板对应高度内侧纵向油道
T4	从上向下数第 16、17 个线饼之间，内侧纵向油道
T5	从上向下数第 17 个线饼中最中间的线圈

2. 各测温点试验值和仿真值对比分析

仿真与试验之间的误差主要来源于物理模型误差和数值计算误差两方面。实际变压器结构和运行工况较为复杂，而变压器物理仿真模型对实际变压器模型做了一些假设和简化，导致物理模型和试验变压器在几何结构、材料属性、边界条件、载荷上存在差异，会带来计算结果的误差。此外，利用有限元方法求解仿真模型的过程中，网格离散化、迭代算法等数值计算方法也会带来一定的误差。

表 2-9～表 2-13 分别列出了变压器负载率为 0.4、0.6、0.8、1、1.2 时绕组内各测温点温度的试验值和仿真值的对比结果及两者的相对误差。负载率为 0.4、0.6、0.8、1、1.2时，试验值和仿真值之间相对误差最大值分别是 7.87%、7.91%、5.08%、2.46%、0.95%，相对误差的平均值分别是 4.33%、3.96%、2.83%、1.13%、0.42%，相对误差值随负载率的增加而减少。最大相对误差为 7.91%，满足工程上对误差的要求。图 2-81 显示了不同负载率下各测温点仿真值和试验值对比结果及误差，图中柱状图是各测点温度试验值和仿真值，点划线是两者之间的相对误差。

表 2-9　　　　　负载率为 0.4 时各测温点仿真和试验温度对比

测温点	T1	T2	T3	T4	T5
试验值（℃）	34.3	38.2	28.1	29.7	31.8
仿真值（℃）	33.5	36.6	30.5	30.9	32.8
相对误差	2.39%	4.44%	7.87%	3.88%	3.05%

表 2-10　　　　　负载率为 0.6 时各测温点仿真和试验温度对比

测温点	T1	T2	T3	T4	T5
试验值（℃）	46.5	56.0	38.4	42.2	45
仿真值（℃）	47.4	54.2	41.7	43.5	46.7
相对误差	1.89%	3.32%	7.91%	2.99%	3.64%

表 2-11　　　　　负载率为 0.8 时各测温点仿真和试验温度对比

测温点	T1	T2	T3	T4	T5
试验值（℃）	59.4	74.8	50.5	55.2	59.0
仿真值（℃）	61.8	74.9	53.2	55.0	61.9
相对误差	3.88%	0.13%	5.08%	0.36%	4.68%

表 2-12　　　　　负载率为 1 时各测温点仿真和试验温度对比

测温点	T1	T2	T3	T4	T5
试验值（℃）	75.3	96.9	63.8	71.4	76.3
仿真值（℃）	77.2	96.7	64.1	72.0	77.6
相对误差	2.46%	0.21%	0.47%	0.83%	1.68%

表 2-13　　　　　负载率为 1.2 时各测温点仿真和试验温度对比

测温点	T1	T2	T3	T4	T5
试验值（℃）	99.1	121.2	85.7	92.6	94.1
仿真值（℃）	99.0	121.0	85.5	92.0	95.0
相对误差	0.10%	0.17%	0.23%	0.65%	0.95%

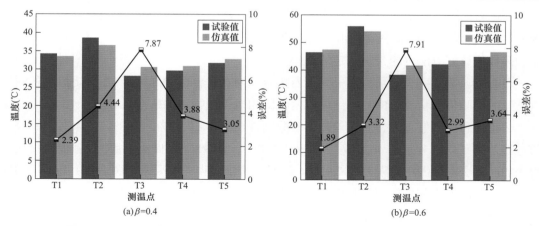

图 2-81　不同负载率下各测温点仿真值和试验值对比结果及误差（一）

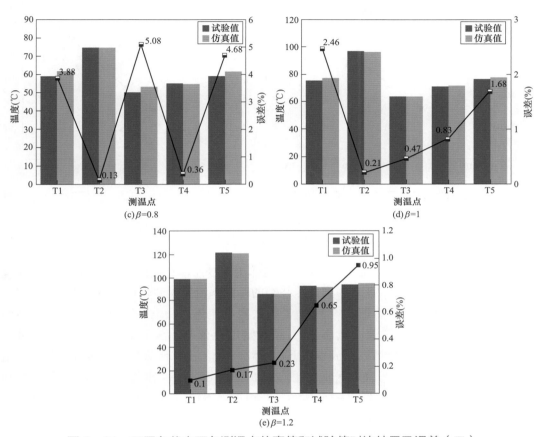

图 2-81　不同负载率下各测温点仿真值和试验值对比结果及误差（二）

2.2.3　计及谐波影响的绕组温度分布

2.2.3.1　不同频率电流作用下低压绕组电阻损耗计算结果

　　在计算绕组谐波损耗时，考虑到高频谐波给绕组带来的集肤效应和临近效应，在不同频率谐波下绕组的等效电阻值会发生改变。利用美国卡罗莱纳州 Clemson 大学的 Thompson R.L.等人在试验中得出的三相变压器谐波等效电阻的计算公式，结合工频电流作用下低压绕组（75℃、50Hz）的电阻值 0.02275Ω，得到不同频率电流作用下的等效电阻如图 2-82 所示。计算得到不同频率电流作用下的电阻损耗如图 2-83 所示。低压绕组的电阻损耗随频率呈指数函数变化。

$$\frac{R}{R_{50}} = 0.96636087 \mathrm{e}^{0.000537f} \tag{2-28}$$

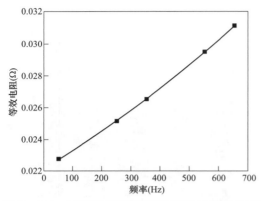
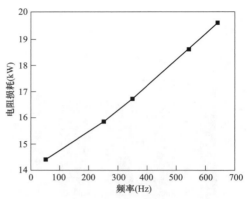

图2-82 不同频率电流下低压绕组等效电阻　　图2-83 不同频率电流下低压绕组电阻损耗

2.2.3.2 不同频率不同大小电流作用下低压绕组涡流损耗的计算结果

通过电磁仿真得到不同频率不同大小电流作用下变压器绕组的漏磁分布,利用低压绕组的轴向漏磁和幅向漏磁,计算得到低压绕组的轴向涡流损耗和辐向涡流损耗。两者相加得到低压绕组总涡流损耗。谐波电流值/工频额定电流值与绕组涡流损耗关系如图2-84所示。通过公式拟合得到谐波电流值/工频额定电流值与涡流损耗呈指数函数关系如表2-14所示。相同频率谐波电流作用下,谐波电流值/工频额定电流值越大,低压绕组的涡流损耗值越大。频率与绕组涡流损耗关系如图2-85所示,通过公式拟合得到频率与涡流损耗呈指数函数关系如表2-15所示。在谐波电流值/工频额定电流值相等条件下,频率越高,低压绕组涡流损耗值越大。

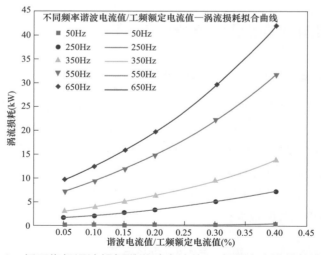

图2-84 低压绕组涡流损耗随谐波电流值/工频额定电流值的变化规律

表 2-14　谐波电流值/工频额定电流值与低压绕组涡流损耗拟合公式表

频率（Hz）	拟合公式	拟合优度
50	$y = 113.29e^{2.872\beta_{50}} - 72.09$	0.99
250	$y = 2399.17e^{3.15\beta_{250}} - 1294.92$	0.99
350	$y = 5218.72e^{2.94\beta_{350}} - 3146.16$	0.99
550	$y = 12346.53e^{2.89\beta_{550}} - 7416.40$	0.99
650	$y = 16426.87e^{2.88\beta_{650}} - 9595.94$	0.99

表 2-14 中，y 为涡流损耗，W；β为谐波电流值/工频额定电流值，无量纲。

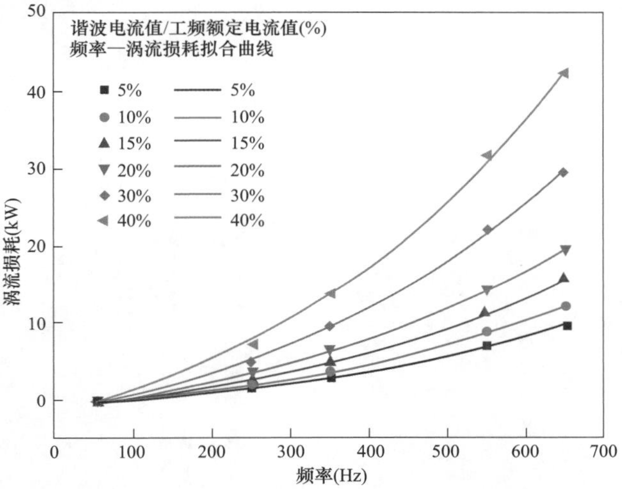

图 2-85　低压绕组涡流损耗随谐波频率变化规律

表 2-15　频率与低压绕组涡流损耗拟合公式表

谐波电流值/工频额定电流值（%）	拟合公式	拟合优度
5	$y = 2227.686e^{0.00263f} - 2584.42159$	0.99
10	$y = 2865.13644e^{0.00260f} - 3310.89329$	0.99
15	$y = 3828.18203e^{0.00255f} - 4414.80698$	0.99
20	$y = 5065.2528e^{0.00249f} - 5828.08176$	0.99
30	$y = 8009.95216e^{0.002445f} - 9223.06325$	0.99
40	$y = 11878.08895e^{0.002396f} - 13595.8846$	0.99

表 2-15 中，y 为涡流损耗，W；f为频率，Hz。

2.2.3.3　不同频率不同大小电流作用下低压绕组热点温度计算结果

将计算得到的不同电阻损耗和涡流损耗作为热源带入低压绕组热流场计算模型中，提取出低压绕组的热点温度。不同频率电流作用下的热点温度与谐波电流值/工频额定电流值、入口流速的对应关系如图 2-86 所示。从图中可以看出，不同频率电流作用下绕组热点温度随着谐波电流值/工频额定电流值的增大而增大，随着入口流速的增大而减小。同

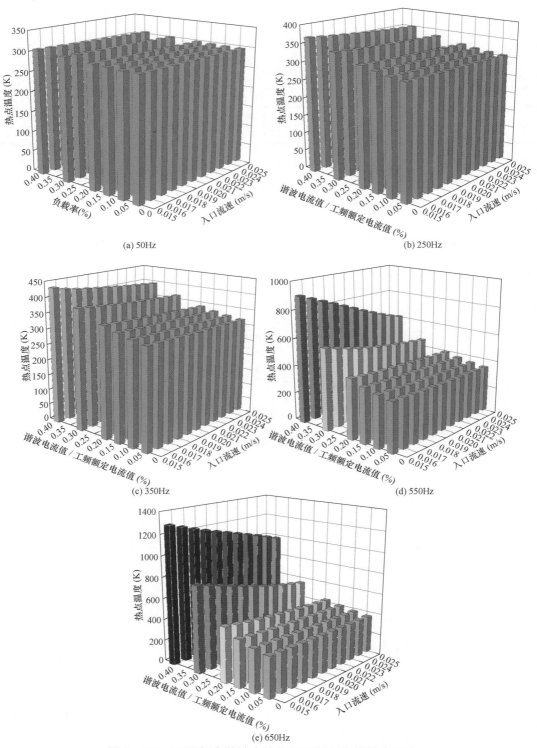

(a) 50Hz

(b) 250Hz

(c) 350Hz

(d) 550Hz

(e) 650Hz

图2-86　不同频率谐波电流作用下低压绕组热点温度—
谐波电流值/工频额定电流值—入口流速关系图

等谐波电流值/工频额定电流值、入口流速条件下，低压绕组热点温度随着频率的增大而增大。对不同频率电流作用下绕组热点温度与谐波电流值/工频额定电流值、入口流速的关系进行公式拟合，得到的结果如图 2-87 所示，得到不同频率电流作用下低压绕组热点温度—谐波电流值/工频额定电流值—入口流速公式如表 2-16 所示。

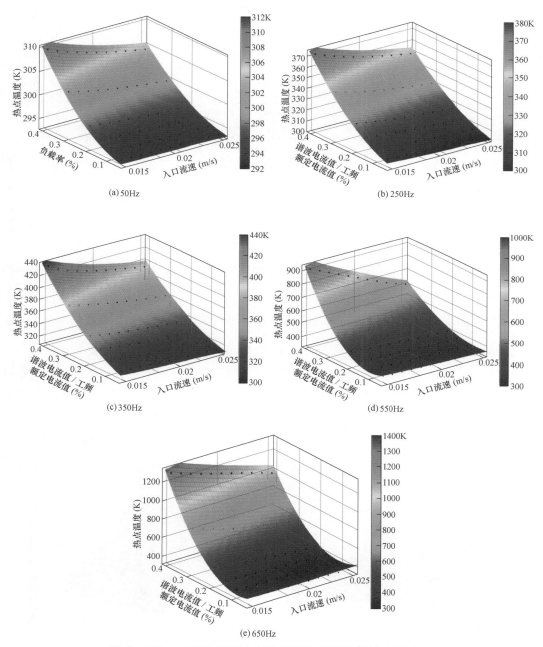

图 2-87 不同频率谐波电流作用下低压绕组热点温度—
谐波电流值/工频额定电流值—入口流速公式拟合图

表 2-16　热点温度—谐波电流值/工频额定电流值—入口流速公式拟合表

频率（Hz）	拟合公式	拟合优度
50	$T_{50(5\%\sim40\%)} = 295.8 - 438.2\upsilon + 32.88\beta_{50} + 26790\upsilon^2 - 3049\upsilon\beta_{50} + 138.9\beta_{50}^2$ $- 527700\upsilon^3 + 73770\upsilon^2\beta_{50} - 3112\upsilon\beta_{50}^2$	0.99
250	$T_{250} = 327.9 - 3414\upsilon + 170.6\beta_{250} + 158300\upsilon^2 - 11750\upsilon\beta_{250} + 427.1\beta_{250}^2$ $- 2641000\upsilon^3 + 257000\upsilon^2\beta_{250} - 8684\upsilon\beta_{250}^2$	0.99
350	$T_{350} = 378.8 - 9696\upsilon + 349.3\beta_{350} + 479900\upsilon^2 - 26390\upsilon\beta_{350} + 793.1\beta_{350}^2$ $- 8338000\upsilon^3 + 623500\upsilon^2\beta_{350} - 18260\upsilon\beta_{350}^2$	0.99
550	$T_{550} = 511.5 - 8799\upsilon - 1535\beta_{550} + 171300\upsilon^2 + 8870\upsilon\beta_{550} + 10870\beta_{550}^2$ $- 2607000\upsilon^3 + 1537000\upsilon^2\beta_{550} - 340300\upsilon\beta_{550}^2$	0.99
650	$T_{650} = 597 - 23710\upsilon - 306.9\beta_{650} + 1086000\upsilon^2 - 85450\upsilon\beta_{650} + 10580\beta_{650}^2$ $- 14420000\upsilon^3 + 1009000\upsilon^2\beta_{650} - 118200\upsilon\beta_{650}^2$	0.99

　　在谐波电流值/工频额定电流值从 5% 增大到 40%，入口流速从 0.025m/s 减小到 0.015m/s 过程中，50Hz 电流作用下低压绕组热点温度从 293.6K 增大到 309.7K；250Hz 电流作用下低压绕组热点温度从 302.7K 增大到 372K；350Hz 电流作用下低压绕组热点温度从 311.6K 增大到 435.8K；550Hz 电流作用下低压绕组热点温度从 336.7K 增大到 914.4K；650Hz 电流作用下低压绕组热点温度从 352.4K 增大到 1302.8K。

　　表 2-16 中，T 为热点温度，K；υ 为入口流速，m/s；β 为谐波电流值/工频额定电流值，无量纲。

2.2.3.4　频率与谐波电流值/工频额定电流值大小对低压绕组热点温度的影响结果

　　将不同频率谐波电流作用下的热点温度值减去相同谐波电流值/工频额定电流值、入口流速条件下 50Hz 电流作用下的热点温度值，得到不同频率谐波电流作用下低压绕组热点温度差值。将 250、350、550、650Hz 谐波电流作用下热点温度差值与谐波电流值/工频额定电流值、入口流速进行公式拟合，得到的结果如图 2-88 所示。得到不同频率电流作用下低压绕组热点温度差值、谐波电流值/工频额定电流值、入口流速公式如表 2-17 所

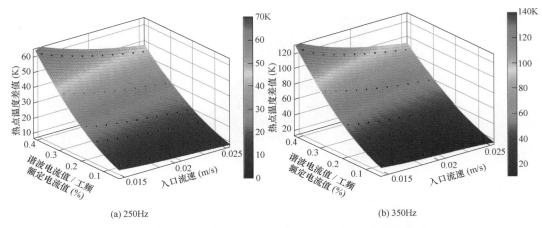

(a) 250Hz　　　　　　　　　　　　　　(b) 350Hz

图 2-88　650Hz 电流作用下低压绕组热点温度差值—负载率—入口流速公式拟合图（一）

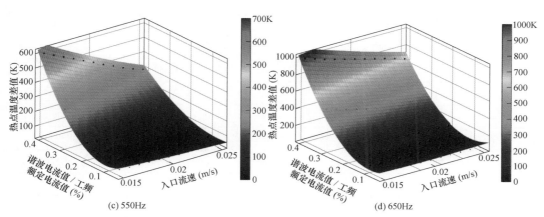

(c) 550Hz　　　　　　　　　　　(d) 650Hz

图 2-88　650Hz 电流作用下低压绕组热点温度差值—负载率—入口流速公式拟合图（二）

示。基于 250、350、550、650Hz 谐波电流作用下热点温度差值与谐波电流值/工频额定电流值、入口流速拟合公式，得到谐波作用下低压绕组热点温度计算公式。

表 2-17　　　热点温度差值—谐波电流值/工频额定电流值—入口流速公式拟合表

频率（Hz）	拟合公式	拟合优度
250	$\Delta T_{250} = 32.1 - 2976\upsilon + 137.7\beta_{250} + 131500\upsilon^2 - 8704\upsilon\beta_{250} + 288.2\beta_{250}{}^2$ $-2113000\upsilon^3 + 183200\upsilon^2\beta_{250} - 5572\upsilon\beta_{250}{}^2$	0.99
350	$\Delta T_{350} = 83.01 - 9258\upsilon + 316.4\beta_{350} + 453100\upsilon^2 - 23340\upsilon\beta_{350} + 654.2\beta_{350}{}^2$ $-7811000\upsilon^3 + 549700\upsilon^2\beta_{350} - 15150\upsilon\beta_{350}{}^2$	0.99
550	$\Delta T_{550} = 215.7 - 8361\upsilon - 1568\beta_{550} + 144500\upsilon^2 + 11920\upsilon\beta_{550} + 10730\beta_{550}{}^2$ $-2080000\upsilon^3 + 1463000\upsilon^2\beta_{550} - 337200\upsilon\beta_{550}{}^2$	0.98
650	$\Delta T_{650} = 301.3 - 23270\upsilon - 339.8\beta_{650} + 1059000\upsilon^2 - 82400\upsilon\beta_{650} + 10450\beta_{650}{}^2$ $-13900000\upsilon^3 + 935200\upsilon^2\beta_{650} - 115100\upsilon\beta_{650}{}^2$	0.99

表 2-17 中，ΔT 为热点温度差值，K；υ 为入口流速，m/s；β 为谐波电流值/工频额定电流值，无量纲。

低压绕组热点温度计算公式：

$$T = T(I_{50}, \upsilon) + \Delta T(I_{250}, I_{350}, I_{550}, I_{650}, \upsilon) \qquad （2-29）$$

$$\Delta T = a_0 + a_1\upsilon + a_2\beta + a_3\upsilon^2 + a_4\upsilon\beta + a_5\beta^2 + a_6\upsilon^3 + a_7\upsilon^2\beta + a_8\upsilon\beta^2$$

不同频率下的系数 a 数值如表 2-18 所示。

表 2-18　　　　　　　　　不同频率下的系数 a

系数	250Hz	350Hz	550Hz	650Hz
a_0	32.1	83.01	215.7	301.3
a_1	-2976	-9258	-836	-23270

续表

系数	250Hz	350Hz	550Hz	650Hz
a_2	137.7	316.4	-1568	-339.8
a_3	131500	453100	144500	1059000
a_4	-8704	-23340	11920	-82400
a_5	288.2	654.2	10730	10450
a_6	-2113000	-7811000	-2080000	-13900000
a_7	183200	549700	1463000	935200
a_8	-5572	-15150	-337200	-115100

2.2.3.5　不同成分谐波电流影响下热点温升计算公式的验证

低压绕组热流场仿真结果在负载率为 1、入口流速为 0.017 m/s 条件下热点温度为 369.833K，仿真分析不同电流成分作用下的低压绕组温度分布，通过仿真值与公式计算值的比较，验证公式的准确性。

设置电流成分为 95% 50Hz 电流 + 5% 250Hz 电流，仿真分析该电流成分作用下低压绕组温度分布如图 2-89（a）所示，得到该电流作用下低压绕组热点温度为 377.68K，通过公式计算得到该电流作用下低压绕组热点温度为 379.065K，仿真值与计算值的误差百分比为 0.367%。设置电流成分为 95% 50Hz 电流 + 5% 350Hz 电流，仿真分析该电流成分作用下低压绕组温度分布如图 2-89（b）所示，得到该电流作用下低压绕组热点温度为 387.595K，通过公式计算得到该电流作用下低压绕组热点温度为 387.931K，仿真值与计算值的误差百分比为 0.087%。设置电流成分为 95% 50Hz 电流 + 5% 550Hz 电流，仿真分析该电流成分作用下低压绕组温度分布如图 2-89（c）所示，得到该电流作用下低压绕组热点温度为 415.633K，通过公式计算得到该电流作用下低压绕组热点温度为 415.653K，仿真值与计算值的误差百分比为 0.005%。设置电流成分为 95% 50Hz 电流 + 5% 650Hz 电流，仿真分析该电流成分作用下低压绕组温度分布如图 2-89（d）所示，得到该电流作用下低压绕组热点温度为 433.228K，通过公式计算得到该电流作用下低压绕组热点温度为 431.729K，仿真值与计算值的误差百分比为 -0.346%。

设置电流成分为 90% 50Hz 电流 + 4% 250Hz 谐波电流 + 2% 350Hz 谐波电流 + 2% 550Hz 谐波电流 + 2% 650Hz 谐波电流，仿真分析该电流成分作用下低压绕组温度分布如图 2-90 所示，仿真结果表明该电流作用下低压绕组热点温度值为 445.53K，利用公式计算得到该电流作用下低压绕组热点温度为 441.67K，仿真值与计算值的误差百分比为 0.8%。

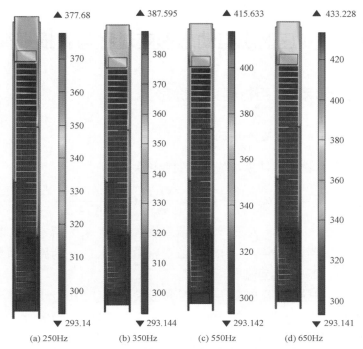

图 2-89　95%50Hz＋5%谐波电流作用下低压绕组温度分布云图（温度：K）

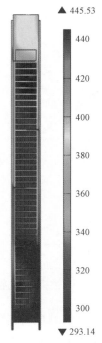

图 2-90　90% 50Hz＋4% 250Hz＋2% 350Hz＋2% 550Hz＋2% 650Hz

电流作用下低压绕组温度分布云图（温度：K）

2.3 变压器绕组动态形变过程与致损规律

2.3.1 机械应力作用下绕组材料特性研究

2.3.1.1 铜导线的机械特性及温度的影响

在常温大气压下，铜的弹性模量随温度的变化关系为

$$E=\frac{\sqrt{2}}{9r_0}\left[\alpha_0-\frac{18\varepsilon_1^2}{\alpha_0^2}(kT)+\frac{54\varepsilon_1^2\varepsilon_2}{\alpha_0^4}(kT)^2\right]\left(\frac{1}{1+\alpha T}\right)^\delta \qquad (2-30)$$

式中：α_0 为简谐系数，J/s^2；ε_1 为第一非简谐系数，J/m^3；ε_2 为第二非简谐系数，J/m^4；r_0 为平衡时两原子间距离，m；k 为玻尔兹曼常数，J/K；α 为膨胀系数，K^{-1}；δ 为 Anderson−Grüneisen 参量；T 为温度，K。

对于常用的金属铜导线，若忽略导线标号和形式，$\alpha_0=1.2767\times10^2 J/s^2$，$\varepsilon_1=-2.0806\times10^{12}J/m^3$，$\varepsilon_2=2.2669\times10^{22}J/m^4$，$r_0=2.5508\times10^{-10}m$，$k=1.38\times10^{-23}J/K$，$\alpha=0.167\times10^{-4}K^{-1}$，$\delta=4.21$。将以上参数代入式（2−30），并取温度范围为 −70～90℃时，可得出如图 2−91 所示的铜导线弹性模量随温度变化的曲线，由图可知，铜的弹性模量随温度的升高而近似于线性减小。

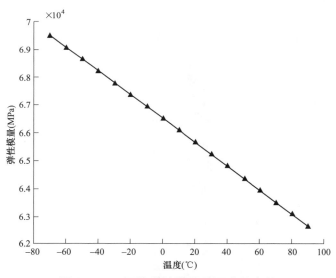

图 2−91 铜的弹性模量随温度的变化

利用 DMA/SDTA861e 动态机械分析仪测量材料的动态机械性能与温度的关系，例如复合弹性模量或是复合剪切模量。在动态热机械分析——DMA 中，样品在频率为 f 的正弦周期的应变作用下，测试对应的力，也可以对样品施加周期性的应力测试相对应的应变。图 2−92 为夹具结构图。样品在经受机械振动的同时可以经受一定的温度程序。样品装夹

在炉体内，炉体由对称的两个部分组成。两个部分内部均有加热以及冷却装置。温度控制按照设定的温度程序加热或制冷。

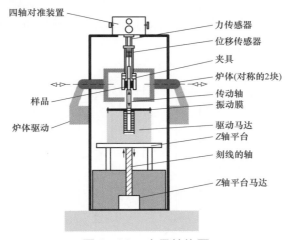

图 2-92　夹具结构图

选取 TBR 软铜导线，利用线切割等方式获得进行弹性模量测试的铜导线的样品，获得的铜导线的试样如图 2-93 所示。利用 DMA 分析仪对导线试样的弹性模量进行测量，获得的铜导线的弹性模量随温度的关系如图 2-94 所示。随着温度的降低，铜导线的弹性模量逐渐升高，这与前面的理论分析结果相一致。

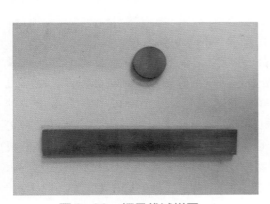

图 2-93　铜导线试样图

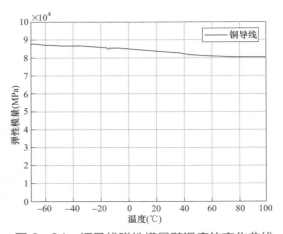

图 2-94　铜导线弹性模量随温度的变化曲线

2.3.1.2　绝缘材料的机械特性

根据现场实测可知，正常运行情况下漏磁场产生电动力较小，一般不会出现形变；短路情况下瞬时漏磁场过大，短路力集中作用在绕组上并主要由油浸绝缘纸板承担。根据公式分析，在短路时，作用在线圈上的电磁力有三个分量：衰减的非正弦分量、单倍频分量，以及稳态的双倍频分量。

不等高绕组的受力如图 2-95 所示。变压器漏磁场的径向分量在端部较大，因此在绕组端部会产生轴向内力，使得每饼绕组压缩饼间垫块。由于两端轴向力均指向绕组中部，因此每饼线圈轴向力最终会全部作用在中部的垫块上，其受到的受压缩作用最强。

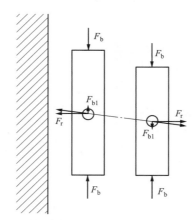

图 2-95　不等高或磁势不均匀分布的绕组受力情况

垫块在绕组饼间起到支撑和压紧线圈的作用，在出现突发短路时，机械力主要作用在饼间垫块上。由于每饼绕组受到的轴向力与径向漏磁场强度成正比，因此处于不同位置的垫块受力也不同。径向漏磁分量最大的端部绕组轴向力最大，而在绕组中部区域，漏磁场基本无径向分量，因此轴向力几乎为零。但由于绕组两端的轴向力均指向绕组内侧，因此根据力的传导规律可知，在绕组中部的垫块所受轴向力最大。在多次受力过程后材料的杨氏模量上升，即在受较大的力时更难变形；但当受力超过一定数值后，纸板会发生不可恢复的塑形形变，内部结构完全破坏，丧失机械强度。

研究油浸绝缘纸板在机械应力作用下的老化机理以及模拟电力变压器中的油浸绝缘纸板在短路力作用下的老化过程，采用的机械应力包括以准静态方式加载的恒定机械应力与以正弦波形加载的交变机械应力。其中施加的恒定机械应力以 10MPa 为加载单位，对 10~100MPa 恒定机械应力作用下纸板的老化机理进行研究；交变机械应力的幅值按本文选取的变压器仿真模型中短路力的计算结果选取为 10、30、50、70MPa，以此研究机械应力的幅值等参数对油浸绝缘纸板绝缘与机械特性的影响。研究中所采用的机械应力施加装置为材料试验机（如图 2-96 所示），最大能产生的机械压力为 95kN。试验时将机械老化模型放在基座上，并将金属垫块置于加载模具与纸板之间。

机械应力老化试验模型如图 2-97 所示。机械应力老化试验流程如下：首先使用直径 35mm 和 70mm、厚度 10mm 的上下两个圆柱形垫块夹住油浸绝缘纸板，垫块的材料为弹性模量与屈曲强度均足够大的 45 钢，45 钢所产生的应变远小于绝缘纸板的应变，因此能够保证垫块自身的应力应变曲线变化很小，避免影响绝缘纸板弹性模量的分析。采用圆柱形垫块施加机械应力能够避免垫块与绝缘纸板接触处产生应力集中点，从而使绝缘纸板发生与实际情况不符的劣化过程。

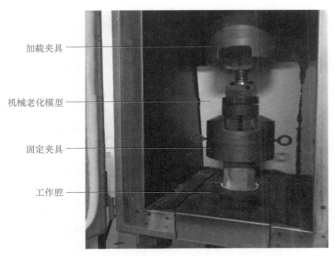

图 2-96　材料试验机 MTS-880/10T

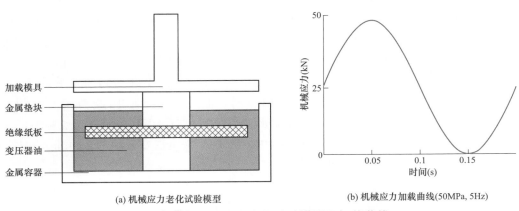

(a) 机械应力老化试验模型　　　　　　　(b) 机械应力加载曲线(50MPa, 5Hz)

图 2-97　机械应力老化试验模型及加载曲线

在施加机械应力的过程中，45 钢垫块始终位于绝缘纸板中心位置。该试验条件下，在绝缘纸板表面最大可以产生 100MPa 的压力。恒定机械应力加载时采用准静态加载方式，以 100N/s 的速度缓慢加载至所需压力后持续 30min 撤去应力并再次加载，共进行五次循环加载；交变机械应力加载时需要先通过准静态加载方式加载直流偏移量后，再进行交变机械应力的循环加载。采用变压器中常见的克拉玛依 25 号变压器油以及魏德曼 1mm 厚绝缘纸板作为机械老化试验样品，在试验前将绝缘纸板烘干 48h，其后进行真空浸油。油纸绝缘材料的机械老化过程中，绝缘纸板始终放在装有变压器油的金属容器内以保证绝缘纸板中的油在挤出后仍能回到纸板中，避免在机械挤压后产生不完全浸渍的绝缘纸板。

长期机械应力作用下，油纸绝缘材料的外观与形态会有明显的改变，纸张表面会出现凹陷、压痕等痕迹，有时甚至会出现破裂。然而这些痕迹一般仅为物理变化，绝缘纸的化学成分一般不会在机械应力作用下发生变化。

图 2-98 所示为循环载荷下绝缘纸板的应力应变变化规律，最下方为首次加载过程。

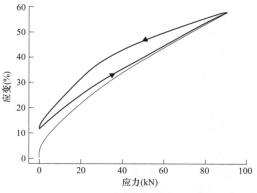

图 2-98　油浸绝缘纸板应力应变曲线

由于加载前模具与纸板间存在一定缝隙，因此施加应力后应变迅速增加，撤去应力后应变不能恢复至零，而是维持在 0.1 左右。其后多次准静态加载过程的应变应力变化规律相同。由于油浸绝缘纸板是一种弹塑性材料，因此其杨氏模量也表现出了随着外施应力不断变化的规律。

图 2-99 所示为油浸绝缘纸板的杨氏模量与外施应力间的关系。当外施应力刚开始施加，低于 20MPa 时，其杨氏模量基本不变，约为 45MPa。随着外施应力的上升，纸板的杨氏模量也不断增大。当外施应力低于 40MPa 时，纸板的杨氏模量从 66MPa 增加至 81MPa；当外施应力高于 40MPa 后，弹性模量仍保持上升趋势并会出现小幅波动，最高可达 99MPa。这表明当外施应力较小时，增加单位作用力下相应的形变量高于外施应力较大时，会增加同样作用力下的纸板形变量，纸板在外施应力较高时更难变形。

弹塑性材料的另一特征是外施应力撤去后，材料在外施应力作用下的塑性形变不会完全消失，仍维持一定的剩余形变。油浸绝缘纸板的剩余形变与外施应力间关系如图 2-99（b）所示，可以发现，在外施应力低于 20MPa 时，油浸纸板表现出的塑性形变很小，剩余形变为 0。随着外施应力不断增加，剩余形变也开始增加，当外施应力超过 40MPa 后，剩余形变增大速度更快，当外施应力达到 100MPa 时，剩余形变量约为 0.14mm，表明油浸纸板内部发生了强烈的塑性形变过程。

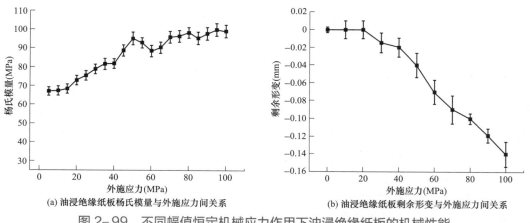

(a) 油浸绝缘纸板杨氏模量与外施应力间关系　　(b) 油浸绝缘纸板剩余形变与外施应力间关系

图 2-99　不同幅值恒定机械应力作用下油浸绝缘纸板的机械性能

2.3.1.3　机械应力下绝缘材料电特性演变规律

在板板电极下对不同机械应力作用后的油浸绝缘纸板进行了长时耐压试验，其中板电极尺寸参数按照 IEC 60156 制作，该电极结构下电场为稍不均匀场。由于纸板受机械应力作用后厚度发生了变化，因此相同的电压可能对应着不同的放电起始场强，因此应就油浸绝缘纸板的放电起始场强进行分析。如图 2–100 所示，不同机械应力下油浸绝缘纸板放电起始场强变化规律较为复杂。

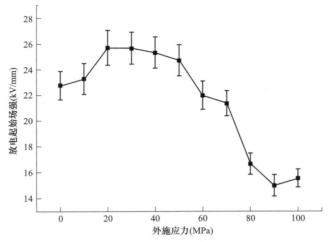

图 2–100　不同机械应力下油浸绝缘纸板放电起始场强变化规律

在 0~20MPa 之间，随着机械应力升高，绝缘纸板的放电起始场强从 23kV/mm 上升至 26kV/mm 左右，表明此时机械应力作用主要体现在使纸板紧度提高，内部结构更均匀从而提高了放电起始场强。当机械应力高于 20MPa 后，绝缘纸板的放电起始场强开始下降，并在外施应力高于 50MPa 后下降速率增快。当外施应力达到 100MPa 时，放电起始场强降低至 15kV/mm 左右，显著低于未经受机械应力的绝缘纸板，表明此时机械应力作用使纸板内部纤维发生塑性形变，部分纤维断裂出现孔洞并形成了大量碎屑，导致放电起始场强明显降低。

在耐压时间上，不同机械应力作用后的纸板耐压时长也有明显区别，如图 2–101 所

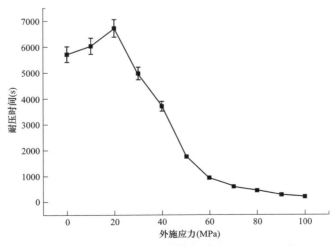

图 2–101　机械应力与油浸绝缘纸板耐压时间关系图

示。当机械应力低于 20MPa 时，耐压时间会随着机械应力的增高而不断延长，在外施电压为 35kV 时最高可达 6500s 左右。而当机械应力高于 20MPa 时，耐压时间随着机械应力的增高迅速下降，经 100MPa 机械应力作用后的油浸绝缘纸板耐压时间仅为 200s 左右。

2.3.2 变压器绕组短路动力学模型

2.3.2.1 绕组非线性轴向动力学模型

1. 绕组动力学等效模型

螺旋和饼式绕组在轴向上被辐向油道及垫块分割形成若干线饼。将同一饼的导线等效为集中质量块，压板、紧固件、线饼及垫块等绝缘材料的刚度及阻尼分别等效为弹簧和黏壶，可获得如图 2－102 所示的绕组轴向振动离散动力学模型。其中 m_{top} 和 m_{bottom} 分别为绕组顶部和底部压板的等效质量，m_1～m_n 分别为绕组各线饼的等效质量，k_T 和 k_B 分别为绕组端部垫块的等效刚度，k_1～k_n 分别为相邻线饼间垫块的等效刚度，k_C 从顶部压板至底部压板包含压钉、铁芯和紧固件的等效刚度，k_S 为底部压板至地面包含底部垫脚和油箱底部等支撑结构的等效刚度，c 为与弹簧并联的等效黏性阻尼，数值约为与之并联弹簧刚度的万分之一。

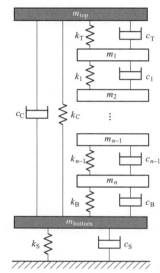

图 2－102 绕组多自由度动力学模型

图 2－102 所示的多自由度模型可建立绕组的动力学方程为

$$\begin{cases} m_T\ddot{x}_t = -k_T(x_T - x_1) - c_T(\dot{x}_T - \dot{x}_1) - k_C(x_T - x_B) - c_C(\dot{x}_T - \dot{x}_B) + F_c + mg \\ m_1\ddot{x}_1 = -k_T(x_1 - x_T) - c_T(\dot{x}_1 - \dot{x}_T) - k_1(x_1 - x_2) - c_1(\dot{x}_1 - \dot{x}_2) + mg + f_1 \\ m_2\ddot{x}_2 = -k_1(x_2 - x_1) - c_1(\dot{x}_2 - \dot{x}_1) - k_2(x_2 - x_3) - c_2(\dot{x}_2 - \dot{x}_3) + mg + f_2 \\ \cdots \\ m_n\ddot{x}_n = -k_{n-1}(x_n - x_{n-1}) - c_{n-1}(\dot{x}_n - \dot{x}_{n-1}) - k_B(x_n - x_B) - c_B(\dot{x}_n - \dot{x}_B) + mg + f_n \\ m_B\ddot{x}_B = -k_B(x_B - x_n) - c_B(\dot{x}_B - \dot{x}_n) - k_C(x_B - x_T) - c_C(\dot{x}_B - \dot{x}_T) - k_S x_B - c_S \dot{x}_B + mg \end{cases} \tag{2－31}$$

其中，重力 mg 和压紧力 F_c 为静态载荷，其幅值及分布不随时间发生变化。

由于电磁线刚度较大，一组垫块和电磁线的等效刚度 k_e 可以视为垫块与绝缘纸形成的弹簧 k_s 和 k_p 的串联。而绕组同一高度的两个线饼之间沿轴向具有 N 组垫块，故构成了 N 个并联的弹簧。根据并联弹簧的刚度等效原则，模型中质量块间弹簧的等效刚度 k 为

$$k = N \times k_e = N \times A \times \frac{E_s E_p}{E_p L_s + L_p E_s} \tag{2－32}$$

其中，N 为轴向垫块数量；A 为垫块面积；μ 为垫块的泊松比；E_s 和 E_p 分别为绝缘

垫块和绝缘纸的弹性模量；L_s 和 L_p 分别为绝缘垫块和绝缘纸的厚度。

2. 纸板面外方向的非线性力学特性

纸板的多孔纤维结构使其具有显著的黏弹塑性，在纸板面外方向呈现出非线性力学特性，弹性模量随施加载荷的增大而增大。目前，中大型变压器均采用 T4 牌号预压纸板，再通过密化、干燥预压等措施降低纸板的形变程度。采用 0MPa－5MPa－0MPa，2Hz 三角波载荷作用在干燥的层叠纸板上，获得的应力应变曲线如图 2－103 所示。

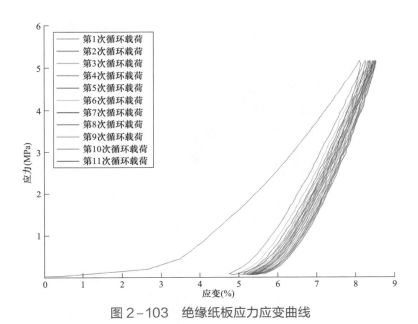

图 2－103　绝缘纸板应力应变曲线

在第 1 次压缩过程中，纸板产生了约 4.8% 的塑性形变，在后续循环载荷作用下，塑性形变缓慢增大。由于纸板存在黏弹性，载荷增大和减小过程中纸板的应力应变曲线并不重合。取两条应力应变曲线的均值，并按式(2－33)进行拟合

$$\sigma = a\varepsilon^b\,(\varepsilon \geqslant 0) \tag{2－33}$$

可得 $a=830$，$b=1.432$。其中，a 为幅值比例系数，b 为非线性系数。由式(2－33)得纸板的弹性模量为

$$E = \sigma / \varepsilon = a\varepsilon^{b-1}\,(\varepsilon \geqslant 0) \tag{2－34}$$

在静态载荷下，纸板产生静态应变 ε_0；在短路电动力的作用下，绕组振动位移使得纸板被再次压缩，其弹性模量变为

$$E = a\varepsilon^b = a[(x_i - x_{i+1}) / L_0 + \varepsilon_0]^{b-1},\,[(x_i - x_{i+1}) / L_0 + \varepsilon_0 \geqslant 0] \tag{2－35}$$

其中，x_i 和 x_{i+1} 分别为第 i 个和第 $i+1$ 线饼的位移；L_0 为纸板的原始厚度。式（2－35）说明随相邻两个线饼沿重力方向的距离减小，弹性模量增大；反之，弹性模量减小，当 $(x_i - x_{i+1}) / L_0 + \varepsilon_0 < 0$ 时，垫块上的压力为 0，线圈与垫块脱离，此时 $E=0$。

2.3.2.2 考虑支撑刚度的绕组辐向屈曲模型

线圈辐向由铁芯、纸筒、撑条组成，如图 2-104 所示。其中，低压线圈和铁芯之间仅有绝缘件支撑，支撑刚度 k 为

$$k = a \times b \times E / h \tag{2-36}$$

式中：E 为纸板弹性模量；a 为垫块宽度；b 为导线的轴向高度；h 为铁芯与线圈内径之间有效支撑厚度。低压线圈支撑厚度为芯柱外径至线圈内径的距离。因低压绕组自身具有一定刚度，计算中压线圈支撑刚度时，h 取中压线圈内径和低压线圈外径之间的距离。

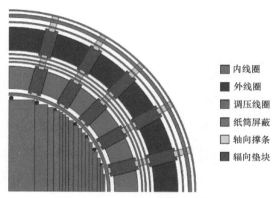

内线圈
外线圈
调压线圈
纸筒屏蔽
轴向撑条
辐向垫块

图 2-104 绕组辐向结构

套装后的线圈与芯柱之间存在一定空隙，作用在芯柱和支撑件上的力较小。假设支撑结构的等效弹性模量为 50MPa，低压和中压线圈的支撑刚度分别为

$$k_{LV} = 30 \times 8 \times 50 / 19 \times 10^3 \, \text{N/m} = 6.32 \times 10^5 \, \text{N/m} \tag{2-37}$$

$$k_{MV} = 30 \times 12.5 \times 50 / 31.9 \times 10^3 \, \text{N/m} = 5.88 \times 10^5 \, \text{N/m} \tag{2-38}$$

$$k_{LV} = 30 \times 8 \times 50 / 19 \times 10^3 \, \text{N/m} = 6.32 \times 10^5 \, \text{N/m} \tag{2-39}$$

为准确获得计及支撑刚度下绕组内线圈的弯曲应力和临界载荷，建立如图 2-105 所示的有限元模型。将支撑刚度 k 添加至在线圈与垫块接触的部位，对圆环进行扫掠网格剖分，保证线圈厚度方向具有 4 层网格。在模型中添加 1N/m^3 的体载荷，方向指向线圈中心，计算具有不同支撑刚度的低压线圈的辐向弯曲应力和屈曲临界载荷。

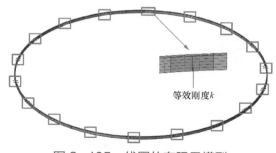

等效刚度 k

图 2-105 线圈的有限元模型

2.3.2.3　支撑刚度对辐向弯曲应力和临界载荷的影响

低压线圈不同支撑刚度对应的弯曲应力和变形如图 2－106 所示。图 2－106（a）的数字编号对应的线圈变形如图 2－106（b）中对应编号的结果。

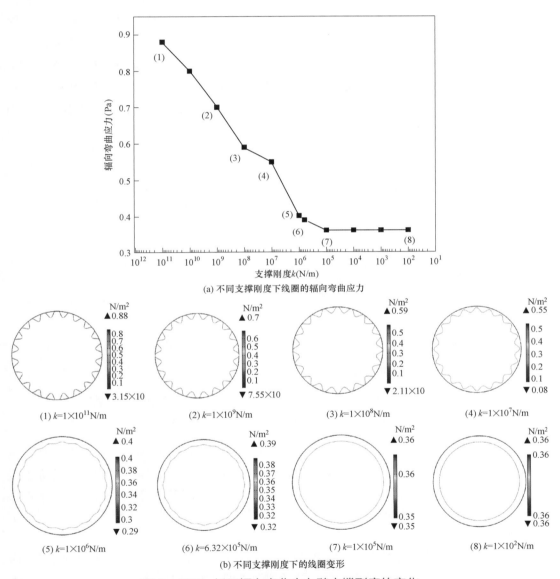

(a) 不同支撑刚度下线圈的辐向弯曲应力

(1) $k=1×10^{11}$N/m　(2) $k=1×10^{9}$N/m　(3) $k=1×10^{8}$N/m　(4) $k=1×10^{7}$N/m

(5) $k=1×10^{6}$N/m　(6) $k=6.32×10^{5}$N/m　(7) $k=1×10^{5}$N/m　(8) $k=1×10^{2}$N/m

(b) 不同支撑刚度下的线圈变形

图 2－106　低压辐向弯曲应力随支撑刚度的变化

在辐向压缩力的作用下，垫块间的导线向线圈中心弯曲，最大应力出现在其与垫块接触部位。随着支撑刚度的降低，与垫块接触的导线部位的最大应力逐渐下降。$k=10^{11}$N/m 时，线圈中应力的最大值为 0.88Pa；$k=6.32×10^{5}$N/m 时，最大应力仅为 0.39Pa。进一步降低支撑刚度，则可忽略撑条对低压线圈的支撑作用，最大应力接近 0.36Pa。仿真计算获得的辐向弯曲应力小于理论计算结果（1.72Pa），原因在于圆弧将辐向压缩力沿线圈轴向传递，减少了作用在导线和垫块接触部位的弯矩。

不同支撑刚度对应的线圈临界载荷和屈曲形式如图 2−107 所示。图 2−107（a）的数字编号对应的线圈变形如图 2−107（b）中对应编号的结果。$k = 10^{11}$N/m 时，临界载荷为 1.99×10^9N/m^3，对应的屈曲形式为垫块间导线相同的变形，垫块和撑条向其两侧导线提供弯矩；$k = 10^9$N/m 时，线圈临界载荷降下降为 1.29×10^9N/m^3，对应的屈曲形式为相邻垫块间的导线变形以垫块和圆心的连线为轴呈圆心对称；$k = 6.32 \times 10^5$N/m 时，临界载荷为 9.7×10^7N/m^3，导线在 3 个垫块间发生屈曲；若进一步降低支撑刚度，则撑条对低压线圈的支撑可忽略，100N/m 支撑刚度对应的临界载荷约为 1×10^6N/m^3，屈曲形式表现为半圆的屈曲。

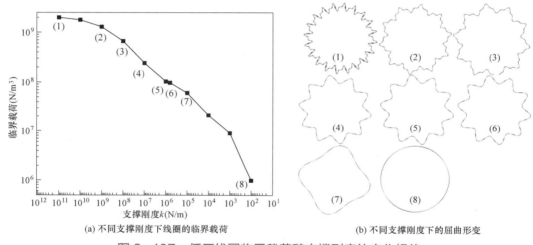

(a) 不同支撑刚度下线圈的临界载荷   (b) 不同支撑刚度下的屈曲形变

图 2−107　低压线圈临界载荷随支撑刚度的变化规律

类似地，计算获得中压线圈辐向弯曲应力和临界载荷随支撑刚度的变化规律，如图 2−108 所示。其中，$k = 1 \times 10^{11}$N/m 时，临界载荷为 9.8×10^8N/m^3，1N/m^3 载荷作用下的辐向弯曲应力为 1.06Pa；$k = 5.88 \times 10^5$N/m 时，临界载荷和弯曲应力分别为 6.05×10^7N/m^3 和 0.48Pa；$k = 1.0 \times 10^5$N/m 时，临界载荷和弯曲应力分别下降至 3.7×10^7N/m^3 和 0.45Pa。

有限元模型和理论模型的计算结果对比如表 2−19 所示。考虑线圈的支撑刚度后，内线圈的辐向弯曲应力和临界载荷较固支圆弧和铰支圆弧拱模型计算结果出现了显著的降低，弯曲应力和临界载荷分别约为直梁和铰支圆弧模型计算结果的 1/5 和 1/4。对于长期运行的变压器而言，随老化程度增加，撑条对线圈的支撑刚度减弱，内线圈辐向弯曲应力的安全系数提高，但稳定性安全系数显著降低，更容易出现屈曲变形。

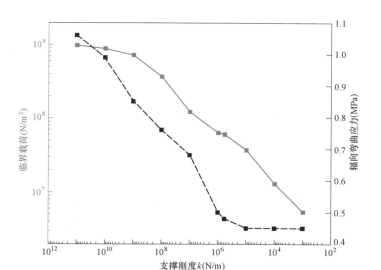

(a) 不同支撑刚度下线圈的临界载荷和弯曲应力

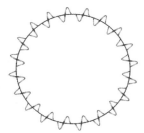

(1) $k=1\times10^{11}$N/m 时线圈的屈曲变形

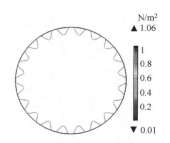

(2) $k=1\times10^{11}$N/m 时线圈的弯曲应力

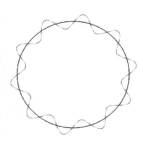

(3) $k=5.88\times10^{5}$N/m 时线圈的屈曲变形

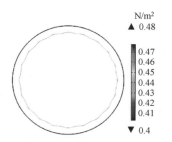

(4) $k=5.88\times10^{5}$N/m 时线圈的弯曲应力

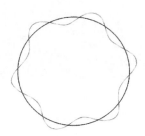

(5) $k=1.0\times10^{5}$N/m 时线圈的屈曲变形

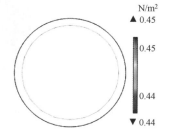

(6) $k=1.0\times10^{5}$N/m 时线圈的弯曲应力

(b) 三个支撑刚度下线圈的临界载荷和弯曲应力

图 2-108　中压线圈临界载荷随支撑刚度的变化规律

表 2-19　　　　　　线圈辐向弯曲应力和临界载荷的有限元计算结果

绕组	弯曲应力（Pa）		临界载荷（×10⁷N/m³）		
	固支梁	考虑支撑刚度的有限元模型	半圆弧	铰支圆弧	考虑支撑刚度的有限元模型
低压	1.72	0.39	0.26	34.21	9.7
中压	2.72	0.48	0.17	22.27	6.05

2.3.3 变压器绕组动态形变过程

2.3.3.1 绕组漏磁场及电磁力分布

本节利用绕组非线性振动模型计算 SFSZ8−40000/110kV，121±8×1.25%/38.5±5%/10.5kV，YNyn0d11 变压器高低短路时低压绕组的振动特性。该变压器高压—低压短路阻抗为 17.4%，由系统短路阻抗 1.344Ω 计算获得高—低短路时高压绕组和低压绕组的峰值电流 i_{peak} 分别为 2757A 和 18343A。以线饼为基本单元，建立绕组二维的漏磁场轴对称有限元模型，将短路电流添加到对应绕组上，计算漏磁场及绕组电动力。高低压绕组短路电流达到峰值时的漏磁场如图 2−109 所示。此时，两绕组电流反向使得绕组中部漏磁场加强，磁感应强度 B 超过 1T。

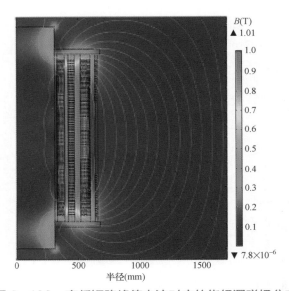

图 2−109　高低短路峰值电流对应的绕组漏磁场分布

计算获得短路持续 0.25s 时高压绕组短路电流和低压绕组各线饼的轴向电动力如图 2−110 所示。由图 2−110（a）可知，同一线饼所承受的轴向力幅值随电流幅值的变化而改变，但方向保持不变，第 1 饼的电动力方向始终指向绕组底部，第 104 饼的电动力方向始终指向绕组顶部。由图 2−110（b）可知，各线饼承受的轴向力整体呈现出压缩绕组的趋势，第 1 饼和第 104 饼承受的轴向力最大，分别约为 −35kN 和 35kN，中部线饼的轴向力较小。由于安匝分布不平衡，轴向力沿高度并非严格单调变化，在绕组中部出现交替。由图 2−110（c）可知，电动力为宽频信号，主要集中在 50Hz 及 100Hz 附近，600Hz 处的幅值约为 50Hz 和 100Hz 的 1/200。进一步分析电动力频谱可知，50Hz 电动力频谱主瓣宽度为 20Hz 而 100Hz 电动力频谱的主瓣宽度为 8Hz，说明 50Hz 电动力持续时间短于 100Hz 电动力。

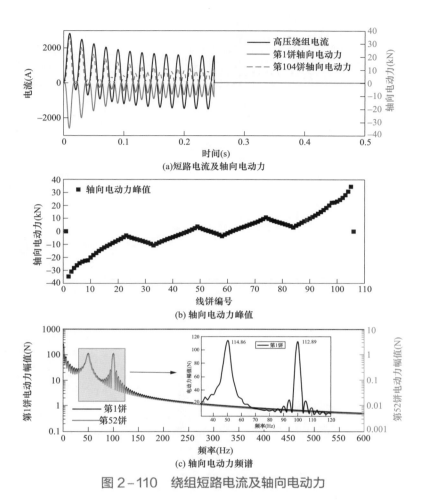

(a)短路电流及轴向电动力

(b) 轴向电动力峰值

(c) 轴向电动力频谱

图 2-110　绕组短路电流及轴向电动力

2.3.3.2　短路过程中的动态响应及应力分布

计算获得短路电流幅值 $0.5i_{peak}$，持续时间 0.25s 对应的绕组振动信号如图 2-111（a）所示。由绕组非线性振动模型计算的第 1 饼线圈振动位移峰值在振动的第一个周期内与线性模型（线性模型中绝缘纸板的弹性模量为常数）的计算结果基本一致；但随着时间增加，非线性模型计算的振动幅值明显大于线性模型。非线性和线性模型计算的振动信号频谱如图 2-111（b）所示。系统不存在非线性时，振动信号与电动力的频率分量相同，主要为 50Hz 和 100Hz；考虑纸板力学非线性后，振动信号中出现了 150、200、250、300Hz 等谐波分量，且谐波幅值随频率升高而减小。上述结果说明，纸板的非线性力学特性导致绕组短路振动信号中出现 100Hz 以上 50Hz 的倍频分量。

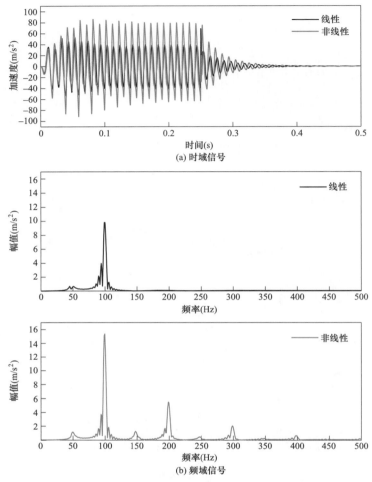

(a) 时域信号

(b) 频域信号

图 2−111　绕组第 1 饼振动加速度

采用复 Morlet 小波"comr3−3"以频率间隔 5Hz 对换 2 号和 53 号线饼 1s 振动信号进行连续小波变换,获得的振动信号的时频特征如图 2−112 所示。短路电流峰值为 275A 时,2 号和 52 号线饼振动信号中以 50Hz 和 100Hz 的分量为主。随着短路电流的增大,振动信号中谐波幅值逐渐增大,时频图中的复小波系数呈现出弥散分布的特点,说明随着短路电流幅值增加,非线性振动产生的谐波频率成分和能量均逐渐增加。

2.3.3.3　交变应力下绕组导线与绝缘构件的机—电特性

1. 电磁线的弹塑性特性

每次短路,铜线会受到 100Hz 力的作用,作用时间取决于短路时长。金属材料在周期变化载荷下存在疲劳现象,在纯铜疲劳过程中,储能的变化引起材料微观结构的变化,甚至表面微观形貌的变化。在循环应力达到一定程度时,材料抵抗破坏的能力显著下降。

疲劳损伤的根本原因是循环塑性应变，不同的寿命范围，亦即高循环与低循环疲劳之间的主要区别仅仅是塑性变形程度的大小不同而已。

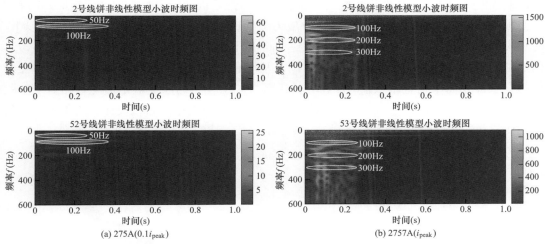

(a) 275A(0.1i_{peak}) 　　　　　(b) 2757A(i_{peak})

图 2-112　不同短路电流下绕组振动信号的时频特征

短时交变的受力振动，会对铜线的晶粒结构产生影响，进而影响铜材的屈服特性。由于短路时线圈中产生的应力已经达到非比例伸长极限 $R_{p0.2}$10%以上。从抗短路能力评估标准来看，环向拉伸应力≤0.9$R_{p0.2}$，纸包扁线环向压缩应力≤0.35$R_{p0.2}$，自黏导线环向压缩应力≤0.6$R_{p0.2}$，轴向和辐向弯曲应力≤0.9$R_{p0.2}$。而变压器用铜线多为纯度 99.95%以上，属于多晶铜，铜导线的疲劳满足高周疲劳模型，可采用 S-N 曲线描述。退火纯铜与轧制纯铜相比，导线变硬，机械强度增加，但是疲劳性能显著降低，在 100MPa 作用力下，退火纯铜的疲劳寿命约为 105 次。因此，多次短路冲击下的铜导线基本不用考虑因短路累积效应出现的导线屈服强度降低，累积效应主要体现在对绝缘材料的损伤中。

2. 绝缘材料的弹塑性特性

（1）力累积效应的影响。短路作用下，原本已经密化处理并机械稳定过的垫块，随着纤维的断裂，会重新出现可压缩的塑性形变量，宏观表现为垫块压缩率的增大，从而削弱线圈整体的抗短路预紧力，使之松弛并最终失效。若后续发生短路，线圈振动特性将改变，引起强烈振动，进而引发绕组的轴向失稳。

绝缘纸板在循环荷载作用下，其形变分为两个阶段，即压密阶段和弹性形变阶段。在循环加载初期，绝缘纸板中原有的孔隙被挤压变小，变压器油被挤压出孔隙，试样形变较快，随着循环次数的增加，试样逐渐被压密，绝缘纸板将由不连续介质转化为似连续介质，从而进入弹性稳定形变阶段，应变增量将逐渐减小，不可逆动应变逐渐趋于恒定。初始应变随循环次数如图 2-113 所示，绝缘纸板的应变主要发生在第一次循环加载中，应变量占总应变量的 95% 以上。

油浸绝缘纸板除了弹塑性的特征外，还是黏弹性的，意味着纸板的弹性模量会随着外施应力的频率发生变化。而变压器短路时出现的电磁力即属于交变机械应力的一种，其对纸板造成的伤害更大。交变机械应力的施加过程与恒定机械应力的施加过程相似，都存在一个预压紧过程，如图 2-114 所示，在该应力下纸板的应变会迅速增加并维持在 5% 以上。随着应力加载时间的增加，纸板的应变会不断上升。油浸绝缘纸板属于黏弹性材料，其内部结构对外施应力的响应需要一定时间，因此绝大多数交变机械应力均直接作用在纸板的上半部分而不是整个纸板。在计算杨氏模量时所使用的应变值是形变量相对于整张纸板厚度的比值，因此在实际作用范围有限的情况下，根据整张纸板计算所得的应变值会低估材料的实际应变情况。

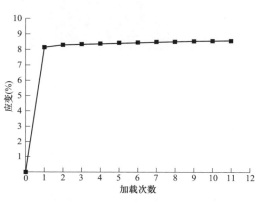

图 2-113　绝缘纸板应变与循环次数曲线

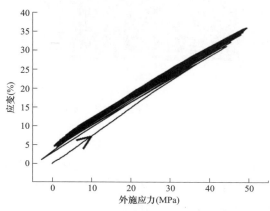

图 2-114　交变应力下油浸绝缘纸板
应力应变曲线

由图 2-115 可知，在交变应力作用下，加载—卸载循环过程较快，纤维的恢复过程均不充分，纤维的韧性会减小。在 30MPa 作用下，纸板中纤维主要发生的是弹性形变过程，在该过程中纤维逐渐被压平，其恢复能力降低，因此韧性不断减小。50MPa 作用下纤维塑性形变占比开始增加，塑性变形后产生纤维碎屑的韧性较小，因此随着纸板中纤维碎屑增加，纸板整体韧性下降速度变快并会达到一个稳定值。在 70MPa 应力作用下，纸板中纤维主要发生塑性形变过程，韧性迅速下降并达到稳态值。

（2）热累积效应的影响。100h 热累积时间的绝缘纸板的应力应变如图 2-116 所示。当被测试样被加压到最大负载应力 σ_m（5MPa），其应力应变曲线如①所

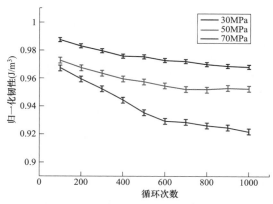

图 2-115　油浸绝缘纸板韧性随循环次数变化规律

示，接着负载减小，其应力应变曲线如②所示，直至负载为零，以此循环。第二次的加载曲线③呈现了与第一次加载曲线①不同的特性，而第二次卸载曲线④与第一次卸载曲线②十分接近。而从第三次循环以后，每次加载曲线都与第二次加载曲线③接近，每次卸载曲线都与第二次卸载曲线④接近。每一组加卸载形成的曲线都是明显的迟滞回线，动应变相位始终滞后于动应力相位。滞回环在荷载翻转的地方并不呈椭圆，而是呈尖叶形，这说明载荷翻转时试样的弹性形变响应迅速，塑性变形小。

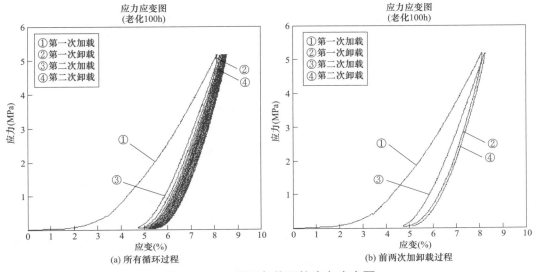

图 2-116　循环负载下的应力应变图

对不同热累积时间的绝缘纸板进行循环加载试验得到如图 2-117 的应力应变曲线。随着热累积时间的增加，应力应变循环曲线向应变增大的方向移动，绝缘纸板的弹性模量

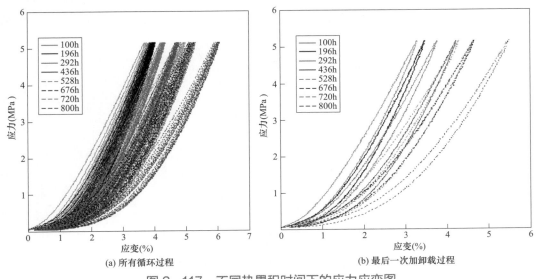

图 2-117　不同热累积时间下的应力应变图

也逐渐减小。以残余应变为应变基准，并从残余应变开始的加载作为第一次循环，得到最大应变与循环次数的关系（见图2-118）。

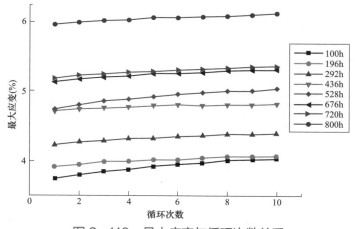

图2-118　最大应变与循环次数关系

不同热累积程度的试样在循环载荷作用下，随着循环次数增加，最大应变都随之增大，但最大应变的增加程度不同。热累积时间越久的试样，最大应变增加的程度越不明显。100h最大应变共增大了7.7%，而800h最大应变共增大了2.7%。

随着热累积时间的增大，同循环次数比较，最大应变也随之增大，这是因为随着热累积程度的加大，纤维素逐渐变细，结构变散，刚度下降。

弹性模量与热累积时间关系如图2-119所示。随着热累积时间的增加，绝缘纸板的弹性模量有明显下降，且在热累积初期弹性模量下降较快，到400～500h热累积时间时下降速度放缓，而之后弹性模量又下降较快。这是因为在热累积初期，纤维素化学键的断裂，纤维素的变细、断裂，以及形成的孔隙结构对弹性模量的影响较大。而到热累积中期热累积的影响有边际效应，对弹性模量的影响降低。最后到热累积末期，由于形成的孔隙结构

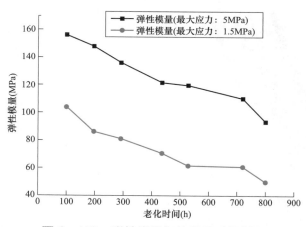

图2-119　弹性模量与热累积时间关系

以及纤维素的断裂等原因造成绝缘纸板内部结构表面积与体积比显著增大,这将促进热累积的进一步进行,而热累积的进行又将继续扩大内部结构表面积与体积比,从而加速弹性模量的下降。

3. 绝缘材料的绝缘特性

（1）力累积效应的影响。

由于纸板内部形变所需要的恢复时间一般较长,均在小时级,可以认为外施应力频率对形变的影响不大。因此,考虑到目前市场上材料试验机的性能参数,本文使用 5Hz 下的交变应力等效研究变压器中出现的 50Hz 与 100Hz 交变机械应力。

图 2-120 所示为经 5Hz、50MPa 下不同时长交变机械应力作用后油浸绝缘纸板的放电起始场强变化规律。纸板会随着机械应力循环次数的增加而逐渐受损,因此其放电起始场强也会发生下降,最终降低至 22kV/mm 左右。由于在交变机械应力作用下,纸板表面附近的纤维受损情况更严重,因此其放电起始场强会低于恒定机械应力下 50MPa 作用后的纸板放电起始场强。

图 2-121 所示为经 5Hz、50MPa 下不同机械应力作用时长后油浸绝缘纸板的耐压时间变化规律,外施电压为 30kV。在该电压下,纸板的耐压时间随机械应力作用时长增大逐渐从 0min 机械应力作用下的 36min 降低至 60min 机械应力作用下的 17min。这一现象表明纸板内部的损伤随着机械应力作用时长增加也会不断变得更加严重,进而降低了纸板的耐压时间。

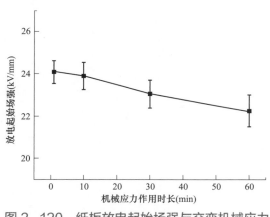

图 2-120　纸板放电起始场强与交变机械应力作用时长的关系

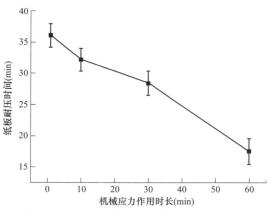

图 2-121　纸板耐压时间与交变机械应力循环次数的关系

（2）热累积效应的影响。

对经热老化（0、200、400、800h）的纸板分别进行了 5Hz 下的不同机械应力（30、50、70MPa）作用试验。

不同热老化程度下油浸绝缘纸板放电起始电压随机械应力作用的变化规律如图 2-122

所示。由图中可看出，当机械应力作用时长较短时，放电起始电压与时长无关，主要取决于外施机械应力的幅值以及老化时间。在老化初期（200h），放电起始电压有所上升，但随机械应力作用时长下降的速率比未老化纸板要快。

老化中期（400h）的油浸绝缘纸板的放电起始电压开始快速下降，从未老化时的25kV 降低至 22kV 左右。其放电起始电压随机械应力作用的下降速率要比老化初期的更快，60min、70MPa 作用下的放电起始电压仅为 19kV，远低于未经机械应力作用的25kV。

老化末期（800h）的绝缘纸板放电起始电压最低，在未经机械应力作用时仅为 20.5kV。由于此时纸板内部结构十分疏松，因此机械应力的影响最大，放电起始电压随外施机械应力作用时间的增加快速下降。经 70MPa 应力作用 1min 后，纸板放电起始电压降低至18.5kV；70MPa 应力作用 60min 后，纸板放电起始电压进一步下降至 15kV，仅剩未老化纸板放电起始电压 60%。

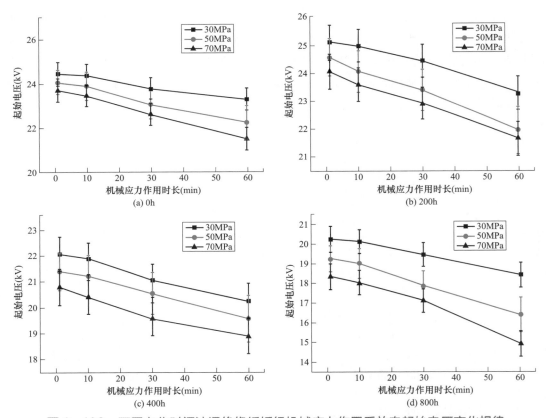

图 2-122　不同老化时间油浸绝缘纸板经机械应力作用后放电起始电压变化规律

不同热老化程度下油浸绝缘纸板耐压时间随机械应力作用的变化规律如图 2-123 所示。由图中可看出，在老化初期（200h），经过一定时间温度作用，纸板中水分被烘出，因此其绝缘性能也有所提升。老化中期（400h），此时纸板自身绝缘性能开始下降，由于此时纸板内部结构较为松散，因此机械应力的影响更明显。对比此前未老化与 200h 老化纸板的三维曲面图可以看出，此时曲面图表现为单峰状，在较低外施电压下的"高原部分"已经消失，即使在较低外施电压下，纸板的耐压时间也会随着机械应力循环次数的增加而迅速下降。老化末期（800h），纸板本征击穿电压与最短耐压时间进一步下降，随着热老化的进行，纸板中纤维聚合度不断降低，纤维自身机械性能下降，同时纸板结构的缓冲作用更弱，机械应力作用能达到更深处。因此在外施机械应力作用下，纸板中纤维更容易破碎并产生大量碎屑，其内部电场畸变也更严重，放电起始电压降低幅度也更明显。这也可从图 2-123（d）所示的三维曲面图中看出。高幅值机械应力作用下，曲面最高点快速下降，最终降低至 2000s 左右。

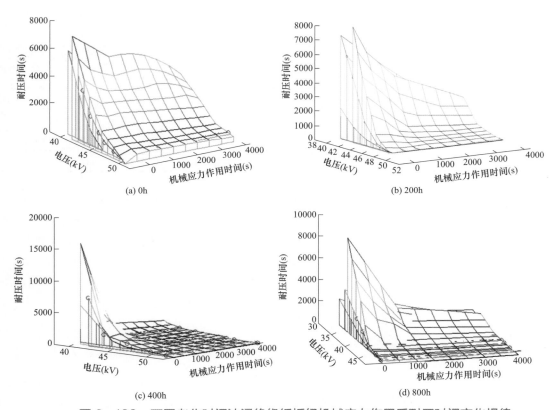

图 2-123　不同老化时间油浸绝缘纸板经机械应力作用后耐压时间变化规律

2.3.3.4　绕组短路冲击累积效应下的致损规律

基于缩比模型（见图 2-124）探索绕组短路冲击累积效应下的致损规律。该缩比模型变压器具体参数如表 2-20 所示。

(a) 整体结构　　　　　　　　　　　(b) 内部结构

图 2-124　三相变压器绕组实物模型

表 2-20　　　　　　　　　　　　　变压器模型参数

参数类型	参数值	参数类型	参数值
额定容量（kVA）	50	绕组结构	连续饼式
额定电压（高压）（kV）	0.693	线圈高度（mm）	420
额定电压（低压）（kV）	0.4k	线圈辐向尺寸（mm）	13.5
短路阻抗	4.5%	油箱尺寸	800mm × 320mm × 920mm
连接组	YNd11	铁芯结构	叠铁芯

对于Ⅰ类变压器，短路试验持续时间为 0.5s，允许偏差为±10%。在试验的过程中以触发采集方式同时记录电流波形以及振动声学信号，试验结束后测量每相绕组的短路阻抗值，如果短路阻抗值与原始值相差 2%以上，则认为绕组出现故障。试验中振动声学信号测点位置如图 2-125 所示，分别在三相绕组对应的 1/2 油箱高度位置处布置 6 个振动测点（测点 1~6），为了方便对比，高压套管出线侧自右向左布置测点，低压套管出线侧自左向右布置测点，并在两侧正对中间的位置布置传声器测点（测点 7、8），距离油箱表面 0.3m。

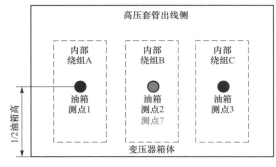

(a) 高压套管侧测点　　　　　　　　　　(b) 低压套管侧测点

图 2-125　模型变压器测点位置

对 400V 缩比模型变压器进行多次短路冲击试验直至绕组发生明显变形，短路阻抗产生超过 2% 的变化。试验工况设置如表 2-21 所示。

表 2-21　　　　　　　　　　模型变压器短路冲击工况

参数类型	期数				
	第 1 期	第 2 期	第 3 期	第 4 期	第 5 期
次数	第 1~5 次	第 6~8 次	第 9~14 次	第 15~19 次	第 20~22 次
电流大小（A）	1600	1600	1600	2600	2600
持续时间（ms）	500	500	500	950	950
试验前状态	初始状态	松动 4mm 螺纹	松动 8mm 螺纹	无改变	无改变
试验后状态	良好	较好	轻微变形	变形	损坏

模型变压器短路冲击试验总共进行了 22 次，分为 5 期。每期结束后进行变压器吊芯，并观察绕组机械状态（见图 2-126）。在试验过程中，为了判断绕组松动故障下暂态声振信号变化规律，在第 2 期（第 6 次）以及第 3 期（第 9 次）短路冲击试验前对绕组进行两种程度的人为松动。在第 4 期以及第 5 期试验中，为了加速绕组变形，加大短路电流幅值，延长短路持续时间，最终在第 22 次短路冲击后绕组机械状态彻底损坏。整个试验过程较为完整地模拟了绕组状态"良好—松动—变形"的损坏过程。如图 2-127 所示，从左到右、从上到下的子图分别为 1~22 次短路冲击时的暂态声振信号，每个子图的纵轴频带范围 0~1000Hz。

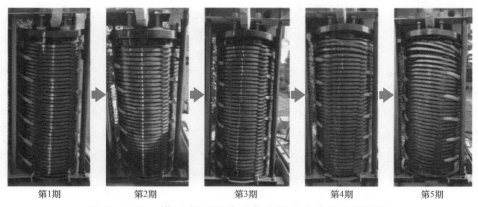

第1期　　　第2期　　　第3期　　　第4期　　　第5期

图 2-126　模型变压器遭受多次短路冲击后绕组状态

（1）第 1 期短路冲击后，暂态信号并无明显变化，能量主要集中在 100Hz。

（2）在第 2 期试验前，由于人为设置了松动故障，声学信号频谱变得复杂。第 2 期 3 次短路冲击的暂态信号无明显变化，说明虽然发生了绕组的松动，但是绕组状态仍然较好，可以抵抗多次短路冲击。

（3）在第 3 期试验前，由于进一步设置了松动故障，发现频谱变得更加复杂。第 3 期 6 次短路冲击的暂态信号之间存在明显变化，说明较大程度的绕组松动最终会导致抗短路能力的下降。在本期试验过程中，绕组出现了轻微变形。

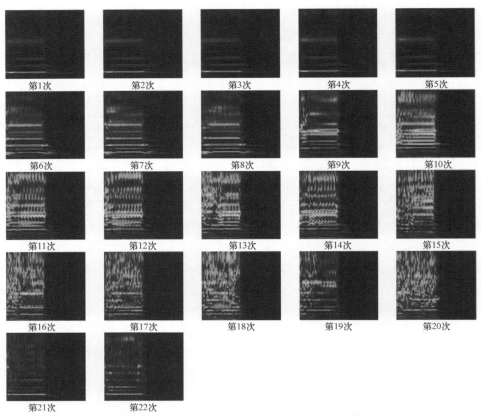

图 2-127　测点 7 的 22 次暂态声学信号时频图

（4）第 4 期短路冲击加大了短路电流，绕组变形程度加大，每一次时频图都明显不同，且已经没有了明显的主频，此时绕组顶端已经发生了严重变形。

（5）由于第 4 期结束后绕组短路阻抗仍然没有超过 2%，因此继续对变压器进行第 5 期 3 次短路冲击试验。这一过程中，时频图从复杂变得简单，重新回到了 100Hz 主频的情况，此时绕组已完全崩坏。此时绕组机械结构已经处于无支撑状态，垫块的非线性在这种情况下已经失去了作用，导线仅存在基本的振动。

为进一步量化"累积效应"过程，提出以下特征参量：

1）归一化暂态声振信号信息熵。表征时频图分布复杂情况的特征参量，在暂态信号小波时频域中，将 p_i 的定义为"某一频率的整个时域信号的能量值与整个频域能量总和的比值"

$$p_i = \frac{E_i}{\sum E_i} = \frac{(\sum A_j^2)_i}{\sum (\sum A_j^2)_i} \qquad (2-40)$$

式中：E_i 为某一频率的信号能量，等于该频率处整个时域上幅值的平方和；A_j 为某一频

率某一时刻的幅值。为了使得暂态信息熵值区间为 [0,1]，根在整个关心的频谱范围内，归一化暂态声振信号信息熵定义为

$$H_T = -\sum_{i=1}^{40} p_i \log_{40} p_i \tag{2-41}$$

H_T 值越接近于 0，说明暂态声振信号能量越集中，时频图越简单；H_T 值越接近于 1，说明信号能量越分散，时频图越复杂。

2）主频能量占比。绕组短路冲击激励的基本解中，包含 50Hz 及 100Hz 的频率分量，因此定义 50Hz 及 100Hz 为暂态声振信号的主频，主频能量占比为

$$p_{main} = \frac{E_2 + E_4}{\sum E_i} \tag{2-42}$$

随着绕组机械状态的恶化，主频能量占比 p_{main} 呈下降趋势。

3）半频能量占比。由于存在机电耦合作用，当绕组模态满足一定条件时，暂态声振信号中会出现参变共振，其明显特征为 25Hz 的奇数倍频，因此定义 25、75、125、…、975Hz 等 20 个频率为半频，则半频能量占比为

$$p_{half} = \frac{\sum E_{2i-1}}{\sum E_i} \tag{2-43}$$

半频能量占比为参变共振的重要标志，参变共振越明显，该值越大。根据以上特征参量数据，分别讨论不同故障类型对于各个特征参量的影响：

1. 绕组松动

前 3 期试验对绕组进行了两次人为松动，特征参量变化如图 2-128 所示。

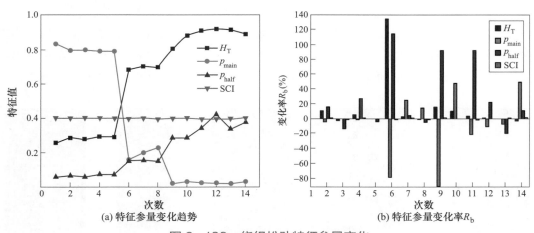

图 2-128　绕组松动特征参量变化

（1）第 1 期短路冲击各特征量基本不变，信息熵约 0.3，主频大于 80%，半频比不超过 10%。在绕组状态健康情况下，声振能量主要集中于 50Hz 及 100Hz。

（2）绕组首次松动后，特征参量发生跃变，变化率 $R_b(6)$ 出现峰值，其中信息熵及半频比增大超过 100%，主频下降约 80%。这说明绕组的松动所导致的模态频率下降使得

大型电力变压器主动保护与安全运行

机电耦合作用及材料非线性变强，声振能量变得更加分散，并不仅局限于激励频率。整个过程中，短路阻抗并未超过 2%。

（3）绕组再次松动后，特征参量同样发生跃变，变化率 R_b（9）出现峰值，其中信息熵及半频比进一步增大，主频继续下降。第 3 期 6 次试验中，信息熵和半频比逐渐变大，从吊芯结果来看，这是由于绕组出现了局部轻微形变，导致局部的共振现象，由此可知信息熵与半频比对于变形类故障较为敏感。

2. 绕组变形

后两期试验未进行人工干预，其特征参量变化趋势如图 2−129 所示。

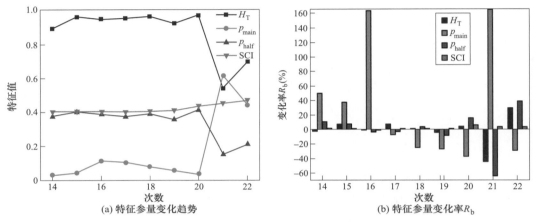

图 2−129　绕组变形特征参量变化

（1）第 4 期初次试验各特征参量皆有上升，说明此时松动及变形同时出现。随后的 4 次短路冲击中主频比先增加后减小，说明松动状态出现往复，这主要是由于变形的不确定性导致线圈松紧程度变化。吊芯结果如图 2−130 所示，绕组顶端已经发生了严重变形，此时已经几乎完全丧失了抗短路能力。与此同时，整个过程中短路阻抗变化率未超过 2%。

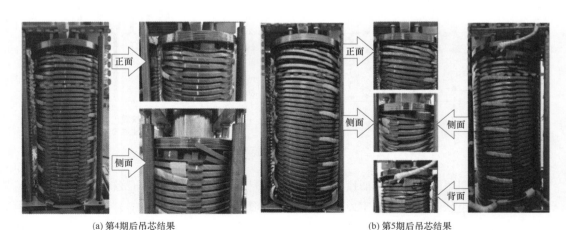

(a) 第4期后吊芯结果　　　　　　　(b) 第5期后吊芯结果

图 2−130　第 4、5 期吊芯结果

（2）第 5 期初次试验信息熵及半频比增大，主频比下降，说明此时松动与变形同时发生，且变形已无法缓解松动故障。随后两次试验三个特征参量大幅度往复变化，此时绕组状态已经完全损坏，吊芯结果如图 2-130 所示，绕组整体松垮，线圈相互嵌套，垫块部分脱落，出现绝缘损伤，无法继续试验，此时短路阻抗超过标准中规定的 2%。

综上可知，变压器绕组遭受短路冲击而损坏是一个累积过程，而且这一"累积效应"过程十分复杂且不易确定：起初一般发生松动故障，信息熵及半频比增大，而主频比下降；随后产生轻微的变形并逐渐累积，而松动程度会出现往复，因此不同程度的变形对特征参量影响规律并不一致；最终绕组随着松动及变形的加重而彻底损毁，伴随着特征参量的大幅度变化。

2.4 油浸式变压器电弧故障多物理场耦合建模与分析

2.4.1 变压器内部放电缺陷下气体产生及运动汇集规律研究

在变压器内部放电类缺陷产生并逐渐发展至电弧故障的过程中，故障点周围的绝缘油、绝缘纸板等绝缘材料在电、热效应的作用下气化、分解，产生大量混合气体，推动周围液体向油枕内涌动。同时，随着时间推移，所产生的混合气体部分重新溶解于绝缘油中，部分以游离气体的形式，在浮力作用下，逐渐向上运动，并汇集于瓦斯继电器集气盒内部。当集气盒内部游离气体体积到达一定阈值时，将会触发轻瓦斯保护，发出报警信号。针对以上游离气体的产生及运动过程，建立绝缘油纸在电弧放电作用下的分解模型，分析游离气体的生成过程及含量特征；建立两相流运动模型，描述电弧故障发展过程中游离气体的运动汇集特征。

2.4.1.1 放电产气理化模型

通过试验得知，放电产气体积与放电累积能量正相关，即

$$V_{gas} = kW_{arc} \qquad\qquad （2-44）$$

本书中采用系数 $k=70cm^3/kJ$。此过程计算得到结果经过进一步变换得到气体运动两相流仿真计算需要的产气边界条件。

另一方面，采用分子动力学模拟对环烷基矿物油与绝缘纸纤维素的相互作用进行研究，建立绝缘油纸在电弧放电作用下的分解模型（如图 2-131 所示），分析油纸绝缘结构在电应力下的分解路径和特征气体生成过程。

2.4.1.2 两相流过程与运动模型

1. 流体运动模型

将放电类缺陷产生的故障气体作为激励源，推动油浸式设备内部液体运动，下面介绍流体运动的基本方程。

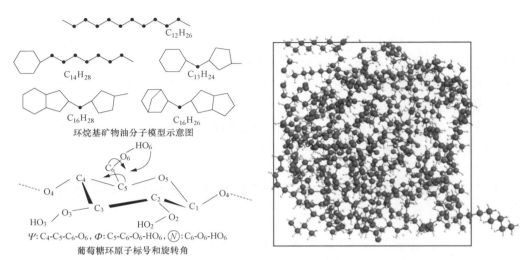

图 2-131　环烷基矿物油与绝缘纸纤维素分子模型

（1）控制体与雷诺输运定理。由于变压器内部两相流存在气泡破碎聚并过程，无法追踪每一份流体系统的运动，因此相较于追踪单个流体微元运动轨迹的拉格朗日观点，关注各个空间单元内部流场属性的欧拉观点更加适合解释变压器内部气泡形变—运动—附着行为。我们把上述各个空间单元称为控制体（Controlling Volume），因为流体需要在各个控制体间流动，需要解释流动属性，因此把控制体的边界面定义为控制面（Controlling Surface），即流体运动需要通过的界面。控制体内物质流动情况可通过 t 时刻系统内物理分布函数 $\phi(r,t)$ 的体积 N 随时间的导数表示为

$$\frac{DN}{Dt} = \lim_{\delta t \to 0}\frac{N_{CV}(t+\delta t)-N_{CV}(t)}{\delta t} - \lim_{\delta t \to 0}\frac{N_{\mathrm{I}}(t+\delta t)}{\delta t} + \lim_{\delta t \to 0}\frac{N_{\mathrm{III}}(t+\delta t)}{\delta t} \quad （2-45）$$

由于 $CS_{\mathrm{I}} + CS_{\mathrm{III}} = CS$，式（2-45）可简化为雷诺输运定理。

$$\frac{DN}{Dt} = \frac{\partial}{\partial t}\int_{CV}\phi\,\mathrm{d}\tau + \int_{CS}\phi V \cdot n\mathrm{d}S \quad （2-46）$$

式中：V 为控制边界上的流体速度矢量；n 为控制面外法线单位矢量。

（2）微分形式的连续方程。有限元计算中需要获取空间各点的物理参数特性，而流体力学方程的积分形式只关注流体整体运动属性，不满足计算要求。因此，需要用微分流体力学方程，计算各控制体所需的运动参数。习惯上将连续方程写为

$$\frac{\partial \rho_l}{\partial t} + \frac{\partial(\rho_l u)}{\partial x} + \frac{\partial(\rho_l v)}{\partial y} + \frac{\partial(\rho_l w)}{\partial z} = 0 \quad （2-47）$$

式中：ρ_l 为流体密度，kg/m^3；u、v、w 分别为流体 x、y、z 方向上的速度，m/s。

（3）微分形式的动量方程。对于气液两相流运动，流体微元的运动控制方程是仿真计算的基础，而推导微分形式的动量方程，则需要应用动量定理于一个流体微元，动量定理如下所示

$$\delta F = \frac{\mathrm{d}}{\mathrm{d}t}(V\delta m) \qquad (2-48)$$

式中：F 为流体微元受到的外力，N；V 为流体微元速度，m/s；δm 为流体微元的质量，kg。

用雷诺输运定理处理该微元的物质导数得到式（2-49），即 N-S 方程。

$$\rho_l \frac{\mathrm{d}V}{\mathrm{d}t} = \rho_l g - \nabla p + \mu\nabla^2 V \qquad (2-49)$$

式中：ρ_l 为流体密度，kg/m³；V 为流体微元速度，m/s；g 为重力加速度。

N-S 方程式有 t、x、y、z 四个自变量，以及 p、u、v、w 四个变量。为求解上述未知量，需要将式（2-47）与式（2-49）联立得到四个方程形成封闭方程组。在计算具体的流动问题时，需要添加流体边界的形状和边界上的解的特点，即边界条件。

2. 两相流模型

（1）湍流 Realizable $k-\varepsilon$ 计算模型。考虑到变压器内部缺陷产气瞬间气体流速较快，产气位置一般较为狭窄，因此可认为变压器缺陷产气时局部流场为湍流场。目前湍流计算模型主要分为三类，分别是湍流输运系数模型、雷诺应力模型以及大涡模拟模型。第一类模型中 Realizable $k-\varepsilon$ 模型相较于其他模型，除了强旋流过程模拟精度不佳以外，对自由流，有旋均匀剪切流，腔道流动和边界层流动模拟精度均较高，符合变压器仿真需求。因此本文中选择 Realizable $k-\varepsilon$ 湍流模型。

Realizable $k-\varepsilon$ 模型运用了雷诺平均，即将 N-S 方程中的各瞬时变量视为由平均量—脉动量叠加组成。例如湍流速度，如式（2-50）所示，由平均量—脉动量叠加组成

$$u_i = \overline{u}_i + u_i' \qquad (2-50)$$

式中：$\overline{u}_i$ 和 u_i' 分别为平均速度和脉动速度（$i=1$，2，3）。

将式（2-50）带入流体微元连续与动量方程的微分形式，可将其写成如下形式

$$\begin{cases} \dfrac{\partial \rho}{\partial t} + \dfrac{\partial(\rho\overline{u}_i)}{\partial x_i} = 0 \\[2mm] \rho\dfrac{\partial u_i}{\partial t} = -\dfrac{\partial p}{\partial x_i} + \dfrac{\partial}{\partial x_j}\left[\mu\left(\dfrac{\partial u_i}{\partial x_j} + \dfrac{\partial u_j}{\partial x_i} - \dfrac{2}{3}\delta_{ij}\dfrac{\partial u_i}{\partial x_j}\right) - \rho\overline{u_i'u_j'}\right] \end{cases} \qquad (2-51)$$

式中：δ_{ij} 为克罗奈克尔符号。

为求解方程式（2-51），必须给出雷诺应力项计算方程以使方程组封闭，这里假设雷诺应力与平均速度梯度成正比（Boussinesq 假设），得到下式

$$-\rho\overline{u_i'u_j'} = \mu\left(\frac{\partial u_i}{\partial x_j} + \frac{\partial u_j}{\partial x_i}\right) - \frac{2}{3}\delta_{ij}\left(\rho k + \mu_t\frac{\partial u_i}{\partial x_i}\right) \qquad (2-52)$$

式中：k 为湍动能；μ_t 为湍流黏性系数，Pa·s。

为求解雷诺平均假设引入的湍流黏性系数 μ_t，Realizable $k-\varepsilon$ 双方程模型引入湍动能

k 与耗散率 ε 两个变量及其对应输运方程。

$$\rho\frac{\mathrm{d}k}{\mathrm{d}t}=\frac{\partial}{\partial x_i}\left[\left(\mu+\frac{\mu_t}{\sigma_k}\right)\frac{\partial k}{\partial x_i}\right]+G_k+G_b-\rho\varepsilon-Y_M$$
$$\rho\frac{\mathrm{d}\varepsilon}{\mathrm{d}t}=\frac{\partial}{\partial x_i}\left[\left(\mu+\frac{\mu_t}{\sigma_k}\right)\frac{\partial\varepsilon}{\partial x_i}\right]+\rho C_1 S\varepsilon-\rho C_2\frac{\varepsilon^2}{k+\sqrt{v\varepsilon}}+C_{1\varepsilon}\frac{\varepsilon}{k}C_{1\varepsilon}G_b$$

（2−53）

式中：S 为应变率；$C_1=\max\left[0.43,\eta/\eta+5\right]$；$\eta=Sk/\varepsilon$；$C_{1\varepsilon}$ 和 C_2 为常数；σ_k、σ_ε 分别为湍动能与耗散率的湍流普朗特常数。$C_{1\varepsilon}=1.44$，$C_2=1.9$，$\sigma_k=1$，$\sigma_\varepsilon=1.2$。

（2）气液两相流界面 VOF 求解方法。油浸式变压器内部气体运动附着特征的研究关注故障气体具体位置，因此对气液两相界面清晰度有较高要求。在处理复杂的自由边界配置时，流体体积法（VOF）被证明比其他方法更有效。VOF 模型通过求解流体动量方程［见式（2−51）］计算空间微元内各流体组分的体积分数，解释两种或多种非混合流体的动力学行为，适用于变压器内部两相流的瞬态仿真。

在 VOF 模型中，首先得到流场速度场与源项（边界条件），再求解连续计算单元内相体积分数，确定各计算单元内各相体积分数，以刻画相界面所在单元从而达到追踪相界面的目的。对第 q 相，一维瞬态问题的控制方程如下所示

$$\frac{1}{\rho_q}\frac{\partial(\alpha_q\rho_q)}{\partial t}+\frac{1}{\rho_q}\cdot\nabla(\alpha_q\rho_q v_q)=\frac{S_{\alpha q}}{\rho_q}+\frac{1}{\rho_q}\sum_{p=1}^{n}(\dot{m}_{pq}-\dot{m}_{qp})$$

（2−54）

式中：α_q 为第 q 相流体体积分数值，$\dot{m}_{pq}$ 为从 p 相输运到 q 相的质量，$\dot{m}_{qp}$ 为从 q 相输运到 p 相的质量，方程右端的源项 $S_{\alpha q}$ 为用户设定的边界条件。

2.4.1.3 变压器内部游离气体两相流求解方法

针对油浸式变压器内部瞬态两相流仿真计算，Fluent 官方手册推荐选用压力隐式算子分割算法（PISO）算法，其求解思路如图 2−132 所示。

2.4.1.4 变压器内部放电缺陷产气规律与运动汇集特征

真型变压器中，在未形成严重故障的放电类缺陷发展阶段，缺陷处产气速率较低，产气量相较于变压器油箱体积极小，所产生少量气体运动及汇集至瓦斯继电器集气盒的时间尺度很长，故难以通过仿真手段对如此长时间跨度的两相流过程进行分析。故本节以等效缩比模型试验罐体为研究对象，搭建不同放电类缺陷仿真模型，研究油浸式电力设备内部不同放电类缺陷发展过程中产气特征及所产生游离气体的运动汇聚规律；以 110kV 真型变压器模型为研究对象，研究游离气体在变压器油箱中的附着、窝聚特性。

二维针板油纸放电与沿面放电模型如图 2−133 所示。为模拟三维试验罐体边界条件，几何上忽略了电极的上下部分以保证流场的连续性。故障气体组成设定为 70% H_2、25% C_2H_2 和 5% 的 CH_4。绝缘介质设定为 KI25X GB 2536—2011 绝缘油，动态黏度值为 0.00877Pa·s，密度值为 883kg/m³。

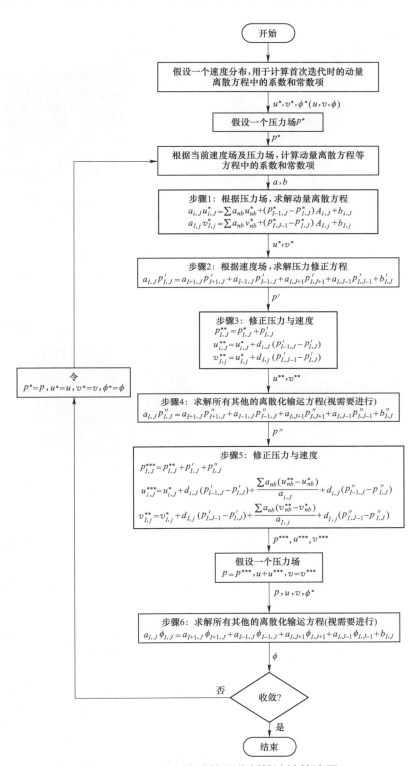

图 2-132　压力隐式算子分割算法计算流程

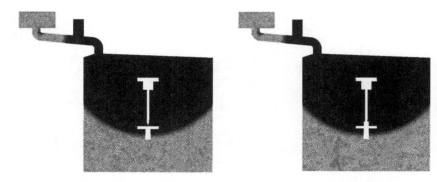

(a) 针板油纸放电二维仿真模型　　　　(b) 柱板沿面放电二维仿真模型

图 2-133　针板油纸放电二维仿真模型

三维变压器模型与网格划分如图 2-134 所示，仿真分析气体产生后在变压器油箱内部的运动及在固体部件表面的附着特征。故障气体组成与试验绝缘介质不变。

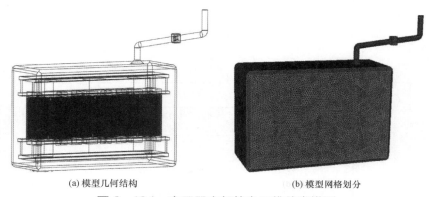

(a) 模型几何结构　　　　　　　　(b) 模型网格划分

图 2-134　变压器内部放电三维仿真模型

1. 放电产生游离气体组分特征分析

基于绝缘油纸在电弧放电作用下的分解模型，研究了变压器油在故障电场下小分子产物随施加场强时间变化趋势，如图 2-135 所示。

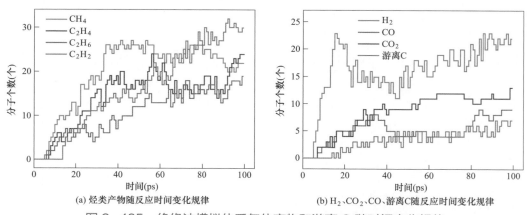

(a) 烃类产物随反应时间变化规律　　　(b) H_2、CO_2、CO、游离C随反应时间变化规律

图 2-135　绝缘油模拟体系气体产物和游离 C 随时间变化规律

结果表明，随着反应时间的增长，首先生成 CH_4，然后是 C_2H_6 和 C_2H_4，最后生成 C_2H_2，随着体系能量不断提高，C_2H_2 分子个数呈增加趋势；H_2 含量在初始分解阶段增长迅速，20ps 左右是最多的；在强电场作用下，产物中出现了游离 C，且随时间增长而上升；CO_2 含量呈增长趋势，且含量始终高于 CO。

研究了变压器故障电场下纤维素分子模拟体系小分子产物随施加场强时间变化趋势（如图 2−136 所示），可见在强电场作用下，CO 生成时间早于 CO_2，含量高于 CO_2，纤维素分解还产生了 H_2、CH_4、C_2H_4 和 C_2H_2 等气体产物。

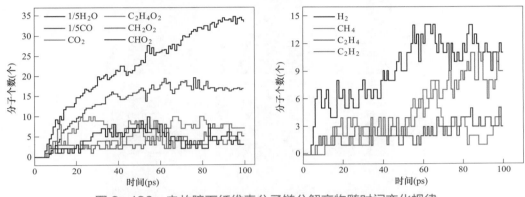

图 2−136　电故障下纤维素分子链分解产物随时间变化规律

2. 内部放电缺陷发展过程中游离气体运动汇集规律与附着特征分析

通过试验中分压器与脉冲电流传感器获得电压与脉冲电流波形，计算放电时刻故障能量，并转换为故障点处进气速率。假设故障气体为圆球状以将进气量换算成二维速度，作为仿真模型的进气口边界条件。针对针板结构油纸放电以及柱板结构沿面放电两种放电形式下的游离气体产生、汇集过程以及真型变压器中游离气体运动、附着过程进行仿真分析。

（1）针板结构油纸放电。针板结构油纸放电发展过程中游离气体产生及运动特征如图 2−137 所示。

在轻微局部放电阶段，绝缘油性能良好，针板间无可见放电，故障能量低，局部电子崩仅能产生少量气泡碎屑。此阶段气体本身所受质量力有限，经历短暂上升后气体与绝缘油的速度差很快由于周围的体抑制而减小，进而被绝缘油裹挟运动，其运动轨迹取决于电极周围流体场。根据流体连续方程，气体上升带来的针板间流体需要从纸板附近表面抽取，从而形成局部进出型流场。因此，轻微局部放电阶段气体在上下电极附近做循环往复运动：快速飞溅，然后缓慢回流。该阶段持续时间视电极间距与外加电压而定，试验中从几分钟至几十分钟不等。

经过长时间局部放电后，极间杂质与气泡一同形成小桥，电极附近累积的杂质显著改变了附近的电场强度，并提供了多个放电通道，在其中反复发生火花放电。火花放电期间由于极间并无大量气体，小气泡产生后围绕上电极柱周围形成圆筒状气泡流并不断上升。随着火花放电不断进行，绝缘纸板绝缘厚度不断下降，放电路径不断加长，放电能量不断增加，上电极柱周围气泡流不断变密变宽。

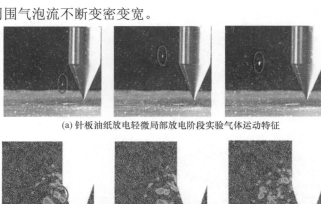

(a) 针板油纸放电轻微局部放电阶段实验气体运动特征

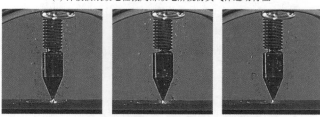

(b) 针板油纸放电轻微局部放电阶段仿真气体运动特征

(c) 针板油纸放电火花放电阶段后期实验气体运动特征

(d) 针板油纸放电火花放电阶段后期仿真气体运动特征

(e) 针板油纸放电电弧放电阶段实验气体运动特征

(f) 针板油纸放电电弧放电阶段仿真气体运动特征

图 2-137　针板结构油纸放电发展过程中游离气体产生及运动特征

当进入燃弧阶段，电极间形成完整放电通道，高能电弧产生的大量气体在短时内膨胀收缩，并在浮力作用下快速上升，同时气体受气液两相界面不均匀力场作用，经历反复的破碎－聚并过程，气泡形态发生剧烈变化。同时，在燃弧过程中，由于气体体积变大，其所受质量力面积分也相应增加，气体上升速度加快。

（2）柱板结构沿面放电。柱板结构沿面放电发展过程中游离气体产生及运动特征如图 2－138 所示。

在轻微局放阶段，柱电极—油—绝缘纸板三相交界处不断发生电子崩产生小碎气泡。柱板电极三相交界处结构更加逼仄，导致小气泡从三相交界处溅射而出。

在滑闪放电阶段，发生滑闪放电时，闪络瞬间产生不规则圆柱状气体，气体短时内包裹住放电通道，闪络结束后迅速变形破碎并沿电极杆向上浮动。

在持续性闪络阶段，发生持续性沿面闪络时，纸板表面某一方向在数秒钟内不断发生电弧放电，放电期间闪络通道周围气体经历持续的聚并—破碎过程，气体运动形态表现为闪络区域正上方的中等大小气泡群，气泡群沿闪络通道所在平面垂直上升，闪络熄灭后气泡群逐渐离开摄像范围。

（3）气体局部汇聚特征。在放电类缺陷发展过程中，局部放电阶段产生的细碎气泡由于绝缘纸板较高的表面张力与气泡有限的质量力，大部分附着于绝缘纸板表面，如果此时缺陷停止演化且无外界干扰，气泡可能会在长时间内保持附着在纸板表面上；随着放电发展，火花放电产生的故障气体由于所受质量力较大，会上升到罐体内部结构的表面，例如上电极的法兰与罐体内上表面。当内部结构可容纳气体体积达到阈值，罐体上表面气体缓慢移动至连接管进口并最终到达集气室，如图 2－139 所示。

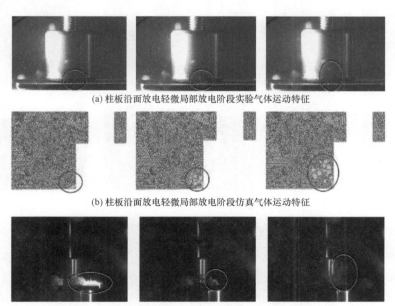

(a) 柱板沿面放电轻微局部放电阶段实验气体运动特征

(b) 柱板沿面放电轻微局部放电阶段仿真气体运动特征

(c) 柱板沿面放电滑闪放电阶段实验气体运动特征

图 2－138　针板结构油纸放电发展过程中游离气体产生及运动特征（一）

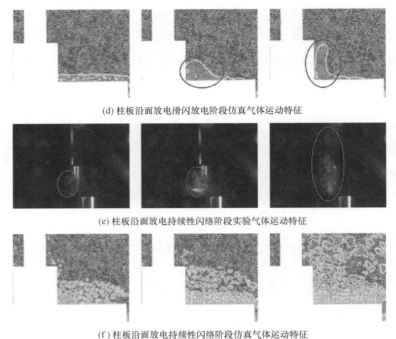

(d) 柱板沿面放电滑闪放电阶段仿真气体运动特征

(e) 柱板沿面放电持续性闪络阶段实验气体运动特征

(f) 柱板沿面放电持续性闪络阶段仿真气体运动特征

图 2-138 针板结构油纸放电发展过程中游离气体产生及运动特征（二）

(a) 放电类缺陷演化过程实验气体局部附着特征

(b) 放电类缺陷演化过程仿真气体局部附着特征

图 2-139 气体局部附着特征

（4）真型变压器游离气体运动附着特征。将故障设置为变压器内部匝间放电，观察气体在包括绕组、夹件在内的变压器内部结构中的运动汇聚规律，得到以下结论：① 气体上升速度与气体体积/故障能量正相关，如图 2-140 所示，可看出左侧气体由于体积量较少，上升速度小于右侧同时产生的气体；② 气体在油浸式变压器内部易在各类物理结构上表面处附着并聚集，如不存在油流循环或倾斜性结构壁面，部分气体会附着较长时间，当聚集的气体体积达到一定阈值后才会溢出继续上浮，最终汇集至瓦斯继电器集气盒内，如图 2－141 所示。

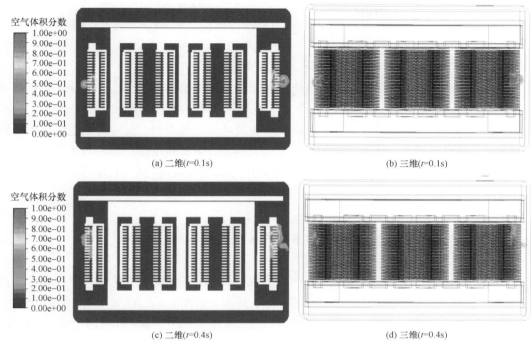

空气体积分数
1.00e+00
9.00e-01
8.00e-01
7.00e-01
6.00e-01
5.00e-01
4.00e-01
3.00e-01
2.00e-01
1.00e-01
0.00e+00

(a) 二维(t=0.1s)　　　　　　(b) 三维(t=0.1s)

(c) 二维(t=0.4s)　　　　　　(d) 三维(t=0.4s)

图 2－140　气体上升速度随气体体积变化关系

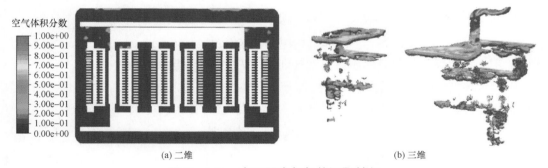

(a) 二维　　　　　　(b) 三维

图 2－141　变压器内部气体汇聚特征

2.4.2　变压器内部电弧故障下压力分布及箱体形变特性研究

2.4.2.1　内部故障电弧能量与压力震源模型

1. 电弧能量计算模型

当变压器内部发生严重短路故障时,内部绝缘物质被击穿,在故障点处产生短路电弧,所产生的电弧能量 W_{arc} 可用如下公式计算

$$W_{arc} = \int_0^{t_{arc}} u_{arc} i_{arc} dt \qquad (2-55)$$

式中：t_{arc} 为电弧燃烧时间，s；u_{arc} 为故障电弧的电压降，V；i_{arc} 为电弧电流，A。

当按式（2-55）计算电弧能量时，一般采取以下假设：

（1）认为电流 i_{arc} 为一幅值不变的正弦波电流；

（2）电弧电压降由阴极压降、弧柱压降和阳极压降组成。与弧柱压降相比，阴极压降和阳极压降非常小，因此可忽略不计；

（3）每一电流半波开始和结束时会出现燃弧尖峰和熄弧尖峰，因为其在电流过零点附近出现且出现时间极短，故在这一期间析出能量极小，可忽略不计。即认为在燃弧的电流半波期间，弧柱的电场强度 E_{arc} 为一常数，即故障电弧电压降 u_{arc} 仅与其电弧长度 l_{arc} 有关，可表示为

$$u_{arc} = E_{arc} l_{arc} \qquad (2-56)$$

式中：E_{arc} 为平均电场强度；l_{arc} 为电弧长度，m，由故障严重程度决定。

2. 压力震源模型

故障点气体的产生是短路故障引发的高温电弧释放了大量的能量，将电能转化为热能，从而气化、分解故障点周围绝缘油的结果。然而，故障电弧的能量在其燃烧的过程中不仅仅转化为了气体的内能，还包括了用以熔化、蒸发电极的能量，以及通过辐射、传导、对流等方式向周围发散的热能。同时，电极蒸发后生成的金属蒸气与绝缘油气化、分解产生的气体发生一些化学反应也会释放一定的化学能。设故障电弧能量 W_{arc} 中用来加热绝缘油蒸汽的能量为 αW_{arc}，其中 α 为能量转换系数，在油浸式变压器的内部电弧故障中，其值一般取 15%～45%，推荐取值为 22%，则有

$$dW_{heat} = \alpha dW_{arc} = \alpha P_{arc} dt \qquad (2-57)$$

式中：W_{heat} 为电弧加热绝缘油蒸汽气泡的能量；P_{arc} 为故障电弧功率。

电弧传递到气泡中的能量，其中一部分使气体温度升高，内能增大；另一部分使气体体积膨胀对外界绝缘油液体做功，则有

$$dW_{heat} = C_v n_{gas} dT_{gas} + P_{gas} dV_{gas} \qquad (2-58)$$

式中：C_v 为定容混合气体比热，根据相关文献中试验测量，变压器内部故障中产生的气体组分一般为氢气——70%、甲烷——10%、乙烯——15%、乙炔——5%，此处 C_v 取 2.84kJ/(kg·K)；n_{gas} 为混合气体总质量；T_{gas} 为气体温度，K。

假设气泡内为理想气体，则根据理想气体方程的微分形式有

$$P_{gas} dV_{gas} + V_{gas} dP_{gas} = n_{gas} R dT_{gas} \qquad (2-59)$$

式中：P_{gas} 为故障气泡内部压强，kPa；V_{gas} 为气泡体积，m³；R 为理想气体常数，取 1.002kJ/(kg·K)，对应的气体摩尔质量为 8.3g/mol。

式（2-57）、式（2-58）带入式（2-59），可得到电弧生成气泡内部压强与电弧功率之间的关系为

$$\gamma \cdot P_{\text{gas}} dV_{\text{gas}} + V_{\text{gas}} dP_{\text{gas}} = (\gamma - 1)\alpha P_{\text{arc}} dt \qquad (2-60)$$

式中：γ 为气体的比热比，针对本文中电弧故障产生的混合气体，γ 取 1.364。

此处理论分析中假设认为电弧所产生气团形状为球形，则利用球体体积公式将式（2-60）中 V_{gas} 替换为气泡半径 r，则有

$$\frac{dP_{\text{gas}}}{dt} = \frac{(\gamma - 1)\alpha P_{\text{arc}}}{\frac{4}{3}\pi r^3} - \frac{3\gamma P_{\text{gas}}}{r}\frac{dr}{dt} \qquad (2-61)$$

气体体积变化的本质是气体内能、机械能与势能之间的相互转化，根据能量守恒，气泡膨胀对外部绝缘油液体做功，转化为周围液体动能。这一过程可以用气泡动力学模型来描述，此处选用 Rayleigh-Plesset 方程表征气体压强和气泡半径之间的关系如下

$$r\frac{d^2 r}{dt^2} + \frac{3}{2}\left(\frac{dr}{dt}\right)^2 + \frac{4\nu}{r}\frac{dr}{dt} = \frac{1}{\rho}\left(P_{\text{gas}} - \frac{2\sigma}{r} + P_{\text{V}} - P_{\infty}\right) \qquad (2-62)$$

式中：r 为气泡半径；ν 为液体运动黏度；ρ 为液体密度；P_{gas} 为气泡内部气体压强；σ 为表面张力系数；P_{V} 为液体饱和蒸汽压；P_{∞} 为远场压强。

结合式（2-61）与式（2-62），代入电弧功率曲线，可以解得气泡内压强即压力震源随时间变化情况。

随着故障的持续发生，气泡内压强增大，而周围绝缘油的膨胀惯性使得在气液两相界面产生巨大压力差 ΔP，并以压力波的形式向外传播，在油气两相界面上则有

$$\Delta P = P_{\text{gas}} - P_0 - P_{\text{oil}} - \frac{2\sigma_{\text{oil}}}{r} \qquad (2-63)$$

式中：P_0 为大气压强，取 $1.013 \times 10^3 \text{kPa}$；$\sigma_{\text{oil}}$ 为绝缘油表面张力系数，取 $27 \times 10^{-3} \text{N/m}$；$P_{\text{oil}}$ 为故障点处绝缘油液压。

2.4.2.2 压力传播及其与箱体耦合模型

1. 压力波传播模型

脉动压力波的物理本质是声波，要建立故障压力波的传播模型，首先需要研究流体中的声波波动方程。具体到变压器油箱内部的压力分布及变化的研究中，还需要考虑油箱内部各种固体构件对压力波的折反射以及传播过程中变压器油黏度对其动能的衰减与损耗。针对变压器内部故障中压力震源产生的压力波在变压器油中的传播，其瞬态压力波动方程为

$$\frac{1}{\rho c^2}\frac{\partial^2 p_{\text{t}}}{\partial t^2} - \nabla \cdot \left[\frac{\nabla p_{\text{t}}}{\rho} - \frac{1}{\rho c^2}\left(\frac{4\mu}{3} + \mu_{\text{B}}\right)\frac{\partial \nabla p_{\text{t}}}{\partial t}\right] = 0 \qquad (2-64)$$

式中：c 为变压器油中声速；ρ 为介质密度；ρc^2 为体积弹性模量；t 为时间；μ 为动力黏度；μ_{B} 为本体黏滞系数；p_{t} 为压力场强，由背景压力场强 p_{b} 与声压 p 组成。

针对变压器油箱中固体构件对压力波传播的阻碍，定义其内部结构的阻抗边界满足

$$-\boldsymbol{n}\left(-\frac{\nabla p_{\text{t}}}{\rho}\right) = \frac{1}{Z_{\text{k}}}\frac{\partial p_{\text{t}}}{\partial t} \qquad (2-65)$$

式中：$\boldsymbol{n}$ 为单位法向量；Z_{k} 为固体边界阻抗，为固体材料密度 ρ_{k} 与对应固体中声速之积。

2. 声固耦合模型

随着压力波的传播，必然会对油箱箱体造成冲击，使油箱箱体发生弹塑性形变，从而在固液两相界面产生一个与油箱箱壁加速度有关的压强损耗。

$$-\boldsymbol{n}\bullet\left[-\frac{1}{\rho_{\mathrm{oil}}}(\nabla p_{\mathrm{oil}}-\boldsymbol{q}_{\mathbf{d}})\right]=-\boldsymbol{n}\bullet\ddot{\boldsymbol{u}}_{\mathrm{t}} \tag{2-66}$$

式中：$\boldsymbol{n}$ 为单位方向向量，正方向为声场方向向外；$\ddot{\boldsymbol{u}}_{\mathrm{t}}$ 为油箱箱壁，对时间的二阶导数，即加速度。随着内部油压增大，作用在油箱箱体上的载荷增大，箱体发生形变，而油箱的形变则通过式（2-66）中展现的关系反向影响油箱内的压强分布。

2.4.2.3 箱体力学模型

在建立油箱力学模型的过程中，首先根据弹塑性力学的要求，将研究对象（变压器油箱箱体）的物理几何性质进行抽象，以简化分析问题的数学难度，而后构建弹性力学基本方程组，描述油箱箱体在载荷作用下的形变、位移情况。

1. 运动方程

物体内一点的应力状态可以用 9 个应力分量来表示，通常为 3 个正交坐标的正应力分量 σ_x、σ_y、σ_z 和 6 个剪应力分量 τ_{xy}、τ_{yx}、τ_{xz}、τ_{zx}、τ_{yz}、τ_{zy}。考虑物体中任意一个边长为 dx、dy、dz 的长方体微元，作用在微元体上的体力分量为 f_x、f_y、f_z，则根据其在 x、y、z 方向上受力平衡的条件，根据牛顿定律可得到运动方程如下

$$\begin{cases}\dfrac{\partial\sigma_x}{\partial x}+\dfrac{\partial\tau_{yx}}{\partial y}+\dfrac{\partial\tau_{zx}}{\partial z}+f_x=\rho\dfrac{\partial^2u_x}{\partial t^2}\\ \dfrac{\partial\tau_{xy}}{\partial x}+\dfrac{\partial\sigma_y}{\partial y}+\dfrac{\partial\tau_{zy}}{\partial z}+f_y=\rho\dfrac{\partial^2u_y}{\partial t^2}\\ \dfrac{\partial\tau_{xz}}{\partial x}+\dfrac{\partial\tau_{yz}}{\partial y}+\dfrac{\partial\sigma_z}{\partial z}+f_z=\rho\dfrac{\partial^2u_z}{\partial t^2}\end{cases} \tag{2-67}$$

式中：ρ 为油箱箱壁密度；u_x、u_y、u_z 为微元体在 x、y、z 方向上的位移。

2. 本构方程

本构方程通过应力—应变关系，建立了力与变形的相互关系。对于各向同性的弹性材料，可用广义胡克定律来表述其应力—应变关系。

$$\boldsymbol{\sigma}-\boldsymbol{\sigma}_0=\boldsymbol{D}(\boldsymbol{\varepsilon}-\boldsymbol{\varepsilon}_0-\boldsymbol{\varepsilon}_{\mathbf{p}}-\boldsymbol{\varepsilon}_{\mathbf{th}}) \tag{2-68}$$

式中：$\boldsymbol{\sigma}_0$ 与 $\boldsymbol{\varepsilon}_0$ 为表示初始应力与初始应变的矩阵；$\boldsymbol{\varepsilon}_{\mathbf{p}}$ 为材料塑性形变张量矩阵；$\boldsymbol{\varepsilon}_{\mathbf{th}}$ 为材料热应变张量矩阵，但由于瞬态过程时间非常短，故忽略 $\boldsymbol{\varepsilon}_{\mathbf{th}}$ 的影响；$\boldsymbol{D}$ 为弹性张量矩阵。

3. 几何方程

本构方程中的应变分量与平衡方程中的位移分量可由几何方程建立关系。

$$\boldsymbol{\varepsilon}=\frac{1}{2}[(\nabla\boldsymbol{u})+(\nabla\boldsymbol{u})^T] \tag{2-69}$$

式中：∇u 为位移梯度。

2.4.2.4　内部电弧故障下多物理场耦合关系与求解方法

当变压器油箱内部发生短路故障时，故障产生的高温电弧气化、分解变压器油从而产生气泡压力波震源，气液两相界面产生巨大的压力差以压力波的形式传播，使得油箱内的压力分布骤变。同时，故障产生的压力场与变压器油箱本身的结构力场之间紧密耦合，相互影响。一方面，骤增的压力场使得油箱箱体所要承受的载荷增加、应力变大，因此，油箱的箱体将会发生相应程度的形变；而另一方面，油箱箱体发生弹塑性形变将会吸收部分压力波的动能，从而反作用于箱内的压力场，且发生的形变越剧烈，对于压力波的损耗越明显。同时，箱体的形变使得其几何结构发生明显变化，改变了原有压力场分布液体域的形状，同样会对压力波的传播产生影响。故障后的详细的物理变化、能量转换过程以及多场耦合算法如图 2-142 所示。

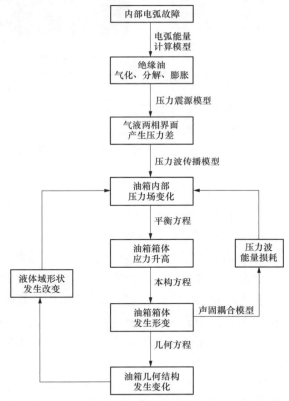

图 2-142　内部电弧驱动下多场耦合关系及求解流程

2.4.2.5　内部电弧故障下油箱内部压力分布及箱体形变特征

本节以 ±800kV 换流变压器为例，对变压器整体结构进行建模，仿真分析内部电弧故障下压力时空分布特征。基于仿真需求，对变压器结构进行合理简化，忽略对于压力分布影响极小的，如阀侧套管、储油柜、冷却器等部件，一定程度简化油箱内部的绕组结构，得到最终几何模型如图 2－143（a）所示。根据 CFL 准则，对油箱内部变压器油以及箱体部分进行网格剖分［见图 2－143（b）］，其中由于内部绕组对压力分布影响很小，故设其表面为硬声场边界，不对其内部进行网格剖分，节约计算资源。

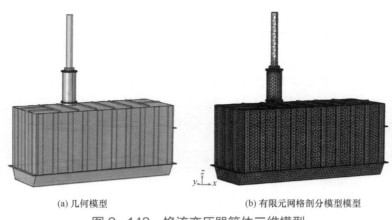

(a) 几何模型　　　　　　　　(b) 有限元网格剖分模型模型

图 2－143　换流变压器箱体三维模型

基于实际故障中的电流录波数据，计算得到电弧功率随时间变化情况，对其进行数值积分，得到电弧能量。故障过程中电弧持续 59.2ms，总电弧能量累积达到 21.20MJ。将电弧功率数据代入仿真模型中，针对油箱内部绕组匝间短路故障与升高座内部对箱壁短路故障两种工况进行仿真分析。

1. 油箱内部绕组匝间短路故障

油箱内部发生绕组匝间短路故障时，油箱以及升高座内压力分布（以下所讨论压力均为不考虑静油压的相对压力）随时间变化情况如图 2－144 所示。由图中可知压力升高主要集中在绕组与油箱壁之间的区域，压力场分布变化明显；而随着压力波向外传播，能量不断衰减，具体表现为距离故障点越远，压力变化越小。此外各点压力变化形式由电弧故障形成的气泡震源向外传播的压力波，以及其在箱体及油箱内部各固体部件表面折反射形成的压力波综合决定。虽然各点压力总体均呈上升趋势。但距离震源较近的观测点，其压力变化主要受震源影响；距离震源较远的观测点的压力变化形式则更为复杂，由多个反射波综合叠加而成，出现多种波动频率。

与内部压力分布相对应，压力波传播到箱体与绝缘油两相交界面上，根据声固耦合关系发生相互作用，压力波发生折反射，能量衰减，而油箱箱体在载荷作用下发生弹塑性形变，甚至破裂。箱体应力分布情况（第一主应力）如图 2－145 所示，箱体的形变形式主要表现为故障点正对处箱壁发生鼓包，与其连接的长棱边向内凹陷。箱体结构中与故障位置较近的几何结构突变区域为明显应力集中区域，其中应力峰值出现在箱壁加强筋以及上下横棱处，在 $t=38ms$ 时，箱体应力峰值达到 345MPa，即为箱体材料 Q345 钢屈服强度。

随着故障发展，图中深红色区域（达到材料屈服强度的区域）不断扩大，在故障结束时应力峰值达到 396MPa，并未超过材料强度极限。因此，在此故障情况下，认为油箱箱体仅发生不可恢复的塑性形变，并未发生破裂。此外，箱体对侧、顶部箱壁也发生不同程度的形变，但均不严重。升高座所受影响较小，未发生明显形变或破裂。

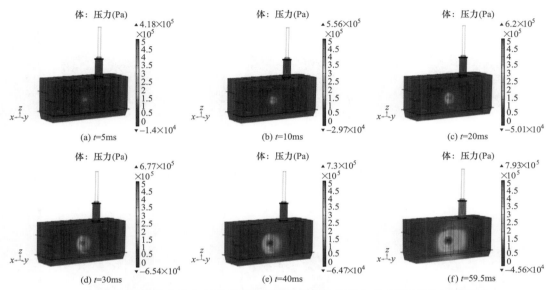

图 2-144　油箱内绕组匝间短路故障下油箱内部压力分布随时间变化情况

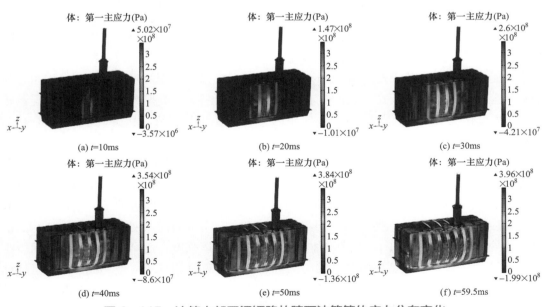

图 2-145　油箱内部匝间短路故障下油箱箱体应力分布变化

2. 升高座内部对箱壁短路故障

当相同能量的电弧故障发生在升高座内部时,油箱以及升高座内压力分布随时间变化情况如图 2-146 所示。

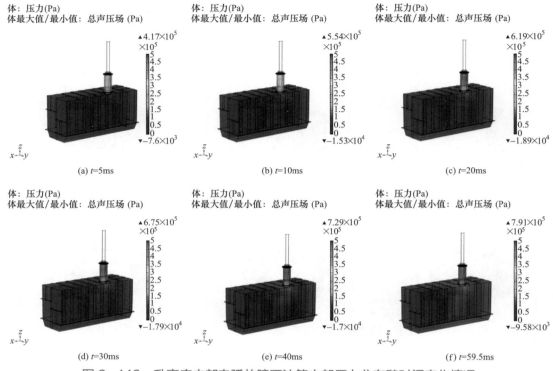

图 2-146　升高座内部电弧故障下油箱内部压力分布随时间变化情况

由图 2-146 中可知压力升高主要集中在升高座内部,对于油箱箱体内部的压力影响较小。且由于升高座体积较为狭小,压力波在其内传播所需时间短,故障部位以上区域压力迅速趋向均匀,在故障发生后 20ms 均达到 500kPa 以上,而故障部位以下区域由于与油箱相连接,压力得到释放,与上部有明显的区别。此外,升高座内部观测点距离震源较近,压力变化主要受震源影响,油箱内压力变化形式则更为复杂,由多个反射波综合叠加而成,出现多种波动频率。

与内部压力分布相对应,箱体应力分布情况(第一主应力)如图 2-147 所示,由图中可以看出,箱体的形变形式主要为网侧升高座向侧上方突出,箱体侧壁及顶部箱壁发生鼓包,两侧长棱边也有不同程度的变形。箱体结构中与故障位置较近的几何结构突变区域为明显应力集中区域,其中应力峰值出现在升高座与油箱箱体连接处两个拐角,在 14.5ms 时,此处就已达到 345MPa,即为箱体材料 Q345 钢屈服强度,远早于油箱内部匝间短路故障下箱体应力峰值达到屈服强度的时间;在故障结束时达到最大值 508MPa,已超过 Q345 钢材最小抗拉强度标准 490MPa,且图 2-147(f)中深红色区域应力值均超过 345MPa,因此很可能此处已经发生破裂 [见图 2-147(b)]。此外,箱体顶部两侧长棱边，顶部和侧壁的加强筋也明显为应力集中区域。油箱箱体主体所受影响较小，未发生明显塑性形变或破裂。

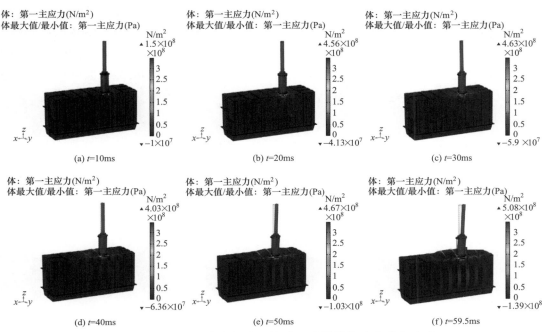

图 2-147　升高座内部电弧故障下油箱箱体应力分布变化

图 2-148 中给出升高座附近箱体应力集中区域局部应力分布云图，以作进一步分析。图 2-148（a）可以看出油箱顶部箱壁应力集中区域均为加强筋所在位置，可见加强筋确实有阻止箱体发生剧烈形变的效果。图 2-148（b）中升高座与箱体连接部分均为红色（大于 345MPa），而相邻棱边处均为蓝色（负值），可见这一区域形变情况极为复杂，连接处呈受拉伸状态，而棱边处则为压缩形变。

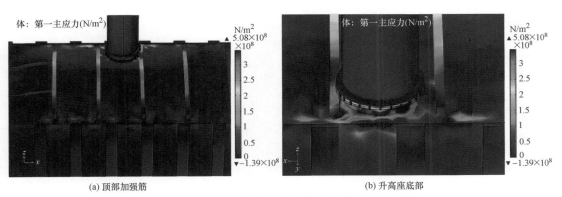

图 2-148　箱体应力集中区域局部应力分布云图

本 章 小 结

　　本章分别介绍了变压器内部多种典型缺陷,包括放电缺陷、过热缺陷与绕组变形缺陷。针对变压器内部实际工况,结合试验探究与有限元仿真分析,研究了各类缺陷的发展演化规律及多物理场耦合机理,归纳总结了缺陷发展过程中脉冲电流、特高频、声信号、光信号、压力、温度、游离气体等参量的典型特征,为变压器内部早期故障辨识和多参量融合的主动保护方案研究奠定了理论基础。

第3章
面向变压器主动保护与安全运行的
感知技术

当前广泛用于变压器在线监测及保护的传感装置包括油色谱、高频 CT、特高频局部放电传感器等，这些装置针对变压器油中溶解气体、放电产生的电流信号与电磁场信号进行测量。为了实现面向变压器的主动保护，亟须补充更多灵敏、快速反应变压器健康状态的多参量在线监测传感器。此外，变压器复杂的多物理场环境也对传感器可靠性提出了更高的要求。实际工况中，当变压器发生放电故障时，除产生的电磁场有异常外，声信号也会发生明显变化；缺陷发展为严重故障后，内部绝缘油会裂解产生大量气体，推动周围油流涌动，从而改变变压器内部压力及流速。因此，本章主要介绍分别用于测量变压器内部电磁场、油压、漏磁场、声、流速、氢气及温度信息的感知技术，以及变压器多物理场下传感器的性能考核方法和空间布置策略，为发展变压器主动保护与安全运行提供基础感知手段。

3.1 变压器压力光学感知技术

3.1.1 变压器压力传感器的性能要求

变压器在内部电弧故障的情况下，压力在短时间内从十几千帕上升到几十千帕甚至几百千帕，若不能及时监测到压力上升，油箱就可能发生变形甚至破裂，这就要求传感器具备较高的灵敏度，及时感知到压力波动。此外，变压器油箱的振动会对压力传感器产生干扰，因此需要传感器具备较高信噪比，可以在运行过程中有效感知早期缺陷引发的压力变化。

3.1.2 光学压力传感器基本原理与结构

3.1.2.1 光学压力传感器基本原理

如图 3-1 所示，当该结构受力面受到压力 P 的作用时，内部聚合物在各方向的受力情况为

$$\begin{cases} \sigma_x = 0 \\ \sigma_y = 0 \\ \sigma_z = -P \end{cases} \quad (3-1)$$

根据广义胡克定律，有

$$\begin{cases} \sigma_x = \dfrac{E}{1-\mu^2}[\varepsilon_x + \mu(\varepsilon_y + \varepsilon_z)] \\[2mm] \sigma_y = \dfrac{E}{1-\mu^2}[\varepsilon_y + \mu(\varepsilon_x + \varepsilon_z)] \\[2mm] \sigma_z = \dfrac{E}{1-\mu^2}[\varepsilon_z + \mu(\varepsilon_x + \varepsilon_y)] \end{cases} \quad (3-2)$$

式中：σ_x、σ_y、σ_z 分别为内部聚合物在 x、y、z 方向上受到的应力；ε_x、ε_y、ε_z 分别为对应方向上的应变；E 为内部聚合物的弹性模量；μ 为其泊松比。

根据上述两式，求得聚合物的轴向应变为

$$\varepsilon_z = -\frac{\mu^2 + 2\mu + 1}{2\mu + 1} \bullet \frac{P}{E} \quad (3-3)$$

聚合物收缩带动内部光纤光栅产生轴向应变，式（3-3）即光纤光栅的轴向应变表达式。光纤光栅中心波长的漂移受到弹光效应与波导效应的共同影响，就纵向应变灵敏度而言，波导效应对其影响较小，一般可以忽略。因此，光纤光栅轴向应力灵敏系数为

$$k_p = \left\{ \frac{n_{\mathrm{eff}}^2}{2}[P_{12} - \mu_f(P_{11} + P_{12})] - 1 \right\} |\varepsilon_z| / E \quad (3-4)$$

式中：n_{eff} 为光纤光栅的有效折射率，纯熔融石英光栅一般为 1.456；P_{11}、P_{12} 为光纤的弹光系数，分别取 0.121 和 0.270；μ_f 为光纤的泊松比，通常取 0.17；将式（3-3）代入式（3-4），可得所提传感结构轴向压力灵敏度为

$$k_p = \frac{0.784}{E}\left(\frac{\mu^2 + 2\mu + 1}{2\mu + 1} \right) \quad (3-5)$$

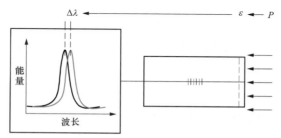

图 3-1　波长解调型光纤光栅压力传感器原理图

3.1.2.2　光学压力传感器结构设计

用于复杂环境下油压高灵敏感知的光学传感器需将光纤光栅紧紧封装于橡胶内部，以

保证压力传递效果。有研究者曾在传感器制作时把橡胶切成两部分,将光纤胶黏固定于橡胶内部,但这种方法在橡胶受力传递到光纤过程中会多经过一层介质,影响压力测量效果;同时,胶黏难以保证介质之间紧密接触,一旦存在气泡,会严重威胁变压器的安全运行。

传统复杂橡胶成型采用浇注的方式,但对设备要求高。借助金属模具选择热硫化成型的方式,将固体生胶布满模具,测量光纤光栅沿轴向放置于中心轴线上,温补光纤光栅沿径向布置,两光栅经预拉伸后用模具上的凹槽和夹具进行固定。将模具置于平板硫化机上进行热成型,硫化成型后的橡胶采用连接块固定于环氧树脂屏蔽壳内部。

对该结构的静态灵敏度进行仿真,以便与下文处于流体环境下的灵敏度对比验证其屏蔽无关应力的有效性。仿真得到聚合物在 0~415Pa 时的应变结果,根据光纤光栅应变与中心波长相对变化的关系式(3-6)得到中心波长相对变化与端面所受压力关系如图 3-2 所示。

$$\Delta\lambda_{B} / \lambda_{B} = 0.78\varepsilon_{z} \tag{3-6}$$

图 3-2 中斜率的倒数即为该传感器灵敏度,约为 9.36×10^{-3}/MPa。

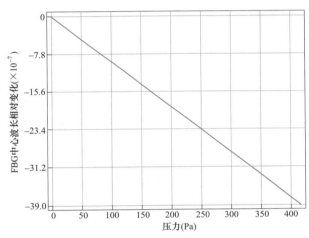

图 3-2　光纤光栅中心波长相对变化与端面所受压力关系

3.1.3　光学压力传感器性能提升方法

3.1.3.1　光学压力传感器补偿方法

压力传感器灵敏度主要取决于封装聚合物材料的弹性模量 E 和泊松比 μ。但是直接采用聚合物封装的压力传感器在流体中受到的压力往往来自各个方向,为了使其可以测量来自单一方向的压力,避免无关压力对聚合物形变产生的干扰,有研究者在聚合物外面套了一层硬质外壳,来屏蔽其他方向的应力。然而,在实际变压器环境中,长期高温油浸环境会使这类传感结构面临新的问题。一方面,聚合物与硬质外壳之间的阻尼会使聚合物弹性体在受到外界轴向应力时,相应的应变减小;另一方面,硬质外壳限制了聚合物在外界应力作用下的自由形变,间接影响了光纤光栅的轴向应变;同时,当变压器油温升高,聚合物及硬质外壳发生膨胀时，二者之间较大的摩擦也阻碍了聚合物轴向应变，从而降低了其测量灵敏度。已有的研究发现当受到比较小的压力（百帕级）时，由于内外聚合物摩擦较大，很大概率发生内部聚合物不收缩的情况，影响了压力测量的准确性。也有研究者在金属套管与聚合物之间涂覆有机硅导热橡胶，以此克服二者之间的黏接与摩擦，但导热胶难以在高温环境中正常工作，且金属套管的封装方式也不适用于变压器内部环境。因此，设计出在内部氟硅橡胶增敏元件外加装一弹性模量为吉帕级环氧树脂屏蔽壳的传感结构。一方面，吉帕级的弹性模量远大于兆帕级氟硅橡胶，可以有效起到屏蔽无关应力的作用；另一方面，环氧树脂作为变压器内常用的材料，长期用于变压器内部也不会对变压器绝缘造成威胁。所设计的传感器整体结构如图3-3所示。

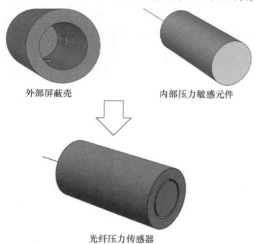

外部屏蔽壳　　　　　内部压力敏感元件

光纤压力传感器

图3-3　光纤压力传感器结构图

该结构利用了增敏罐型传感器可屏蔽外界无关压力的作用，保证内部增敏聚合物只受到开口方向感知的压力作用而产生形变，又通过在屏蔽壳与聚合物之间设置可供油流完全流通的间隙，使内部聚合物在受热膨胀或挤压时自由形变，不会受到屏蔽壳摩擦或阻碍，最大程度提高了对开口方向压力测量的准确性。为了验证所提结构可以消除由于热膨胀导致的摩擦对聚合物正常收缩产生的阻碍，仿真分别对有间隙结构和无间隙结构的压力传感器开口施加0.4MPa的压力，设置环境温度为353.15K，记录传感器受力面发生的位移与所受压力的变化情况。由于光纤紧密嵌入在内部聚合物中，端面伸缩会直接带动内部光纤在轴向上产生应变，因此端面位移变化率可以用来衡量聚合物封装的光纤传感器在受热膨胀后的灵敏度。图3-4所示为两种结构压力传感器在353.15K下端面位移随所受压力的变化示意图。

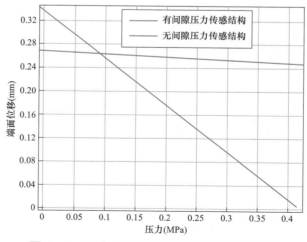

图3-4　压力传感器有无间隙的灵敏度对比

当传感器存在间隙结构时，端面位移变化率大约为 -0.8mm/MPa，无间隙结构的压力传感器端面位移变化率约为 -0.05mm/MPa。可见在聚合物受热膨胀后，压力传感测量结构灵敏度要比无间隙结构的压力传感器高出一个数量级，这主要是因为无间隙结构时，内部聚合物及外部屏蔽壳在温度升高时尺寸都会变大，二者相互挤压，接触面上压力增大，由此导致端面受力后发生位移的过程中受到较大的摩擦力，阻碍了内部聚合物轴向上的自由伸缩。图 3-5 展示了两类传感器内部聚合物侧表面在 0.4MPa 下受到的法向压力，从图 3-5（a）可以看出所设计的有间隙的压力传感器在温度 353.15K，端面受到 0.4MPa 压力时，侧表面法向压力接近于 0Pa，只有连接块附近受到较大的法向压力，但当光纤光栅处于传感器靠近受力端面的 5～15mm 处时，这一部分受力对光纤光栅的测量并无影响。图 3-5（b）展示了无间隙结构压力传感器在该工况下侧表面受到的法向压力，其平均值超过 0.2MPa，相应在内部聚合物伸缩时会受到较大的摩擦力。

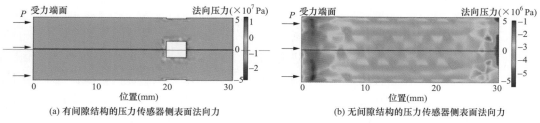

(a) 有间隙结构的压力传感器侧表面法向力　　(b) 无间隙结构的压力传感器侧表面法向力

图 3-5　两种结构压力传感器 0.4MPa 下侧表面所受法向压力

变压器内温度的改变也会引起光纤光栅中心波长的漂移。因此设计传感结构时必须考虑温度补偿，以去除测量中温度引起中心波长漂移导致的测量误差。设计传感结构采用双光栅交叉方式进行温度补偿，如图 3-6 所示。

图 3-6 中为封装于聚合物内部的两根交叉布置的光纤光栅。由于液体的压强与密度及液面高度和深度有关，因此处于变压器油中的光纤光栅的轴

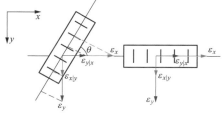

图 3-6　双光栅交叉布置示意图

向和径向受力基本相同，设其在轴向和径向受力产生的形变分别为 ε_x 和 ε_y，均为 $\Delta\varepsilon$，根据泊松效应，其径向应变 $\varepsilon_{x|y}=\mu\varepsilon_x$ 和轴向应变 $\varepsilon_{y|x}=\mu\varepsilon_x$。

$$\begin{cases} \varepsilon_1 = \varepsilon_x + \varepsilon_{y|x} = \varepsilon_x + \mu\varepsilon_y = (1+\mu)\Delta\varepsilon \\ \varepsilon_2 = \varepsilon_x\cos\theta - \varepsilon_y\sin\theta - \varepsilon_{x|y}\sin\theta + \varepsilon_{y|x}\cos\theta \\ \qquad = (1+\mu)\Delta\varepsilon(\cos\theta - \sin\theta) \end{cases} \tag{3-7}$$

在液体流动这类复杂应力场内，由轴向应力引起的光纤光栅中心波长漂移占主要地位。因此，不考虑两光栅径向应变的情况下，二者在轴向上发生的应变分别如式（3-7）所示。

假设测量过程中油域温度变化量 ΔT，综合压力和温度的影响，两光栅中心波长漂移量为

$$\begin{cases} \Delta\lambda_1 = K_{T1}\Delta T + K_{\varepsilon1}(1+\mu)\Delta\varepsilon \\ \Delta\lambda_2 = K_{T2}\Delta T + K_{\varepsilon2}(1+\mu)\Delta\varepsilon(\cos\theta - \sin\theta) \end{cases} \qquad (3-8)$$

式中：K_{T1}、K_{T2} 为两根光栅自身的温度灵敏系数；$K_{\varepsilon1}$、$K_{\varepsilon2}$ 为其自身的应变灵敏系数。

尽管光纤本身会受热膨胀影响温度灵敏系数，变压器环境中温度变化远低于石英材料的软化点 2700℃，因此完全可以忽略温度对热膨胀系数的影响，且认为热膨胀系数在测量范围内始终保持常数；同时，光纤光栅在不接近光纤本身的断裂极限时可以认为是一理想弹性体，遵循胡克定律，故其自身的温度灵敏系数与应变灵敏系数仅与材料相关，且由于两根光栅处于同一波段，因此二者本身的温度灵敏系数和压力灵敏系数一致，故

$$\Delta\lambda_1 - \Delta\lambda_2 = K_\varepsilon(1+\mu)\Delta\varepsilon(1-\cos\theta + \sin\theta) \qquad (3-9)$$

可以看出，取二者波长变化量的差值，不仅实现了温度补偿，同时可以通过改变夹角 θ 获得不同的灵敏度。为了取得最大灵敏度，将两根光纤光栅垂直布置，即 90°时，压力灵敏系数最大，为 $2K_\varepsilon(1+\mu)$。

3.1.3.2 光学压力传感器性能标定

采用标准压力源对所研传感器进行标定，确定其灵敏度及其线性度。根据 GB/T 15478—2015《压力传感器性能试验方法》，分别记录三次正行程、反行程下不同压力对应的中心波长，并求得正、反行程下中心波长的平均值，最后取二者的平均值作为传感器在每个校准点下的数据。

试验所用到的标准压力表量程范围为 0～2.5MPa，准确度为 ±0.05%F.S。按照上述步骤对传感器在 0～100kPa 范围内，按照 10kPa 间隔逐次加压，进行灵敏度校验。取各压力点下传感器中心波长的平均值作为该点的数据，拟合得到传感器的中心波长—压力曲线，其斜率即为传感器的灵敏度，如图 3-7 所示。

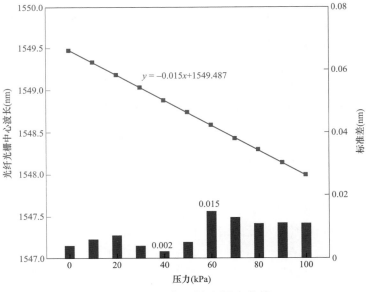

图 3-7 压力灵敏度标定曲线

可以看出，所测传感器的灵敏度为 15pm/kPa，可对早期缺陷引起的压力异常进行感知，并配合其他量实现变压器故障识别及保护。

通过测量传感器在不受力的情况下，45～125℃ 范围内两光纤光栅波长漂移情况，观察其受温度的影响程度，测量结果如图 3−8 所示。

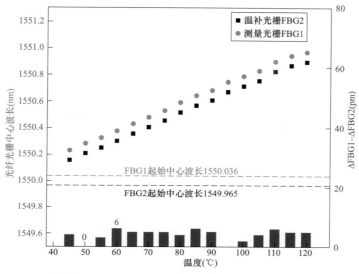

图 3−8　45～125℃内温度补偿效果示意图

可以看出，同一批次光纤光栅的测量光栅和温补光栅的温度灵敏系数一致，在 45～125℃ 范围内，当传感器不受外力作用时，其波长漂移差值在 6pm 范围内波动，均值约 4.06pm。变压器由于缺陷引起的压力变化至少在几十千帕，而由于温度变化引起的波长漂移差值相当于传感器受到约 0.4kPa 压力，实际工况中可忽略不计。

为了进一步验证所提温度补偿手段有效，对传感器施加 10kPa 外力，观察其中心波长漂移量在不同温度下的变化情况，结果如图 3−9 所示。

图 3−9 中，测量光栅的中心波长漂移大于温补光栅，得到的二者漂移量差值为 10kPa 压力对应的传感器中心波长，均值约为 152.25pm，与无外力时对比，变化约 148.19pm，计算得灵敏度约 14.82pm/kPa，与常温下静态压力灵敏度 15pm/kPa 接近，说明传感器所采用的温度补偿手段有效。

由于用于变压器油压测量的传感结构在正常工况下会不断受到油流冲击产生小幅压力干扰，高灵敏的传感器可以感知到这一压力波动，这就要求传感器具有较高的信噪比，以便有效监测变压器放电产生的压力信号。为了测试所研感知方法的上述性能，将传感器置于水箱中并固定，采用注气爆破法产生冲击波，以"有效波长漂移"作为衡量传感器对信号捕捉能力的指标，即式（3−10）中 RMS，其中 λ_i 为第 i 个点的中心波长，n 为采集点的总个数。

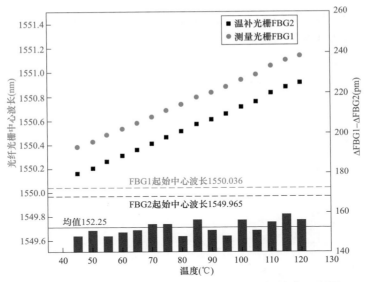

图 3-9　10kPa 时 45～125℃内温度补偿效果示意图

$$RMS = \sqrt{\dfrac{\sum\limits_{i=1}^{n} \lambda_i^2}{n}} \qquad (3-10)$$

记 RMS_{eff} 为有效信号（即测得的水压变化信号）的"有效波长漂移"，RMS_{n} 为噪声信号（传感器置于水中测得的压力信号）的"有效波长漂移"，二者比值即为信噪比 SNR。

图 3-10 为冲击波产生后解调仪记录的参考传感器与所研传感器波长漂移情况，所用到的参考传感器为金属膜片式光纤光栅压力传感器。

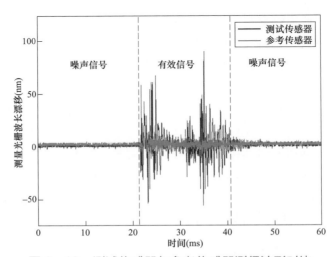

图 3-10　测试传感器与参考传感器测得波形对比

试验共进行三次，分别计算测试传感器及参考传感器的信噪比，如表 3-1 所示。

表 3-1　　　　　　　　　测试传感器与参考传感器信噪比

次数	传感器	RMS_{eff}（nm）	RMS_n（nm）	SNR
第一次	测试传感器	12.966	1.884	6.883
	参考传感器	2.779	1.036	2.683
第二次	测试传感器	15.971	2.050	7.789
	参考传感器	2.588	1.981	1.307
第三次	测试传感器	30.746	2.493	8.322
	参考传感器	3.684	2.477	1.488

从表 3-1 中可以看出，所研传感器信噪比显著高于参考传感器。配合高灵敏感知特性，可在变压器油流扰动下测得缺陷引起的压力变化。

利用柱状电极进行油隙击穿试验，试验布置如图 3-11 所示。将传感器布置在电极周围，进行放电环境下压力传感器性能验证试验。目的在于检验传感系统在放电环境下的工作状态，以及传感器能否完整记录由放电引起的油压变化。

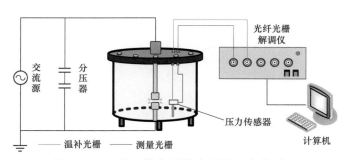

图 3-11　处于放电腔体内部的压力传感器

试验所用变压器油为 KI25 号变压器油，油隙长度为 5mm，传感器固定在腔体内距离电极约 3cm 处，后端光纤经贯通器引出后连接至光纤解调仪上。

油隙从放电到击穿过程中，传感器保持正常工作状态，且在多次击穿试验后，传感器表面无烧伤痕迹，且性能正常，说明传感器在放电环境中可以正常工作。

图 3-12 为这一过程中压力传感器测得的油压波形，其在油隙击穿瞬间能明显感知到压力变化，从放大波形来看，中心波长在短时间内从初始位置上升到峰值，传感器能及时捕捉到击穿导致的压力激增，并对击穿后变压器油波动引起的压力变化进行完整记录。当变压器油稳定后，其波长依旧可以恢复到初始值。

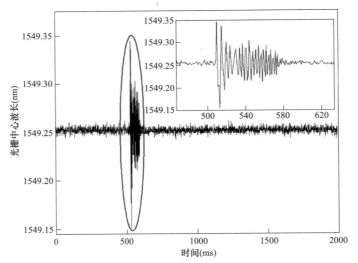

图 3-12 压力传感器记录的击穿过程压力波形

3.2 变压器磁场光学感知技术

3.2.1 变压器磁场传感器的性能要求

为了实现绕组变形、匝间短路的两类绕组缺陷的在线监测，要求漏磁场传感器的磁场测量范围大于 1.1T，且测量范围内的磁场分辨率优于 1mT。

3.2.2 光学磁场传感器基本原理与结构

3.2.2.1 光学磁场传感器基本原理

1845 年，法拉第首先发现，在平行于光传输方向的磁场作用下，线偏振光在磁光材料中传输的过程中，偏振方向发生旋转，即法拉第效应，偏振光旋转的角度称为法拉第旋转角，如图 3-13 所示。

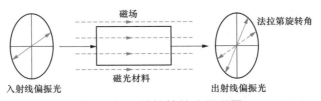

图 3-13 法拉第效应原理图

基于法拉第效应的内置式漏磁场传感器的主要组成是含有磁光晶体的传感探头。在变压器漏磁场作用下，当入射线偏振光通过传感探头中的磁光晶体时，线偏振光的偏振面旋转 θ，其与漏磁场的关系为

$$\theta = BVL \tag{3-11}$$

式中：B 为磁光晶体所处位置的漏磁通密度；V 为磁光晶体的费尔德常数；L 为光信号在磁光晶体中传输的长度。

V 是衡量磁光材料法拉第效应强弱的标准，在很多磁光材料中，法拉第效应十分微弱，不能被有效利用，经过大量探索试验发现，部分石榴石材料中具有比较明显的法拉第效应，此外，费尔德常数不仅取决于磁光材料的种类，还与光信号的波长及磁光晶体所处环境温度有关。当采用直通式结构时，L 为磁光晶体的长度，当采用反射式结构时，L 一般为磁光晶体长度的两倍。

激光光源输出由自然光、线偏振光等多种光共同组成的部分偏振光，不能直接作为入射线偏振光，需要将光源输出光通过起偏器后，才能产生符合要求的入射线偏振光。

入射线偏振光和出射线偏振光的偏振方向难以直接测量，导致法拉第旋转角难以直接测量，因此通常在携带磁场信息的出射线偏振光后设置检偏器，将体现磁场大小的法拉第旋转角转变为光强变化，通过测量光强变化，间接获得法拉第旋转角大小，进而实现磁场测量。其中，检偏器后出射光的光强 P 主要取决于入射光的光强、检偏起偏夹角，以及法拉第旋转角三个因素。令起偏器与 x 轴夹角为 $0°$，检偏器与起偏器的夹角为 α，则有

$$P = \frac{1}{2} I \left[1 + \cos\left(2\theta - 2\alpha\right) \right] \tag{3-12}$$

式中：I 为通过起偏器后输入磁光晶体前的光强。

当 $\alpha = \pm 45°$ 时，传感系统对法拉第旋转角的灵敏度最大，即传感系统对磁场测量的灵敏度最大。令夹角 α 为 $45°$，则输出光强仅与入射光强、法拉第旋转角有关。

$$P = \frac{1}{2} I \left[1 + \sin 2\theta \right] = \frac{1}{2} I \left[1 + \sin 2(BVL) \right] \tag{3-13}$$

因此，通过对输出光强进行测量，可获得磁场大小为

$$B = \frac{\arcsin\left(2P / I - 1\right)}{2VL} \tag{3-14}$$

3.2.2.2　光学磁场传感器结构设计

对偏振分束外置反射式、偏振片内置反射式、偏振片内置直通式 3 种典型光路结构进行分析，虽然偏振分束外置反射式结构理论上具有性能最优、传感探头集成度高、测量不受光强波动等优点，但光纤法拉第效应对漏磁场测量的影响及无保偏光纤贯通器等两个缺点难以解决，故内置式漏磁场传感器不采用该结构。偏振片内置反射式结构虽然采用反射镜提高了整体测量灵敏度，但由于起偏检偏夹角为 $0°$，灵敏度过低，导致难以实现对微弱漏磁场的准确测量，不利于变压器绕组缺陷监测。而偏振片内置直通式结构，解决了偏振片内置反射式结构中微弱漏磁场难以准确测量的缺点，代价只是探头长度相对于前者增加约 10mm，且不会威胁变压器绝缘。因此，本书选择基于偏振片内置直通式光路结构，

研制了满足变压器绕组缺陷在线监测需求的内置式漏磁场传感器。内置直通式光路结构由光源、光纤贯通器、传感探头、光电探测器，以及连接各器件的普通光纤组成，如图3－14所示。

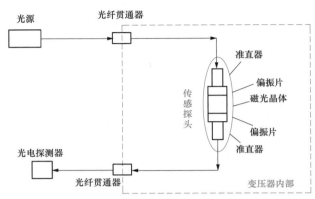

图3－14　偏振片内置直通式内置式光路结构

光源输出的光直接进入光纤贯通器后，进入处于变压器内部的传感探头；经过起起偏作用的光源侧偏振片时，变为线偏振光；线偏振光在处于漏磁场环境的磁光晶体中传输时，产生法拉第效应，偏振面旋转一定角度；经过起检偏作用的光探测偏振片时，将携带漏磁场信息的法拉第旋转角变化转为光强变化；经过光纤贯通器后，由光电探测器进行检测。

其中起偏检偏夹角为+45°，且线偏振光仅一次通过磁光晶体，该结构中传感探头的长度相对于前两种结构最长，但直通式结构具有最高的可靠性；起偏器和检偏器之间的夹角为+45°，灵敏度最高，随着测量漏磁场的增大，其灵敏度有所降低，但也能实现漏磁场的准确测量。

3.2.3　光学磁场传感器性能提升方法

3.2.3.1　光学磁场传感器补偿方法

1. 振动干扰分析

传感器漏磁场测量结果与光强相关，若不对光电探测器测量到的光强进行处理，光强的波动会严重影响传感器的漏磁场测量结果。光强波动主要来自两个方面，一个是光源输出光强存在波动，直接引起通过光源侧偏振片后光强 I 变化，但通过采用高稳定性光源，此部分光强波动对漏磁场测量结果的影响可以忽略；二是光源输出光中含有部分线偏振光，光源侧偏振片对该部分线偏振光起检偏作用，当此部分线偏振光在光源到传感探头间的光纤中传输时，由于变压器振动的干扰，会造成其偏振态产生变化，通过光源侧偏振片后，此部分线偏振光的光强发生波动，引起整体光强 I 变化。因此，需要考虑振动干扰对传感器磁场测量的影响。

令振动导致的光强波动变化为 x，那么不进行振动干扰补偿得到的磁场测量结果 B，

以及实际磁场 B_0 分别为

$$\begin{cases} B = \dfrac{\arcsin\,(2P\,/\,I-1)}{2VL} \\[2mm] B_0 = \dfrac{\arcsin\,(2P\,/\,I_0-1)}{2VL} \end{cases} \tag{3-15}$$

式中：I_0 为实际波动光强，$I_0 = I(1+x)$。

不同磁场下，不同光强波动导致的误差
如图 3 – 15 所示。由图 3 – 15 可知，若不对
振动干扰进行补偿，当振动干扰导致光强波
动达 10% 时，磁场测量误差最大可达 20% 以
上。因此，必须采用补偿方法抑制振动干扰
对漏磁场传感器测量的不利影响。

光纤振动导致线偏振光的偏振态变化，
经过偏振片后，体现为光强中除了直流分量
外，还包含频率为振动频率的基波，以及频
率为振动频率整数倍的谐波。其中基波幅值

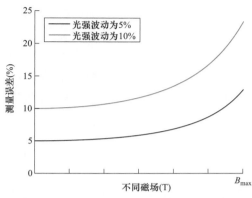

图 3 – 15　不同光强波动导致的测量误差

相对于谐波更大，因此仅考虑振动扰动中频率为振动频率的基波分量。变压器振动频率为
100Hz 及其整数倍，取变压器振动频率为 $f_1 = 100\text{Hz}$，因此，通过光源侧偏振片后的光强
I 可以表示为

$$I = I_0 \times [A_1 \sin\,(2\pi f_1 t) + A_2] \tag{3-16}$$

式中：I_0 为无振动情况下通过光源侧偏振片后的光强。

在实际变压器中测量漏磁场时，法拉第旋转角 θ 随时间正弦变化，频率为电流频率
50Hz，记为 f_0，因此有

$$\theta = VLB \sin\,(2\pi f_0 t) \tag{3-17}$$

传感器输出光强可表示为

$$\begin{aligned} P &= 0.5I_0 \times [A_1 \sin\,(2\pi f_1 t) + A_2] \times (1+\sin 2\theta) \\ &= 0.5I_0 \times \{A_1 \sin\,(2\pi f_1 t) + A_1 \sin(2\pi f_1 t)\sin\,[2VLB \sin\,(2\pi f_0 t)] + \\ &\quad A_2 + A_2 \sin\,[2VLB \sin(2\pi f_0 t)]\} \end{aligned} \tag{3-18}$$

因此，传感器输出光强中的 50Hz 分量仅与所测漏磁场有关。对输出光强进行快速傅
里叶变换，得到 0Hz 分量的幅值 P_0 和 50Hz 分量的幅值 P_{50} 分别为

$$\begin{cases} P_0 = 0.5I_0 A_2 \\ P_{50} = 0.5I_0 A_2 \sin\,(2VLB) \end{cases} \tag{3-19}$$

对两个分量的幅值直接相除，获得与光强无关、仅与漏磁场有关的值，从而补偿振动
干扰对传感器漏磁场测量结果的影响。

2. 温度干扰分析

利用磁光晶体进行漏磁场测量的关键之一是准确获得磁光晶体的费尔德常数大小。但磁

光晶体的费尔德常数会随着所处环境温度的变化而变化。当温度变化时，若认为费尔德常数保持不变，会严重影响磁场测量准确性。不同温度下不采用温度补偿导致的磁场测量误差如图 3-16 所示。若不对温度干扰进行补偿，当温度由 25℃ 变化为 85℃ 时，磁场测量误差可达 10% 以上。因此，必须采用补偿方法抑制温度干扰对漏磁场传感器测量准确性的影响。

由于费尔德常数取决于磁光材料种类、光信号波长，以及环境温度三个因素，文献中提出一种利用双探头交叉对比进行温度补偿的磁场传感系统，两个探头分别由费尔德常数不同的磁光晶体组成，且在不同温度下，两种晶体的费尔德常数比值唯一。当两个探头处于同一空间位置时，两个磁光晶体在该温度下费尔德常数的不同导致了两个探头输出光强信号不同，通过分析两个探头输出的光强信号，可以获得当前环境下两个磁光晶体的费尔德常数之间的关系，从而实现探头环境温度以及磁场的测量，其原理示意图如图 3-17 所示。

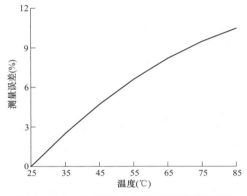

图 3-16 不同温度下磁场测量误差图

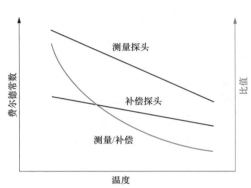

图 3-17 双探头交叉对比法进行
温度补偿原理示意图

基于双探头交叉对比法的内置式漏磁场传感器如图 3-18 所示，其中光源输出光经光纤耦合器后分为两束，分别进入处于同一空间位置的测量探头和补偿探头，产生的法拉第旋转角分别为 θ_1 和 θ_2，最后利用光电探测器对携带温度信息和磁场信息的光信号进行测量。在同一中心波长下，测量探头和补偿探头中磁光晶体的费尔德常数分别为 V_1 和 V_2，两个磁光晶体的费尔德常数比值与温度的关系可表示为

$$\frac{\theta_1}{\theta_2} = \frac{\arcsin(N_1)}{\arcsin(N_2)} = \frac{BV_1L}{BV_2L} = f(T) \qquad (3-20)$$

而对光电探测器的输出进行处理后，得到

$$\begin{cases} N_1 = \sin(2\theta_1) = \sin(2BV_1L) \\ N_2 = \sin(2\theta_2) = \sin(2BV_2L) \end{cases} \qquad (3-21)$$

因此，可求得两个探头中法拉第旋转角为

$$\begin{cases} \theta_1 = \dfrac{1}{2}\arcsin(N_1) \\ \theta_2 = \dfrac{1}{2}\arcsin(N_2) \end{cases} \qquad (3-22)$$

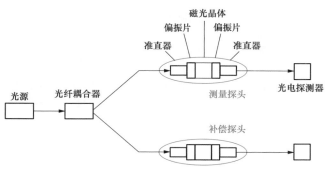

图 3-18　双探头结构示意图

将两个法拉第旋转角相除，可得

$$\frac{\theta_1}{\theta_2} = \frac{\arcsin(N_1)}{\arcsin(N_2)} = \frac{BV_1L}{BV_2L} = f(T) \qquad (3-23)$$

即

$$f(T) = \frac{\arcsin(N_1)}{\arcsin(N_2)} \qquad (3-24)$$

式中仅含温度 T 一个未知量。

两个磁光晶体的费尔德常数比值与温度的关系 $f(T)$ 可以事先标定获得，因此，可以根据光探输出求解得到温度后，进而获得该温度下测量探头磁光晶体的费尔德常数，求得磁场大小，从而补偿温度干扰对内置式漏磁场传感器测量准确性的影响。

$$B = \frac{\theta_1}{V_1L} = \frac{\arcsin(N_1)}{2V_1L} \qquad (3-25)$$

3.2.3.2　光学磁场传感器性能标定

试验平台包括传感器、磁场源，以及特斯拉计等器件，如图 3-19 所示。磁场源有螺线管和永磁铁两种选择：螺线管产生的磁场虽可以调节，但难以产生 100mT 的均匀磁场；永磁铁虽然难以调节，但可以产生 110mT 的均匀磁场，因此，测量传感器测量范围时选择永磁铁作为磁场源。

离永磁铁侧表面一定距离处磁场分布较均匀，通过调节传感探头与永磁铁表面的距离 d，控制传感探头处磁场大小；当选择合适的光探挡位及光强输出时，所研传感器与特斯拉计测量结果的对比如

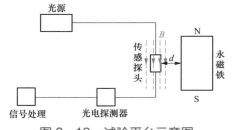

图 3-19　试验平台示意图

图 3-20（a）所示，在磁场为 30～110mT 范围内，最大测量误差为 3.75%；此外，利用能产生 1.1T 以上磁场，但更不均匀的强磁磁铁棒测试所研传感器，结果表明，所研传感器实测磁场达 1.1T 以上。因此，所研内置式漏磁场传感器的实际测量范围包含 0.03～1.1T，

满足第二章提出的要求。由于测量的磁场频率为 0Hz，不能利用 3.3.1 中的方法补偿光强波动对测量结果的影响，因此存在较大测量误差。

测量传感器分辨率时选择均匀性更强的螺线管作为磁场源。通过调节螺线管的电源电压，使螺线管产生的磁场为 24.38～32.50mT，且磁场变化梯度为 0.8mT。当选择合适的光电探测器挡位以及光强输出时，磁场测量结果如图 3-20（b）所示，分辨率优于 0.8mT，满足漏磁场传感器的性能要求。

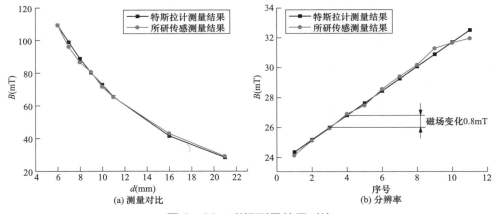

图 3-20　磁场测量结果对比

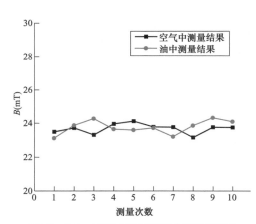

图 3-21　变压器油环境中磁场测量

此外，内置式漏磁场传感器最终使用环境为变压器油中，因此，在变压器油环境中开展了传感器磁场测量试验，此次试验平台在分辨率测试平台的基础上，将螺线管以及传感器置于变压器油中，对于同一磁场，在空气中和在油中，传感器 10 次磁场测量结果如图 3-21 所示，测量结果平均值分别为 23.68mT 和 23.77mT，可以实现变压器油环境磁场的准确测量。

对内置式漏磁场传感器同时施加振动和磁场，在不同磁场大小下，不同振动幅值下分别进行 5 次测量。按 3.3.3.1 中方法计算磁场，得到内置式漏磁场传感器的磁场测量结果如图 3-22 所示，振动造成的平均误差最大仅 1.13%。而不进行振动干扰补偿时，由于振动导致输出电压波动较大，最大误差可达 33.59%。因此，对于频率为 100Hz 的振动干扰，补偿方法可以降低其对传感器磁场测量准确性的影响。

利用费尔德常数以及费尔德常数比值与温度的关系，在不同温度下进行磁场测量。根据 3.3.3.1 中方法，不同温度下采用温度补偿前后的磁场测量误差如图 3-23 所示，结果表明，采用温度补偿前后，在 25～95℃范围内，磁场测量误差最大分别为 23.28%、2.83%。补偿方法可以有效降低干扰对传感器测量准确性的影响。

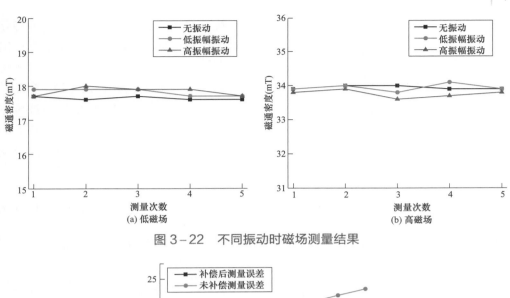

图 3-22　不同振动时磁场测量结果

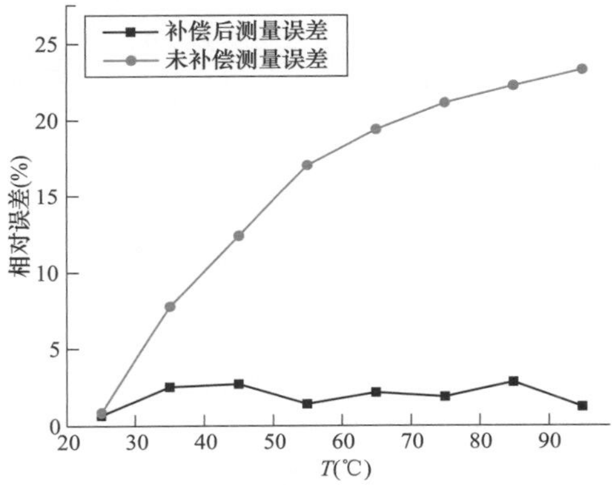

图 3-23　不同振动时磁场测量结果

3.3　变压器声纹光学感知技术

3.3.1　变压器声纹传感器的性能要求

由于变压器内部放电及其声波信号都有随机性，每次放电声波信号频谱不同，但整个放电声波信号的频率分布范围却变化不大。变压器内部放电时除产生超声信号外也会伴随有大量的可闻声，大都集中在 5～20kHz 频段。因此要求传感器频带需涵盖可闻声及低频超声，以对其进行有效检测，并且要求其可安装于变压器内部。

3.3.2　光学声传感器基本原理与结构

3.3.2.1　光学声传感器基本原理

光纤光栅声传感器原理如图 3-24 所示，当一束光进入光纤光栅（FBG），光栅会对

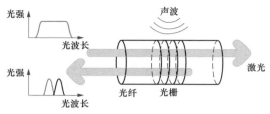

图 3-24 光纤光栅声传感原理

特定波长的光进行反射，而声音作用将导致 FBG 发生微弯曲，从而对 FBG 折射率作出相应的调制，引起光栅波长或反射率的变化，使得 FBG 反射谱和透射谱发生巨大的变化，通过检测反射光波长的变化实现声波传感，因此可以利用 FBG 来检测声波。

一般而言，沿光纤光栅轴向方向声发射应力波的应变可以表示为

$$\varepsilon(t) = \varepsilon_{\mathrm{m}} \cos\left(\frac{2\pi}{\lambda_{\mathrm{AE}}}z - \omega_{\mathrm{AE}}t\right) \tag{3-26}$$

式中：ε_{m} 为声发射波在光纤光栅上的最大振幅；λ_{AE} 为声发射波波长；ω_{AE} 为声发射波角频率。

当超声作用于光栅时，对光栅有两个方面的影响：一是光栅几何尺寸的变化，使光栅周期得到了调制，这是超声应力作用的直接结果；二是光栅受到弹光效应的影响，使纤芯有效折射率发生了改变。两者共同作用下的折射率公式为

$$n'_{\mathrm{eff}}(z',t) = n'_{\mathrm{eff}_0}(t) - \Delta n\sin^2\left[\frac{\pi}{\Lambda'_0(t)}z\right]' \tag{3-27}$$

$$n_0(t) = n_0 - \left(\frac{n_0^3}{2}\right)[P_{12} - \sigma(P_{11} - P_{12})]\varepsilon_0\cos\left(\frac{2\pi}{\lambda_{\mathrm{AE}}}z' - \omega_{\mathrm{AE}}t\right) \tag{3-28}$$

$$\Lambda_0(t) = \Lambda_0[1 + \varepsilon_{\mathrm{m}}\cos(\omega_{\mathrm{AE}}t)] \tag{3-29}$$

声发射波作用下的光纤光栅波长可以表示为

$$\lambda(t) = \lambda_0 + \Delta\lambda\cos(\omega_{\mathrm{AE}}t) \tag{3-30}$$

式（3-30）为超声作用下的布拉格波长随时间变化的表达式，在光纤光栅选定之后，其波长的变化只与超声应变幅值 ε_{m} 和其角频率 ω_{AE} 有关系。

$$\Delta\lambda = \lambda_0\varepsilon_{\mathrm{m}}\left\{1 - \frac{n_0^2}{2}[P_{12} - \sigma(P_{11} - P_{12})]\right\} = 0.78\lambda_0\varepsilon_{\mathrm{m}} \tag{3-31}$$

式中：λ_0 为超声波引起的布拉格波长调制幅度；n_0 为有效折射率；P_{11} 和 P_{12} 为光纤的光弹系数；σ 为光纤的泊松比。

由式（3-31）计算可得光纤光栅波长在 1550nm 波段时，一个微应变对应的波长偏移量约为 1.2pm，故可以用光纤光栅来检测超声波。

根据光功率检测法解调的原理，研制出一种可以兼顾可闻声及超声频段的光纤光栅传感系统，在此系统中，声信号使光纤光栅波长发生漂移，光电探测器探测到的光功率随波长漂移而变化，转换为电压信号经示波器进行采集即可解调出相应的超声信号。如图 3-25 所示，I 为相对光强，λ 为波长，λ_{B} 为 FBG 中心波长，u 为声信号强度，t 为时间，$\Delta\lambda$ 为声波引起的 FBG 光谱波长变化量，V 为光电转换后电信号强度，ΔV 为电信号变化量。其

工作原理为：采用激光器向 FBG 发出一束激光，其波长为 λ_{TL}，使激光工作在 FBG 反射光谱的线性区域，当声波作用于 FBG 时，其反射光谱会发生漂移。因激光器发出的光波长固定，故 FBG 反射光的强度则会随着光谱漂移而发生变化。通过检测反射光强度的变化即可获得电弧放电的声波信息。

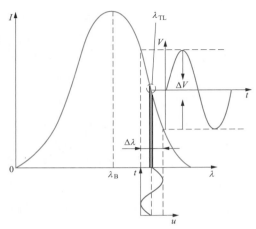

图 3-25　光纤光栅声传感器
信号解调示意图

3.3.2.2　光学声传感器结构设计

光纤声传感器的整体结构如图 3-26 所示，其传感系统包括激光源、光纤环形器、传感光纤布拉格光栅、光纤耦合器、参考光纤布拉格光栅、光电探测器、滤波器和数字示波器。光源发出的光通过光纤环形器到达传感光纤光栅，符合光纤布拉格光栅条件的光从传感光纤光栅返回到光纤环形器，再进入光纤耦合器；通过光纤耦合器后光被均匀地分成两路，其中一路光通过参考光纤布拉格光栅后进入光电探测器中，另一路光则直接进入光电探测器。

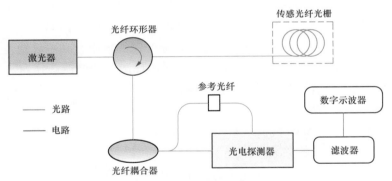

图 3-26　光纤声传感器结构示意图

光电探测器所接收的光功率，实际上是 FBG 传感器的反射谱函数与激光源光谱分布函数在频域上的卷积，当将光纤光栅的反射谱和激光源输出光束近似表示为高斯分布时，光电接收管所接收的光功率可以表示为

$$P = K_1 \int R_s(\lambda) S(\lambda) \, \mathrm{d}\lambda = K_1 I_0 R_{s0} \frac{\sqrt{\pi}}{2\sqrt{\ln 2}} \frac{\Delta\lambda_s \Delta\lambda_0}{(\Delta\lambda_s^2 + \Delta\lambda_0^2)^{1/2}} \times \exp\left[-4\ln 2 \frac{(\lambda_s - \lambda_0)^2}{\Delta\lambda_s^2 + \Delta\lambda_0^2}\right] \quad (3-32)$$

式中：$R_s(\lambda)$ 为光纤光栅反射函数；$S(\lambda)$ 为激光源光谱分布函数；K_1 为光能利用率；R_{s0} 为光纤光栅的峰值反射率；λ_s、λ_0 分别为光纤光栅和激光光源的中心波长，$\Delta\lambda_s$、$\Delta\lambda_0$ 分别为光纤光栅和激光光源的 3dB 半值带宽；I_0 为激光光源的最大光强，$I_0 = P_0(4\ln 2/\pi)^{1/2}/\Delta\lambda$，其中 P_0 和 $\Delta\lambda$ 为激光光源的功率和半值带宽。

当测量 FBG 的波长等于激光光源中心波长时，系统光功率的输出最大。一般情况下，FBG 的半值带宽大于等于 0.2nm。由式（3－32）知，FBG 的半值带宽越大，测量系统输出的光功率的最大值越大。为提高测量系统输出信号强度，应尽量选择谱线较宽的 FBG。同时为使测量系统工作在线性区域，测量 FBG 的初始波长应位于光功率曲线的半值带宽对应的波长附近。

波长检测灵敏度定义为输出光功率谱相对测量 FBG 波长的微分，其表达式为

$$\frac{\mathrm{d}P}{\mathrm{d}\lambda_s} = -4\sqrt{\pi\ln 2}K_1 I_0 R_{s0} \frac{\Delta\lambda_s \Delta\lambda_0}{(\Delta\lambda_s^2 + \Delta\lambda_0^2)^{3/2}} \times (\lambda_s - \lambda_0) \times \exp\left[-4\ln 2\frac{(\lambda_s - \lambda_0)^2}{\Delta\lambda_s^2 + \Delta\lambda_0^2}\right] \quad （3－33）$$

从式（3－33）可以看出，在其他参数一定的情况下，测量 FBG 的带宽越窄，系统的波长测量的最大灵敏度越高。对特定的灵敏度曲线，最大值位置为

$$\lambda_s - \lambda_0 = \pm\frac{1}{2\sqrt{2\ln 2}}(\Delta\lambda_s^2 + \Delta\lambda_0^2)^{1/2} \quad （3－34）$$

对应的最大波长测量灵敏度为

$$\frac{\mathrm{d}P}{\mathrm{d}\lambda_s} = \sqrt{\frac{2\pi}{e}}K_1 I_0 R_{s0}\frac{\Delta\lambda_s \Delta\lambda_0}{\Delta\lambda_s^2 + \Delta\lambda_0^2} \quad （3－35）$$

由式（3－35）可知最大波长测量灵敏度与光源的最大光强、光源的半值带宽、测量 FBG 的反射率、测量 FBG 的半值带宽有关。当测量系统光源参数一定，FBG 的反射率一定，$\Delta\lambda_s = \Delta\lambda_0$ 时，测量系统的波长测量灵敏度最大。一般情况下，FBG 的半值带宽大于等于 0.2nm。为保证系统的测量灵敏度，尽量选择半值带宽较窄的 FBG。

由以上分析确定相应的测量系统器件参数，激光源的输出光功率设置为 7mW，其半值带宽 $\Delta\lambda_0$ 为 3～5nm，光强为 2.19mW/nm。光电探测器的增益选择为 30dB，带宽为 300kHz，满足测量超声信号的要求。测量 FBG 长度 10mm，中心波长为 λ_s=1310.11nm，反射率 R_{s0}=0.98，半值带宽 $\Delta\lambda_s$=0.21nm。

假设 G_1 为光探测器 A/W 转换系数，G_2 为光探测器 V/A 转换系数，则输出的电压值 U_{out} 与测量 FBG 中心波长的关系为

$$U_{out} = G_1 G_2 P \quad （3－36）$$

根据上述分析，假设宽带光源的输出功率为 7mW，计算可得此时光源的输出光强 I=2.19mW/nm，由式（3－33）可得系统最佳波长检测灵敏度约为 0.23mW/nm，再通过光电探测器后，由式（3－36）可以算出灵敏度为 5.2V/nm，即 5.2mV/pm。

裸光纤光栅比较脆弱，需要对其进行保护性封装。由于传感器需工作于高电压环境，封装材料不能采用传统的金属，故需要进行非金属保护性封装，将光纤光栅用光学胶固定于基片上的凹槽内，在保护光纤光栅的基础上不会降低光纤光栅的灵敏度。

3.3.3　光学声传感器性能提升方法

3.3.3.1　光学声传感器补偿方法

当外界环境扰动对单个 FBG 造成影响时，FBG 的反射光谱将漂移出线性工作区域，

这对声信号探测可靠性造成很大影响。当温度变化时，光纤光栅波长会发生偏移，经计算裸光纤光栅温度灵敏度约为 10pm/℃，即温度变化 1℃，中心波长会偏移 10pm。

　　为了实现 FBG 型超声传感器的环境自适应性，抵消温度等外界环境因素对传感系统的干扰，采用双光纤布拉格光栅自补偿法，如图 3-27 所示，其中一个作为参考光纤布拉格光栅，另一个作为传感光纤布拉格光栅，通过参考光纤布拉格光栅与传感光纤布拉格光栅相匹配，即参考光纤光栅的 3dB 点要与传感光纤光栅的 3dB 点相交，且两光栅的反射比、边模抑制比、3dB 带宽等参数要基本一致，采用特殊封装尽量使参考光纤光栅只对温度灵敏而不受应力和压力影响，当测量环境温度变化时，传感光栅和参考光栅温度偏移量相同，通过从传感光纤光栅测得的波长变化量减去参考光纤光栅波长变化量，即可实现温度等环境因素的实时自补偿，可以最大限度降低温度等对传感光纤布拉格光栅传感器的影响，在这种结构中，温度、应变对两个光栅光谱造成漂移的响应近似相等，所以两个光栅的光谱相对位置不发生改变，不影响实际声信号测量效果，可以避免环境干扰。

3.3.3.2　光学声传感器性能标定

　　通过对传感器频响曲线进行标定，并和同类型传感器进行对比试验，声传感器标定平台包括研制的光纤光栅传感器、信号发生器、声换能器、同类型 PZT 声发射传感器，以及示波器等器件，试验平台如图 3-28 所示。试验的原理是通过信号发生器驱动压电声换能器的逆压电效应，从而发出不同频率的声信号，使用同类型的压电式声发射传感器 SR40M 和光纤光栅传感器一同接收声信号。光纤光栅传感器和 SR40M 离信号源距离相同，SR40M 频宽为 15～70kHz，谐振频率 40kHz，光纤光栅传感器频宽为 5～60kHz，两者范围相似，所用换能器在 20～80kHz 范围内频率响应比较平坦，可作为声源进行标定试验。

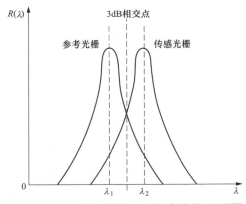

图 3-27　光纤光栅匹配温度补偿原理图

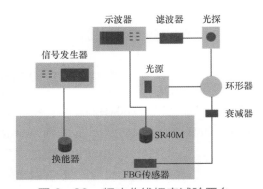

图 3-28　频响曲线标定试验平台

　　参考 ASTM E976-15 声发射传感器检测标准，规定声发射传感器灵敏度单位为 V/（m/s），通常用灵敏度级表示，即用 dB 表示，根据 SR40M 标准灵敏度响应中不同频率对应的灵敏度（单位：dB），经过计算，可以得到 FBG 的相对标准灵敏度（单位：dB）。FBG 传感

器在频率 f_m 处的相对标准灵敏度（单位：dB）由下列计算公式所示

$$R_1(f_m) - R_2(f_m) = S_1(f_m) - S_2(f_m) \quad (3-37)$$

式中：$R_1(f_m)$ 为 FBG 传感器的相对标准灵敏度；$R_2(f_m)$ 为 PZT 接收器 SR40M 的参考标准灵敏度；$S_1(f_m)$ 为 FBG 传感器的测量灵敏度；$S_2(f_m)$ 为 PZT 接收器的测量灵敏度，单位为 dB。

FBG 传感器和 SR40M 传感器放置在铝板表面，围绕超声波源和铝板边缘的距离相等。因此，可以认为两者都接收到了由 PZT 换能器产生的相同强度的信号。然后通过试验记录的结果（单位：mV）计算得出 FBG 传感器相对标准灵敏度（单位：dB），公式（3-37）可转化为式（3-38）。

$$R_1(f_m) = 20\lg\frac{S_1'(f_m)}{S_2'(f_m)} + R_2(f_m) \quad (3-38)$$

式中：$S_1'(f_m)$ 为 FBG 传感器测量电压幅值；$S_2'(f_m)$ 为 PZT 接收传感器测量电压幅值；0dB 定义为 1V/（m/s）。

参考 SR40M 传感器的标准灵敏度计算得到 FBG 传感器的相对标准灵敏度响应曲线如图 3-29 所示。

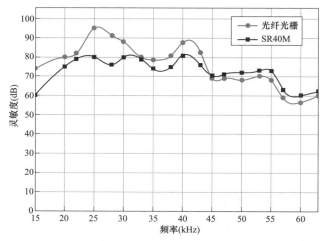

图 3-29　FBG 和 SR40M 频响曲线对比

结果表明，在 15～60kHz 的频率带宽下，所研 FBG 传感器在 25kHz 时的最大灵敏度为 95dB［0dB 定义为 1V/（m/s）］，而 SR40M 在 40kHz 时的最大灵敏度为 81dB。在大多数频率下（15～45kHz），FBG 传感器的响应灵敏度高于 PZT 传感器，在 45kHz 以上时，由于声波波长和栅区长度比值降低，使灵敏度略有下降。因此，基于光纤光栅的声传感器比同类型 SR40M 压电传感器具有更好的灵敏度性能，非金属封装适用于变压器内部强电磁环境，且结构尺寸不会对变压器绝缘性能造成影响。

由于换能器以及 SR40M 传感器性能的限制，为衡量光纤光栅传感器对可闻声信号的检测能力，对其检测下限进行标定试验，试验平台如图 3-30 所示，由于声发射换能器频宽有限，因此采用扬声器发出不同频率的可闻声信号，利用声级计来记录信号强度。所用扬声器可以产生 20Hz～20kHz 的声信号，频率和幅值可以任意调节，采用声级计对声源实际声压级进行修正。

用扬声器发出 5～20kHz 的可闻声信号，逐渐降低信号输出幅值，观察传感器输出波形，直到光纤光栅传感器信号水平和本底噪声水平幅值基本一致，如图 3-31 所示为 5kHz 时传感器的输出信号，认为此时光纤光栅传感器达到检测下限，记录声级计检测到的声压级大小，由式（3-39）即可得到最小检测声压。

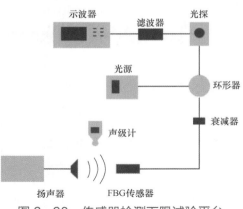

图 3-30　传感器检测下限试验平台

$$L_{\mathrm{p}}(\mathrm{dB}) = 20\lg \frac{P}{P_0} \qquad (3-39)$$

式中：P 为实测的声压大小；L_{p} 为声级计检测到的声压级大小；P_0 为参考声压，空气中大小为 20μPa。

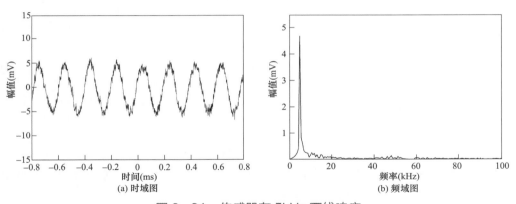

图 3-31　传感器在 5kHz 下线响应

结果表明，在 5～20kHz 的可闻声频率下，所研 FBG 传感器最小检测声压为 0.1Pa，在可闻声频段内的响应比较稳定，由于声级计和扬声器未置于液体中，因此试验在空气中进行，声信号衰减较大，若用于液体中，检测下限还会进一步提升。因此，基于光纤光栅的声传感器可以对 5～20kHz 的可闻声进行检测。因此，所研制的内置式声传感器检测频带在 5～60kHz 均呈现较高灵敏度，满足变压器内部电弧放电检测要求。

3.4　变压器油流速感知技术

3.4.1　变压器油流速传感器的性能要求

在变压器瞬态油流试验方面，鲜有相关研究工作报道，从目前的瓦斯整定情况及变压器故障报告可知，变压器中的油流变化最大时可达 3m/s。

3.4.2　超声流速传感器基本原理与结构

3.4.2.1　超声流速传感器基本原理

目前时差法是超声波流量计中应用最广的方法，当超声波信号在流体中传播时，由于

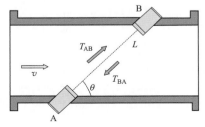

图 3－32　时差法测量原理

本身流体有流动，矢量叠加之后，在顺流方向上传播速度会增大，同时在逆流方向上传播速度会减小，这样顺逆流的传播时间就会产生一定差值，其测量原理如图 3－32 所示，A、B 为收发一体式超声波换能器，首先上游换能器 A 发射超声波信号，下游换能器 B 接收超声波信号，测出超声波信号从换能器 A 到换能器 B 的传播时间为顺流传播时间。同理，下游换能器 B 发射超声波信号，上游换能器 A 接收超声波信号，测出从换能器 B 到换能器 A 的传播时间为逆流传播时间。

超声波在顺流传播时，满足公式

$$c + v\cos\theta = \frac{L}{T_{AB}} \tag{3－40}$$

超声波在逆流传播时，满足公式

$$c - v\cos\theta = \frac{L}{T_{BA}} \tag{3－41}$$

两式中：L 为声道长度；c 为超声波在介质中的传播速度；θ 为介质流速和声道的夹角；T_{AB} 为顺流渡越时间；T_{BA} 为逆流渡越时间。

可推导出流体流速 v 为

$$v = \frac{L}{2\cos\theta}\left(\frac{1}{T_{AB}} - \frac{1}{T_{BA}}\right) \tag{3－42}$$

从另一方面，顺逆流时间的差值 ΔT 可表示为

$$\Delta T = \frac{2vL\cos\theta}{c^2 - v^2\cos^2\theta} \tag{3－43}$$

在液体中，一般 $c^2 \gg v^2\cos^2\theta$，公式可简化为

$$v = \frac{c^2\Delta T}{2L\cos\theta} \tag{3－44}$$

相比于式（3－42），式（3－44）在计算流速时将声速消除，可以有效避免声速变化带来的影响，计算有更好的优越性。同时在得到顺逆流时间后，也可计算出流体中的声速，声速计算公式为

$$c = \frac{L}{2}\left(\frac{1}{T_{AB}} + \frac{1}{T_{BA}}\right) \hspace{3cm} (3-45)$$

通过对比计算出的声速和理论声速，可有效实现传感器测量的自诊断，并评定每次测量结果的准确性。上述分析可以发现，时差法超声波流量测量的关键是准确测得其顺逆流时间及其时间差。

3.4.2.2　超声流速传感器结构设计

超声波换能器通过声道线获得流场的流速信息，所以换能器的安装方式会直接影响流速的测量，按照声道数的不同，可分为单声道和多声道布置，多声道为单声道的叠加；按照装配方式不同，超声换能器的安装分为管段式、外贴式和插入式，管段式即将超声换能器和管道直接通过封装连接在一起，外贴式不影响原来的管路，在管道外表面涂抹耦合剂，并将换能器粘贴在管道外表面，插入式需要在管道上打孔，综合考虑加工及现场安装难度，采用单声道管段式的安装方式。

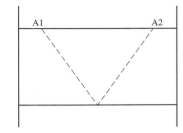

图 3-33　反射式声道安装方式示意图

单声道安装方式可归纳为反射式和直射式。图 3-33 为反射式单声道结构，反射式的声程更长，但对壁面要求较高，当壁面不平整时，反射信号会很弱，甚至接收不到反射信号。直射式主要有弦声道和过径声道，安装方式示意图如图 3-34 所示。与弦声道相比，过径声道能更多表征流场整体的情况，因此本书中采用过径声道的安装方式。

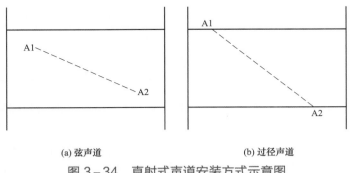

(a) 弦声道　　　　　　　　　　(b) 过径声道

图 3-34　直射式声道安装方式示意图

超声波换能器是进行流速测量的重要部件，其性能指标主要包括工作频率、带宽、指向性、灵敏度、机械品质因数及耦合系数。机械品质因数是指在振动过程中储存的总机械能和振动一个周期消耗掉的机械能的比值，表征的是阻尼过程中消耗的能量，耦合系数表示的是机械能和电能转换的程度，这两个指标与换能器本身的材料特性有关。工作频率即是换能器谐振时的频率，此时换能器工作在最佳状态，同时，超声波在介质中传播时会不

断衰减，通过介质时的声压变化规律为

$$P = P_0 e^{-\beta Z} \qquad (3-46)$$

式中：P 为传播过程中的声压；P_0 为初始时的声压；β 为衰减系数；Z 为在介质中的传播距离。

β 主要与介质中的吸收衰减有关，衰减系数可表示为

$$\beta = \frac{8\pi^2 f^2 \eta}{3\rho c^3} \qquad (3-47)$$

式中：f 为工作频率；ρ 为介质的密度；η 为动力黏度；c 为声速。

衰减系数与频率有关，频率越大，衰减越大。探头的指向性也与频率有关，表示为

$$\theta = \arcsin 1.22 \frac{c}{fD} \qquad (3-48)$$

式中：θ 为波束扩散角；f 为超声换能器的工作频率；D 为压电圆片的直径。

当 c 和 D 固定不变时，工作频率越高，波束角即越小，此时探头的指向性越好，声波波束能量集中。

从分析中可以看出，换能器工作频率和波束指向性相互矛盾，频率越高，衰减越大，但指向性越好，通常需要折中选择频率，液体介质的发射频率多在 $1\sim5\text{MHz}$。由于油的运动黏度比水大，在油中更需要选择灵敏度大的换能器。同时，由于需要采集反射回波，此时探头的有效接收面积变得至关重要，可以通过试验来确定不同频率、相同直径探头的反射回波幅值，定量分析频率和波束角对探头幅值的影响，如表 3-2 所示。

表 3-2 相同直径探头反射回波幅值

频率	波束角	幅值
110kHz	27°±10%	84mV
500kHz	5.8°±10%	460mV
1MHz	3.2°±10%	760mV

因此，选定一款 1MHz 收发一体的液体超声波换能器，其波束角约为 3.2°，可以在高温、高压等恶劣环境下工作。为了更好地反映管道中的流场，避免顶端聚集的气泡的影响，声道布置采用水平布置。同时，为了便于计算及加工，声道角度选择 45°。选定的超声换能器采用 O 型圈进行密封，其后端加装螺纹帽，起到定位和固定的作用，确保超声换能器的中心与管内壁在一条直线上，实际加工的管段式样机如图 3-35 所示。

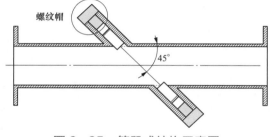

图 3-35 管段式结构示意图

3.4.3　超声流速传感器性能提升方法

3.4.3.1　超声流速传感器补偿方法

对不同温度下 1.5m/s 流场进行仿真，图 3－36 展示了 70℃时流速在弯管下游不同位置处截面流速分布。首先在纵截面弯管处，可以看出，流场受到弯管曲率的影响，在离心力作用下，流体逐渐被甩到曲率半径较大的外壁面；在弯管下游，内侧流速明显小于外侧流速，流场在管道截面上不均匀分布，弯管造成的流场畸变在接近 60D 时才基本消失，此时流场充分发展，呈现出轴向对称分布。这与文献中指出的需要 50～200D 直管段才能消除畸变影响的结果一致，而连接管处的长度远不能提供使流场达到均匀分布的空间，为保证较高的测量精度，加装整流器来强迫流场均匀分布是必要的。

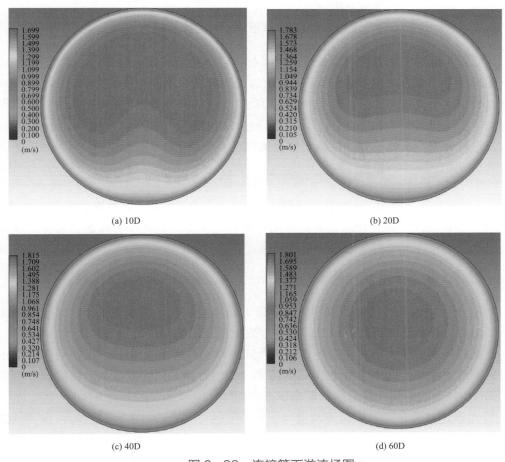

图 3－36　连接管下游流场图

现有叶片式（Etoile）和孔板式（Laws）整流器，采用对称的整流结构，未充分利用流场本身不对称分布的特点，在压力损失最小的 Etoile 整流器基础上，经过仿真对比不同的结构形式，设计出一种改进式叶片整流器。如图 3-37 所示，切除了 Etoile 中心连接结构，同时叶片采用非均匀分布的形式，下半部分径向叶片与水平的夹角为 50°，上半部分径向叶片之间的夹角都为 45°，并加入半圆弧结构实现整流器对上下两部分流场的非均等划分，来达到均匀流速的目的。

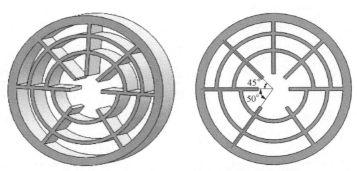

图 3-37　改进式叶片整流器结构

尽管对实际加工的管段声道长度进行了标定，但是随流体温度变化，管道内声道长、管壁粗糙度等因素会产生不确定变动，对流速的测量造成不同程度的影响，采取温度补偿措施具有很大必要性。比较了多项式逼近和指数逼近的拟合效果，并根据拟合效果调整方程结构，采用误差平方和（SSE）、均方根误差（RMSE）、确定系数（R-square）来对拟合效果进行评判，最终选择二次曲面拟合来实现温度修正。

$$z = c_{20}x^2 + c_{11}xy + c_{02}y^2 + c_{10}x + c_{01}y + c_{00} \qquad (3-49)$$

式中：x 为测量流速数据；y 为温度数据；z 为标准表流速数据；c 为待定系数。

求解二元二次多项式待定系数的原则是使曲面模型的误差平方和达到最小，这实际上是一个求解包含 6 个待定系数的极值问题。

3.4.3.2　超声流速传感器性能标定

标定平台由油箱、油泵、阀门、加热管、温度控制仪、标准流量计、试验流量计及整流器组成。在循环开始后一段时间内标准表流量及温度保持恒定后，运行试验流量计，并通过阀门控制流量大小。在泵处设置一个回路，起到两个作用：① 保护泵体，防止流量低时泵发生损坏；② 设置的回路和回流到油箱的管路共同实现流量的精确调节。整流器采用 3D 打印的方式，材料选择尼龙加玻璃纤维。

静态流速试验是超声波流速测量中性能验证的一个重要方面，试验时，保证试验场地无振动，同时关停油循环回路，在不同温度下进行 20 次静态试验，并将顺逆流的时间差求平均，静态下顺逆流时间差基本恒定，说明研制传感器在静态工作环境中工作稳定，示值误差可以通过软件进行剔除。

为获得不同温度下的理论声速，首先开展了声速测量误差研究，20℃时不同文献给出的声速结果都保持在 1420m/s 左右，采用设计的装置对 20℃下声速进行计算，并与理论声速对比，结果如图 3-38 所示，整个测量误差基本保持在 1%以下，说明装置对于时间的测量是准确的。

同时，进行了加装整流器后的仿真和实测。以 70℃条件下达到 1.5m/s 为例，图 3-39 为改进式整流器下游的流场分布与无整流器时的对比，相比于叶片式 Etoile 整流器、Laws 整流器、孔板式整流器，流场分布得到进一步改善。并且可以看出在 15D 位置之前，流场即趋于轴向对称分布。

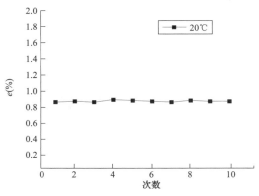

图 3-38 20℃时声速测量误差

根据稳定流场下的速度分布公式，距离轴心相同位置处，流速分布一致，在弯管下游的不同位置截面上，通过分别选取的三个不同半径圆上的速度分布情况来表征流场规则，并采用累计偏差进行评价。

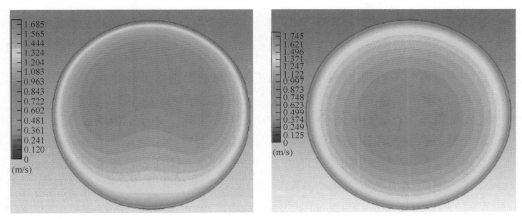

(a) 横截面直径15D

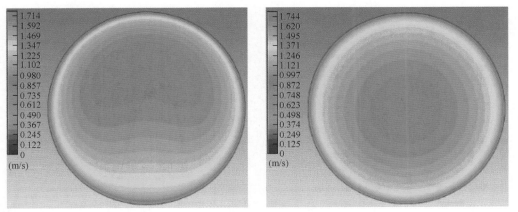

(b) 横截面直径20D

图 3-39 1.5m/s 流速下无整流器（左）和有整流器（右）时不同横截面流速分布对比

$$\varepsilon_\Sigma = \sum_{i=1}^{3} \sum_{j=1}^{40} \left| v_{ij} - v_i \right| \qquad (3-50)$$

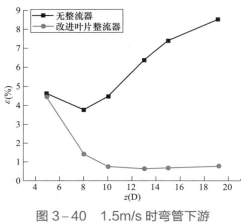

图 3-40　1.5m/s 时弯管下游
横截面流速累计偏差

式中：ε_Σ 为累计偏差；v_{ij} 为圆上等距离取的速度点；v_i 为平均速度。

图 3-40 给出了有无整流器时的累计偏差情况，无整流器时，在下游 20D 范围内，流场还在持续不对称发展，其流速分布偏离较大，加装改进叶片式整流器之后，整个流场发展过程趋向于轴对称分布，在到达下游 10D 位置时，平均偏计误差在 0.006m/s，流场已经基本达到稳定，将超声传感器安装在下游 10D 后即可满足较短直管段且高测量精度的要求。

以相对误差 ε 来描述充分发展程度及测量准确性。

$$\varepsilon = \frac{v_L k - v_a}{v_a} \times 100\% \qquad (3-51)$$

式中：v_a 为管道内的平均流速；k 为由平均流速计算的理论修正系数。

图 3-41 展示了在稳态情况下，不同温度下的流速相对误差，整体基本处于 1%以下，说明改进式整流器可以较好地促进流场均匀发展。同时，进行了流场跃变情况下的流场分布研究，模拟突发故障压力跃变过程，3.5kPa 对应稳态流速为 1.5m/s，10kPa 对应稳态流速为 3m/s，跃变初始流速为 0.3m/s。如图 3-42 所示，误差呈现出先增大后减小的趋势，瞬态流场发展与流场初始状态有关，加装整流器时，初始流场趋于充分发展，相对误差较小，同时在接近跃变终末时，流场发展开始稳定，这时相对误差趋于稳态时相对误差。

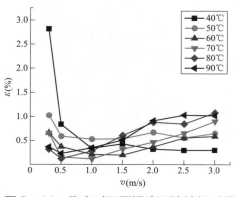

图 3-41　稳态时不同温度下流速相对误差

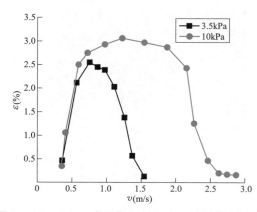

图 3-42　70℃时瞬态压力跃变下流速相对误差

3.4.4 多普勒光学流速传感器

3.4.4.1 多普勒光学流速传感器基本原理

光纤多普勒流速传感器的原理为多普勒效应,即通过多普勒频差来反映油液中粒子的速度进而反映油液速度。油液粒子所接收到的经过第一次多普勒频移的光波频率 f' 为

$$f' = f\left(1 - \frac{Ve_0}{c}\right) \tag{3-52}$$

油液粒子接收激光照射后产生散射现象,向周围发射激光,并被光电探测器所接收,发生了第二次多普勒效应,此时光电探测器所接收到的激光频率为

$$f'' = f'\left(1 + \frac{Ve_s}{c}\right) \tag{3-53}$$

将 f' 代入 f'' 公式中得

$$f'' = f\left[1 + \frac{V(e_s - e_0)}{c}\right] \tag{3-54}$$

则多普勒频移为

$$f_D = f'' - f = \frac{1}{\lambda}\left|V(e_s - e_0)\right| \tag{3-55}$$

将公式简化为

$$f_D = \frac{1}{\lambda}\left|V(\cos\theta_1 - \cos\theta_2)\right| \tag{3-56}$$

式(3-55)就是我们所要求的多普勒频移。由于多普勒频移相对光的频率很小,不能被光谱仪所分辨,因此需要采用光学外差检测技术。根据外差原理,参考光的波函数记为

$$E_1(t) = A_1 e^{j(\omega_1 t + \varphi_1)} \tag{3-57}$$

包含多普勒频移的信号光的波函数记为

$$E_2(t) = A_2 e^{j(\omega_2 t + \varphi_2)} \tag{3-58}$$

两束光相干叠加后得到复合波函数为

$$E(t) = A_1 e^{j(\omega_1 t + \varphi_1)} + A_2 e^{j(\omega_2 t + \varphi_2)} \tag{3-59}$$

$E(t)$ 对应的光强为

$$I = A_1^2 \cos^2(\omega_1 t + \varphi_1) + A_2^2 \cos^2(\omega_2 t + \varphi_2) + 2A_1 A_2 \cos(\omega_2 t + \varphi_2)\cos(\omega_1 t + \varphi_1) \tag{3-60}$$

式(3-60)中前两项的频率接近于光的频率,远超出光电探测器的频率响应范围,表现为直流输出,第三项包含多普勒频差,其光强为 $2A_1 A_2$,其中 $A_1 = (I_1)^{1/2}$,$A_2 = (I_2)^{1/2}$,其中 I_1、I_2 为对应的光强。

3.4.4.2 多普勒光学流速传感器结构设计

测量系统主要包括激光器、光纤隔离器、光纤耦合器 1、光纤环形器、准直器、光纤耦合器 2、光电探测器。测速结构模型是在参考光路模型的基础上,搭建了基于斐索干涉

模型的光路结构，同时考虑光外差的对比度，光路布置如图3-43所示。整个测量系统的工作过程为：激光器发出的激光经过光纤耦合器分为两束光，一束作为参考光，不携带速度信息，直接进入光纤耦合器2被光电探测器接收。另一束作为信号光，经由光纤环形器1端口随后从2端口出，再进入准直器，通过准直器射向油液中，油液中的粒子产生散射光被准直器接收进入光纤环形器2端口传向光纤环形器3端口，之后进入光纤耦合器2被光电探测器接收，在光电探测器表面与参考光进行光外差产生差频项后被光电探测器响应。与传统光路模式相比，全部器件均为光纤，方便安装调节，同时，准直器既作为发射探头同时作为接收探头，可以大大简化光路结构。

假设激光射出的光的频率为f_0，波长为λ，准直器与油液速度方向夹角为θ，油液速度为V，出射光的光强为I_0，α_1为参考光走过的器件经过光强损耗的光强与激光器出射光的光强之比，α_2为信号光走过的器件经过光强损耗的光强与激光器出射光的光强之比，α_3为准直器镜头接收到的散射光与照射到油液表面的入射光的光强之比。根据光的电磁场理论，参考光的光波函数$E_1(t)$为

$$E_1(t) = \sqrt{I_0\alpha_1}\,e^{j(2\pi f_0 t + \phi_1)} \tag{3-61}$$

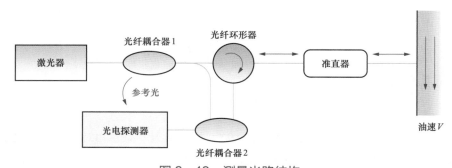

图3-43　测量光路结构

准直器镜头接收到的信号光的波函数$E_2(t)$为

$$E_2(t) = \sqrt{I_0\alpha_2\alpha_3}\,e^{j[2\pi(f_0+f_d)t+\phi_2]} \tag{3-62}$$

其中f_d表示多普勒频移。

根据光外差检测原理，如果只考虑式交流信号，则电流信号为

$$I(t) = \eta I = \eta\{2I_0\sqrt{\alpha_1\alpha_2\alpha_3}\cos[2\pi f_d t + (\phi_2 - \phi_1)]\} \tag{3-63}$$

结合流速计算公式以及设计的光路结构，通过后续的信号处理获得多普勒频移，进而计算出流速。激光器的选择需要确定光波长、线宽、光纤类型、出纤功率、功率稳定性、波长稳定性、光斑模式，以及噪声等指标。激光器的作用是产生自然光。使用1310nm的窄线宽激光器作为光源，通过单模光纤输出，以满足变压器内部油液示踪粒子粒径较小、浓度较低的测量需求。

对于多普勒流速传感器来说，准直器需要考虑的参数为插入损耗和准直距离，插入损耗越小，信号光的光功率越大。准直器产生的平行光在经过它的准直距离后会产生光束能量发散，所以在准直距离之外的光强会变弱，准直距离固定后，准直距离处的粒子流速体

现的幅值最大。因此，准直器的距离应当包含整个管道宽度，即大于管道的直径 80mm。

光纤耦合器的作用是将激光器输出的光以确定的功率比分为两束光，分别进入不同的光路。对于流速传感器来说，由于采用参考光模式光路，为了使两束光的光强条件相同，所以对光纤耦合器的分光功率比分别为 99:1 和 50:50。

3.4.4.3　多普勒光学流速传感器补偿方法

对于多普勒光学流速传感器最主要的影响是变压器油液中示踪粒子粒径较小，数目较少，因此需对有用信号进行有效捕捉并提升传感器自身的信噪比。采用窄线宽，单纵模激光器，避免因多频率影响多普勒频移的判断；设计 1000 倍的 1 分 3 差分放大电路，更好地抑制噪声，提高传感器的信噪比，如图 3-44 和图 3-45 所示。

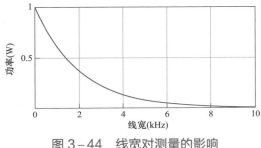

图 3-44　线宽对测量的影响

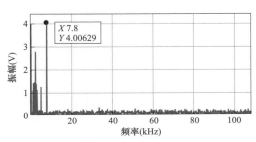

图 3-45　单纵模激光器频率与振幅的关系

3.4.4.4　多普勒光学流速传感器性能标定

试验平台由油泵、阀门、油箱、加热管、温度控制器、标准流量计、光纤多普勒流速传感器组成。在油循环的流速以及温度达到稳定后，运行光纤多普勒流速传感器，并通过平台上的阀门控制流速大小。在油泵处设置一个辅助回路，该辅助回路起到两个作用：① 防止在流速较低时油泵被憋坏；② 该回路和回流到油箱的管路共同实现流速的精确调节。

油泵选择进口 DN80，流量在 $50m^3/h$ 左右，换算为流速约在 2.8m/s 左右。为保证油液稳定流动，齿轮泵的型号为 80YHCB-60。标准流量计选择椭圆齿轮流量计。测试结果如图 3-46 所示。从图中可知，传感器的最大误差不超过 5%。

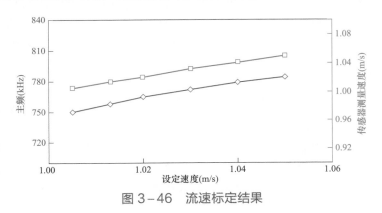

图 3-46　流速标定结果

3.5 变压器单氢感知技术

3.5.1 变压器单氢传感器的性能要求

变压器发生故障时会产生七种主要的特征气体（H_2、CO、CO_2、CH_4、C_2H_2、C_2H_4、C_2H_6），对特征气体进行在线监测对于维护变压器安全稳定运行具有重要意义。要求氢气传感器测量上限不低于 $2000\mu L/L$，分辨率优于 $10\mu L/L$。

3.5.2 变压器单氢传感器基本原理与结构

3.5.2.1 单氢传感器基本原理

基于长周期光纤光栅对外部折射率变化高度敏感以及钯金属极易吸氢的原理，设计并研制了长周期光纤光栅氢气传感器。钯金属因其具有性能稳定、耐高温、耐腐蚀、极易吸收氢气、可重复利用等优势被广泛应用于各类氢气传感器。其吸氢释氢过程如式（3-64）所示。

$$2Pd + xH_2 \rightleftharpoons 2PdH_x \tag{3-64}$$

钯金属与氢气结合的过程中，其自身的物理性质会发生变化。钯金属内部总的自由电子数保持不变，随着体积膨胀，单位内的自由电子数减小，进而钯金属介电常数发生变化，最终导致整个钯金属的折射率发生变化。

根据耦合模理论可知，长周期光纤光栅耦合模式是从光纤纤芯基膜向包层模的正交耦合，由于周期较长，光在包层中会迅速衰减，剩余的光形成透射光在纤芯中传播，从而通过透射光谱获取谐振波长信息。它的相位匹配条件如式（3-65）所示。

$$\lambda_L = (n_{neff}^{co} - n_{neff}^{cl,m})\Lambda \tag{3-65}$$

式中：λ_L 为 LPFG 中心谐振波长；n_{neff}^{co} 为纤芯导模的有效折射率；$n_{neff}^{cl,m}$ 为一阶 m 次包层模有效折射率；Λ 为 LPFG 周期。

当外界环境折射率发生变化时，将打破长周期光纤光栅原有的正交耦合模式，从而引起包层模有效折射率 $n_{neff}^{cl,m}$ 的变化，进而由式（3-64）引起 LPFG 谐振波长的漂移。

如图 3-47 所示，当钯膜开始吸收氢气，相对于 LPFG 本身而言，外界折射率发生了改变，最终引起 LPFG 谐振波长的漂移，从而实现油中溶解氢气的直接测量。

3.5.2.2 单氢传感器结构设计

在长周期光纤光栅基底制作过程中减小了包层半径，选择涂覆膜层致密、附着力更强、均匀度更好、厚度更精确的真空磁控溅射法涂覆 nm 级氢敏薄膜，提升了传感器的灵敏度。纯金属钯膜在长期吸氢释氢的过程中会出现钯膜开裂甚至脱落的情况，可以利用钯银合金薄膜作为氢敏薄膜，一方面，银元素抑制了钯膜的氢脆性，提升了传感器的长期稳定性和可靠性；另一方面，银元素作为钯吸氢反应的催化剂，提高了氢敏薄膜的吸氢效率和体积，在变压器低浓度氢气环境下提高了传感器的灵敏度和响应时间。考虑到金属材料与光纤材料黏合力不足,长期使用容易脱落,因此在光纤包层外预先涂覆一层液态聚酰亚胺,提升了氢敏薄膜的使用寿命,整体结构如图 3-48 所示。

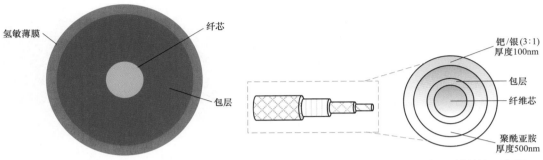

图 3-47　LPFG 氢气传感器测量原理示意图　　图 3-48　LPFG 氢气传感器测量区域结构示意图

3.5.3　单氢传感器性能提升方法

3.5.3.1　单氢传感器补偿方法

温度会带来光纤自身的体积变化,从而改变光栅的周期,光纤波长也会发生变化。考虑到变压器随着不同的运行状态,内部环境温度也不一致,因此需要排除温度导致的测量误差,提高测量结果的准确度。

通过安装相同工艺,未涂覆钯银合金薄膜的长周期光纤光栅作为温度补偿光纤,通过标定温度补偿光纤的灵敏度系数,以及涂覆钯银合金薄膜的 LPFG 温度灵敏度系数来消除因温度变化给测量传感器带来的测量误差。

在氢气测量试验中,将两根光纤紧靠布置在试验腔体的同一平面,保证两者对温度感知的一致性。按照设计将两种 LPFG 放入无氢变压器油中,通过 PID 温度控制器调整温度,试验温度范围为 25～85℃,每隔 10℃作为一个测量点,每个测量点温度保持 40min,记录谐振波长数据,重复 2 次测量提升试验数据的准确性。两种 LPFG 温度和谐振波长的关系如表 3-3 和图 3-49 所示。

表 3-3　　　　　　　不同温度下测量光纤和温补光纤波长变化量

温度（℃）	裸 LPFG（nm）	钯银合金封装的 LPFG（nm）
25	0	0
35	0.563	0.554
45	1.183	1.185
55	1.798	1.808
65	2.590	2.598
75	3.303	3.306
85	4.047	4.048

试验结果显示裸 LPFG 的温度灵敏度系数为 67.96pm/℃，Pd/Ag 涂覆的 LPFG 温度灵敏度系数为 67.99pm/℃，相差 0.03pm/℃，差异可以忽略不计，因此，可以选择裸 LPFG 作为温度补偿光纤从而消除温度对测量结果的影响。

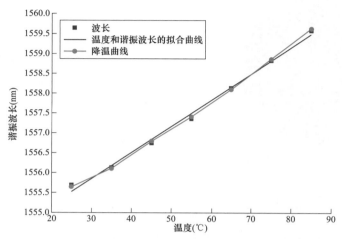

图 3-49　温度和谐振波长的拟合关系和升降温曲线对比

3.5.3.2　单氢传感器性能标定

对所研传感器进行性能测试，试验平台如图 3-50 所示，包括整体测量光路、试验反应腔体、水浴加热装置。

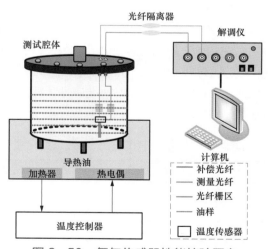

图 3-50　氢气传感器性能校验平台

选择 20℃和 60℃两个温度条件测量传感器的灵敏度，两种温度的选择近似模拟变压器刚投运和正常运行两种工况，每个温度进行多次重复试验，保证测试结果的准确性。首先将 6 种不同氢浓度的油样通过 PID 温度控制器分别控制到 20℃和 60℃，然后加入传感器测量波长变化，待波长数值稳定后计算得到油中溶解氢气浓度和波长变化量之间的关系，从而得到研制的传感器的灵敏度。

20℃和 60℃下 LPFG 氢气传感器波长变化量和油中溶解氢气浓度线性拟合关系如图 3－51 所示。

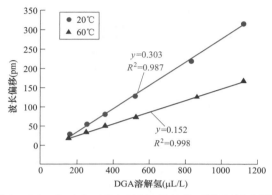

图 3－51　20℃和 60℃下 LPFG 氢气传感器灵敏度测量结果

结果显示，20℃下传感器灵敏度为 0.303pm/（μL/L）；60℃下传感器灵敏度为 0.152pm/（μL/L），按照解调仪分辨率进行计算，氢气传感器分辨率为 3.33μL/L，满足在线监测需求。油中氢气含量在 150μL/L（预警值）以下符合实际工况运行标准，根据图 3－51，传感器可以监测到的氢气浓度下限小于预警值，因此研制的传感器可以满足工程需要。

3.6　变压器温度感知技术

3.6.1　温度传感器基本原理

光纤光栅具有热光效应和热膨效应，将会直接影响光纤光栅的温度特性，其温度传感器原理如图 3－52 所示。当光纤光栅发生热光效应时，对应光栅的有效折射率将会产生改变。如果光栅的栅格周期发生变化，就表明光纤光栅发生了热膨效应。如果温度和布拉格波长发生变化，就表明热光效应和热膨效应均在光纤光栅上产生。因此，光纤光栅的温度效应可表示为

$$\frac{\Delta \lambda_B}{\lambda_B} = (\zeta + \alpha)\Delta T \qquad （3－66）$$

式中：α 表示光纤光栅的热膨系数，取值为 $5.5×10^{-7}$；ζ 表示光纤光栅的热光系数，取值为 $5.5×10^{-6}$。

光纤光栅不仅能测量温度，还能测量应变。光纤光栅的应变特性主要受弹性效应和弹光效应影响。弹性效应会对光纤光栅的栅格周期产生重要影响，而弹光效应会改变光纤光

栅传感器的有效折射率。因此，光纤光栅的弹性效应可表示为

$$\frac{\Delta\lambda_B}{\lambda_B} = (1 - P_e)\varepsilon \tag{3-67}$$

式中：P_e 表示光纤光栅的有效弹性系数，取值为 0.22。

因此，当测量变压器内部温度时，应减小应变特性对光纤光栅温度特性的影响。

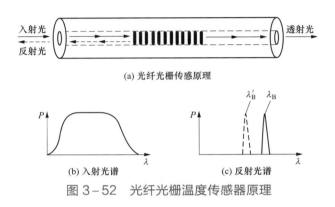

(a) 光纤光栅传感原理

(b) 入射光谱   (c) 反射光谱

图 3-52 光纤光栅温度传感器原理

3.6.2 温度传感器结构设计

光纤光栅传感器在用于温度测量时，只需对光纤光栅的温度传感头做无应变封装即可克服一定范围内应变带来的影响，单独实现温度的测量。由式（3-68）可知，无应变作用时，FBG 中心波长变化 $\Delta\lambda_B$ 与 ΔT 之间存在着线性关系，测量 FBG 中心波长的偏移，即可得到 FBG 所在处的温度变化情况。因此，布拉格光纤光栅波长的变化可表示为

$$\Delta\lambda_B = k_t \Delta T \tag{3-68}$$

式中：k_t 是温度系数。

当温度发生变化时，光纤 Bragg 光栅的中心波长移位与光纤的热膨胀系数和热光系数有关，在 1550nm 波长下，裸光纤光栅 k_t 大约为 10pm/℃。

3.6.3 温度传感器性能提升方法

常规的光纤光栅温度传感器的测温范围通常在 0～120℃，且长期处于高温环境下，其栅格会出现变形，甚至失效。为满足变压器内部温度测量的需求，所选用的传感器必须是特制耐高温的光纤光栅传感器。

目前，国内外在耐高温领域使用最多的即为聚酰亚胺涂覆光纤，高温可达 300℃，性质稳定耐腐蚀，适合在油浸式变压器环境中应用。

在上述封装基础上，可以采用陶瓷外壳保护内部传感元件。陶瓷封装的高温光纤光栅温度传感器具有高绝缘性能，可用于强电场、强磁场环境中的温度监测。氧化铝陶瓷管的导热系数较好，当外界温度升高时，热膨胀速度较好，同时能够迅速带动布拉格光

纤光栅发生形变，且氧化铝陶瓷管的抗折强度很强，不存在应力影响；在布拉格光纤光栅封装过程中，布拉格光纤光栅用光学胶固定在陶瓷管内部，且陶瓷管的热膨胀系数（$7.3 \times 10^{-6}/℃$）大于石英（$5.4 \times 10^{-7}/℃$），因此在测温的过程中，布拉格光纤光栅的中心波长随温度变化是陶瓷管的热膨胀作用的综合效应，不存在交叉敏感现象。

传感器结构主要由传感器基座构成，使用尺寸为 70mm×10mm×5mm 的氧化铝陶瓷外壳来做基座，光纤通过陶瓷外壳一端凹槽用胶固定，光纤光栅置于陶瓷内部中轴线圆孔内。该封装方法既不影响其传感特性，又具有一定的保护作用。

3.6.4　温度传感器性能标定

将光纤光栅温度传感器完全贴在硫化机上，尾端通过光纤跳线引出连接到解调仪上，同时在硫化机上贴一支铂电阻温度计（精度为 0.30～0.80℃）与光纤光栅传感器处于相同环境下。整个温升过程通过解调仪全程监测光纤光栅温度传感器的波长变化。升温和降温分别记录不同温度下的波长，处理后的数据结果如图 3－53 所示，温度传感器在温度上升过程中，波长值与温度值基本上呈线性关系，灵敏度可达 17.3pm/℃。在升温和降温过程中响应时间很快，重复性好。

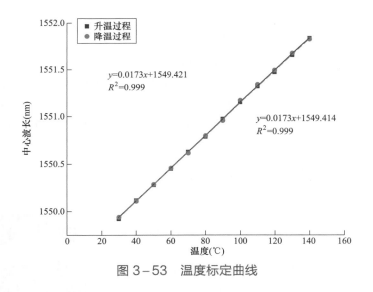

图 3－53　温度标定曲线

进一步对光纤光栅温度传感器进行压力测试试验，观察并记录光纤光栅中心波长变化情况，分析封装好的温度传感器对应力的敏感程度。处理后的数据结果如图 3－54所示，在对温度传感器施加压力的过程中，波长值发生了很小的变化（0.002nm 内），灵敏度为 0.15nm/MPa 左右。压力变化 1MPa，波长仅变化 0.15nm，相当于温度变化 8℃引起的中心波长变化。但是，变压器电弧放电引起的压力变化仅约几百千帕，由于温度变化引起的波长漂移远大于这一数值，因此该温度传感器在实际工况中几乎不受压力影响。

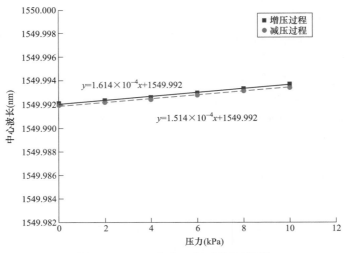

图 3-54   压力交叉敏感测量曲线

3.7   变压器特高频感知技术

3.7.1   变压器特高频传感器的性能要求

现有研究表明，局部放电脉冲信号的能量几乎与频率宽度成正比，当只考虑检测元件的热噪声对灵敏度的影响时，采用宽频带一般具有更高的灵敏度。因此，变压器局部放电检测用特高频传感器选用宽频带是有利的。在研究中选择天线的下限截止频率为500MHz，从而避开变电站背景噪声和空气中的电晕干扰；选择天线的上限截止频率为1500MHz，这样使得放电信息的获取更为全面。

3.7.2   变压器特高频传感器基本原理与结构

3.7.2.1   特高频传感器基本原理

特高频传感器研制过程中应考虑变压器实际运行情况，当天线的工作频率变化时，天线的尺寸也应随之变化，即保持电尺寸不变，满足角度条件可实现非频变特性。选择具有非频变特性的平面等角螺旋线作为局部放电检测用 UHF 传感器，如图 3-55 所示。

实际的平面等角螺旋天线的每一条臂总有一定的宽度，因而它的每一条臂由两条起始相差 δ 的等角螺旋线构成。两臂的 4 条边缘分别为 4 条等角

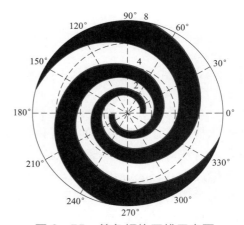

图 3-55   等角螺旋天线示意图

螺旋线，它可看成是一变形的传输线，两个臂的四条边由下述关系确定

$$
\begin{cases}
r_1 = r_0 e^{\alpha\phi} \\
r_1' = r_0 e^{\alpha(\phi-\delta)} \\
r_2 = r_0 e^{\alpha(\phi-\pi)} \\
r_2' = r_0 e^{\alpha(\phi-\pi-\delta)}
\end{cases}
\tag{3-69}
$$

式中：r_1、r_2 分别是两臂的内边缘；r_1'、r_2' 分别是两臂的外边缘。

一个工程上可实现的天线不能是无限长的，作为一个实际的天线必须在适当的长度上截断两臂，使其臂长为有限值。天线臂的末端做成尖削形状，是为了减小天线臂上电流的终端反射，以减小"截尾"效应。

天线的最低工作频率和最高工作频率的估算公式如下

$$
\begin{cases}
r_0 = \lambda_{min} / 4 \\
r_t = \lambda_{max} / 4
\end{cases}
\tag{3-70}
$$

式中：r_0 为螺旋臂起始点到原点的距离；r_t 为螺旋臂末端到原点的距离；λ_{min} 为上限工作频率对应的波长；λ_{max} 为下限工作频率对应的波长。

由式（3-70）可得到天线的相对工作带宽为

$$
f_{max} / f_{min} = r_t / r_0
\tag{3-71}
$$

在工作频段内，天线臂越宽，也就是 δ 越大，天线的频率特性就越好。并且 a 适当选择小一些，也就是螺旋线的曲率半径小一些，螺旋线旋绕紧一些，其频率特性也好一些。为了能够很好的测量到特高频信号，有效的避开空气中的电晕干扰，并考虑到天线的尺寸不能过大，故合理地选择了决定天线工作频率的参数 a、φ、r_0、δ，其中 $a=0.22$，平面等角螺旋天线采用了 1.5 匝，即 $\varphi=3\pi$，$r_0=15mm$，$r_t=150mm$，$\delta=90°$ 的自补结构天线。通过巴伦馈电装置进行馈电使天线的阻抗和馈线的阻抗相匹配。

3.7.2.2　特高频传感器结构设计

用于变压器局部放电特高频检测的介质窗口示意图如图 3-56 所示。介质封板是该窗口的关键部件，它不但起到密封作用，而且能够使得变压器内部局部放电特高频信号辐射出来被外部的天线所接收。

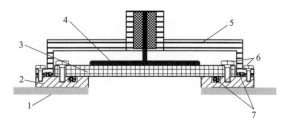

图 3-56　介质窗口示意图

1—油箱壁；2—法兰；3—介质封板；4—UHF 传感器；5—屏蔽盒；6—螺钉；7—O 型圈

介质窗口结构相当于安装在变压器油箱外的一段短波导管。腔体内部的电磁波通过此短波导管传播，可以被固定在中间的天线接收。如果短波导管填充介质的介电常数越大，截止频率越低，那么短波导管内可传播电磁波的频率成分越多，其衰减也就越小，经过腔体上的短波导管向外辐射的电磁波能量也就越多，因此提高填充介质的介电常数，可增加天线耦合的能量。但是介质板的介电常数过高，会消耗入射的电磁波能量，反而使得天线的耦合能量减小，并且这种效果将随着介质板厚度的增加而增加，因此介质板的介电常数和厚度与天线耦合能量密切相关。

考虑到机械强度、耐电、耐腐蚀、耐油、耐水等性能，并通过仿真比较不同的介电常数和厚度两个因素，最终选取了层压玻璃布板作为介质板，其相对介电常数在 5 左右，厚度选取为 2cm。层压玻璃布板的密度为 $1.7\sim1.9\mathrm{g/cm^2}$，耐受温度不低于 200℃，抗弯强度为纵向不低于 392MPa、横向不低于 294MPa，抗拉强度为纵向不低于 343MPa、横向不低于 245MPa，黏合强度不小于 $5688\mathrm{N/m^2}$，表面电阻率和体积电阻率不低于 $10^{11}\Omega$，介电损耗正

图 3-57　人/手孔传感器壳体

切为 0.05，垂直层向击穿场强不低于 22kV/mm，平行层向击穿电压不低于 30kV/mm。可见层压玻璃布板具有很高的机械强度，电气性能好，耐水和耐热性能好，并可在变压器油中使用，非常适合于制作介质板。

变压器套管底座下方油箱侧壁上设有人/手孔以便检修和安装。一般情况下，采用金属平板将人手孔封上。采用上述所属层压玻璃布板封堵人/手孔，替代原有的钢质人/手孔封板。根据上述设计研制出的人/手孔式介质窗口和 UHF 传感器如图 3-57 所示。

3.7.3　特高频传感器性能提升方法

3.7.3.1　特高频传感器现场抗干扰方法

1. 内外信号对比法

内外信号对比法是通过同步采集的内置、外置传感器的检测信号进行对比排除外部干扰信号的方法。对于变压器而言，现场 UHF 局部放电在线监测系统的传感器安装于变压器箱体内部，变压器箱体对 UHF 信号起到屏蔽的作用，因此变压器箱体外部的干扰信号进入变压器箱体内部会有极大衰减，同样变压器箱体内部的局部放电信号传到箱体外侧也会有极大的衰减。因此通过比较内外信号幅值的大小就可以将外部信号排除。

内外信号对比法判别干扰的原则如下：① 对于只有内部传感器接收到的信号，判定为放电；② 只有外部传感器接收到的信号，判定为干扰；③ 对于内外传感器同时接收到的脉冲，如果外部信号明显强于内部信号的，判定为干扰；如果内部信号明显强于外部信号，判定为放电信号。

为了实现外部干扰信号的自动判别与排除，设计了内外信号对比法的数学算法。算法的具体实现步骤如下（S_1 和 S_2 表示同时采集到内置传感器和噪声传感器的信号，S_1X，S_2X，

S_1Y，S_2Y 表示信号 S_1、S_2 的每个采样点对应的相位和幅值）。

（1）根据设定的阈值和脉冲宽度提取信号 S_1 和 S_2 脉冲序列：脉冲相位序列为 $[S_1X_1, S_2X_2, S_2X_3 \cdots]$，$[S_2X_1, S_2X_2, S_2X_3 \cdots]$；脉冲幅值序列为 $[S_1Y_1, S_2Y_2, S_2Y_3 \cdots]$，$[S_2Y_1, S_2Y_2, S_2Y_3 \cdots]$。

（2）计算 $|S_1X_i - S_2X_j|$ 与 $S_1Y_i - S_2Y_j$，$(i=1,2,3 \cdots n; j=1,2,3 \cdots n)$，$n$ 为脉冲的个数，如果 $|S_1X_i - S_2X_j| \leqslant \theta$，而且 $S_1Y_i - S_2Y_j < 0$（$\theta < 0.5$），则令 $S_1Y_i = 0$。

（3）将判定为干扰的脉冲 (S_1X_i, S_1Y_i) 赋为空值。

2. 信号多周期分析方法

信号多周期分析排除干扰法是用于排除连续的周期性脉冲干扰的一种方法。周期性的脉冲干扰在一个工频周期上出现的相位相对固定且幅度变化很小，如由电弧炉变压器中的拉弧、熄弧产生的放电干扰、周期性火花放电干扰等，而局部放电信号的幅度和相位都具有一定的随机性，在某段相位范围内以概率形式出现。另外，周期脉冲干扰比局部放电信号的持续时间长。信号多周期分析方法就是利用周期性干扰的这些特点，通过利用信号多周期分析方法判断在连续几个工频周期内，脉冲信号是否在固定的相位位置出现，幅值和波形是否几乎不变，来检测周期脉冲干扰信号，最后在采集信号中把它剔除。

3. 排除周期性脉冲干扰的算法设计

为了实现周期性干扰信号的自动判别与排除，设计了信号多周期分析方法的数学算法。算法的具体实现步骤如下。

（1）对于连续采集到的 5 个工频周期内的特高频信号，根据一定的阈值和脉宽提取 5 个周期内所有脉冲的相位。

（2）以 T_iX_j、T_iY_j 分别表示位于第 i 个工频周期内的第 j 个脉冲的相位和幅值（$i=1,2,3,4,5$；$j=1,2,3,\cdots,n$），如果每个周期都存在一个脉冲，其中（$\varphi < 0.5$）使得式（3-72）～式（3-76）全部成立。

$$|T_1X_1 - T_iX_j| < \varphi \tag{3-72}$$

$$|T_2X_2 - T_iX_j| < \varphi \tag{3-73}$$

$$|T_3X_3 - T_iX_j| < \varphi \tag{3-74}$$

$$|T_4X_4 - T_iX_j| < \varphi \tag{3-75}$$

$$|T_5X_5 - T_iX_j| < \varphi \tag{3-76}$$

（3）使 $T_1Y_1 = T_2X_2 = T_3X_3 = T_4X_4 = T_5X_5 = 0$。

3.7.3.2 特高频传感器性能标定

为了检验安装在变压器上的局部放电 UHF 传感器的性能，需要在现场开展 UHF 传感器检测灵敏度校验。现场校验包括两个步骤：① 在结构参数相近的变压器上开展调试，获得与一定视在放电量相当的等效脉冲幅值；② 在现场利用等效脉冲与发射天线向变压器内部注入 UHF 电磁波信号，检验待测 UHF 传感器的检测灵敏度。

为获得等效脉冲，首先在信号注入位置附近设置局部放电缺陷，开展局部放电试验，并记录局部放电的 UHF 信号波形；然后再利用脉冲源与信号发生器注入脉冲，通过调整脉冲源幅值，使得 UHF 信号幅值与局部放电相等。将此时获得的脉冲幅值视作与上述局部放电量等效的脉冲信号源。

为使得等效脉冲具有广泛适用性，在 220kV 三相三绕组油浸式电力变压器的典型部位安装 8 支 UHF 传感器，在低压套管下部设置金属尖端放电模型，布置示意图如图 3－58 所示。采用谐振加压方式，对设置缺陷的单相进行局部放电试验。采用示波器记录 8 支局部放电缺陷的波形，读取波形最大幅值。

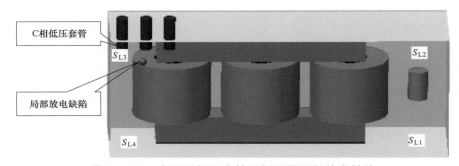

图 3－58　变压器低压套管下部设置局部放电缺陷

在对 C 相的试验中，试验电源频率为 170Hz，试验电压为 1.1 倍和 1.5 倍额定电压时，视在放电量分别为 20pC 和 50pC。当视在放电量为 50pC 时，测量各个 UHF 传感器的输出信号。S_{L3} 信号的峰峰值达到 4000mV，其他信号的峰峰值依次为 700、85、50mV。

UHF 电磁波信号源等效发射装置采用纳秒级陡脉冲发生器与探针天线组合。脉冲模拟信号发生器采用型号为 INS－4040 的信号发生装置。调试过程设置上升沿小于 1ns，脉冲宽度（10±3）ns，脉冲周期 20ms，脉冲电压 1～100V。

单极子天线长度为 3.5mm。在 300～1500MHz 频率范围内，增益波动范围为 3dB。当脉冲幅值为 100V 时，S_{L1} 峰峰值为 85mV，如图 3－59 所示。与 C 相低压套管 50pC 局部放电信号的幅值相同。在此情况下，将 100V 视作等效脉冲幅值。

在某变电站 1、2 号主变压器上各安装了 1 只介质窗口式 UHF 传感器，安装位置位于变压器侧面下方。利用陡脉冲发生器与单极子天线在 C 相低压套管注入 UHF 信号。脉冲幅值为 100V 时，两个 UHF 传感器测得的波形如图 3－60 所示。其峰峰值分别为 64.1、59.8mV，证明该传感器可有效测得低压套管处 50pC 的局部放电信号。

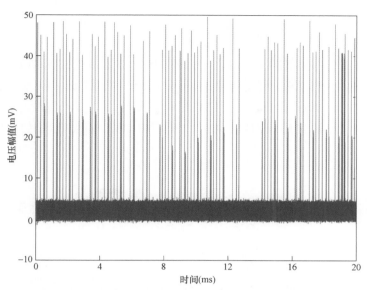

图 3-59　纳秒级陡脉冲发生器输出 100V 时 S_{L_1} 传感器的 UHF 信号波形

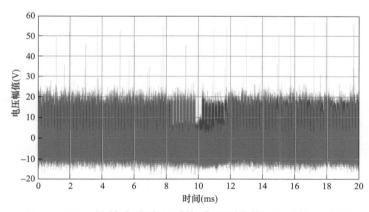

图 3-60　等效脉冲注入时传感器测得的 UHF 信号波形

3.8　变压器高频脉冲电流感知技术

3.8.1　变压器高频脉冲电流传感器的性能要求

高频电流传感器可以通过对电力设备中脉冲电流的检测以实现局部放电的检测,其检测效果受到测量环境、传感器材质等多方面因素的影响,检测频率范围一般为 100kHz～30MHz。变压器早期缺陷的放电量小,脉冲电流信号弱,因此需要高频脉冲电流传感器具备尽可能高的灵敏度。另外,由于现场环境、背景噪声信号多变,实际应用中无法根据单个频率的信号来确定是否存在局部放电,因此要求传感器在高频带下均具备较高的灵敏度。

3.8.2 变压器高频脉冲电流传感器基本原理

高频脉冲电流传感器由高频电流传感线圈和信号处理电路两部分组成。高频电流传感线圈由若干匝导线均匀对称地绕制在环形或方形的非铁磁材料上制成，一次侧导体垂直穿过骨架中心，当导体中流过变化的电流，则导体周围产生变化的磁场，由电磁感应原理得知高频电流传感线圈输出端产生感应电动势。高频电流传感线圈传感器的结构如图 3－61 所示。

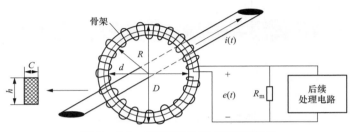

图 3－61　高频电流传感线圈结构

如图 3－61 所示，R_m 为终端电阻，$i(t)$ 为被测电流，$e(t)$ 为感应电压，R 为线圈等效半径，D 为骨架外直径，d 为骨架内直径，h 为骨架截面高度，c 为骨架截面厚度。

由法拉第电磁感应定律得，高频电流传感线圈产生的感应电动势为

$$e(t) = -\frac{\mathrm{d}\psi}{\mathrm{d}t} = -\frac{\mu_0 NS}{2\pi R}\frac{\mathrm{d}i(t)}{\mathrm{d}t} \qquad (3-77)$$

其中，总磁链 $\psi = N\Phi = NBS = \dfrac{\mu_0 NS}{2\pi R}i(t)$；$N$ 为高频电流传感线圈所绕线匝的总匝数；Φ 为每匝小线匝所铰链的磁通；S 为高频电流传感线圈的横截面积；$M = \dfrac{\mu_0 NS}{2\pi R} = \mu_0 nS$ 为高频电流传感线圈与载流导体间的互感；n 为高频电流传感线圈单位长度的匝数，即线匝密度。该互感 M 是在理想条件下推导出的理论值。若不考虑高频电流传感线圈的分布电容，则高频电流传感线圈的自感 $L \approx NM$。

高频电流传感线圈的灵敏度为感应电压与被测电流有效值之比，即

$$Z = \frac{e}{I} = \omega M = 2\pi f M \qquad (3-78)$$

上述推导均基于高频电流传感线圈处于理想条件下。为满足理想条件，理论上制作线圈过程中须满足以下条件：① 线圈等效半径 R 相对线圈截面面积 S 足够大；② 线圈匝密度 n 及截面积 S 为常数；③ 通常绕制一圈与线匝循环方向相反的回线，消除与线圈平面平行的电流对测量结果的影响；④ 二次绕组足够多且在非铁磁材料骨架上对称均匀分布。

根据高频电流传感线圈的传感原理，可将高频电流传感线圈分为三种类型：① 高频电流传感线圈的感应电动势与被测电流成微分关系，当终端电阻 R_m 取值合适时，高频电流传感线圈传感器输出电压与被测电流变化率成正比；② 在一定条件下，高频电流传感

线圈自感与终端电阻可组成积分环节,此时将传感器称为自积分式高频电流传感线圈传感器,其输出电压与被测电流成正比;③ 另一种情形下,需外接积分器对高频电流传感线圈的微分输出进行积分,得到与被测电流成正比的输出信号,此时称为外积分式高频电流传感线圈传感器。

3.8.3　变压器高频脉冲电流传感器结构设计

1. 骨架材料的选择

要使输出电压正比于被测电流,线圈就必须满足自积分条件即 ωL 远大于 $R_S + R$。ω 比较小,要满足自积分条件,L 必须足够大;对于高频信号,ω 比较大,容易满足自积分条件,所以通常空心骨架就可以满足要求。因此,若采用空心线圈,由于其相对磁导率为1,要使测量低频信号时满足自积分条件,就必须增大绕线的匝数,但线圈的灵敏度就会大大降低,而局部放电本身的信号就比较小,需加放大器对信号放大。一方面高频带放大器制作较为困难,另一方面,放大器接入电路中引起的各种噪声对局部放电信号影响较大,所以采用空心的线圈灵敏度达不到新能源场站在线监测要求。在匝数不变,保证有较大灵敏度的情况下,采用磁性材料的骨架测量低频信号时,由于 ω 比较大,容易满足自积分的条件,从而使电流传感器的下限频率降低,所以采用磁性材料作为骨架。

根据所测局部放电信号的要求以及接地线的尺寸,骨架选择了型号为 NXO-100 的镍锌铁氧体材料,初始磁导率为100,工作频率为15MHz。以往研究中提到,磁芯的工作频带在一定程度上决定了传感器的频带,所以要制作高频带的电流传感器,必须选用高频带的磁芯。但是,磁芯的工作频带对电流传感器的幅频特性影响不大,只要满足自积分条件即可,并不需要宽带的磁芯。因此,选用了工作频率为 15MHz 的镍锌铁氧体和初始磁导率 $\mu=6000$、工作频率为 1.5MHz 的锰锌铁氧体制作传感器骨架并进行性能对比。

2. 绕线材料和直径的选择

制作线圈所用的绕线是一种具有绝缘层的导电金属,其作用是通过电流产生磁场,实现电能和磁能的相互转换。由于铜具有高的导热性和导电性,足够的机械强度、良好的耐腐蚀性、无低温脆性、便于焊接,所以试验中常采用铜漆包线。

绕线的直径直接影响线圈的内阻,在测量高频信号时线圈的集肤电阻比直流电阻大得多,而集肤电阻为

$$Z_{\text{skin}} \approx \frac{l_{\text{w}}}{2\sqrt{2\pi r_{\text{w}}}}\sqrt{\frac{\omega\mu}{\gamma}} \tag{3-79}$$

式中:γ 为导线电阻率。

r_{w} 越大,即导线半径越大,集肤电阻越小,因此,应选择绕线半径较大,电阻率低的导线来绕制线圈。但是较大的绕线会增加线圈匝间电容的影响,所以绕线半径也不能过大,采用的漆包线直径为 0.45mm。

3.8.4　变压器高频脉冲电流传感器性能提升方法

电流传感器是通过电磁耦合感应信号的,所以为了减少外界干扰磁场的影响,必须采

取屏蔽措施，采用铜质圆形屏蔽壳，厚度为 5mm。

屏蔽壳如图 3-62 所示，其外径为 84mm，内径为 21mm，高度为 30mm，满足接地线具体尺寸需求。在屏蔽壳的内侧开 1mm 的缝以切断环流，防止主磁通在屏蔽壳内产生环流（阻止环流产生的主磁通进入测量线圈）。

图 3-62 屏蔽壳实物图

3.8.5 变压器高频脉冲电流传感器性能标定

试验中输入信号由信号发生器产生，可以输出频率为 80MHz 以下的正弦波信号，输出信号通过示波器采集。

由于高频电缆线对高频信号的衰减比较小，而且其屏蔽层具有对高频电场和高频磁场的屏蔽作用，既可以减少外来信号的干扰，又可减小电缆中高频电流对外界的干扰，所以采用波阻抗为 50Ω 的双屏蔽高频电缆线。

尽量减小输入电缆的长度，从而减小输入电缆导致的原边电流的变化。试验接线如图 3-63 所示，将屏蔽壳的两侧安装 BNC 头，并用电缆芯线将其连接，其中一侧的 BNC 头接信号发生器，另一侧接 50Ω 负载电阻，这样电缆芯线，线圈的屏蔽壳和负载电阻构成电流回路，即产生原边电流。这种情况下原边的输入电缆做到了尽量小，排除了输入电流带来的影响。输出采用高频电缆线，终端接 50Ω 电缆专用电阻以和电缆的波阻抗相匹配。

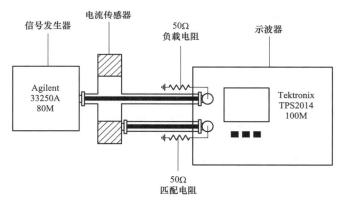

图 3-63 Rogowski 线圈响应特性测量示意图

调节信号发生器的输出信号的频率，通过测 50Ω 负载电阻上电压可以得到原边的输入电流，通过测量积分电阻上的电压可以得到输出电压。根据获取的数据绘制成曲线，从而得到电流传感器的幅频特性曲线。

当输出电缆终端不匹配时，线圈转移阻抗幅频特性曲线在高频处会出现振荡。而在输出电缆终端匹配时，输出电缆长度并不会对线圈转移阻抗的幅频特性造成影响，但线圈匝数、线圈对地距离、积分电阻的电感值和基本骨架材料均会影响传感器测量效果。当线圈的匝数或线圈对地距离增大时，线圈幅频响应出现零值的频率会降低，但并不会影响线圈的高频特性。此外，积分电阻的参与电感会使线圈转移阻抗幅频特性曲线在高频段随频率的增大而升高。通过对比不同参数的测量效果，最终选定线圈匝数为 40 匝、线圈对地距离为 7mm，并采用 50Ω 电缆专用匹配电阻，以降低普通金属膜电阻的残余电感对回路的影响，骨架材料选择方面，镍锌和锰锌的高频特性都较好，比较一致，进一步说明了磁芯的磁导率和工作频率并不影响线圈的高频特性。但是在相同匝数下，锰锌的低频特性比镍锌好得多，原因是锰锌材料的磁导率很大使得低频时线圈的电感很大，线圈在低频时更容易满足自积分条件。图 3-64 为相同参数下，两种骨架材料下的转移阻抗幅频特性对比结果。

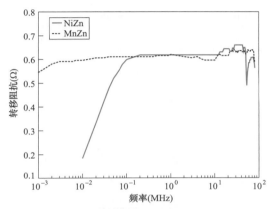

图 3-64　不同磁导率线圈转移阻抗幅频特性测量结果

3.9　变压器内部多物理场下各种传感器的性能考核

3.9.1　变压器内部多物理场模拟试验平台设计

为了对所研制的传感器进行基本的标定，以及后续对传感器灵敏度进行校核和性能试验，针对不同类型传感器的特点分别搭建了压力传感器校核平台、电弧声传感器校核平台、漏磁传感器校核平台以及流速传感器校核平台，如图 3-65～图 3-68 所示。每个校核平台都包含标准传感器或标准源（压力、流速），可以对所研制的传感器进行准确的标定对比。

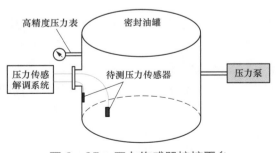

图 3-65　压力传感器校核平台

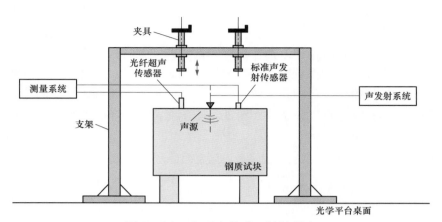

图 3-66　电弧声传感器校核平台

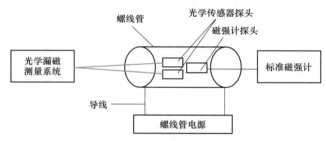

图 3-67　漏磁传感器校核平台

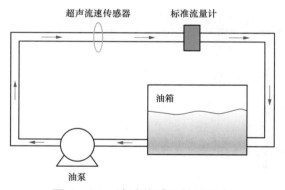

图 3-68　流速传感器校核平台

　　所研制的传感器均需实际用于油浸式电力变压器环境中，因此为了真实模拟传感器所处环境，考虑变压器内部电、磁、热、力、流的多场耦合环境，利用 S11-M-100/10 三相油浸式电力变压器、油循环温度控制机以及压力泵，搭建变压器油环境中传感器运行多物理场环境模拟试验平台如图 3-69 所示。整个平台温控范围为 0～180℃，油道内流速最高可达 28m/s，油箱内压力最高达到 0.1MPa。该平台一方面可以对传感器实际布置的电力变压器内部运行环境进行有效模拟，另一方面可以对传感器进行多场联合作用测试，研究多物理场对传感器灵敏度、准确度、稳定性和测量范围等性能的影响。

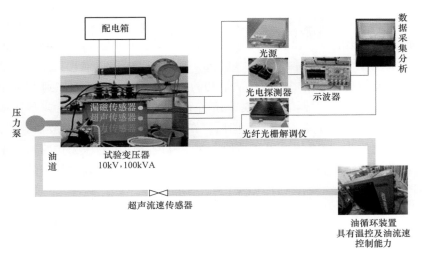

图 3-69　多物理场环境模拟试验平台

3.9.2　变压器内部多物理场下传感器抗干扰性能考核

3.9.2.1　压力传感器抗干扰性能测试

对所研究的压力传感器在不同温度下的测量稳定性进行测试,将封装后的压力传感器与未封装的光纤光栅一同置于烘箱内,并将光纤末端与光纤光栅解调仪连接,调节烘箱温度为 25、40、60、80、100、120℃,记录光纤光栅中心波长变化量,结果如图 3-70 所示,可以看出,封装后的光纤光栅中心波长由温度变化引起的改变量降低至封装前的 10%,大大减小了传感器受温度干扰的影响。

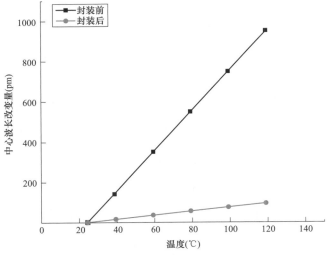

图 3-70　封装前后光纤光栅中心波长受温度影响情况

对于温度对压力传感器的干扰，利用试验平台对自制的压力传感器开展温度影响试验，试验验证温度补偿手段可以有效抑制温度干扰。图 3-71 显示了在 45~120℃温度下，仅使用测量光栅测量无温度补偿的压力（0kPa）时的结果。可以看出，当传感器不受外力影响时，随着温度的变化，其中心波长从最初的 1550.231nm 逐渐增加到 1550.970nm，波长漂移约 73.9pm。根据传感器的灵敏度，相当于承受 49.27kPa 的外力，导致测量误差较大。如图 3-72 所示，添加温度补偿光栅后，在 45~120℃范围内，波长漂移在 0~6pm 之间波动，平均值约为 4.06pm。也就是说，对于温度补偿后的压力传感器，温度变化引起的波长漂移差异相当于传感器上约 0.4kPa 的压力，这与没有温度补偿的情况相比，显著减小了测量误差。

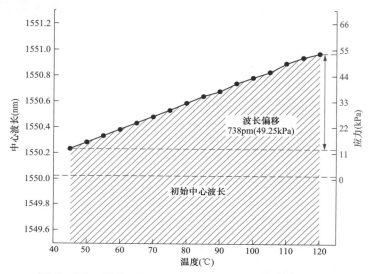

图 3-71　0kPa 下 45~120℃温度补偿效果示意图

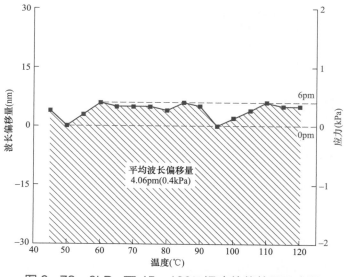

图 3-72　0kPa 下 45~120℃温度补偿效果示意图

为了进一步验证提出的温度补偿方法的有效性，对传感器施加 10kPa 的外力，分别观察有温度补偿和无温度补偿的压力测量结果，结果如图 3-73 所示。

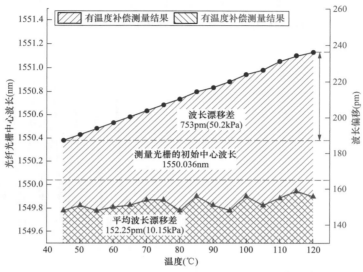

图 3-73　10kPa 下有、无温度补偿的压力测量结果对比

从图 3-73 中可以看出，不使用温度补偿时（如蓝色区域所示），当温度在 10kPa 的外力作用下从 45℃ 变化到 120℃ 时，测量光栅中心波长偏移约 753pm，转换为约 50.20kPa 的压力变化。这说明若不采用温度补偿措施，会出现接近 400% 的测量误差。图中的红色区域是应用温度补偿后的测量结果。在 45～120℃ 范围内，测量结果为 9.87～10.3kPa，测量误差约为 3%。同时，将其在 0kPa 和 10kPa 压力下的测量结果进行比较，可以认为采用该温度补偿方法，传感器在 45～120℃ 范围内只会产生约 0.3kPa 的误差。与变压器故障时产生的几十甚至几百 kPa 的压力相比，误差可以忽略不计。因此，传感器采用的温度补偿方法能够有效地抑制温度干扰。

3.9.2.2　漏磁传感器抗干扰性能测试

由于漏磁传感器在实际应用时，振动干扰和温度干扰同时存在，因此在前文的基础上进一步验证振动、温度复合干扰下所研传感器的性能。不同温度、振动下，采用补偿前后的磁场测量误差如图 3-74 所示，振动和温度共同作用下，传感器输出电压存在明显波动，如图 3-75 所示，若不采用相应补偿措施，磁场测量误差最大可达 80.56%；采用补偿方法后的磁场测量误差最大为 2.63%。补偿方法可以有效降低复合干扰对测量准确性的影响。

3.9.2.3　声传感器抗干扰性能测试

利用电弧声传感器校验平台对所研制的光纤声传感器的性能进行测试，控制加热平台的温度逐渐升至 120℃ 观察系统输出波形，对比不同温度时传感系统输出特性，从而验证传感器对温度的抗干扰能力。将光纤光栅传感器分别在 30、50、70、80、100、120℃

共六个温度点下进行试验，对输出波形进行频谱分析，观察分析频谱图幅值高低以及频率大小，选择其中三个温度点进行分析。从图 3－76 频谱分析可以看出，在 50、80℃和 120℃时，系统输出波形频率没有变化，分别为 16kHz 和 32kHz，幅值会随温度变化有微小的波动，因此所研 FBG 传感器在 120℃温度范围内可正常工作。

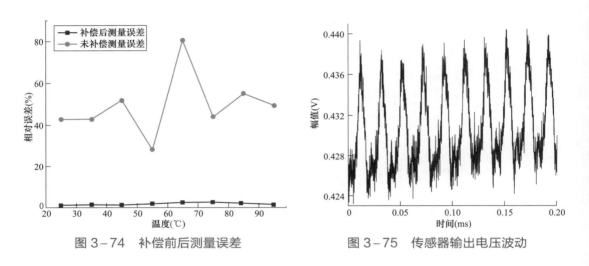

图 3－74　补偿前后测量误差　　　　　　　图 3－75　传感器输出电压波动

3.9.3　变压器内部多物理场下传感器长期稳定性考核

考虑到变压器内部电、磁、热、力、流的多物理场耦合环境复杂，实际工况下油温较高，而变压器作为大型设备更换内部传感器困难较大，因此研制的压力、漏磁、声、流速传感器及游离气体传感器在投入使用前进行长期稳定性考核是十分必要的。对六类传感器开展了加速老化测试，根据 DL/T 1498.1—2016《变电设备在线监测装置技术规范　第 1 部分：通则》，适用于变压器在线监测传感器的平均无故障工作时间不应低于 25000h。变压器的运行温度一般为 80℃，根据蒙辛格热老化规则，相当于在 130℃环境内连续运行约 60h。将各传感器置于 130℃高温环境中进行加速老化试验，对比老化前后传感器的关键指标，对传感器的长期稳定性进行评估。

3.9.3.1　压力传感器稳定性测试

采用压力传感器校核平台对传感器进行稳定性测试，首先测试所研压力传感器在长时间测量过程中数据的波动情况。利用压力泵向油罐内施加压力，调节压力泵至高精度，压力表显示为 3.0MPa，记录 1h 内所研压力传感器的数据波动情况，结果如图 3－76 所示，结果表明这一过程中数据最大波动幅度为 0.42%。

为了评价橡胶长期相对耐热性，将橡胶在规定条件下老化一定时间后，测试橡胶的性能，并与橡胶的原始性能比较。参考油纸绝缘加速老化试验，蒙辛格热老化规则，根据基准工作温度下的寿命得到实际工作温度下的寿命。

依据该原理在 130℃下进行了短期老化的试验。首先将传感器浸泡在变压器油中，置于 130℃烘箱内进行短期老化试验，分别在 0、24、48、60h 后测量其灵敏度，拟合得到传感器的使用寿命。图 3-77 为不同老化时间下传感器灵敏度标定曲线。

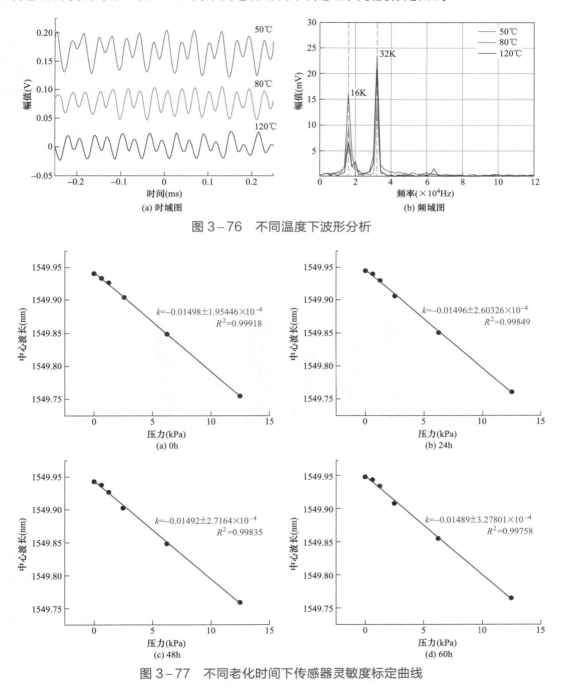

图 3-76　不同温度下波形分析

图 3-77　不同老化时间下传感器灵敏度标定曲线

对老化后传感器灵敏度进行拟合，以式（3-80）的指数函数形式进行拟合，拟合优度为 0.9864。

$$k = -0.0172\mathrm{e}^{-\frac{1}{32.7686}t} + 14.9972 \qquad (3-80)$$

图 3-78 所示为短期老化试验灵敏度拟合图，可以看出随着老化时间的增加，传感器灵敏度标定曲线的拟合优度呈下降趋势。这是由于长期热老化作用下，氟硅橡胶材质变硬变脆，弹性模量增大，因此传感器灵敏度下降，分辨率变差，当难以分辨出由故障引起的压力变化下限时，即认为传感器失效。综合压力传感器长期稳定性试验及变压器典型故障试验，正常情况下，变压器内部几乎无压力波动，当发生内部放电时，箱壁处至少能测得不低于 3kPa 的压力，由该值引起的波长漂移低于解调仪的分辨率时，传感器便无法正常工作。工程上采用的解调仪分辨率一般为 5pm，故当传感器的灵敏度低于 1.67pm/kPa 时，传感器则不适合继续工作。根据式（3-80），在 130℃ 环境下连续工作 223h，相当于在 80℃ 变压器内连续工作 10 年左右，此时需对传感器进行更换或维修。

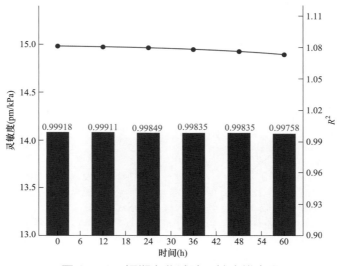

图 3-78　短期老化试验灵敏度拟合图

3.9.3.2　漏磁传感器稳定性测试

变压器油环境中开展了传感器磁场测量试验，此次试验平台在分辨率测试平台的基础上，将螺线管以及传感器置于变压器油中，如图 3-79（a）所示。在 130℃ 的空气中和油中加速老化 60h 后，设置 23.70mT 的磁场，对传感器进行磁场测量结果如图 3-79（b）所示，测量结果平均值分别为 23.68mT 和 23.77mT，与初始磁场设定值基本一致，此时光传输效率为 1.5%，满足 DL/T 1498.1—2016《变电设备在线监测装置技术规范　第 1 部分：通则》对传感器平均无故障工作时间提出的要求，可在变压器内进行长期可靠地测量。

在变压器实际运行工况下，高温可能导致传感器接头处破损，油流冲击造成光纤出现弯折，传输效率下降，导致光探输出的 0Hz 分量减小，该值会影响磁场分辨率。根据实测，当传输效率降低至现有水平的 50% 时，磁场变化 1mT，导致的光强变化低于现有光电探测器的光强分辨率，不满足主动保护对变压器磁场传感器分辨率的要求，此时认为传感器已经老化，需要进行传感器的更换。

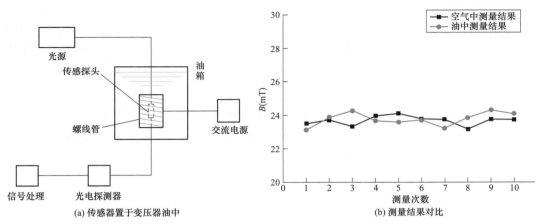

(a) 传感器置于变压器油中　　　　　　　(b) 测量结果对比

图 3-79　变压器油环境中磁场测量

3.9.3.3　声传感器稳定性测试

　　将老化前后的光纤光栅声传感器置于变压器油中进行试验，图 3-80 为该传感器老化前后所监测到的放电声信号频域图，对传感器进行高温油中老化试验，将传感器置于变压器油中，在 130℃下老化 60h 后，其结果表明在老化前后该传感器监测到的放电声信号频域图无明显差别，能够可靠感知到可闻声以及超声低频信号，满足 DL/T 1498.1—2016《变电设备在线监测装置技术规范　第 1 部分：通则》对传感器平均无故障工作时间提出的要求，可在变压器内进行长期可靠的测量。

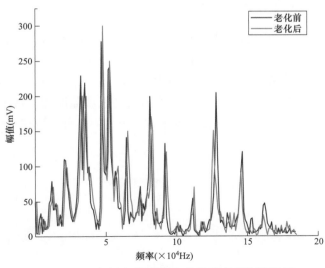

图 3-80　光纤声传感器老化前后的频域图对比

3.9.3.4 超声流速传感器稳定性测试

开展超声流速传感器的老化试验，在130℃下老化60h，冷却24h后，采用阻抗分析仪对幅频特性进行测量，超声波探头的幅频特性曲线是表征超声波流速传感器性能好坏的重要参数，测量结果如图3-81（a）所示。老化前后，幅频特性基本一致，为了防止接收幅值大幅度降低，接收电路设置了自动增益补偿电路，并留有充足的放大裕度。同时通过油流循环系统，测试了老化后流速传感器60h测量数据的波动情况，如图3-81（b）所示，数据重复性精度达到0.4%，满足DL/T 1498.1—2016《变电设备在线监测装置技术规范　第1部分：通则》对传感器平均无故障工作时间提出的要求，可在变压器内进行长期可靠地测量。

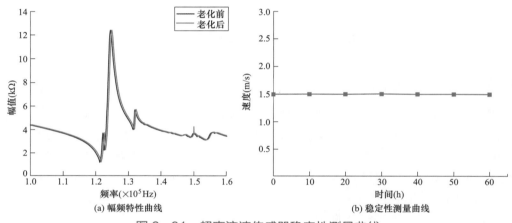

(a) 幅频特性曲线　　　　　　(b) 稳定性测量曲线

图3-81　超声流速传感器稳定性测量曲线

3.9.3.5 多普勒流速传感器稳定性测试

图3-82展示了多普勒流速传感器探头在130℃加速老化60h后，放置在变压器油箱内部所监测到的流速信号频域图，理论计算与流速计结果基本一致，测量误差约为1%，其结果表明长时间运行在变压器内部的流速传感器监测到的流速信号频域图仍能够可靠感知到流速信号，满足DL/T 1498.1—2016《变电设备在线监测装置技术规范　第1部分：通则》对传感器平均无故障工作时间提出的要求，研制的多普勒流速传感器可在变压器内进行长期可靠的测量。

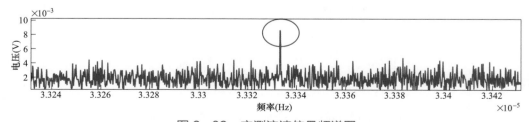

图3-82　实测流速信号频谱图

3.9.3.6　单氢传感器稳定性测试

在数十次吸氢释氢试验，以及 130℃加速老化 60h 后，对单氢传感器进行 10 次初始波长测量，通过扫描电子显微镜观察，金属薄膜表面无破损痕迹，波长在常温油中保持稳定无明显波动，如图 3－83 所示。说明所研制的氢气传感器稳定性较好，工作寿命较长，可以满足在变压器复杂环境下长时间在线监测的需求。

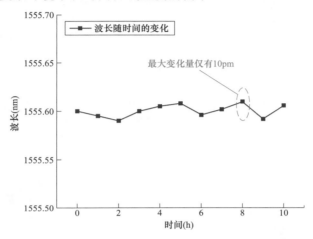

图 3－83　单氢传感器稳定性测试结果图

3.10　面向变压器主动保护与安全运行的多参量传感器布置

3.10.1　空间分布对传感器测量效率的影响

对于变压器内部复杂的多物理场实际环境，不同位置的物理参量有所差异，传感器获取的有效信息也有所差异。因此需要针对实际环境对实际运行工况进行仿真，研究空间分布对传感器测量效率和准确性的影响，并针对这些影响提出相应的布置策略。

通过有限元仿真的方式，研究了压力传感器的安装位置对测量效率和覆盖范围的影响。规律变压器仿真模型的箱体尺寸为 7.8m×4m×4m，在变压器箱的侧壁、电弧正对的箱壁表面、油箱顶部及箱壁内部分别设置四个压力监测点。仿真观察变压器内部发生电弧故障后压力波的传播情况，如图 3－84 所示。压力波会在数毫秒内依次到达油箱壁 4 个不同位置，布置在箱壁的压力传感器会根据距离电弧发生点位置的远近先后感受到压力变化，即使是距离电弧故障最远的位置，也能在不超过 5ms 的时间内感受到压力。从峰值来看，各个位置的峰值相差不大，压力波的叠加会使峰值有一小幅上升（位置点④所示），且形成峰值的时间也在数 ms 内，与该位置最初感受到压力的时刻有关。

对于漏磁传感器，为同时实现绕组变形和匝间短路两种绕组故障的有效监测，兼顾各处的故障情况，需要对绕组端部绝缘内部、低压绕组外侧的中部等各个位置的磁通变化进行研究。因此，通过绕组各个位置安置传感器，对其磁通变化进行测试，传感器的位置如图 3-85 所示。

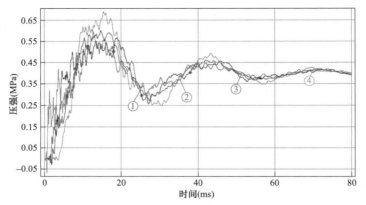

图 3-84　电弧期间 4 个位置处的压力波形

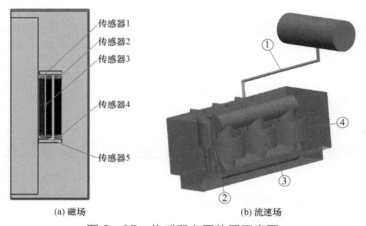

(a) 磁场　　　　　　　　　　(b) 流速场

图 3-85　传感器布置位置示意图

仿真变压器匝间短路时，不同传感器处漏磁通变化如表 3-4 所示。因此，根据 5 个传感器的漏磁变化，不仅可以判断在何处安装传感器实现匝间短路的有效监测，还能对匝间短路进行定位。

表 3-4　　　　　　　　　匝间短路时传感器处漏磁通变化　　　　　　　　单位：mT

匝间短路	传感器 1	传感器 2	传感器 3	传感器 4	传感器 5
低压上部	465.6	126.83	60.82	31.62	60.6
低压中部	101.88	52.66	699.24	53.49	104.91
中压上部	102.31	149.03	48.26	29.38	56.31
中压中部	111.74	60.31	38.31	61.31	114.78
高压上部	−11.78	165.83	22.9	−28.54	−77.87
高压中部	−101.23	−28.3	81.72	−26.36	−110.95

对于光纤光栅声传感器，为使检测到的声信号尽量不经过绕组、铁芯等介质发生折反射以及衰减，对变压器内部声场进行仿真，根据图 3-86（a）的仿真结果选择声场比较强的地方进行传感器安装，使声信号不发生混叠失真。根据仿真中不同位置的声场变化可以得知不同位置安装传感器可以获得的检测效果和精度是不同的。匝间短路时传感器处声压变化如表 3-5 所示。

对于多普勒流速传感器，为使检测到的流速信号信噪比更高，对变压器油箱内故障时的流速场进行仿真，选择速度值变化较强的地方进行安装，根据图 3-86（b）的仿真结果可以看出，在油箱内不同位置的油的流速差距较大，实际测量时，需要多个传感器配合才能测量出整个变压器油箱内部流速场的分布，通过仿真分析，尽可能将传感器安装在变压器油箱内部的多个区域，每个绕组处安装一个传感器。局部放电时传感器处流速变化如表 3-6 所示。

对于超声流速传感器，根据流速场仿真结果，将超声传感器安装在下游 10D 后的位置可以获得较好的检测效果。

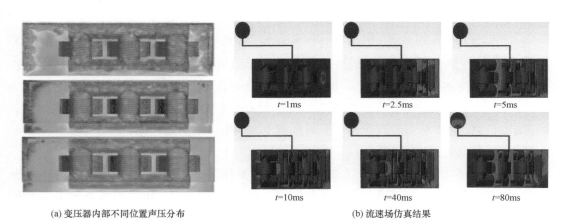

(a) 变压器内部不同位置声压分布　　　　　(b) 流速场仿真结果

图 3-86　变压器内部不同位置声压分布及流速场仿真结果

表 3-5　　　　　　　　　匝间短路时传感器处声压变化　　　　　　　　单位：Pa

匝间短路	正面中心	背面中心	左侧面中心	右侧面中心	顶面中心
高压中部	180	250	320000	800	11
低压上部	135	30	21000	30000	330

表 3-6　　　　　　　　　局部放电时传感器处流速变化　　　　　　　　单位：m/s

匝间短路	传感器 1	传感器 2	传感器 3	传感器 4
绕组与油箱间（右）	2.00	1.46	0.135	0.028
绕组间	1.85	0.046	1.937	0.108
绕组与油箱间（左）	1.85	0.04	0.172	1.65

3.10.2　多因素约束条件下多参量传感器优化布置方法

对于压力传感器，为了能准确获得压力信息，可优先布置在容易发生电弧故障位置正对的箱壁处，即使其他位置发生故障，布置在这些位置的传感器也能在数毫秒时间内感受到压力变化。

对于漏磁传感器，根据仿真结果，将传感器布置在每个绕组的上、中、下位置处，能较好地监测绕组漏磁通变化。

对于光纤光栅声传感器，实际测量时需要多个传感器配合，并合理调整传感器的位置，尽可能使传感器收到直达波而不接收反射波。通过仿真分析，给出传感器优化布置的方案：尽量将传感器安装在变压器的多个区域，减小同一个方向不稳定因素的影响；尽量将传感器安装在绕组两侧或绕组之间的位置，能够直接接收到绕组间故障发出的信号；尽量避免将传感器安装在靠近变压器边缘或者底部的位置，避免接收到的波形由于衰减发生畸变或者接收到幅值较大的混叠波。因此，传感器的位置最宜布置在各相绕组之间、绕组侧面以及顶部箱壁处。

对于多普勒流速传感器，每个绕组处各安装一个传感器，油枕连接管处安装一个传感器，实现多方位的流速检测，可以较明确得到油箱内的流速场分布，同时各个位置处发生故障都能及时检测到流速的变化。

对于超声流速传感器，原理需要采用收发探头，所以需要将其安装在油枕连接管处，进行流速检测。温度传感器则优先用于测量变压器绕组顶部油温，因此主要安装于各相绕组顶部正对箱壁处。

根据变压器实际的手孔位置和传感器的安装条件，特高频传感器安装在变压器的各处手孔位置，脉冲电流传感器安装在各相套管、套管末屏、铁芯接地和油箱接地处，实现对各处脉冲电流的检测。单氢传感器则通过套管升高座处的手孔深入内部进行测量。

多参量传感器布置方案如表 3-7 所示，布置示意图如图 3-87 所示。

表 3-7　　　　　　　　　　　传感器优化布置方案

传感器	安装位置
压力传感器	两相绕组间正对箱壁处
漏磁传感器	各相绕组的上、中、下处
声传感器	各相绕组之间及油箱顶部
多普勒光学流速传感器	三相绕组上方及连接管处
超声流速传感器	连接管下游 10D 处
温度传感器	各相绕组顶部
单氢传感器	套管升高座内部
特高频传感器	变压器各处手孔处
脉冲电流传感器	各相套管、套管末屏及各处接地点

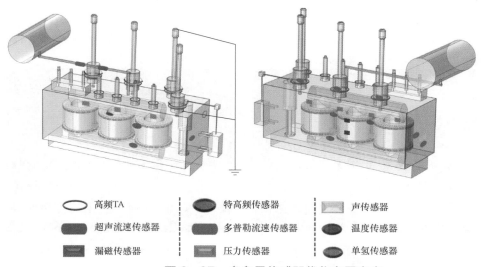

○ 高频TA	⬭ 特高频传感器	▱ 声传感器
超声流速传感器	多普勒流速传感器	温度传感器
漏磁传感器	压力传感器	单氢传感器

图 3-87　多参量传感器优化布置方案

3.10.3　多参量传感器用于真型变压器的实测验证

基于变压器内部故障和缺陷的模拟试验需求，以及传感器安装布置，研制了某大型三绕组电力变压器，并在变压器上开展多参量传感器安装布点工作，图 3-88 为实际变压器上各个传感器的安装位置实物图。为验证多参量传感器在不同工况下的性能指标，开展了包括高压尖刺放电、纸板沿面放电、地电位金属放电、绕组局部过热等 12 类变压器典型缺陷故障模拟试验，变压器缺陷故障模拟试验中部分多参量信号实测结果如图 3-89 所示。

(a) 特高频传感器　　　　　　　　　　(b) 高频脉冲电流

(c) 流速传感器　　　　　　　　　　　(d) 声传感器

图 3-88　真型变压器上多参量传感器布置实物图（一）

(e) 氢气传感器   (f) 温度传感器

图3-88　真型变压器上多参量传感器布置实物图（二）

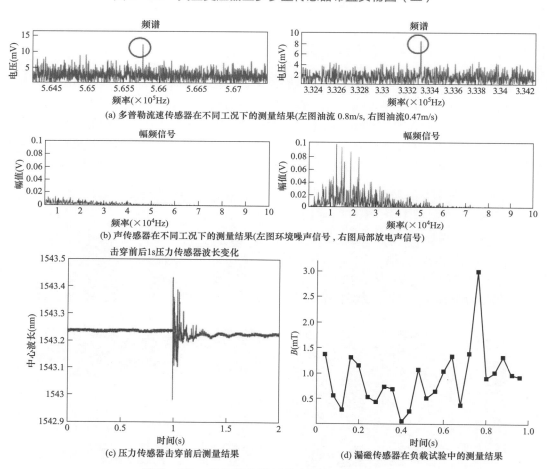

(a) 多普勒流速传感器在不同工况下的测量结果(左图油流 0.8m/s, 右图油流0.47m/s)

(b) 声传感器在不同工况下的测量结果(左图环境噪声信号, 右图局部放电声信号)

(c) 压力传感器击穿前后测量结果   (d) 漏磁传感器在负载试验中的测量结果

图3-89　多参量信号部分实测结果图（一）

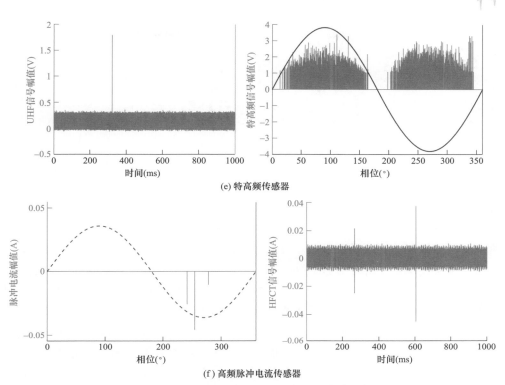

(e) 特高频传感器

(f) 高频脉冲电流传感器

图 3-89　多参量信号部分实测结果图（二）

本 章 小 结

本章分别介绍了基于光纤光栅法的压力光学感知技术、基于法拉第效应的磁场光学感知技术、基于光纤的声纹光学感知技术、基于超声法的流速感知技术、基于多普勒法的光学流速感知技术、基于长周期光纤光栅的氢气感知技术、基于光纤光栅解调的温度感知技术，以及目前已经广泛应用的特高频及高频带脉冲电流感知技术。根据变压器实际工况对各传感器的性能要求，从原理和结构两方面设计了各类传感技术，同时，为了提高传感器抗干扰能力，对各类传感器开展了相应的补偿方法研究，以进一步提升传感器性能。

针对实际变压器内部多物理场环境，本章以搭建的变压器模拟试验平台为背景，测量了各类传感器的抗干扰性能及长期稳定性，结果显示所采用的补偿方式均可使传感器具备有效的抗干扰能力，并能在多物理场环境下长时间工作。

最后，本章分析了传感器空间分布对测量效率及准确性的影响，并提出了多因素约束下的多参量传感器优化布置方案，并在真型变压器上开展了布置及测量验证。

第4章
变压器典型缺陷在线辨识方法

运行经验表明，变压器内部的放电、局部过热和绕组变形是易发生且危害较严重的三类典型变压器缺陷。变压器在过载、谐波等异常工况下，以及外部短路电流冲击，会造成变压器安全裕度降低并伴生性能损失，而热点温度、电弧放电和绕组变形分别是变压器输送容量安全、绝缘安全和结构安全的关键指标。在线识别变压器的电弧放电、温升过热和绕组变形三类典型缺陷，掌握变压器的现有安全裕度和耐受能力，是实现变压器安全运行的基础。为此，本章提出了变压器油纸绝缘放电辨识方法，构建了基于多点测温的变压器热缺陷辨识方法，建立了基于内部参量检测的变压器绕组变形缺陷辨识方法，并在变压器典型缺陷辨识方法的基础上，通过获取变压器运行环境条件、运行参数、热缺陷状态参量、放电缺陷状态参量和绕组变形缺陷状态参量，构建了多参量融合的变压器缺陷溯源决策树模型。通过完善现有的变压器在线监测技术和缺陷辨识方法，可靠识别变压器的典型缺陷，形成变压器安全运行的第一级防线，为后续开展变压器状态分级和动态安全裕度估计提供模型基础。

4.1 变压器油纸绝缘放电辨识方法

4.1.1 变压器油纸绝缘放电发展过程气体产生及变化特性

4.1.1.1 油纸绝缘放电产气特点

油纸绝缘系统由矿物油和油浸纸构成，油和纸由于成分的不同，各自有着迥异的产气特征。

1. 绝缘油的产气特点

变压器矿物油主要是各种碳氢化合物组成的混合物，是由天然石油经过一系列工业提炼过程获得，主要成分包括烷烃、烯烃、环烷烃、芳香烃等。矿物油中的大多数化学基团之间是通过 C—C 键键合在一起，当油纸绝缘系统发生电故障或者是热故障的时候，矿物油中的 C—H 键和 C—C 键将发生断裂，生成少量的活性很强的 H 原子及一些不太稳定的碳氢游离基，在一定的化学环境下发生反应生成 H_2 和烃类气体，或者碳化形成固体颗粒等。矿物油裂解产气特征与不同化学键构成的碳氢化合物在不同反应环境中的稳定性有着很大的关联性。通常情况下，低分子烃类气体的裂解能量密度越大，其不饱和度越大，当裂解能量密度改变时，将依次裂解生成不同的产物：烷烃、烯烃、炔烃和焦炭，不同化学键的断裂具有不同的断裂能量，见表 4-1。

表 4-1　　　　　　　　　　　　不同化学键断裂能量

化学键	C—H	C—C	C＝C	C≡C
断裂能量（kJ/mol）	338	607	720	960

通过表 4-1 可知，C—H 键断裂能量最低，当发生低能量放电时，就容易促使其断裂，然后重新化合形成 H_2。当油纸绝缘随着局部放电的发展，绝缘发生劣化使得在局部区域放电能量提高，当达到 C—C、C＝C、C≡C 键的断裂能量时，在一定的环境下将形成烃类气体。随着局部点高能量密度放电的进入，使得局部温度升高到一定范围时，矿物油还可能形成碳颗粒沉积于油中。

2. 油浸纸产气特点

油浸纸的主要成分是纤维素，它是由 β-D-吡喃葡萄糖基通过 1-4-β-糖苷键连接而成的线状高分子化合物，其化学分子式为 $(C_6H_{10}O_5)_n$，n 表示并联的长链个数，也称作聚合度。基本重复单元是纤维二糖，每个纤维二糖由两个吡喃环组成，分别用 $C_1 \sim C_6$ 表示每个吡喃环上的 C 原子位置，其结构式可用图 4-1 所示的 Haworth 式表示。一般情况下新纸聚合度为 1300，当固体绝缘的聚合度到达 150～200 时，其寿命也基本接近终止。

油纸绝缘中包含大量的弱断裂能结构，如无水右旋糖环和弱 C—O 键，这些结构的稳定性与油中的 C—H 键相比，即使在较低的环境温度下仍然可以发生化合反应。当电、热、O_2 和 H_2O 等因素作用时，会发生氧化、水解和裂解等化学反应，导致 C—O、C—H 和 C—C 键发生断裂，在油中形成 CO、CO_2，以及微量的低分子烃类和 H_2O、醛类等。

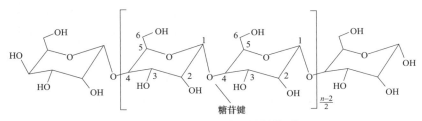

图 4-1　纤维素分子链结构式

根据以上分析可以发现，由于不同化学键的断裂能迥异，在矿物油中率先发生断裂的化学键为 C—H 键，主要产物为氢气；当介质劣化造成较高的裂解能量密度时，C—C 键会发生断裂形成烃类气体；而在纤维素分子中断裂能量密度更小的 C—O 键更容易发生断裂而产生 CO 和 CO_2，并且其含量随着氧含量和 H_2O 的变化而变化。在同等温度下，绝缘纸劣化产生的 CO 和 CO_2 含量是远高于油中劣化产生的，因此通过对油中 CO、CO_2 气体的变化特征来解释油纸绝缘的劣化情况，通过烃类气体来反映放电的能量水平或者热故障类型。

3. 放电对油纸绝缘的影响

气隙放电是典型的油纸绝缘放电类型之一，以气隙放电为例进行说明。在气隙放电过程中，放电形成的带电粒子不断地对油纸绝缘进行轰击，造成纤维素分子链断裂，局部放电带来的局部高温同样有可能使得纤维素分子发生热裂解，在油纸绝缘上产生游离基；当纤维素分子在电或热故障的作用下发生裂解反应时，放电产生的带电质点对气隙内分子的不断轰击也会造成气体分子发生化学反应，从而造成气体组分的改变。因此可以推测在不同的放电能量水平，或者说不同的能量密度水平时，气隙放电对油纸绝缘的影响将造成油纸绝缘内形成不同的化学基团，同时也会造成气隙内的气体组分和含量发生改变。

局部放电中产生的带电质点对油纸绝缘的不断轰击和放电过程中产生的局部温升，使得纤维素分子链解聚，形成游离基团和一些气体，如式（4-1）、式（4-2）所示。

$$XH \rightarrow \dot{X} + \dot{H} \tag{4-1}$$
$$XX' \rightarrow \dot{X}' + X' \tag{4-2}$$

式中：X 表示自由基，或者是少量的低分子烃类气体，如 CH_4、C_2H_2 或 C_2H_6 等。

同时在放电过程中电荷对气隙中气体分子的轰击，使得气隙中生成原子态的 O 或者氧游离基，同时产生 CO、CO_2 气体及氮的活性物质，如式（4-3）～式（4-5）所示。

$$O_2 \rightarrow W \tag{4-3}$$

式中：W 为 O、O_2^+ 或 O_2^-。

$$N_2 + O_2 \rightarrow NO \tag{4-4}$$
$$\dot{X} + O_2 \rightarrow CO, CO_2... \tag{4-5}$$

由于气隙中含有氧气和水蒸气，原子态氧与游离基，或者低分子烃类气体发生氧化反应，然后在油纸绝缘上形成硝基或氨基化合物，如式（4-6）～式（4-9）所示。

$$\dot{X} + W \rightarrow XOO \tag{4-6}$$
$$XOO \cdot + XH \rightarrow XOOH + X \cdot \tag{4-7}$$
$$XOOH \rightarrow C-OH, C-O-X, C=O, CHO, COOH... \tag{4-8}$$
$$X + NO \rightarrow X-NH_2, R-NO_2... \tag{4-9}$$

通过分析可以推测，在气隙放电的整个过程中，随着放电能量水平的变化，将在油纸绝缘上产生不同的基团化合物，并且不同基团的产生具有一定的顺序。

4.1.1.2 油纸绝缘油中气体变化特性

常用的缺陷模型包括物理模型和工业模型，其中工业模型是生产生活中实际的缺陷模型，将工业模型简化得到能够表征缺陷放电物理特征的物理模型。进行高压试验时，常采用物理模型进行特征和机理研究。根据 CIGRE Method Ⅱ 和 ASTM-D149-81 标准，搭建油纸绝缘气隙放电试验平台，如图 4-2 所示。此模型采用的试验材料为 25 号矿物油

和普通的牛皮绝缘纸。在制作气隙放电模型之前，需要对绝
缘纸进行磨平、干燥、浸油处理。首先通过工具将绝缘纸板
周围的毛刺去除并压平；然后将磨平好的纸板放入恒温干燥
箱中干燥三天，设置温度为 65℃，并保持微水含量在 0.4%
左右；最后将干燥好的纸板装入有变压器油的烧杯中，利用
120/500Pa 的真空浸油箱真空浸油五天。制作好试品之后，
将其取出置于有干燥剂的罐子中密闭存储。每次试验之前，
取出试品制作气隙模型，为了能有效地测量和采集到气隙中
气体体积和成分，在气隙入口处插入带刻度的玻璃指示管用
于获取气隙中气体变化特征，如图 4-3 所示。每次试验所
采用的 25 号变压器油都提前 7 天经过真空滤油干燥处理，
以滤除其中多余的水分、气体和杂质。

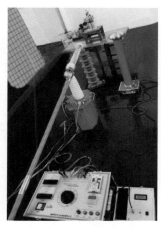

图 4-2　油纸绝缘气隙
放电试验平台

　　气隙放电人工缺陷模型如图 4-4 所示，为了测量气隙放
电发展过程中气隙中的产气特征，采用在气隙中插入一个玻璃指示管进行气隙体积的测量
和气体的获取。

　　此模型采用的高压电极为 $\phi60\text{mm}\times5\text{mm}$ 的铜板，地电极为一块 $\phi60\text{mm}\times10\text{mm}$ 的铜
板。气隙模型由三层绝缘纸板构成，其直径均为 80mm，上下两层厚度为 0.5mm，中间层
中心带圆孔的绝缘纸板厚度为 1mm，孔径为 $\phi40\text{mm}$。为了缩短整个放电过程的试验时间，
因此采用 0.5mm 厚度的纸板作为气隙模型的上下层结构，而不是 1mm 的纸板。根据试验
分析，采用 0.5mm 的纸板可以极大地缩短试验周期，并且不会对整个放电过程的发展造
成影响。气隙模型是通过极薄的绝缘胶黏合而成，以避免试验时气隙中产气对气隙结构造
成损害。

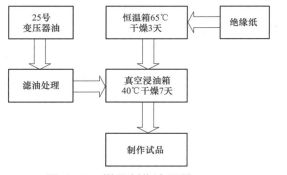

图 4-3　样品制作流程图

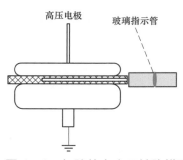

图 4-4　气隙放电人工缺陷模型

1. 油中气体含量变化特性

　　通过将气隙放电模型放入装满油的变压器模拟油箱中，然后选取 10kV 的试验电
压进行加压试验，放电之初选择 0.5、1、2h 取样间隔内，放电稳定后固定在 2h 的采
样间隔内，试验直至气隙击穿。通过对油样进行色谱分析得到不同气体的变化曲线如
图 4-5 所示。

大型电力变压器主动保护与安全运行

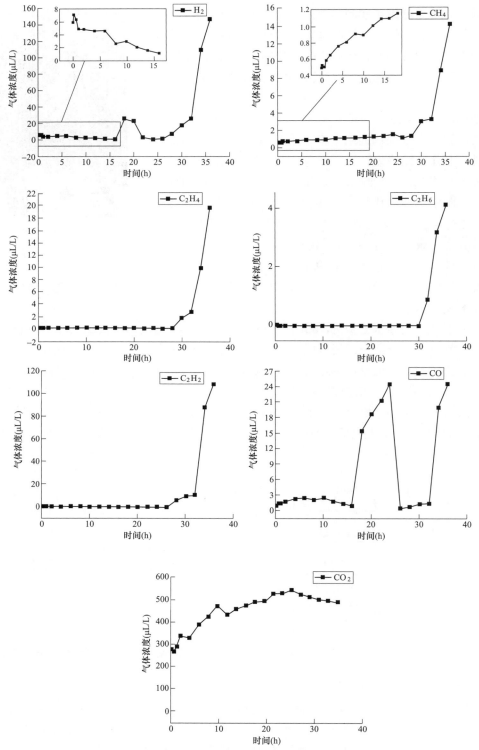

图 4-5 气隙放电气特征气体含量发展趋势图

通过对油中气体变化曲线分析可知,在放电初期特征气体增长较快,随着放电的稳定,气体含量缓慢增加, 当到达放电后期的时候, 气体含量出现明显的快速增长。在气隙放电过程中主要生成的气体是 H_2、CH_4 和 CO, 然后是 C_2H_6、C_2H_4 和 C_2H_2, 其中 CO_2 含量在整个阶段中一直较高,只是随着放电的发展, 呈现出先增后减的变化趋势。可能原因是其中的 CO 和 CO_2 主要由油纸绝缘产生, 在到达中期的时候, 放电能量水平有所提高, 放电加剧使得 CO 产生速度大于反应速度造成中期含量出现增大, 然后随着放电形式的改变, 能量密度变低, CO 参与的化学反应消耗速度大于生成速度, 使得再次出现降低, 而在后期放电能量水平较大, 整体生成速率较大从而出现不断增高; CO_2 属于电负性气体, 除了气隙中的 CO_2, 油中的部分 CO_2 同样在放电过程中进行了消耗, 因此整个过程中后期出现交替变化的趋势, 而在后期由于放电能量较大, 产生速率较大, 出现不断增加。由于不同化学键的断裂需要不同的能量, 因此根据放电发展过程中不同气体含量变化, 以及主要气体的生成情况, 可以推知在气隙放电过程中不同的时间段具有不同的放电能量水平。

2. 不同组分气体产气速率变化特性

放电的剧烈程度影响绝缘损伤的严重程度。由于不同气体的初始值不一样,不同的放电能量使得不同气体的产生速率也不一样,因此描述气体的发展变化趋势,还需要结合气体的产生速率。虽然在实际变压器放电故障中, 气体含量值会随着缺陷大小和故障设备承受电压的改变而改变, 但其发展趋势是大致相同的。因此通过以绝对产气速率(APR)来描述放电过程中的差异性特征, 绝对产气速率指的是单位时间内的产气平均值, 即

$$r_a = \frac{C_{i1} - C_{i2}}{\Delta t} \tag{4-10}$$

式中:r_a 表示绝对产气速率,$(\mu L/L)/h$;C_{i2} 表示下一组油样中气体组分 i 的浓度,$\mu L/L$;C_{i1} 为前一次油样中气体组分 i 的浓度, $\mu L/L$;Δt 为连续两次取样间隔时间, h。

分别对这 7 种气体进行绝对产气速率分析, 变化曲线如图 4-6 所示。

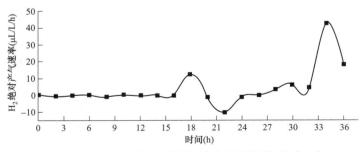

图 4-6　特征气体绝对产气速率发展趋势图(一)

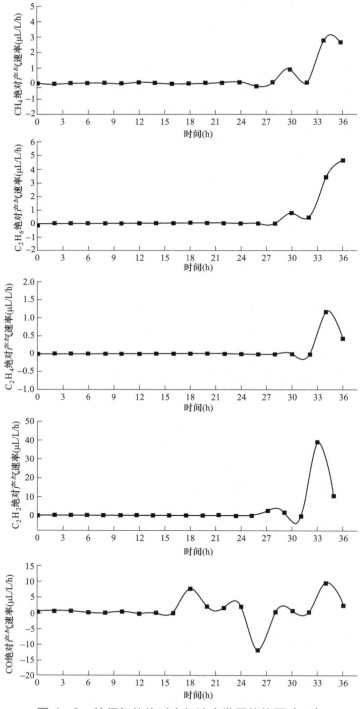

图 4-6　特征气体绝对产气速率发展趋势图（二）

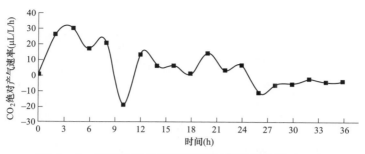

图 4-6　特征气体绝对产气速率发展趋势图（三）

在整个气隙放电过程中，H_2 的 APR 整体增长较为缓慢，并出现降低再增加的变化特征，而其他烃类的 APR 主要是在放电中后期才开始明显增加，而 CO、CO_2 主要是由绝缘纸放电产生，其中 CO_2 在放电前期绝对产气速率较高，随后开始降低，然后再增加，整个过程中 CO_2 的 APR 始终呈现增—降—增的交替变化趋势，直到放电末期才基本保持稳定，而 CO 在放电初期保持相对稳定的 APR，当到达中后期的时候才出现与 CO_2 前中期相似的变化趋势。通过 CO 和 CO_2 的变化特征分析，在气隙放电过程中，气隙放电能量在局部时间内其能量密度发生着交替性的变化或者是放电能量成分发生了变化，才导致了 CO 和 CO_2 的 APR 呈现交替性变化，而其他烃类气体主要是在中后期发生变化，说明在局部放电发展过程中放电能量水平的变化并不是由气隙内放电能量密度或能量成分的改变而造成。

3. 放电主要特征气体变化特性

由于不同变压器故障的工况条件不尽相同，如变压器型号、运行时间、温度、湿度，以及历史数据等都会影响油中溶解气体的具体含量值，因此相关国家标准和导则普遍推荐特征气体比值法作为变压器的故障诊断方法。IEEE Std C57.104—2019《IEEE Guide for the Interpretation of Gases Generated in Mineral Oil-Immersed Transformers》（矿物油浸式变压器中气体产生解释指南）推荐采用 Doernenburg 比值法（见表 4-2）和 Rogers 比值法（见表 4-3）。

表 4-2　　　　　　　　　Doernenburg 气体比值诊断法

故障诊断	比值 1 CH_4/H_2		比值 2 C_2H_2/C_2H_4		比值 3 C_2H_2/CH_4		比值 4 C_2H_6/C_2H_2	
	油中	气体空间	油中	气体空间	油中	气体空间	油中	气体空间
热分解	>1.0	>0.1	<0.75	<1.0	<0.3	<0.1	>0.4	>0.2
局部放电（低能量局部放电）	<0.1	<0.01	不明显		<0.3	<0.1	>0.4	>0.2
电弧（高能量密度局部放电）	0.1~1.0	0.01~0.1	>0.75	>1.0	>0.3	>0.1	<0.4	<0.2

表 4-3   气 体 比 值 诊 断 法

比值 2 C_2H_2/C_2H_4	比值 1 CH_4/H_2	比值 5 C_2H_4/C_2H_6	故障诊断
<0.1	0.1~1.0	<1.0	正常
<0.1	<0.1	<1.0	低能量密度电弧放电
0.1~0.3	0.1~1.0	>3.0	高能量电弧放电
<0.1	0.1~1.0	1.0~3.0	低温
<0.1	>1.0	1.0~3.0	热温<700℃
<0.1	>1.0	>3.0	热温>700℃

行业标准 DL/T 722—2016《变压器油中溶解气体分析和判断导则》推荐的改良三比值法等同于 Rogers 气体比值诊断法。分析以上方法对高能放电和低能量放电的诊断原理，选取特征气体比值 CH_4/H_2、C_2H_2/C_2H_4、C_2H_2/CH_4、C_2H_6/C_2H_2、C_2H_4/C_2H_6、CO/CO_2 作为研究对象，结果如图 4-7 所示。

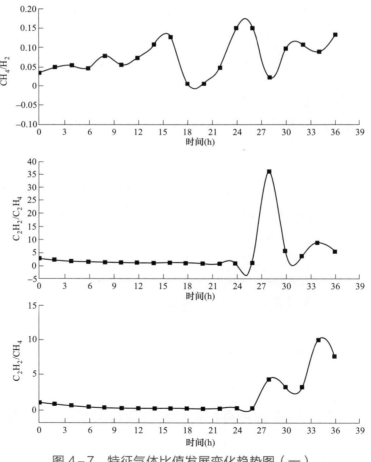

图 4-7 特征气体比值发展变化趋势图（一）

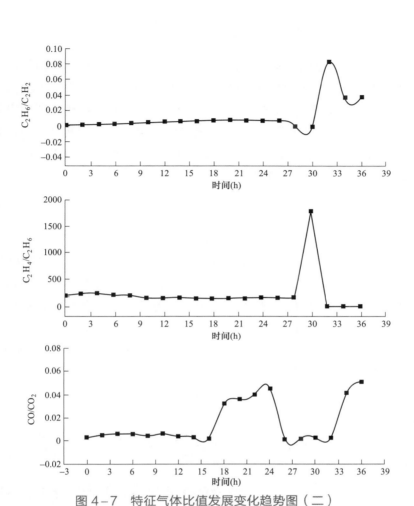

图 4-7　特征气体比值发展变化趋势图（二）

图 4-7 描述了与放电故障相关的 7 种特征气体比值的发展变化趋势，从总体上看，各比值随着放电时间的增加均有所增加，表明整体发展趋势是气隙放电能量呈现整体上升趋势。但是发展的趋势各有特点，CH_4/H_2 在整个发展过程中总体呈震荡增长的趋势，在放电初期振幅较小，幅值小于 0.1，符合比值法描述的低能量放电 CH_4/H_2 小于 0.1 的特点。其发展趋势与气隙放电信号前期发展特性相符合，而在放电中期有较大的震荡，末期突然陡增，幅值大于 0.1，导则认为发生了能量较高的放电现象，依然与气隙放电信号在后期变化出现能量陡增趋势相符合，说明关于油纸绝缘气隙放电能量的分析符合导则。C_2H_2/C_2H_4、C_2H_2/C_2H_4、C_2H_6/C_2H_2、C_2H_4/C_2H_6 这 4 种特征比值在放电中前期都相对平稳，在中后期幅值陡增，但增长的趋势有所不同。导则认为 CO/CO_2 与固体绝缘的损伤密切相关，在放电前期 CO/CO_2 幅值一直很低，在中期有猛增的趋势，随后大幅震荡回到零点附近，并在放电末期急剧增加。

4.1.2 变压器放电缺陷阶段划分与辨识方法

目前对气隙放电的大量研究工作仍然将重心放在某一时间段的气隙放电特征和放电模式的研究上，普遍都是根据经验进行放电过程的阶段划分，再对某一阶段的放电特征进行相关的绝缘状态分析，该分析方法并不能完全体现放电过程中绝缘的整个劣化过程特征。因此，对气隙放电从产生至最终击穿整个过程进行统筹分析，提取用于反映发展过程的新特征参量，特别是能将发展过程进行阶段划分的特征参量，对于有效扼杀潜伏性故障，避免事故的酿成，具有重大意义。

4.1.2.1 变压器放电缺陷特征提取与阶段划分

1. 变压器放电缺陷特征提取

一旦安装于变压器的特高频天线接收到脉冲信号，并判断可能存在放电故障时，监测系统就会采集局部放电特高频周期信号，构成局部放电统计图谱，并对其进行模式识别。基于多个周期的局部放电幅值、相位数据，可以得到多种局部放电统计图谱。表 4-4 所示为提取的局部放电 4 个统计图谱的 Sk、Ku 等 26 个特征参数。当局部放电模型放电充分时，50 个局部放电图谱统计特征参数计算结果的 95%置信区间如图 4-8～图 4-11 所示。95%置信区间如式（4-11）所示。

$$95\%\mathrm{CI} = \overline{\xi} \pm \frac{S}{\sqrt{n-1}} t_{0.975}(n-1) \qquad (4-11)$$

式中：$\overline{\xi} = \dfrac{1}{n}\sum_{i=1}^{n}\xi_i$ 为样本的平均值；$S = \sqrt{\dfrac{1}{n}\sum_{i=1}^{n}(\xi_i - \overline{\xi})^2}$ 为样本方差；n 为样本数目。

可见不同的局部放电图谱有着不同的特征，采用合适的分类器可以进行局部放电图谱的模式识别。

表 4-4　　　　　　　　　　局部放电图谱的统计特征参数

图谱	$H_{qn}(\varphi)$		$H_{qm}(\varphi)$		$H_n(\varphi)$		$H_n(q)$
参数	Asy_1		Asy_2		Asy_3		
	Cc_1		Cc_2		Cc_3		
图谱	$H_{qn}^{+}(\varphi)$	$H_{qn}^{-}(\varphi)$	$H_{qm}^{+}(\varphi)$	$H_{qm}^{-}(\varphi)$	$H_n^{+}(\varphi)$	$H_n^{-}(\varphi)$	
参数	Sk_1	Sk_2	Sk_3	Sk_4	Sk_5	Sk_6	Sk_7
	Ku_1	Ku_2	Ku_3	Ku_4	Ku_5	Ku_6	Ku_7
	Pe_1	Pe_2	Pe_3	Pe_4	Pe_5	Pe_6	

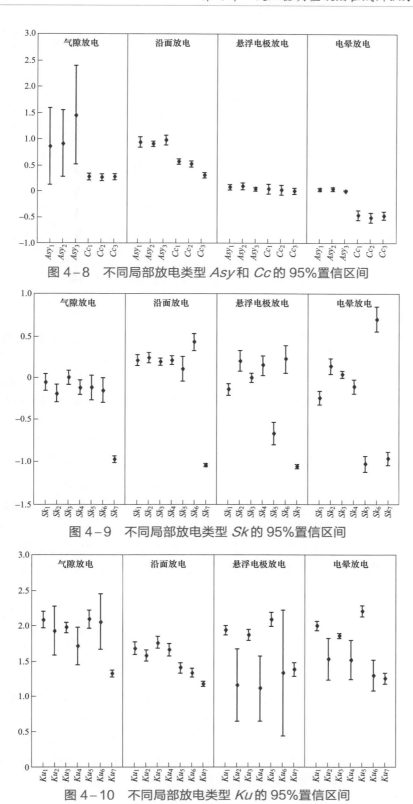

图 4-8　不同局部放电类型 *Asy* 和 *Cc* 的 95% 置信区间

图 4-9　不同局部放电类型 *Sk* 的 95% 置信区间

图 4-10　不同局部放电类型 *Ku* 的 95% 置信区间

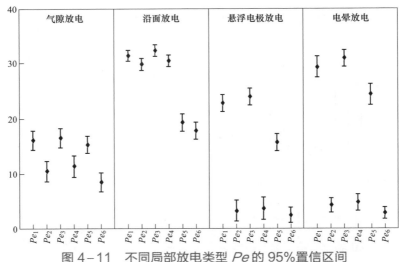

图 4-11　不同局部放电类型 Pe 的 95% 置信区间

2. 气隙放电发展阶段划分

针对局部放电发展状态的特征参量主要包括基本特征量、统计特征量、分形特征量等，其中基本特征量由起始放电电压、视在放电量、放电重复率等构成，然而这些特征参量对于反映局部放电状态的某一时刻还不够，它们基本只能对放电状态进行定性的描述，并不能有效地将油纸绝缘的放电状态定量识别出来。统计特征量通过陡度、偏斜度、不对称度等统计量来表征局部放电的放电特性，其描述结果与新特征参量描述结果一致，但算子冗余量大，而且缺乏物理性的支撑与解释，并且无法对放电状态进行定量化。因此利用局部放电信号与局部放电的物理联系来建立气隙放电与放电状态之间的联系，实现油纸绝缘气隙放电发展过程的定量化分析，对于整个放电过程的阶段划分具有重要意义。通过从局部放电信号中提取新的特征参量，并以此建立与局部放电不同发展状态之间的联系，从而进一步实现对局部放电过程的阶段划分。

熵能够度量系统的不确定度，将局部放电产生的过程看成一个物理系统，那么不同缺陷映射的复杂程度必然不同。根据香农熵的定义，对于局部放电信号序列 $x=\{x_i\}$，其能量熵可以定义为

$$E(x) = -\sum_i p_i \lg p_i \tag{4-12}$$

式中：$p_i = \dfrac{|x_i|^2}{\|x\|^2}$。

随着气隙放电的不断发展，油纸绝缘不断地受到电子的轰击，致使绝缘纸的结构受到破坏，绝缘性能下降，结晶度增加，绝缘耐受强度从一个状态转化到另一个状态。根据试验结果分析，在不同放电状态之间的能量熵是突变的，并且由于放电形式的转换，能量熵的"阶跃"变化成为不同放电状态之间的标识符。因此根据能量"熵"的标识符特征，对整个气隙放电过程进行阶段划分，如图 4-12 所示。

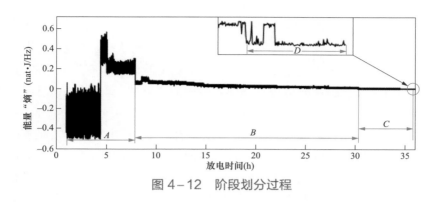

图 4-12　阶段划分过程

根据图 4-12 可以看出在整个时间轴上，熵的分布不仅具有阶跃特征，还具有阈值特征，其整体趋势朝着 0 不断靠近。将能量熵的跳变看作是油纸绝缘放电状态的跳变，并以阶跃特征为标识符，将整个过程按照阶跃特征分为 4 个阶段，分别用 A、B、C、D 表示。

通过局部放大可以发现，4 个阶段的小波包能量熵值所在范围为：

$$A = \{[-0.50-0.00] \cup [0.25-0.50] \cup [0.11-0.25]\} \times 100$$
$$B = \{[0.48-0.73] \cup [0.73-1.10] \cup [0.065-0.11]\} \times 10^{-1}$$
$$C = \{[0.35-0.46] \cup [0.46-0.65] \cup [0.35-1.100]\} \times 10^{-2}$$
$$D = \{[0.35-1.60] \cup [1.60-3.50] \cup [0.230-1.30]\} \times 10^{-3}$$

通过细节分析，发现在整个气隙放电过程中存在 4 次阶跃特征。经过多次试验验证，当发生第 4 次阶跃时，油纸绝缘模型将进入击穿状态，短时间内就将击穿且并未再产生新的阶跃变化。熵值图中的每一个点分别对应了一个工频周期内局部放电信号的能量分布随能量变化的特征，也就是一个绝缘状态下局部放电信号的能量分布随能量变化的混乱程度。目前较常用的局部放电研究主要集中在对每个放电周期内局放波形的研究，然而由于局部放电具有随机性，每次试验获取到的放电波形可能都不相同，对整个气隙放电过程的分析带来很大误差，并不能完全准确地描述其发展过程，因此造成特征信息随机性较强。而基于能量熵特征分析，利用能量熵不易受事件干扰性这一特征，只要系统处于某一个状态，那么随机性带来的影响并不影响其能量熵分布，可见通过能量熵来描述气隙放电过程的发展，有效地规避了局部放电波形随机性缺陷，同时利用能量有限的特点，通过不同放电状态下局部放电能量分布的特征，将放电信号与油纸绝缘状态之间建立了关联性，相比于 PRPD 谱图特征分析，为气隙放电发展过程提供了物理支撑。

为了给每一个阶段进行相应的定义及过程解释说明，结合理论与试验分析，将四个阶段进行如下定义：

（1）气隙放电初始阶段。该阶段局部放电处于刚开始阶段，油纸绝缘中结晶度相对较低，其产生的界面电荷层中电荷量较低，同时由于电荷层的不连续分布特征，不同位置电荷量差异较大，每次工频电压下并不都会产生放电现象，因而放电过程不断出现放电熄灭重燃过程，需要一定时间的界面电荷积累才能促成有效电子崩的产生并维持放电。此过程中包含能量极低，并且其低频带能量分布所占比重较大，由于定义能量熵过程中有效起始放电信号的加入，起始放电信号较低时将出现能量熵为负的状态，该过程可看作是电荷积累过程，有效气隙放电信号能量不足的阶段，因此将此状态视作有效局部放电能量不足，部分能量由外界注入以保持气隙放电过程起始阶段的完整性。基于此将该阶跃阶段定义为局部放电起始阶段。

（2）气隙放电稳定阶段。根据图4-12可以看出，气隙放电稳定阶段是整个放电过程中时间最长的区段。气隙放电进入该阶段后，由于随着初始阶段放电的发展，电子对油纸绝缘的不断轰击，介质不断劣化，其结晶度升高，晶体间共有化程度加大，导带内电荷能量增大，界面电荷层分布电荷量增大，相对于初始阶段能维持气隙放电在工频电压下的能量较足，因而整个阶段中局部放电信号相对较为稳定，放电熄灭情况大为减少。随着介质的劣化加深，结晶度的增高，放电能量仍然在缓慢增加，但也并未出现能量大幅增加的情况，整个阶段能量分布相对较稳定。根据试验过程，该阶段所占时间比重最大，基本涵盖整个气隙放电2/3的时间，因此将此阶段定义为气隙放电稳定阶段。

（3）气隙放电发展阶段。在此阶段中，气隙放电能量相比于放电稳定阶段，其能量升高幅度明显增大，最大增大情况相比于稳定阶段存在3倍左右的差距。此外，该阶段所占时间相比于稳定阶段大为减小，能量的明显增加说明在此阶段中气隙放电电子对油纸绝缘的轰击开始造成介质内部损伤，放电能量中夹杂了油纸绝缘局部产生的放电能量，因而造成了能量的增幅较大，所以将此阶段定义为气隙放电发展阶段。

（4）气隙放电预警阶段。在该阶段中，气隙放电能量水平已在另一个数量级上，能量出现了陡增情况，随着能量的陡增，气隙放电就进入了击穿的状态，该过程持续时间较短。由于在整个气隙放电模型的试验中，都只是出现了4个阶段而并未产生过下一阶段，因此将该阶段定义为气隙放电预警阶段。

利用能量熵的阶跃特征作为不同放电状态的标识符和气隙放电发展过程能量的分段特性，将整个气隙放电过程划分为4个放电阶段，不同阶段根据其放电能量特征和试验现象分别描述了气隙放电发展过程的变化特征。与此同时，在整个阶段发展的过程中能量熵不断减小，说明在整个放电过程中不同绝缘放电状态之间的能量分布是具有差异化的，随着放电状态的转换，能量分布随能量变化的有序性不断加深，高频段能量所占比重不断增加，混沌程度减小，复杂度降低，直到进入下一个放电状态时，将具有另一个状态分布特征。在气隙放电稳定阶段表现特征尤为明显。

在该阶段中，能量熵阶跃变化之后则进入能量熵不断减小的变化趋势，表面气隙放电的发展在不同的状态下是朝着有序化的方向发展，并不是说整个放电过程完全是无序混乱的状态。

4.1.2.2 变压器放电缺陷辨识模型

1. 线性判别分析

在多元统计分析中，主成分分析方法（Principal Components Analysis，PCA）与线性判别分析方法（Linear Discriminant Analysis，LDA）都是分析、简化数据集的技术，LDA在数据量较大时比 PCA 更利于简化数据，LDA 是以样本的可分性为目标寻找一组线性变换，使样本类内离散度最小且类间离散度最大。模式识别中的 LDA 特征提取问题可简单陈述为：给定隶属于 C 类的 n 个样本 x_i，$X=\{X_i, i=1, 2, \cdots, C\}$，其中 X_i 有 n_i 个样本且 $x_i \in R^p$，LDA 的目标是将这些高维特征空间投影，在低维空间尽可能地将各类样本分开，即希望各类样品内部尽量密集，而类间尽量分开。样本的类间散度矩阵 S_w、类内散度矩阵 S_b 分别为

$$S_w = \frac{1}{n} \sum_{i=1}^{C} \sum_{m=1}^{n_i} (x_{im} - \overline{X_i})^T (x_{im} - \overline{X_i}) \tag{4-13}$$

$$S_b = \frac{1}{n} \sum_{i=1}^{C} (\overline{X_i} - \overline{X})^T (\overline{X_i} - \overline{X}) \tag{4-14}$$

两式中：x_{im} 为第 i 模式类样本中的第 m 个样本；$\overline{X_i}$ 为第 i 模式类样本的平均数。

LDA 就是寻求某一投影方向矩阵 $w \in R^p$，使得 Fisher 准则最大。

$$J(w) = \arg \max_w \frac{w^T S_b w}{w^T S_w w} \tag{4-15}$$

使得上述准则函数最大化的 w 的第 k 列向量 $w_k \in R^p$（$k=1, 2, \cdots, r$）必须满足

$$S_b w_k = \lambda_k S_w w_k \tag{4-16}$$

式中：λ_k 为最大本征值；w_k 为与其对应的本征矢量。

由于 S_b 的秩为 $z=C$、1 或更低，因此对应于特征变量空间的维数 $r=\min(p, z)$。

2. 二叉树支持向量机

二叉树支持向量机（Binary-tree Support Vector Machine，B-SVM）可用于局部放电特征量的识别。支持向量机理论是从线性可分情况下的最优分类面发展而来的，基本思想可以用图 4-13 的二维情况来说明。图中 H 为分类线，H_1、H_2 分别为过各类离分类线最近的样本，且平行于分类线的直线，它们之间的距离叫作分类间隔（Margin）。假设样本数据 x_i 有两类，如图

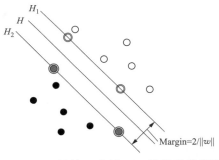

图 4-13　线性可分情况下的最优分类线

4-13 中实心点和空心点所示，此时需求解如式（4-17）的规划问题。

$$\{(x_i, y_i) | i=1, 2, \cdots, N; x_i \in R^n, y_i \in \{-1, +1\}\} \tag{4-17}$$

分类决策问题可表示为

$$f(x) = \mathrm{sgn}(w \cdot x + b) \tag{4-18}$$

式中：w 为最优分类线的正交向量；b 为偏置。

所谓最优分类线就是要求分类线不但能将两类线正确分开，而且使分类间隔最大。使分类间隔最大的分类面称最优超平面，H_1、H_2 的训练样本点称作支持向量。

对于非线性分类问题，可通过非线性变换将其转化为高维特征空间中的线性问题，在高维特征空间中求线性最优超平面。图 4-14 所示为支持向量机在非线性分类时，数据由低维空间向高维空间映射的过程，高维特征空间如式（4-19）与式（4-20）所示。

$$F = \{\Phi(x) | x \in X\} \tag{4-19}$$

$$X = (x_1, x_2, \cdots, x_n) \rightarrow \Phi(x) = [\Phi_1(x), \Phi_2(x), \cdots, \Phi_n(x)] \tag{4-20}$$

在高维特征空间 F 中构造最优超平面时，训练算法仅使用空间中的点积，即 $\Phi(x_i) \cdot \Phi(x_j)$，而没有出现单独的 $\Phi(x_i)$。因此，如果能够找到一个函数 K 使得 $K(x_i, x_j) = \Phi(x_i) \cdot \Phi(x_j)$，在高维特征空间中只需进行内积运算就可以解决复杂的非线性变换问题，这种内积运算的特殊函数称为核函数。核函数将数据映射到高维空间来增加线性学习器的计算能力，是 SVM 的重要构成模块。选用的核函数为径向基（RBF）核函数。

$$K(x_i, x_j) = \exp\left(-\left\|(x_i, x_j)\right\| / 2\sigma^2\right) \tag{4-21}$$

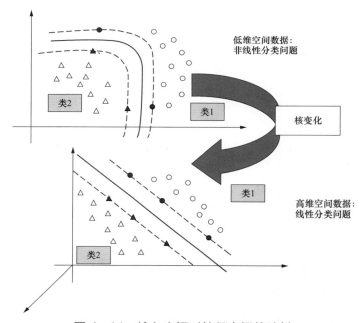

图 4-14　输入空间对特征空间的映射

SVM 多类分类问题是对两类分类问题的推广，主要基于决策树方法将多类分类问题分解为一系列的二分类问题，这些二分类分布于决策树的各个节点上。图 4-15 所示为二叉树支持向量机原理，从根节点开始，采用支持向量机将该节点里面的类别逐一分为两类，直到子类中只有一个类别为止，二叉树支持向量机只需构造 $k-1$ 个 SVM 分类器，测试时并不需要计算所有的分类器判别函数，从而可节省测试时间，具有较高的训练速度和分类速度。

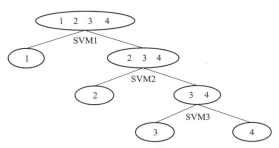

图 4-15　树形 SVM 原理图

3. 反向传播神经网络

反向传播神经网络（Back-Propagation Neuron Network，BPNN）具有良好的记忆力，存在丰富的学习算法，在局部放电模式识别中具有良好的应用效果。人工神经网络的典型结构是三层前馈网络，其基本结构如图 4-16 所示，由于中间隐层与外界不直接连接，难以计算其误差。为解决这一问题，提出了反向传播算法，其主要过程为：① 输入数据经隐层的计算单元逐层计算各单元的输出值；② 输出误差逐层向前算出隐层各单元的误差，并用此误差修正前层权值。

在 BPNN 算法中通常采用梯度法修正权值，通常采用 Sigmoid 函数作为输出函数。图 4-17 所示为处于某一层的第 j 个计算单元，i 为其前层第 i 个单元，ω_{ij} 是前层到本层的权值，O_j 为本层输出，k 为后层第 k 个单元，ω_{jk} 是本层到后层的权值。

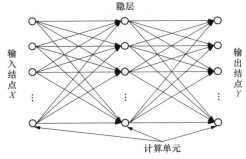

图 4-16　三层前馈神经网络结构

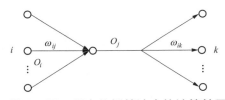

图 4-17　反向传播算法中的计算单元

基于 BPNN 的基本原理，采用 MATLAB 神经网络工具箱函数"newff"和"train"创建 BPNN 的方法如图 4-18 所示，BPNN 输入层设为特征量维数个结点，对应于识别特征量，隐含层 1 层，输出层设有 4 个结点，为一矩阵［0001；0010；0100；1000］，分别代表 P1、P2、P3 与 P4 类局部放电信号；隐含层传递函数为双曲正切 S 型传递函数 tansig 型：$f(x)=2/(1+e^{-2x})-1$；输出层传递函数为对数 S 型传递函数 logsig 型：$f(x)=1/(1+e^{-x})$。

将局部放电特高频信号的多尺度分形特征参数和能量特征参数输入到模式识别分类器中，对 4 种局部放电类型进行了识别。选用 75 组局部放电特高频信号特征量作为训练样本，剩下的局部放电特高频信号特征量作为测试样本。此外，定义分类器识别

可靠率为

$$P_j = y_j / y_t \qquad (4-22)$$

式中：y_j 与 y_t 分别为第 j 类局部放电特高频信号识别正确数目与测试样本总的数目。

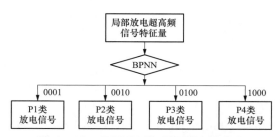

图 4-18　BPNN 模式识别构造方案

图 4-19 为基于 Bootstrap 算法（$B=100$）采用线性分类器、BPNN 和 B-SVM 识别正确率的盒须图，线性分类器的识别正确率分别达到 98.77%、93.33%、91.05%、97.11%，总体识别正确率达到了 95.07%，高于 BPNN 和 B-SVM 的识别正确率，表明线性分类器能很好地分辨 4 种局部放电特高频信号。线性分类器的识别正确率最小值都大于 80%，而 BPNN 和 B-SVM 的识别正确率最小值会小于 70%；此外，线性分类器识别正确率的异常值比 BPNN 和 B-SVM 的识别正确率的异常值分布少，表明线性分类器的泛化性能比 BPNN 和 B-SVM 好。此外，线性分类器的模式识别时间仅为 0.22s，而 BPNN 与 B-SVM 的识别时间分别为 52.81s 和 121.24s，这表明本模型设计的线性分类器比神经网络和支持向量机更适合作为现场特高频局部放电模式识别，能够实现变压器局部放电实时监测与模式识别。

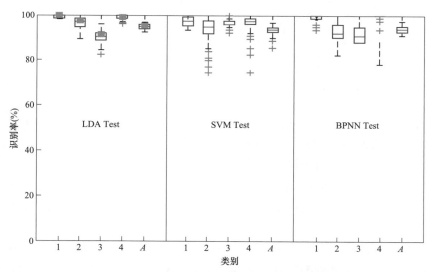

图 4-19　局部放电特高频信号模式识别结果

1—气隙放电；2—沿面放电；3—悬浮电极放电；4—电晕放电；A—平均值

4.2　基于多点测温的变压器热缺陷辨识方法

4.2.1　热缺陷对多测点温度分布规律的影响及分析

1. 过热点位置对绕组温度分布和布点温度的影响

图 4-20 显示了额定工况下不同过热点发生 500℃过热时各区域温度分布，图中黄色箭头线段指示了油流方向。当发生过热缺陷时，高温区域集中在缺陷位置附近，温度沿油流方向传递。图 4-21 显示了额定工况下不同过热点发生 500℃过热缺陷时导向油流路径上的温度分布，导向油流路径按照实际绕组模型中轴向方向上由低到高的顺序标号。从图 4-21 中可以看出，当绕组某区域内发生过热缺陷时，该分区内某点温度达到最大值，且显著高于周围区域的温度。该现象表明可以利用该特性实现绕组热缺陷位置的辨识。

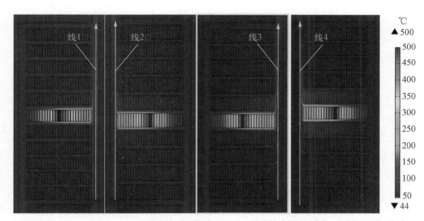

图 4-20　工况下不同过热点发生 500℃过热缺陷时各区域温度分布

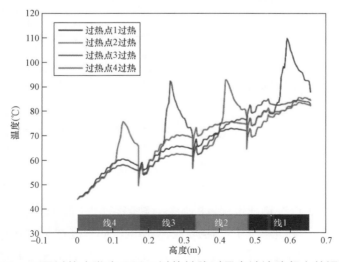

图 4-21　不同过热点发生 500℃过热缺陷时导向油流路径上的温度分布

大型电力变压器主动保护与安全运行

图 4-22 为额定工况下不同过热点发生不同程度过热缺陷时各测温布点的温升，图中各黑框中的两个布点之间存在过热点。其中，某测点温升 ΔT 的定义是该点发生热缺陷时的温度减去其正常情况下的温度，用以表征发生热缺陷前后某测温点的变化。从图 4-22 中可以看出，除了过热点 4 发生过热的情况以外，当过热点 1、2、3 发生过热时，温升最大的布点是发生热缺陷的过热点沿导向油流路径之后的第一个布点。而过热点 4 发生热缺陷时，温度最大的测温布点为布点 10，是过热点 4 沿导线油流路径之后的第二个测点。上述规律可以为热缺陷位置辨识提供思路。

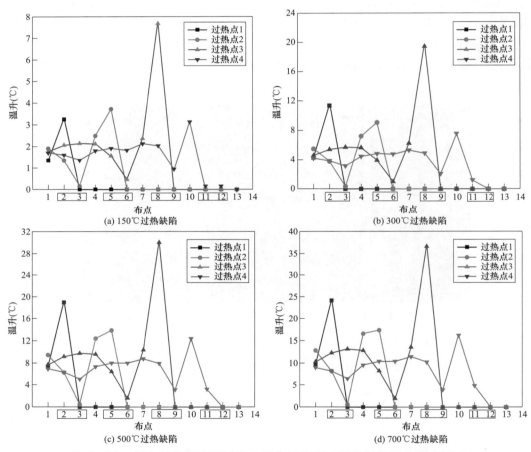

图 4-22　额定工况下不同过热点发生不同程度过热缺陷时各测点温升

2. 过热严重程度对绕组温度分布和布点温度的影响

图 4-23 显示了额定工况下过热点 2 发生不同程度过热缺陷时的温度分布，从图 4-23 中可以看出，随着过热点过热严重程度的加剧，缺陷影响的范围随之增大，高温区域更加广泛。图 4-24 显示了额定工况下过热点 2、3 发生不同程度过热缺陷时各布点温升。当过热点 2 发生不同程度的过热缺陷时，布点 1、2、4、5 的变化较为显著，且这些布点都

位于过热点上方，由此，过热缺陷主要影响缺陷上方区域，对下方基本无影响。过热点 3
发生过热时也存在相同的规律。

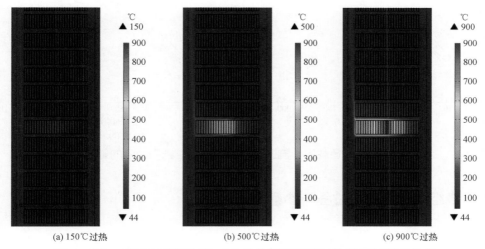

(a) 150℃过热　　　　　(b) 500℃过热　　　　　(c) 900℃过热

图 4-23　额定工况下过热点 2 发生不同程度过热缺陷时温度分布

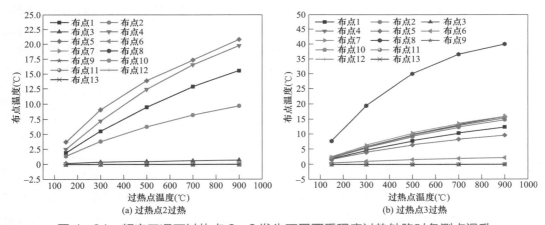

(a) 过热点2过热　　　　　　　　　(b) 过热点3过热

图 4-24　额定工况下过热点 2、3 发生不同严重程度过热缺陷时各测点温升

　　图 4-25 显示了负载率、绕组入口油流速对过热严重程度判别阈值的影响。从
图 4-25（a）中可以看出，负载率对判别阈值的影响不大，随着负载率的增加，判别同
一过热程度的阈值略有增加。此外，负载率对判别过热严重程度阈值的增幅效果不受过热
程度本身的影响，即负载率一定，则判别阈值也随之确定。可依据这一点，对模型进行简
化。图 4-25（b）着重描述入口油流速对阈值的影响。随着入口油流速的增加，判别阈值
随之减小，且不同过热程度下的阈值的变化程度也不一样。

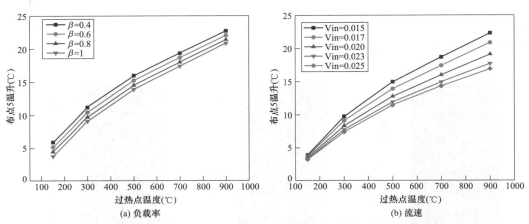

图 4-25　负载率、流速对过热严重程度判别阈值的影响

4.2.2　绕组热缺陷演化过程与参量特征

4.2.2.1　绕组过热点和测温布点布置

交流变压器低压绕组被 5 块挡油板分为了 4 个区域，依据该分区结构，在绕组各分区中间位置设置过热点，以研究绕组内部发生过热缺陷对绕组温度分布的影响。绕组某一分区内，油流从入口处流入，并沿着入口侧轴向油道流动，然后从入口侧轴向油道沿辐向油道流向出口侧轴向油道。油流在流动的同时也会带走绕组线饼上的热量，因此，绕组某处发生热缺陷时，其热流量沿着油流路径传递。为了捕捉到由于线饼热缺陷导致的油道温升变化，各分区内部的测温点布置在分区出口侧轴向油道。此外，各分区入口、出口处也布置有测温点。最终，共计设置 4 个过热点，13 个测温布点，如图 4-26 所示。

4.2.2.2　过热缺陷设置方法与绕组过热程度划分

绕组发生热缺陷时在过热点处的损耗增加，导致该处的温度急剧上升。为了更为方便地设置过热点处的热缺陷，考虑直接设置该处发生热缺陷时的温度来模拟过热点发生热缺陷致使损耗增加的过程。图 4-27 两种热缺陷设置方式的结果对比，一种是在过热点直接设置发生热缺陷时的温度，而另外一种是施加使该点产生相同温升的损耗，比较采用两种不同设置方式时，在图中黄线（测试线）上的温度。从图中可以看出，两种热缺陷设置方式下，测试线上各处温度基本相等，最大误差不到 0.05℃，由此，可以通过直接在过热点设置过热温度的方式来模拟发生热缺陷的情况。

传统油色谱测试法对变压器过热程度划分为轻微过热（低于 150℃）、低温过热（150～300℃）、中温过热（300～700℃）、高温过热（高于 700℃），依据此，分别在过热点设置 150、300、500、700、900℃ 的过热缺陷。

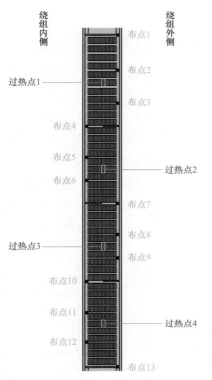

测温布点、过热点位置	
布点 1	从上向下数第 1 线饼上方绕组外侧油道
布点 2	从上向下数第 5、6 线饼之间绕组外侧油道
布点 3	从上向下数第 8、9 线饼之间绕组外侧油道
布点 4	从上向下数第 1 个挡油板对应高度绕组内侧油道
布点 5	从上向下数第 15、16 线饼之间绕组内侧油道
布点 6	从上向下数第 18、19 线饼之间绕组内侧油道
布点 7	从上向下数第 2 个挡油板对应高度绕组外侧油道
布点 8	从上向下数第 25、26 线饼之间绕组外侧油道
布点 9	从上向下数第 28、29 线饼之间绕组外侧油道
布点 10	从上向下数第 3 个挡油板对应高度绕组内侧油道
布点 11	从上向下数第 35、36 线饼之间绕组内侧油道
布点 12	从上向下数第 39、40 线饼之间绕组内侧油道
布点 13	从上向下数第 42 线饼下方绕组外侧油道
过热点 1	从上向下数第 6 线饼最中间线圈
过热点 2	从上向下数第 17 线饼最中间线圈
过热点 3	从上向下数第 27 线饼最中间线圈
过热点 4	从上向下数第 37 线饼最中间线圈

图 4-26　热点和测温布点位置

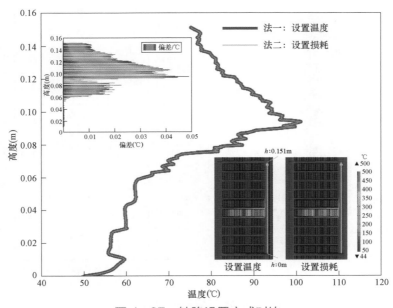

图 4-27　缺陷设置方式对比

4.2.3　多测点温度比对分析的热缺陷辨识模型

以交流变压器低压绕组为例，建立分区分层过热缺陷辨识模型，分步实现过热缺陷区位和严重程度的辨识。

1. 过热区位辨识

交流变压器低压绕组被内部 3 块挡油板分为 4 个分区，油流从各分区入口处流入，出口处流出，并将途经线饼发出的热量带走。在低压绕组各分区出口侧竖直油道中布置测温点，实时监测绕组中的温升变化，用以辨识绕组是否发生过热缺陷及发生过热缺陷的区位和严重程度。图 4－28 显示了低压绕组内部测温布点位置和分区分层情况。低压绕组各分区出入口各布置一个测温点，分区内部有 2 个测温点，共计 13 个测温点，从下向上分别是布点 1～13。每两个测温点之间区域为 1 层，共计 12 层，从下向上分别是层 1～12。

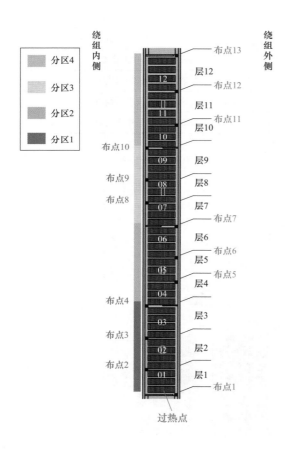

测温布点、过热点位置

布点 1	线饼 1 下方绕组外侧油道	过热点 1	线饼 2 最中间线圈
布点 2	线饼 3、4 之间绕组内侧油道	过热点 2	线饼 6 最中间线圈
布点 3	线饼 7、8 之间绕组内侧油道	过热点 3	线饼 10 最中间线圈
布点 4	挡油板 1 对应高度绕组内侧油道	过热点 4	线饼 13 最中间线圈
布点 5	线饼 14、15 之间绕组外侧油道	过热点 5	线饼 16 最中间线圈
布点 6	线饼 17、18 之间绕组外侧油道	过热点 6	线饼 20 最中间线圈
布点 7	挡油板 2 对应高度绕组外侧油道	过热点 7	线饼 23 最中间线圈
布点 8	线饼 24、25 之间绕组内侧油道	过热点 8	线饼 26 最中间线圈
布点 9	线饼 27、28 之间绕组内侧油道	过热点 9	线饼 30 最中间线圈
布点 10	挡油板 3 对应高度绕组内侧油道	过热点 10	线饼 33 最中间线圈
布点 11	线饼 34、35 之间绕组外侧油道	过热点 11	线饼 37 最中间线圈
布点 12	线饼 38、39 之间绕组外侧油道	过点 12	线饼 41 最中间线圈
布点 13	线饼 42 上方绕组外侧油道		

注：线饼从下向上依次编号，编号为 1～42；挡油板从下向上依次编号，编号为 1～4。

图 4－28　低压绕组测温传感布点位置及分区分层情况

实现交流变压器绕组过热区位辨识，步骤如下：

（1）构建各测点正常温度矩阵 $\boldsymbol{T^N}$。各测点正常温度矩阵 $\boldsymbol{T^N}$ 如式（4-23）所示，为一个 1×13 的行矩阵。各测点正常温度矩阵中的元素为变压器绕组正常状态下各测温布点的理论温度值，元素下标对应各测温布点编号 1～13。各测温布点温度受到变压器负载率和绕组入口油流速的影响，因此，矩阵 $\boldsymbol{T^N}$ 中的各个元素是关于负载率和入口油流速的函数。对仿真数据进行拟合，得到绕组中各测温布点理论温度关于负载率和入口油流速的量化关系，为二元二次函数，满足 $t_i^N = a + b \times \beta + c \times V_{oil} + d \times \beta^2 + e \times \beta \times V_{oil} + f \times V_{oil}^2$，拟合优度都为 0.99，具体函数关系如表 4-5 所示。

$$T^N = [t_1^N, t_2^N, \cdots, t_i^N, \cdots, t_{13}^N]_{1 \times 13} \qquad (4-23)$$

表 4-5　　　　　　　　测温布点关于负载率和入口油流速函数关系

测温布点	测温布点理论值关于负载率和入口油流速关系式
布点 1	$t_1^N = 8.4 + 53.57\beta + 1.585 \times 10^{-11} V_{oil} - 17.86\beta^2$ $- 2.044 \times 10^{-12} \beta \times V_{oil} - 3.599 \times 10^{-10} V_{oil}^2$
布点 2	$t_2^N = 10.57 + 73.95\beta - 563.3 V_{oil} - 6.873\beta^2$ $- 961.4\beta \times V_{oil} + 2.21 \times 10^4 V_{oil}^2$
布点 3	$t_3^N = 11.25 + 80.05\beta - 742.2 V_{oil} - 4.173\beta^2$ $- 1223\beta \times V_{oil} + 2.867 \times 10^4 V_{oil}^2$
布点 4	$t_4^N = 10.48 + 73.28\beta - 550.2 V_{oil} - 8.327\beta^2$ $- 864.1\beta \times V_{oil} + 2.061 \times 10^4 V_{oil}^2$
布点 5	$t_5^N = 10.99 + 81.64\beta - 758.4 V_{oil} - 3.165\beta^2$ $- 1250\beta \times V_{oil} + 2.904 \times 10^4 V_{oil}^2$
布点 6	$t_6^N = 11.53 + 86.38\beta - 896 V_{oil} - 0.6239\beta^2$ $- 1495\beta \times V_{oil} + 3.468 \times 10^4 V_{oil}^2$
布点 7	$t_7^N = 11.39 + 82.69\beta - 812.4 Voil - 3.261\beta^2$ $- 1294\beta \times V_{oil} + 3.074 \times 10^4 V_{oil}^2$
布点 8	$t_8^N = 12.46 + 93.28\beta - 1114 V_{oil} + 1.887\beta^2$ $- 1768\beta \times V_{oil} + 4.212 \times 10^4 V_{oil}^2$
布点 9	$t_9^N = 12.45 + 94.34\beta - 1103 V_{oil} + 2.567\beta^2$ $- 1799\beta \times V_{oil} + 4.2 \times 10^4 V_{oil}^2$
布点 10	$t_{10}^N = 13.74 + 109.6\beta - 1521 V_{oil} + 10.54\beta^2$ $- 2476\beta \times V_{oil} + 5.774 \times 10^4 V_{oil}^2$
布点 11	$t_{11}^N = 13.74 + 109.6\beta - 1521 V_{oil} + 10.54\beta^2$ $- 2476\beta \times V_{oil} + 5.774 \times 10^4 V_{oil}^2$
布点 12	$t_{12}^N = 13.91 + 109.6\beta - 1533 V_{oil} + 9.893\beta^2$ $- 2462\beta \times V_{oil} + 5.785 \times 10^4 V_{oil}^2$
布点 13	$t_{13}^N = 13.78 + 107.4\beta - 1468 V_{oil} + 6.862\beta^2$ $- 2272\beta \times V_{oil} + 5.423 \times 10^4 V_{oil}^2$

（2）构建各测点实测温度矩阵。各测点实测正常温度矩阵 T^M 如式（4–24）所示，为一个 $1×13$ 的行矩阵。各测点实测正常温度矩阵中的元素为对应编号测温点处所布置的测温传感器实际测得的温度。

$$T^M = [t_1^M, t_2^M, \cdots, t_i^M, \cdots, t_{13}^M]_{1×13} \qquad (4-24)$$

（3）构建各测点温升矩阵。定义某一测点处实测温度值与该处正常情况下的理论温度值之差为该测温布点的温升 Δt，如式（4–25）所示。由此，各测点温升矩阵 ΔT 为各测点实测温度矩阵 T^M 与各测点正常温度矩阵 T^N 之差，如式（4–26）所示。变压器运行在正常状态时，绕组各处无热缺陷，各测点实测温度值与理论温度值近似相等，各测温点温升矩阵中的各元素值都接近 0。当绕组中某线饼出现过热缺陷时，该线饼附近区域温度急剧上升，出现局部高温区域，进而影响油道中各测温布点处的温度。由于线饼产生的热量沿着油流方向传递，线饼产生的热缺陷主要影响缺陷上方的测温布点，对其下方的测温布点基本无影响，依据这一特性可实现绕组过热缺陷区位的辨识。

$$\Delta t_i = t_i^M - t_i^N (1 \leqslant i \leqslant 13) \qquad (4-25)$$
$$\Delta T = T^M - T^N \qquad (4-26)$$

（4）构建各测点热缺陷阈值矩阵。当绕组发生热缺陷时，缺陷上方测温布点温升会增加，且随着过热严重程度加剧而增加。须找到各测温布点相邻下方分层发生热缺陷时该测温点的温升最小值，作为判断该测温布点下方是否发生过热缺陷的阈值。150℃为定义绕组发生热缺陷的最小温度，设置线饼发生 150℃ 过热缺陷用以找到各测点过热缺陷阈值。

负载率、绕组入口油流速是影响绕组线饼发生热缺陷时各测点温升的重要因素。在各分区中央位置即层 2、层 5、层 8 和层 11 中间区域线饼设置 150℃ 过热点，研究不同负载率和绕组入口油流速下各层相邻上方测温布点的变化规律。各层过热点位置及相邻测温布点位置如图 4–29 所示。层 2、层 5、层 8 和层 11 所对应的相邻上方测温布点分别是布点 3、布点 6、布点 9 和布点 12，这些布点温升随负载率和绕组入口油流速的变化关系如图 4–29 所示。图 4–29 表明当绕组某层发生 150℃ 过热缺陷时，其相邻上方测点温升与负载率呈负相关，与入口油流速呈正相关。线饼损耗随负载率的增加而增加，与负载率较低情况相比，负载率大的情况过热点达到相同的过热温度所需的缺陷损耗更小，导致油道内测温点温升变小。入口油流速的增加加快了线饼的散热，过热处由于热缺陷产生的损耗更快地被油流带走。最终当负载率为 1.2，入口油流速为 0.025m/s 时测点温升最小。

此外，过热点在各分层中所处的具体位置也会影响测温布点处的温升。当变压器负载率为 1.2，绕组入口油流速为 0.025m/s 时，在绕组各分层内选取典型位置的线饼设置 150℃ 过热缺陷，以确定各测点温升阈值。以层 10 和层 11 为例，层 10 中选取的线饼及其编号如图 4–30（a）所示，各线饼发生 150℃ 过热缺陷时测温布点 11 的温升如图 4–30（b）所示；层 11 中选取的线饼及其编号如图 4–31（a）所示，各线饼发生 150℃ 过热缺陷时测温布点 12 的温升如图 4–31（b）所示。层 10 中，当线饼 8 发生 150℃ 过热时测温布点

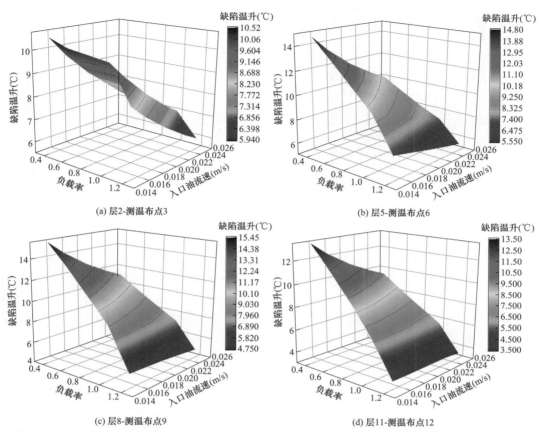

图 4-29　各层中央发生 150℃过热缺陷时对应测温点温升随负载率、入口油流速变化规律

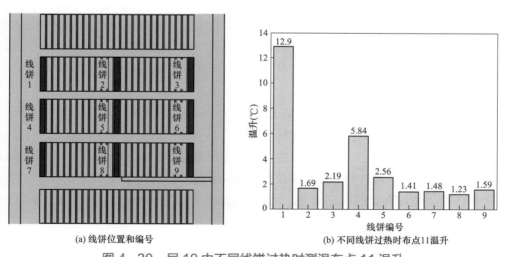

图 4-30　层 10 中不同线饼过热时测温布点 11 温升

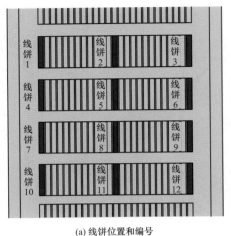

(a) 线饼位置和编号

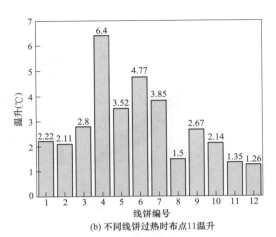

(b) 不同线饼过热时测温布点11温升

图 4-31　层 11 中不同线饼过热时测温布点 12 温升

11 温升最小，值为 1.23℃；层 11 中，当线饼 12 发生 150℃过热时测温布点 12 温升最小，值为 1.26℃。测温布点 11 和测温布点 12 处的热缺陷阈值分别为 1.23℃和 1.26℃。以相同方式获得除测温布点 1 外其他 9 个测温布点的热缺陷阈值，最终得到的各测点热缺陷阈值矩阵如式（4-27）所示。绕组内部发生热缺陷对位于绕组最底部的测温布点 1 基本无影响，将其阈值设置为 999℃。

$$\Delta T^T = [999\ 3.15\ 1.17\ 1.52\ 1.09\ 1.76\ 1.99\ 0.9\ 1.52\ 1.51\ 1.23\ 1.26\ 1.14] \quad (4-27)$$

（5）构建各测点热缺陷状态矩阵。比较各测点温升矩阵和各测点热缺陷阈值矩阵中各元素的大小，当各测点温升矩阵中的元素小于测点热缺陷阈值矩阵中各元素，表明该测温布点下方相邻分层未发生过热缺陷，热缺陷状态对应位置元素取值为 0，反之，表明该测温布点下方相邻分层或者下方其他分层发生过热缺陷，取值为 1，热缺陷状态矩阵如式（4-28）所示。当绕组线饼某分层内发生过热缺陷，其上方相邻测温布点温升会超过阈值。对应位置状态矩阵元素变为 1，但随着高度的上升，过热缺陷产生热量逐渐扩散，再往上的测温布点温升会变小，甚至低于阈值。因此，在假定只有单一分层存在过热缺陷的前提下，认为绕组从下往上数第一个超过阈值的测温布点，其相邻下方的分层存在过热缺陷。

$$S = [s_1, s_1, \cdots, s_i, \cdots, s_{13}]_{1\times13} (0 \leqslant i \leqslant 13, s_i = 0\ \text{或}\ s_i = 1) \quad (4-28)$$

使用 MATLAB 软件将上述方法封装成程序，并进行模型验证。在每个分层内随机选取线饼分别设置 150、500、900℃的过热故障，变压器运行工况即负载率、入口油流速取随机值，总计 108 种情况，利用上述方法辨识过热区位，只有 1 次辨识错误，区位辨识准确率为 99.07%。辨识有误的情况如下：变压器负载率为 1.2，绕组入口油流速为 0.025m/s，热缺陷线饼处温度为 150℃，上述分区分层方法并未辨识出该缺陷。

2. 过热严重程度辨识

在确定热缺陷所在区位的基础上，进而辨识绕组过热缺陷严重程度。以层 11 为例，构建热缺陷过热严重程度辨识模型。

　　层 11 中，不同线饼发生过热缺陷会对测温布点 12 的温度有影响。选取使测温布点 12 的温度取得中间值的线饼作为热缺陷假想位置，以计算层 11 发生过热时过热点理论温度值；选取使测温布点 12 的温度达到最大值和最小值的线饼作为热缺陷极限位置，计算过热点温度理论值的误差域。在仿真模型中，使变压器运行在额定工况下（负载率为 1 且绕组入口油流速为 0.017m/s），对比研究层 11 中典型位置线饼发生 500℃过热缺陷时测温布点 12 的温升，找到使测温布点 12 温度取最大、最小和中间值的线饼。变压器运行在额定工况且各典型位置线饼发生 500℃过热缺陷时测温布点 12 处的温度如图 4-32 所示，图中布点 12 的温度值等于该点正常情况下的温度加上发生缺陷时的温升。图 4-32 表明，线饼 5 发生 500℃过热缺陷时测温点 12 的温度取得最大值，线饼 12 发生 500℃过热缺陷时测温点 12 取得最小值，线饼 2 和 6 发生 500℃过热缺陷时测温点 12 的温度一样且为中间值。选取线饼 2 作为层 11 中热缺陷的假想位置，线饼 5 和线饼 12 作为层 11 中热缺陷的极限位置。

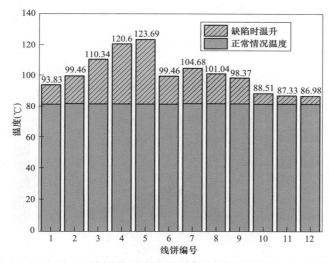

图 4-32　层 11 线饼位置和不同线饼过热时测温布点 12 温升

　　图 4-33 显示了当负载率、入口油流速不同时，热缺陷假想位置和极限位置发生 150、500、900℃过热时测温点 12 的温度。图 4-33 表明，不同负载率、绕组入口油流速和过热温度下，上述热缺陷假想位置和极限位置的三个线饼使测温点 12 产生温升的大小关系不变。且随着过热点处温度的增加，图中三个平面越趋于平行，表明虽然热缺陷所在线饼不一样，但不同线饼使测温点 12 产生温升的大小关系越难改变。假想位置和极限位置的选取不受负载率、绕组入口油流速和过热点温度的影响。

　　不同负载率、绕组入口油流速下，在热缺陷假想位置和极限位置设置不同严重程度（过热点温度为 150、300、500、700、900℃）的热缺陷进行仿真计算，可获得对应的测温布点 12 的温度，以此构建热缺陷温度数据库。利用高斯过程回归方法（GPR）对热缺陷温度数据库中的样本进行训练，获得在热缺陷假想位置和极限位置设置过热缺陷时过热点温度与负载率、绕组入口油流速、测温布点 12 温度之间的映射关系，从而实现过热点温度的反演。图 4-34 是在热缺陷假想位置和极限位置设置热缺陷进行高斯过程回归的响应图，三种热缺陷位置下利用高斯过程回归法预测的过热点温度与实际值基本一致，高斯过程回归方法的预测精度较高。

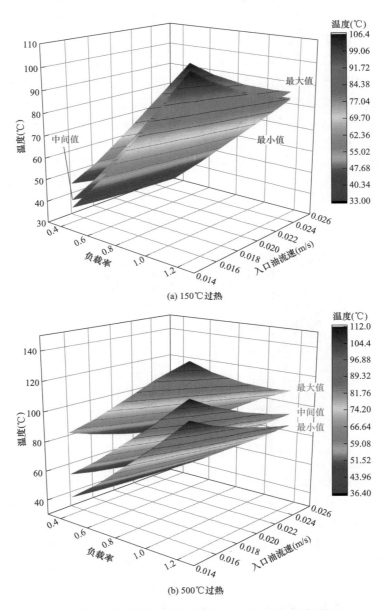

图 4-33　变压器不同负载率、入口油流速下各线饼
发生不同程度过热时测温点温度（一）

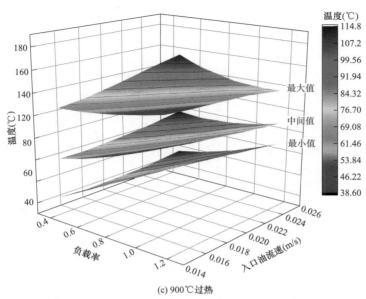

(c) 900℃过热

图 4－33　变压器不同负载率、入口油流速下各线饼
发生不同程度过热时测温点温度（二）

当过热点设置在过热缺陷假想位置时，高斯过程回归模型计算所得的过热点温度作为层 11 发生过热缺陷时的过热温度；而当过热点设置在两个热缺陷极限位置时，高斯过程回归模型计算所得的过热点温度构成了层 11 发生过热缺陷时过热点温度的误差域，层 11 发生热缺陷时的过热点温度在误差域的范围内。依据计算所得的层 11 过热点温度，判断层 11 发生过热缺陷的严重程度（低温过热、中温过热和高温过热）。

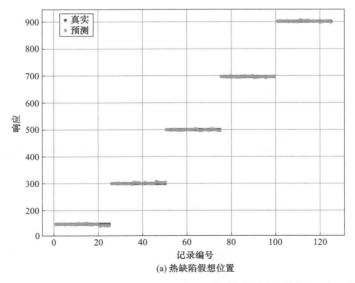

(a) 热缺陷假想位置

图 4－34　三种缺陷位置时各高斯过程回归模型的响应图（一）

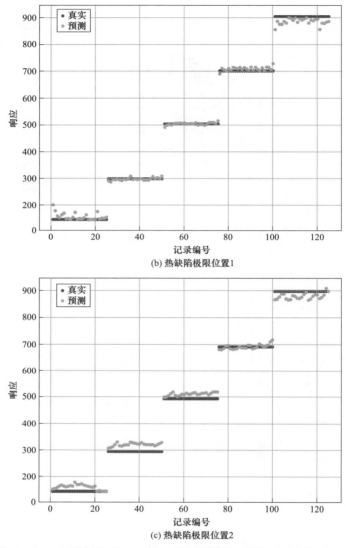

(b) 热缺陷极限位置1

(c) 热缺陷极限位置2

图 4-34 三种缺陷位置时各高斯过程回归模型的响应图（二）

4.3 变压器绕组变形监测与缺陷辨识方法

4.3.1 不同绕组形变缺陷的结构形变特征

变压器绕组形变缺陷的形成主要是由于绕组受到短路电流冲击或励磁涌流冲击下巨大电动力的作用，而绕组所受电动力可以分解为辐向电动力和轴向电动力，所以绕组形变缺陷也主要是辐向形变和轴向形变。

1. 绕组的辐向形变

绕组的辐向形变是指在绕组圆周方向上某一撑条间距内,整个线饼的所有导线都向外凸出,或在相邻撑条间距内所有导线都向内凹陷。

其中,高压绕组的辐向电磁力方向沿着辐向向外,所以高压绕组承受的是辐向拉伸力。在此拉力作用下,高压绕组容易发生辐向外凸变形。绕组撑条对于绕组辐向稳定性有着极为重要的影响,当有撑条处于不完全支撑状态甚至是完全失效状态时,绕组极易产生辐向变形。为了分析高压绕组的实际变形形态,通常将绕组撑条等效为具有一定弹性系数的弹簧,从而建立其等效弹支模型。图 4-35 所示为部分撑条失效时,高压绕组的辐向形变形式。可以看到高压绕组的辐向变形除了局部的凸出变形外还伴随着凸出变形附近两侧的内凹变形。

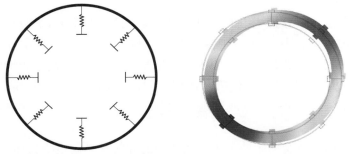

图 4-35　高压绕组弹支模型及辐向形变形式

低压绕组的辐向电磁力方向沿着辐向向里,所以低压绕组承受的是辐向压缩力。在此压力作用下,低压绕组容易发生辐向屈曲变形。为了准确模拟变压器绕组的实际变形形态,通常采用固支与弹支结合的低压绕组辐向屈曲模型。如图 4-36 所示,取绕组的四分之一线饼建立模型,线饼两端为固定支撑,线饼中间采用弹性支撑,以方便对局部撑条支撑强度弱化的模拟。绕组在稳定状态下,载荷增加所引起的形变量很小,而在临界失稳状态下,很小的载荷增量也会导致绕组形变量的剧增,甚至是发生跳跃变形,如图 4-37 所示。屈曲分析可以确定绕组结构在负荷作用下的临界载荷,当绕组结构所承受的载荷大于临界载荷时绕组会发生屈曲变形。图 4-36 展示了部分撑条失效时绕组的屈曲振型。实际的绕组变形结构可能是各阶振型的叠加结果。

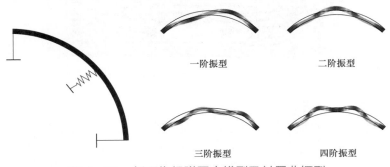

一阶振型　　二阶振型

三阶振型　　四阶振型

图 4-36　低压绕组弹固支模型及其屈曲振型

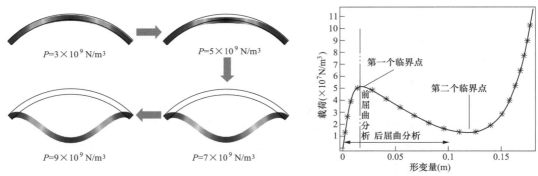

图4-37 低压绕组跳跃变形及其临界载荷

2. 绕组的轴向形变

绕组的轴向形变主要分为绕组的倾斜倒塌和绕组的弯曲变形。所谓轴向倾斜倒塌是指因轴向预压紧力过大或过小，从而造成某些线饼倾倒的损坏形式。由于线饼之间的绝缘垫块是一种可压缩的材料，在压力的作用下会产生残余变形。产生残余变形后会导致绕组轴向预紧力的降低，从而在短路冲击峰值时，在绕组线饼与垫块，线饼与线饼之间产生空隙，在峰值过后空隙消失。在短路的过渡过程中，空隙多次出现与消失导致垫块脱落，从而造成线饼倾倒。

绕组的轴向弯曲形变是由于两个轴向垫块间的导线在轴向电磁力作用下，因弯矩过大产生永久性变形。由于在绕组端部磁力线发生弯曲，导致辐向磁场剧增，绕组端部受到的轴向短路力最大，所以在端部的线饼最容易出现轴向弯曲变形。绕组承受的轴向电磁力从两端压缩绕组，上下端部绕组的受力方向相反，但是由于其自身重力的存在，上下端部绕组的弯曲程度并不对称，上端部的变形略大于下部，这与变压器短路损坏事故常见的部位符合。图4-38所示为绕组轴向形变的实际案例。

图4-38 绕组端部轴向弯曲形变实例

3. 现有的绕组变形诊断技术

目前绕组在线监测方法主要包括了四大类：振动法、在线频响法、端口电压—电流法、主动无接触感知法。主动无接触感知法主要包括了射频信号感知、超声波感知技术，利用探测波—回波信号反演出外层结构形变特性，却无法辨识出内层绕组状态，进而限制了这两类方法的应用。前面三类方法在技术积累、方法实施上更具备优势，不同的方法在技术原理与方法特性上具有较大差异。

振动法作为变压器最为传统的在线监测方法，从变压器振动机理、特征提取与缺陷辨识挖掘等方面，已累积了大量研究去优化该监测方法，目前该技术已作为绕组缺陷辨识的一种定性方法。在线频响法主要包括了在线扫频法和在线脉冲注入法，其作为离线频响法技术性的延伸，需要设计出有效的高压扫频源或脉冲电压源，充分利用在线注入多频率信号下的频率响应判定绕组状态，目前主要研究重点在于测试信号的注入与获取、信号干扰问题，在缺陷辨识与故障分析方面可引用现有成熟的离线监测方法，进而推动该方法的工程应用。端口电压—电流法主要挖掘端口电压、电流中所蕴含的变压器内部阻抗、漏感信息来辨识绕组变形，相对于离线条件下的短路阻抗法，在线端口电压—电流法拥有更多有效的信息，包括纵向电流差、不平衡电流、谐波与励磁电流等。该类方法无须增设外部测量可直接利用现有电网的量测设备，在应用成本上具备显著性优势。不同方法经过学者们不断深入研究与优化，从理论、试验应用等方面来验证、推广各自方法的有效性与工程适用性。

4.3.2　基于外部参量检测的变压器绕组变形辨识方法

以 ΔU–I 轨迹辨识法、在线 FRA 法与振动法三类外部法为研究对象，开展相关试验研究。

4.3.2.1　试验平台

为了充分模拟实际电力变压器的真实缺陷，选用 110kV 等效缩比 10kV 变压器作为试验对象，如图 4–39 所示，其内部结构参考 110kV 电力变压器进行设计，缩比变压器的电场、磁场等物理场可根据相似理论映射出大型电力变压器的物理量，对物理规律的研究具备高度等效性，试验变压器的具体参数如表 4–6 所示。

图 4–39　试验变压器及其绕组结构

表4-6   试 验 变 压 器 的 参 数

设备参数	参数值
电压	10kV/0.4kV
额定功率	400kVA
相数	3
连接组别	YNyn0
工作频率	50Hz
匝数	300匝/12匝

高压绕组由上下层各10饼纠结式线圈与中部10饼连续式线圈所构成，其中中部10饼线圈被制作成5个可替换单元，通过更换各单元线圈的方式来模拟不同绕组缺陷的程度、区间与位置。在缺陷的设计与选择上，外层高压绕组常引发中部辐向向外形变，上端部轴向向上形变，图4-40展示了实际工程中严重辐向向外形变故障，对此绕组变形缺陷主要设置成3组不同程度辐向形变缺陷形式，包括了两饼5%向外形变（匝间短路）缺陷、两饼10%形变缺陷、四饼10%形变缺陷，如图4-41所示。而测试振动时，为了避免更换变形绕组而引起机械结构的干扰，参考实际绕组辐向形变后垫块支撑结构将逐步松散的现象，选择改变2号绕组单侧垫块的松紧程度，以模拟不同小绕组形变缺陷；考虑电力变压器的电流差动保护可识别3%以上的匝间短路缺陷，在线监测方法应辨识3%以下的小匝间短路缺陷，因此匝间短路缺陷的模拟设置成了1匝短路（0.3%）、4匝短路（1.3%）、8匝短路（2.6%），匝间短路线圈的设置如图4-42所示。

(a) WD   (b) TOT SC

图4-40 绕组形变与匝间短路

图 4-41　不同程度绕组缺陷的模拟结构

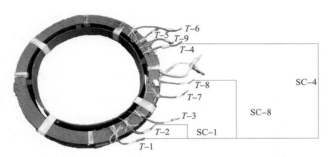

图 4-42　不同小匝间短路的模拟连接方式

4.3.2.2　试验系统与量测设备的配置

以下将逐一从试验主电气回路系统、干扰模拟方法、不同在线监测系统的三个方面逐一介绍试验平台的设计、信号的获取，其中总体系统连接图如图 4-43 所示。

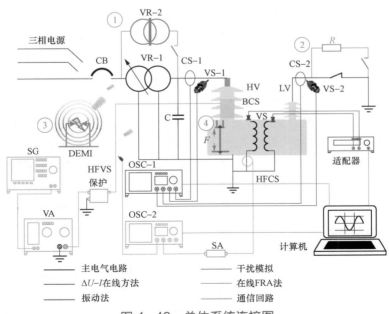

图 4-43　总体系统连接图

图 4-43 中，三相电源为 380V；CB 为小型断路器；VR-1 为调压变压器，提供电源；VR-2 为旁路变压器，模拟电源侧电路参数变化；C 为电力补偿电容，补偿变压器内部的感性无功；VS-1、VS-2 分别为高低压端口的电压测量探头；R 为负荷电阻，改变 R 的接入方式以模拟负荷变化；F 指上下铁轭的连接件，改变连接件螺钉松紧程度以模拟实际变压器结构性干扰波动；DMEI 为火花放电电磁干扰产生单元，模拟空间电磁波对不同方法的电磁干扰；OSC-1 为用于观测、采集高低压电压、电流信号的示波器，与高低压侧电压、电流传感器相连；OSC-2 为信号采集示波器，用于量测、采集高压末屏端口的输入扫频电压与高压侧中性线输出高频电流；HFVS 为用于采集高压末屏输入端的扫频电压；HFCS 为高频电流传感单元，用于采集高压绕组输出的扫频电流，并与输入扫频电压信号同步采集；SA 为电流放大器，用于放大检测到的扫频电流；SG 为信号发生器，用于产生连续性扫频信号；VA 为电压放大器，可将信号发生器输出的电压信号放大；Protection 为扫频信号的保护端口，可过滤高压侧的系统高电压，防止脉冲高电压冲击；BCS 为高压端部电容耦合器，用于将高压扫频信号耦合进入高压端口；VS 为振动传感器组，测量多点振动信号；适配器（Adapter）为振动传感器的适配器，实现信号放大与控制振动传感器组；计算机（Computer）可将多路测量信号进行采集、处理，以实现不同监测方法应用效果的对比。

主电气回路系统。将电力变压器与外部三相主电气回路进行连接，其连接示意图如图 4-43 中黑实线所示，电源为三相 380V；CB 为电流断路器，可切断电流保护人员设备安全；其中考虑到电力变压器 400kVA 额定运行功率在试验室条件无法满足，因此采用负荷侧短路的方式以减小负荷功率需求，而为了模拟负荷的变化，则用 R（R=0.01Ω）支路替换短路支路，进而改变负荷电流的大小，并调节 VR-1 输出电压实现电力变压器在额定运行电流 23A/575A 下工作；考虑电力变压器主体负荷为感性负荷，采用端口无功补偿的方式实现无功的就地补偿，其中补偿电容的大小为 250μF，减小试验对调压器、电源无功传递、供应的需求，最终整体电源负荷需求仅为 4kVA。因此，所设计的电源系统与连接方式为电力变压器提供了额定电流下运行环境，支持了端口电压电流信号、振动信号的产生，为后续在线监测方法的研究提供了电力变压器在线运行条件。

干扰模拟方法。对于电力变压器绕组缺陷的在线监测方法，其测量的干扰源可分为三类：① 外部耦合电路干扰源，包括了电网的网架参数变化、负荷大小变化、谐波干扰等，其中常规线路普遍都存在着前两类干扰源，难以预估；② 外部空间环境的干扰源，空间电磁干扰、声干扰，其中以空间电磁干扰最为严重，无法预估；③ 自身运行工况变化的干扰源，机械结构松动、温度变化、调压线圈挡位改变、铁芯磁化程度变化，其中结构的变化具有随机性、多样性，难以预估，而后一些干扰可根据其余手段进行预估、量化与去除。因此，选择网架结构与负荷变化、机械支撑结构变化、放电电磁辐射三类难以预估的干扰作为测试系统干扰的模拟对象。其中，VR-2 变压器的投入与退出用来模拟外部电网结构变化的干扰，VR-2 与 VR-1 调压变压器型号一致；对于负荷端电路参数的波动，改变 R 电阻的接入与退出方式以模拟实际负荷变化；DMEI 选用高压火花间隙开关作为电晕放电源，设定的击穿电压为 10kV，将火花放电击穿下所产生的电磁辐射、电脉冲波作为空间电磁辐射源，耦合进入主电气回路、传感器电子设备中，以探究电磁干扰对不同监测方法的影响；而对于机械结构稳定的影响，通过改变压紧连接杆的松紧程度 F、引入风机振动干扰，来模拟实际运行环境中机械结构变化的干扰。

不同测试方法的量测设备。① $\Delta U{-}I$ 主要利用高压侧、低压侧的 VS-1、VS-2、CS-1、CS-2 测量设备获取高低压端的电压与电流量；② 考虑现有离线扫频装置的输出电压只有 10V，直接迁移至在线系统将存在超低的信噪比，导致实际无法应用，选用了电压放大器 VA 作为电压输入源，可产生 180V/1MHz 的输出电压，并在输出端口利用信号放大器 SA 实现信号放大，信号发生器 SG 实现连续性扫频激励的输出，并运用 HFVS、HFCS 分别获取末屏输入端口的扫频电压、高压接地侧输出端口的扫频电流，后续基于所设计的扫频算法提取出扫频幅值曲线；③ 利用振动传感器组分别测量绕组上部压板的振动、铁芯夹件的振动、外部外壳点 1 的振动（近高压绝缘子侧）、外部外壳点 2 的振动（近低压绝缘子侧），经过适配器进行放大、采集，进而传至电脑侧进行分析、处理。

4.3.2.3　不同在线监测方法的试验结果

对三类在线监测方法开展重复性试验、缺陷诊断试验、干扰试验。其中，重复性试验为相同运行工况下累积 5 次测试试验，每次间断时间间隔为 2h；缺陷诊断试验是基于上述所提及的缺陷内容依次开展试验内容，获取不同缺陷下的测试数据；干扰试验为依次引入上述干扰后，获取不同监测方法的测量信号。以下依次展示各类方法的测试结果。

1. $\Delta U{-}I$ 轨迹法

$\Delta U{-}I$ 轨迹法主要依赖于变压器等值电路图构建出高低压端口之间电压、电流的李萨如曲线，其中曲线的变化与内部绕组变形下的漏磁及损耗变化相一致，即可判定出不同绕组缺陷。对应等式关系如下

$$\begin{cases} x = A_1 \cos(\omega t + \varphi_1) \\ y = A_2 \cos(\omega t + \varphi_2) \end{cases} \tag{4-29}$$

因为特征量 x、y 为同频量，根据李萨如图形的构建原理，得到试验变压器的曲线方程如下

$$\left(2V_{\mathrm{mHVP-1}}\sin\frac{\delta}{2}\right)^2 x^2 + 4V_{\mathrm{mHVP-1}}I_{\mathrm{mCT-1}}\sin\frac{\delta}{2}\sin\left(\varphi-\frac{\delta}{2}\right)xy + I_{\mathrm{mCT-1}}^2 y^2$$
$$+\left(2V_{\mathrm{mHVP-1}}I_{\mathrm{mCT-1}}\sin\frac{\delta}{2}\sin\left(\varphi-\frac{\delta}{2}\right)\right)^2 - \left(2V_{\mathrm{mHVP-1}}I_{\mathrm{mCT-1}}\sin\frac{\delta}{2}\right)^2 = 0 \tag{4-30}$$

根据以上公式，获取不同试验条件下端口电压、电流数据，依次绘制不同条件下端口电压、电流之间的 $\Delta U{-}I$ 曲线。重复性试验结果如图 4-44 所示，可知 $\Delta U{-}I$ 曲线在不同测试时间下依然会产生偏差，其可能是由随机性、无法预估的干扰所导致的，局部纵向偏移可达 24V。图 4-45 分别展示了不同程度绕组形变后的 $\Delta U{-}I$ 曲线变化，可大致看出不同绕组变形缺陷下曲线差异并不突出，只可分辨出 2 个 10% 的形变缺陷下的曲线变化。对于小匝间短路缺陷，其结果如图 4-46 所示，8 匝的小匝间短路具有明显的差异，局部纵

向差异可达 70V，而对于 1、4 匝的微小匝间短路缺陷的辨识依然存在局限性。从测量干扰角度，其结果如图 4-47 所示，多种干扰中，负荷电流的变化干扰占主导，但通过观察可知，将实际负荷变化后的曲线（如橙色）经过 1.253 倍放大后，曲线（虚线）与正常条件下测试结果相近，因此可推知负荷电流的变化主要改变曲线的大小，而对形状的影响较小。

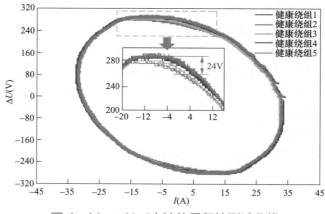

图 4-44　ΔU-I 方法的重复性测试曲线

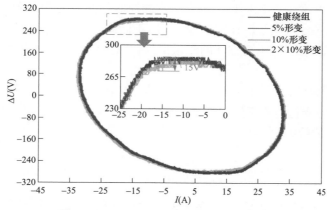

图 4-45　不同绕组缺陷下 ΔU-I 曲线

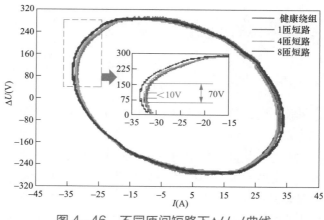

图 4-46　不同匝间短路下 ΔU-I 曲线

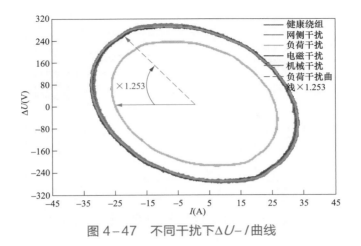

图 4-47　不同干扰下 $\Delta U - I$ 曲线

2. 在线 FRA 法

在线扫频法作为离线扫频方法的扩展，其主要运用扫频电源逐一输出不同频率、相同幅值的正弦信号，经过末屏电容耦合进入变压器绕组中，在线地获取多点输出电流、末屏电容的输入电压，构建出绕组的传递函数表（Transfer Function，TF），即频率响应曲线为

$$|\text{TF}| = 20 \lg \frac{I_{\text{HFCT}}(f)}{U_{\text{HVP-3}}(f)} \tag{4-31}$$

其中，$U_{\text{HVP-3}}(f)$、$I_{\text{HFCT}}(f)$ 为频域下输入激励电压、输出响应电流，绕组缺陷下其内部结构的变化将引起回路中分布式电感、电容、电阻的变化，进而导致了频响曲线发生变化。相对于离线 FRA 方法，在线扫频法需要依赖电容耦合装置或末屏电容，实现低压扫频信号耦合至高压端口上。对比图 4-48 中离线下 FRA 曲线（图中标记为离线测试）与在线空载下 FRA 曲线可知，在线空载曲线在小于 10kHz 频率下增益较低，而在中—高频区间内其增益与离线曲线的差异趋向于稳定，平移后曲线与离线条件下曲线保持一致性，即中—高频区间的频谱响应曲线形态受电容耦合效率的影响较小，可应用现有离线 FRA 的数据处理、信号分析的方法拓展至在线 FRA 方法中。

图 4-48 中"健康绕组 1~5"所标明的曲线表示连接外部电源、接入负荷后的多次测量得到的 FRA 曲线，对比离线条件下曲线，其波形受负荷、外部连接电路的影响而产生变换，进而佐证了负荷、外部连接电路一定程度将会干扰 FRA 扫频结果，而待系统稳定后进行重复性试验，所获取到的多条曲线差异性较小，即验证了在线 FRA 方法在整体系统稳定条件下具备测量稳定性。通过改变变压器的缺陷类型，获取了不同绕组形变、小匝间短路下 FRA 曲线，分别如图 4-49 和图 4-50 所示，不同绕组形变缺陷主要引起高频区 FRA 曲线的偏移，并随着劣化程度的加重，偏移更大，而对于小匝间短路缺陷所引起的曲线畸变更为明显，正常条件下曲线与 1 匝短路下曲线（1 匝短路）依然具有一定差异，可知在线 FRA 对 0.3% 微小匝间短路依然可有效表征。而随着不同干扰的引入，机械结构的变化并未引起波形的畸变，突出的波形畸变集中于是由电磁干扰、外部网侧参数变

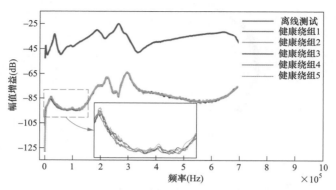

图 4-48　无缺陷下离线与在线 FRA 重复性测试结果

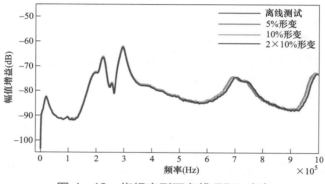

图 4-49　绕组变形下在线 FRA 响应

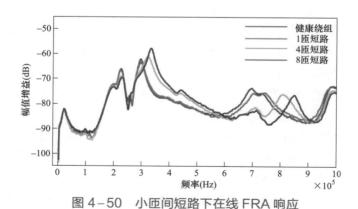

图 4-50　小匝间短路下在线 FRA 响应

化所引起的，如图 4-51 所示。其中，电磁干扰主要由于干扰同频信号通过地线耦合进入测量回路，或者电流 TA 易受电磁干扰，算法无法有效滤除；而外部网架结构变化下 FRA 曲线（图 4-51 中"网侧干扰"所标记）的畸变更为突出，并主要集中于低频区间，其可能是由于并联网侧负载 Z_{grid} 的变化而引起耦合效率式中频率相关项的变化，进而诱导响应谱线的畸变，相比而言，负荷的波动对于波形畸变较小。

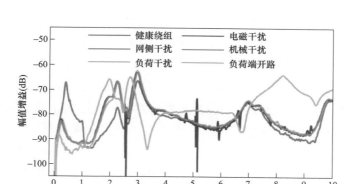

图 4-51　不同干扰下在线 FRA 响应

3. 振动法

变压器内部材料多样且结构复杂，运行过程中涉及电—磁—力与结构之间的相互耦合，而其振动信号携带着大量机械结构、电磁力的信息，绕组缺陷所引起的绕组结构变化、电磁力变化则诱导变压器振动信号的变化，因此可从振动信号中挖掘出绕组缺陷信息。

假设该系统为线性系统，以绕组为对象，在电磁力下，绕组内部结构将产生单点振动加速度，可表示为

$$[a_{w1} \quad a_{w2} \quad \cdots \quad a_{wn}] = F_w \times [H_{w1} \quad H_{w2} \quad \cdots \quad H_{wn}] \tag{4-32}$$

式中：a_{wn} 为绕组的自身振动加速度，即整体系统的振动源；F_w 为绕组所承受的电磁力，其在非位移运动条件下频率为 100Hz，即机械系统的激励。

考虑绕组振动位移时，电流分布与磁场分布都将引发相对位移关系，导致系统振动出现 50Hz 整数倍频率的响应，而不同频率点的响应变化可表征绕组振动激励、响应函数的变化，即携带绕组的结构特征，因此选用傅里叶变换方法获取频域内振动的强度量作为缺陷的辨识参量。

内部振动通过箱体连接件、油液传递至箱体上，而变压器做了无油处理，振动的传导主要依赖于铁芯夹件，而油箱上各点的振动可近似表示为

$$a_{Ti} = \sum_{j=1}^{n} (H_{sij} \times H_{wj}) \times F_w \tag{4-33}$$

式中：H_{sij} 为油箱点 i 到内部振动源点 j 之间传导结构的传递频率响应；a_{Ti} 为某点的振动加速度大小。

可知，外部测量的振动是由内部振动源、传递结构所决定的，不同测量点振动特征由于传递函数的差异将导致其对缺陷的灵敏度不一致，因此优选出了绕组上端部振动源点、外部高响应点的振动作为测试的分析对象。

图 4-52 所呈现的是重复性试验下绕组上部振动源点的振动频域信号，可知主要的振动能量主要集中于 50Hz 及其倍频点上，因此以 50Hz 及其倍频点的信号强度作为分支绘制不同情况下的 Radar 图以筛选出关键振动信息。观察图 4-52 中重复性试验下平均频谱曲线与最大的误差线可知，振动信号整体稳定性较差，最大误差发生在 250Hz 频率点，波动程度可达整体的 50%，该信号的不稳定性将对绕组缺陷判定的准确性产生了一定影响，同时在 Radar 图中绘制无缺陷下振动平均信号强度作为参考线，"上界"与"下界"曲线限定了上下限的最大波动空间，每条分支上下端点数值等于 10 倍上下限误差波动值，即可直观地判定出方法对不同缺陷的识别度。图 4-53 为模拟不同绕组形变缺陷下绕组上端源点与外部高响应点的振动 Radar 信号图，可知两个位置的图形变化具备一致性，单侧微小形变下垫块松动将引起振动信号较小的变化，而随着垫块松散程度的加重将脱离正常绕组的信号波动区间，可有效观察其 Radar 的图形差异。而对于不同微小匝间短路而言，如图 4-54 所示，绕组端部与外部高响应测试点的振动信号的波动都较大，可有效地表征出匝间短路故障发生，但是不同频率点的强度变化与劣化程度并非都保持正相关，进而对缺陷程度与振动频谱之间关系的挖掘提出了更高的要求。而当干扰引入后，内外振动频谱都发生变化，其中图 4-55 所示的是外部高响应点在引入不同干扰后的振动信号，由于"网侧干扰"曲线与"电磁干扰"曲线主要集中于正常工况下的曲线波动范围内，即可表明外部网架结构的变化与电磁辐射对振动测量的影响较小；对于负荷波动下的振动曲线（图 4-55 中由"负荷干扰"所标记）部分脱离了正常工况的波动范围，主要是负荷电流的降低导致了绕组振动的降低；在变压器内部机械结构松动的干扰下，振动曲线（图 4-55 中由"机械干扰"所标记）发生了较大程度突变，可知内部机械结构的松动对振动的影响较大，机械结构的松动可能将改变绕组的机械响应函数、振动传递函数，进而引起外部端点信号较大变化。

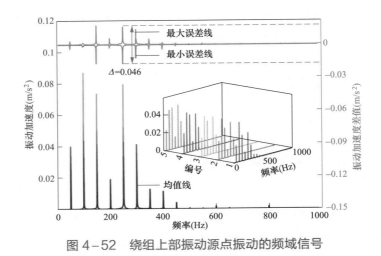

图 4-52　绕组上部振动源点振动的频域信号

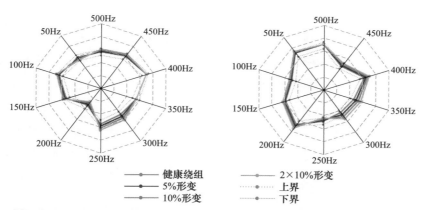

图 4-53　不同绕组形变下绕组上部源点与外部高响应点振动频域信号

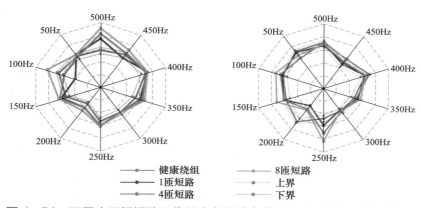

图 4-54　不同小匝间短路下绕组上部源点与外部高响应点振动频率信号

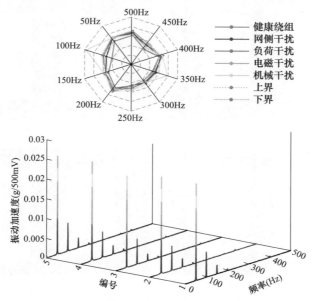

图 4-55　不同干扰下外部高响应点振动频率频域信号

4.3.3　基于内部参量检测的变压器绕组变形缺陷辨识方法

4.3.3.1　变压器内部漏磁传感方法及特征提取

1. 变压器内部漏磁传感方法

目前，用于磁场测量的方法主要分为电信号类和非电信号类。电信号类主要有霍尔磁场传感器、磁阻传感器和磁通门传感器等，存在体积大，难以抵抗电磁干扰等问题。而非电信号的光纤磁场传感器具有体积小，抗电磁干扰能力强，可以分布式多点测量等优点，非常适合变压器内部这种多工况复杂条件下的磁场测量。

光纤磁场传感器按照传感机理可以分为：基于材料的磁致伸缩敏感特性，基于光纤光栅的磁致应变敏感特性，基于磁流体的光学折射率磁致调节特性，基于法拉第磁致旋光效应等。其中基于材料的磁致伸缩敏感特性的磁场传感器中磁致伸缩镀膜容易脱落，限制了传感器的使用寿命；基于光纤光栅的磁致应变敏感特性的磁场传感器易受干扰，灵敏度不高；基于磁流体的光学折射率磁致调节特性的磁场传感器中磁流体的填充和封装比较困难；基于法拉第磁致旋光效应的磁场传感器具有较高的灵敏度而且体积小、线性度好，因此选用基于法拉第磁致旋光效应的磁场传感器用于变压器内部漏磁的检测。

2. 变压器漏磁分布规律及特征提取

（1）磁场分布。将变压器绕组变形归类为低压绕组上端部轴向压缩，低压绕组下端部轴向压缩，低压绕组对称压缩，高压绕组上端部轴向压缩，高压绕组下端部轴向压缩，高压绕组对称压缩这6种类型。绕组变形分类示意图如图4-56所示。

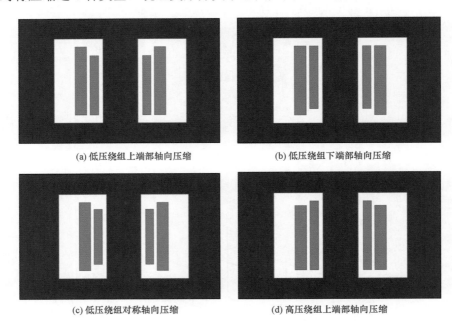

(a) 低压绕组上端部轴向压缩　　　　　　(b) 低压绕组下端部轴向压缩

(c) 低压绕组对称轴向压缩　　　　　　(d) 高压绕组上端部轴向压缩

图4-56　变压器绕组变形分类示意图（一）

(e) 高压绕组下端部轴向压缩

(f) 高压绕组对称轴向压缩

图 4-56　变压器绕组变形分类示意图（二）

将绕组形变程度量化为变压器绕组高度的相对变化量，建立 6 种形变类型的仿真模型。为了方便分析变压器绕组形变前后的漏磁分布规律变化，在高低压绕组之间的巷道内选取一条磁场观测路径，如图 4-57 所示。当形变程度为 5% 时，磁场的分布变化如图 4-58 和图 4-59 所示。

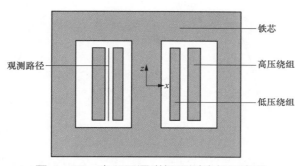

图 4-57　变压器漏磁场观测路径示意图

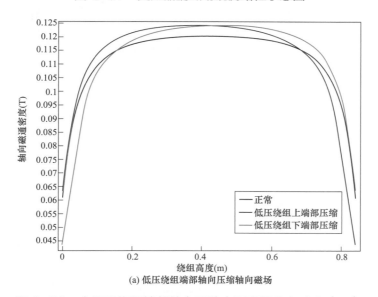
(a) 低压绕组端部轴向压缩轴向磁场

图 4-58　变压器绕组端部轴向压缩变形磁场分布畸变（一）

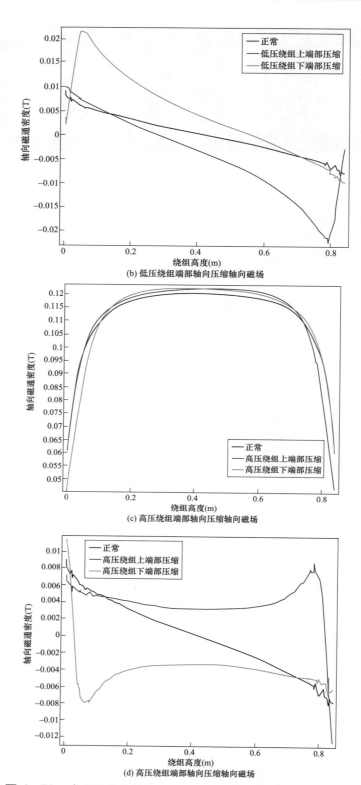

图 4-58　变压器绕组端部轴向压缩变形磁场分布畸变（二）

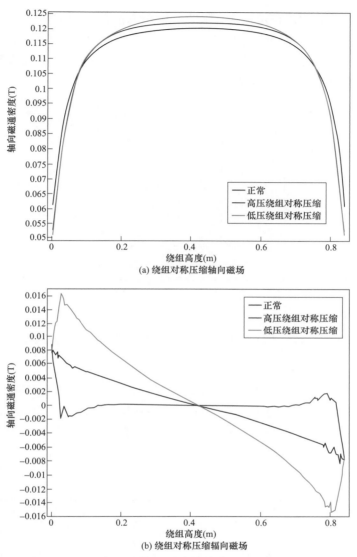

图 4-59 变压器绕组对称压缩变形磁场分布畸变

低压绕组发生上端部轴向压缩形变时,上端部的磁场变化远大于下端部,发生下端部轴向压缩形变时则与之相反。高压绕组发生形变时磁场分布变化明显的位置与低压绕组形变基本相似。所以通过对比不同位置的磁场变化可以区分形变发生在上端部还是下端部。高低压绕组发生对称压缩形变时,磁场分布的变化规律也是对称的,可以看出绕组发生对称压缩形变后,轴向、辐向磁场的分布对称性依旧很好,可以对比磁场分布的对称性变化来区分是端部压缩变形还是对称压缩变形。

(2)特征样本提取。在仿真模型中,变压器内部所有点的漏磁场分布数据都可以获得,而且从理论上来说能够获取的数据越多对绕组变形缺陷的辨识就越准确。但是对于实际运行的变压器,即使是安装空间分辨率极小的分布式传感器,在考虑经济性和可操作性的前提下，能够获取的测点信息也是极为有限的。为了构建绕组变形类型与变压器漏磁分布之间的关联关系，基于变压器绕组变形前后的漏磁分布畸变规律，以及对光纤磁场传感器的安装和光纤进出线方便的综合考虑，选择如图 4-60 所示九个测点的轴向磁场和辐向磁场共 18 个数据作为绕组变形缺陷的辨识特征。

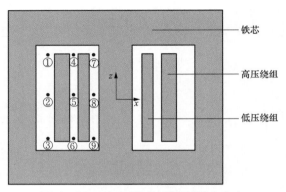

图 4-60　变压器内部漏磁测点分布

4.3.3.2　基于内部绕组漏磁与 RBF 神经网络的形变缺陷辨识模型

1. 绕组变形缺陷编码

将变压器绕组变形归类为低压绕组上端部轴向压缩，低压绕组下端部轴向压缩，低压绕组对称压缩，高压绕组上端部轴向压缩，高压绕组下端部轴向压缩，高压绕组对称压缩这 6 种类型。为了便于分析，对上述 6 种变压器绕组变形缺陷类型进行缺陷编码，如表 4-7 所示。

表 4-7　　　　　　　　　　绕组变形缺陷类型编码

缺陷类型	编码
低压绕组上端部轴向压缩	(0,0,0,0,0,1)
低压绕组下端部轴向压缩	(0,0,0,0,1,0)
低压绕组对称压缩	(0,0,0,1,0,0)
高压绕组上端部轴向压缩	(0,0,1,0,0,0)
高压绕组下端部轴向压缩	(0,1,0,0,0,0)
高压绕组对称压缩	(1,0,0,0,0,0)

2. 径向基函数神经网络

（1）径向基函数神经网络概述。径向基函数是一个非负实值函数，它的中心点是径向对称的，只取决于到中心点的距离。径向基函数神经网络具有拓扑结构简单、光滑性好、收敛速度快、无局部极小值点等优点，可以逼近任何非线性系统。其与 BP 神经网络比较，有着明显的优势。RBF 神经网络能够实现完全逼近，泛化能力较强，精度比 BP 网络要高，作为性能佳、又能以任意的精度去逼近所有的非线性的函数的神经网络，它克服了 BP 神经网络固有的局部最优问题。

（2）径向基函数神经网络结构模型。图 4-61 所示为一般的径向基神经网络结构，一共分为三层。第一层是输入层，它仅作为输入数据，包括 M 个输入神经节点；第二层是一个包含 q 个径向神经元的隐藏层，径向基神经网络的隐节点数是可以根据需要来确定的；第三层是输出层，隐藏层到输出层是通过对隐藏层神经元进行不同权重系数的求和来实现的，这个变换与前面所提到的输入层到隐藏层之间的变换是不同的，后者是非线性的。

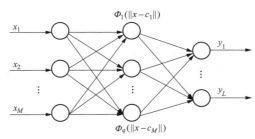

图 4-61　径向基神经网络结构

假设网络的输入 x 为 M 维，输出 y 为 L 维，非线性映射 $x \rightarrow u_i(x)$ 是在隐藏层实现。高斯函数是径向基函数神经网络中隐藏层节点的激活函数。因此，i 节点的输出将表示为

$$u_i = \exp\left[-\frac{(x-c_i)^T(x-c_i)}{2\sigma_i^2} \right] \qquad (4-34)$$

隐藏层与输出层的之间的映射关系可以描述为

$$y_k = \sum_{i=1}^{q} (w_{ki}u_i) - \theta_k \qquad (4-35)$$

式（4-34）和式（4-35）中：x 表示输入样本；q 是隐藏层中节点的个数；u_i 是隐藏层中 i 节点的输出；σ_i 是隐藏层中 i 节点的标准化常数；y_k 是输出层第 k 个节点的输出；w_{ki} 是隐藏层到输出层的权重系数；θ 表示输出层节点的阈值；c_i 是隐藏层节点高斯函数的中心向量。

（3）径向基函数神经网络的学习算法。RBF 算法具体步骤有三步，分别是基于 K-均值聚类方法求取基函数中心，求解方差 σ_i 和计算隐含层和输出层之间的权值。

首先进行网络初始化，开始时聚类中心 c_i 是随机选取的 q 个训练样本；然后对这些样本进行分组，分组规则为最近邻规则，并且重新调整聚类中心。

第二步是求解方差 σ_i，基函数是高斯函数，所以方差可以按式（4-36）求解，其中 c_{max} 是所选取中心之间的最大距离。

$$\sigma_i = \frac{c_{max}}{\sqrt{2q}} \qquad (4-36)$$

第三步用最小二乘法计算隐藏层和输出层之间的权重系数。

$$w = \exp\left(\frac{q}{c_{\max}^2}\|x_m - c_i\|^2\right) \quad\quad (4-37)$$

3. 基于 RBF 神经网络的变压器绕组缺陷辨识

（1）样本数据的获取。由于缺少工程现场数据，采用仿真方式获得样本数据。建立有限元模型对前述 6 种变压器绕组变形缺陷进行模拟仿真。将绕组形变程度量化为变压器绕组高度的相对变化量，仿真模拟 6 种变压器绕组形变缺陷时以绕组高度的 0.6%为间隔，每种形变缺陷仿真 20 组缺陷数据。最后提取出每次仿真中 9 个测点的辐向磁场数据和轴向磁场数据作为样本。以高压绕组对称压缩为例，9 个测点的磁场强度随形变缺陷程度的变化如图 4-62 所示。

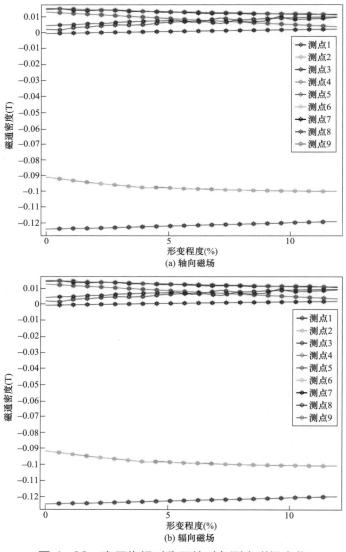

图 4-62　高压绕组对称压缩时各测点磁场变化

通过前述仿真共获得 120 组样本数据，每种变形缺陷各有 20 组样本数据。将这些样本数据分为训练集和测试集，其中训练样本每种变形缺陷各有 16 组，测试样本各有 4 组。其中训练样本以 20% 的比例分别从 6 种绕组变形缺陷样本中随机抽取得到。

（2）原始数据的归一化。提取出每次仿真中 9 个测点的辐向磁场和轴向磁场共 18 个数据作为特征参量。所以诊断模型中输入向量的维度就是 18。但是，各个测点磁场的数值大小有着很大差距，如果不经处理直接输入诊断网络，幅值较大的样本会影响幅值较小的样本的训练过程，所以在得到原始数据样本后，应先对其进行归一化变换。

通过归一化处理可以将数据样本的大小变换到 0 到 1 的范围内，即

$$y = \frac{y_i - y_{\min}}{y_{\max} - y_{\min}} \tag{4-38}$$

式中：$y_{\min}$、$y_{\max}$ 分别表示同一特征参量的最大的数据和最小的数据。

（3）RBF 神经网络辨识模型构建。RBF 神经网络采用 MATLAB 平台中的 newrb 函数来建立的。该函数的输入变量参数为输入向量矩阵、输出向量矩阵、均方误差目标、网络扩展速度和神经元的最大数目等。首先将训练样本以矩阵的形式作为输入层的输入向量，然后求解隐藏层和输出层的输出，并计算训练误差，当训练误差满足预设精度时结束训练，否则就调整权重系数继续训练。在 MATLAB 里 newrb 函数参数中网络扩展速度（SPREAD）的大小会直接影响 RBF 神经网络的诊断精度，经过多次测试当 SPREAD 的取值为 0.7 左右时，网络的逼近误差最小。网络经过 18 次训练后其误差已经满足预设精度。图 4-63 所示为 RBF 神经网络的诊断流程图。

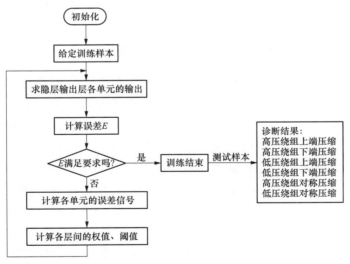

图 4-63　RBF 神经网络诊断流程图

（4）辨识结果分析。采用训练样本对模型进行训练，然后对训练后的 RBF 神经网络模型进行测试，测试样本的缺陷辨识结果如图 4-64 所示。其中缺陷类型 1~6 分别对应的是低压绕组上端部轴向压缩，低压绕组下端部轴向压缩，低压绕组对称压缩，高压绕组

上端部轴向压缩，高压绕组下端部轴向压缩，高压绕组对称压缩这 6 种类型。可以看出缺陷辨识模型的准确度达到了 95.8%，具有很好的辨识效果。但是由于此处的样本数据均是基于变压器有限元仿真模型获取，虽然获得了不错的辨识效果，但所提方法能否在实际工程中应用，还需通过下一步的动模试验来验证。

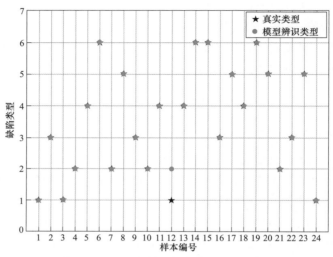

图 4−64　测试样本的缺陷辨识结果

4.4　基于多参量融合的变压器缺陷溯源方法

4.4.1　变压器多参量融合缺陷溯源的基本思路

当变压器内部存在热缺陷、放电缺陷或绕组变形等缺陷时，变压器的各监测量会与设备正常运行时各参量的量测值不同，缺陷严重程度也与各监测量的量值或变化速率关联。因此，在变压器上配置智能传感或多物理量监测装置，对获取到的监测信息进行分析处理，并用于指导电网运行调控，对保证变压器及电网的安全稳定运行有着重要作用。此外，变压器的运行状态由多种特征指标共同决定，现有国家标准及行业标准中对变压器的多种电气特征参量进行了详细规范，然而现有标准通常仅在单一性能指标下进行评判，无法有效辨识变压器缺陷类型，也无法全面、客观反映变压器的安全状态及安全耐受能力。

现有变压器缺陷辨识模型在训练时，大都缺乏必要的监督，也没有综合考虑专家经验及变压器运行规程的要求，虽能辨识变压器是否存在某类缺陷，但普遍不能精准辨识引发缺陷的原因。对于变压器内部存在的早期缺陷，现有方法不能在变压器轻微缺陷演变为严重缺陷前感知缺陷的存在，也不能在变压器存在轻微缺陷时辨识缺陷诱因，不利于尽早将变压器缺陷遏制在萌芽阶段，不能为变压器安全运行和主动调控提供指导。为此，需要构建多参量融合的变压器缺陷状态分级方法，整体思路如图 4−65 中所示。

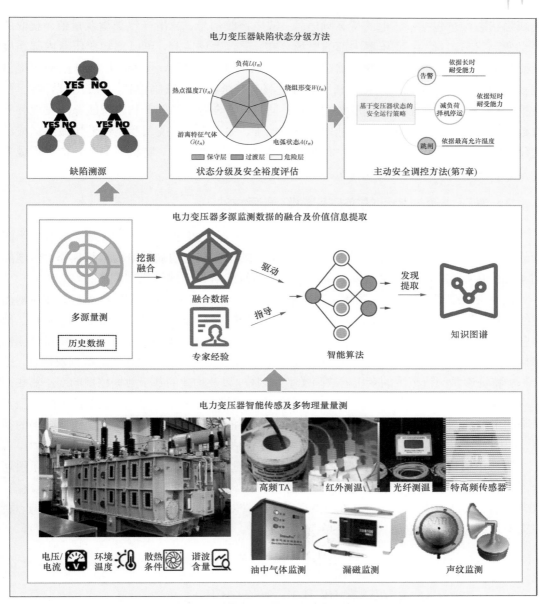

图 4-65　多参量融合变压器缺陷辨识、状态分级与主动安全调控方法

　　首先，通过安装智能传感器和监测装置获取变压器运行环境条件、运行参数、热缺陷状态参量、放电缺陷状态参量和绕组变形缺陷状态参量。其中，安装的智能传感器和监测装置包括：电压互感器、电流互感器、高频电流互感器、特高频传感器、声纹传感器、红外测温装置、光纤测温装置、顶层油温计、油中气体监测装置、游离气体监测装置和漏磁监测装置。获取的运行环境条件包括：变压器运行环境温度、变压器的散热方式及散热条件。获取的运行参数包括：电压、电流（负载率）。获取的热缺陷状态参量包括：绕组热点温度、顶层油温、与纤维绝缘材料接触的金属部件温度、金属部件热点温度。获取的放

电缺陷状态参量包括：放电的特高频信号、放电声纹信号、放电产气类型及量值。获取的绕组变形状态参量为：变压器内部的磁场分布。配合上述监测，可以感知变压器内部温度及磁场分布情况，可以获取变压器缺陷产生的热、电、声信息，可为变压器缺陷溯源提供更多元的特征参量信息。接着，利用多源量测与变压器历史缺陷信息，经过数据预处理、数据挖掘、多源数据融合以提取数据特征；同时，结合专家经验，利用智能算法发现并获取数据中的价值信息，通过信息抽取、知识加工、知识合并、关系及属性链接最终形成结构化、网络化的知识图谱。最后，依据分析提取到的价值数据、特征及信息，构建形成多参量融合变压器缺陷辨识与状态分级方法。

4.4.2 基于决策树模型的变压器缺陷溯源方法

实现变压器的缺陷辨识和溯源是采取主动安全保护措施的前提，依据变压器缺陷演变规律，综合考虑变压器运行规程，同时利用数据挖掘获得的缺陷原因辨识模型，构建如图 4-66 中所示基于决策树的多参量融合变压器缺陷辨识及缺陷原因溯源方法。

该决策树模型由输入层、决策层和结果层 3 部分构成。决策树模型的输入层为变压器的在线监测数据及历史运行数据，主要包含变压器的负载率、谐波频率及含量、偏磁程度、散热条件、多点测温数据、特高频信号、油中溶解气体及游离气体含量、多点漏磁实测数据、结构信息及历史停运检修数据等。决策树模型的决策层部分，利用输入层的数据及信息，结合基于特征参量阈值范围的变压器缺陷类型预划分，以及构建的基于数据挖掘的变压器热缺陷辨识模型、放电缺陷辨识模型和绕组变形缺陷辨识模型，来诊断得到变压器的缺陷类型及缺陷的引发原因。决策树模型的结果层依据决策层的辨识及评估结果输出变压器缺陷的类型、原因及严重程度，并依据缺陷发展演变规律评估变压器的安全裕度及安全耐受能力。

该决策树模型的决策层中，首先通过特征参量阈值范围对变压器缺陷类型进行预划分。利用变压器内部产气的类型及它们的含量占比，初步判定变压器存在的缺陷是热缺陷、放电缺陷，或是两类缺陷同时存在；然后再分别针对单一类型缺陷开展缺陷原因溯源。缺陷类型预划分使用判据如式（4-39）所示。

$$\begin{cases} \text{只存在热缺陷：} \dfrac{\ell(C_2H_2)}{\ell(C_2H_4)} < \zeta_1 \\[2mm] \text{只存在放电缺陷：} \dfrac{\ell(C_2H_2)}{\ell(C_2H_4)} > \zeta_1 \text{ 且 } \dfrac{\ell(CH_4)}{\ell(H_2)} < \zeta_2 \\[2mm] \text{同时存在热缺陷和放电缺陷：} \dfrac{\ell(C_2H_2)}{\ell(C_2H_4)} > \zeta_1 \text{ 且 } \dfrac{\ell(CH_4)}{\ell(H_2)} > \zeta_2 \end{cases} \tag{4-39}$$

式中：$\ell(C_2H_2)$、$\ell(C_2H_4)$、$\ell(CH_4)$、$\ell(H_2)$ 分别为乙炔、乙烯、甲烷和氢气的单位体积含量；ζ_1、ζ_2 为划分阈值。

根据变压器油和固体绝缘材料在不同的温度、不同的放电形式下的产气试验结果，可取 $\zeta_1 = 0.1$、$\zeta_2 = 1$。

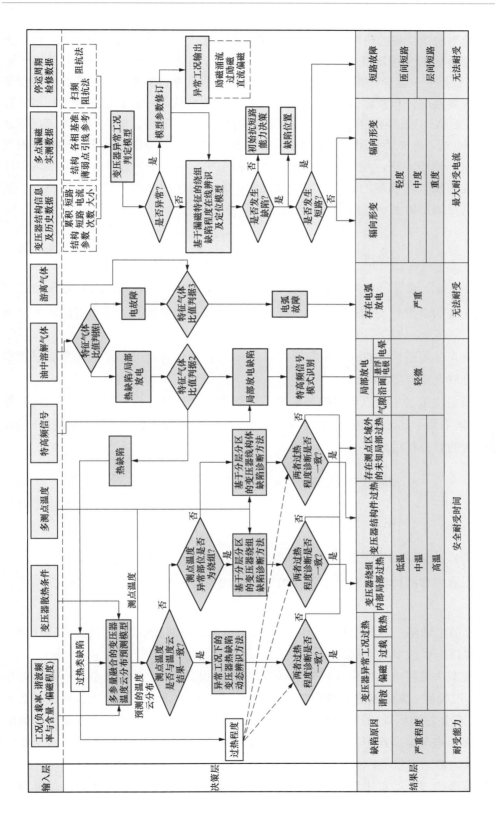

图 4-66　变压器缺陷在线辨识及缺陷原因溯源决策树

决策树模型决策层中的热缺陷辨识模型包括：异常工况下的变压器热缺陷动态辨识方法，基于分层分区的变压器绕组缺陷诊断方法和基于分层分区的变压器结构件缺陷诊断方法。首先，依据变压器运行参数及散热条件，利用多参量融合的变压器温度云分布预测模型得到变压器温度分布预测值。然后，将变压器多点测温值与对应点位的温度预测值作比较，若温度近似一致，则表明变压器过热是由谐波、偏磁、过载、散热等异常工况导致的；若温度不一致，再先后利用分层分区的变压器绕组缺陷诊断方法和基于分层分区的变压器结构件缺陷诊断方法，判定引发变压器过热问题的原因是绕组过热，还是结构件过热。对于上述方法无法确定的过热问题，将其归类为测点区域外的未知局部过热。上述温度一致性判定法则如下

$$
\begin{cases}
温度一致：\ \left|\theta_{\mathrm{est},i}-\theta_{\mathrm{mea},i}\right| \leqslant ET,\ \forall i\in\Theta \\
温度不一致：\ \left|\theta_{\mathrm{est},i}-\theta_{\mathrm{mea},i}\right| > ET,\ \exists i\in\Theta
\end{cases}
\tag{4-40}
$$

式中：i 为测温布点编号；Θ 为所有测温布点编号的集合；$\theta_{\mathrm{est},i}$ 为温度云分布预测模型输出的布点 i 处的温度预测值；$\theta_{\mathrm{mea},i}$ 为布点 i 处的温度实际量测值；ET 为允许的误差容限。

考虑目前光纤测温系统的测量精度能控制在 $\pm1℃$，同时计及其他干扰因素对温度测量的影响，可取误差容限 $ET=2℃$。

决策树模型决策层中的放电缺陷辨识模型，结合特征气体比值范围区分放电剧烈程度，判定放电缺陷属于局部放电还是击穿或电弧性故障。在缺陷类型预划分判据的基础上，放电剧烈程度的划分判据为

$$
\begin{cases}
局部放电缺陷：\dfrac{\ell(\mathrm{C_2H_2})}{\ell(\mathrm{C_2H_4})} > \zeta_3 \\[2mm]
电弧/击穿性放电故障：\zeta_1 < \dfrac{\ell(\mathrm{C_2H_2})}{\ell(\mathrm{C_2H_4})} < \zeta_3
\end{cases}
\tag{4-41}
$$

式中：$\ell(\mathrm{C_2H_2})$、$\ell(\mathrm{C_2H_4})$ 为乙炔、乙烯的单位体积含量；ζ_1、ζ_3 为划分阈值。

根据变压器油和固体绝缘材料在不同的放电形式下的产气试验结果，可取 $\zeta_1=0.1$、$\zeta_3=3$。

对于局部放电缺陷，再利用特高频信号模式识别判定局部放电类型，包括气隙放电、沿面放电、悬浮电极放电、电晕放电。

决策树模型决策层中的绕组变形缺陷辨识模依据变压器运行参数判定变压器是否处于励磁涌流、过励磁、直流偏磁等导致变压器内部磁场畸变的异常工况。当识别或感知到异常工况后，首先对绕组缺陷辨识模型进行修正，然后利用基于漏磁特征的绕组变形缺陷评估及定位模型来判定绕组形变属于辐向形变还是轴向形变，同时评估当前状态下变压器的最大短路电流耐受能力。

决策树模型中涉及的基于数据挖掘的变压器热缺陷辨识模型、放电缺陷辨识模型和

绕组变形缺陷辨识模型通过如图 4-67 所示的流程图训练得到，并应用于变压器的缺陷原因溯源；该方法利用变压器在线监测系统获取的数据及存储的历史数据训练得到缺陷原因辨识模型，模型建立了监测数据与缺陷原因间的非线性映射关系，将实时监测数据输入模型即可诊断得到变压器缺陷原因，可为针对性缺陷抑制措施制定提供指导。

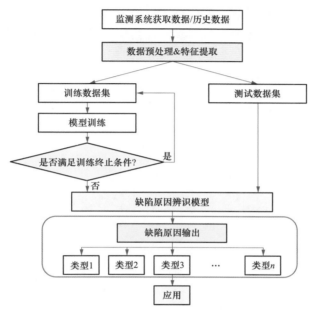

图 4-67　基于数据挖掘的变压器缺陷原因辨识流程图

本 章 小 结

　　本章针对电力变压器内部放电、过热和绕组变形 3 类典型缺陷，构建了变压器典型缺陷的在线辨识方法，形成变压器安全运行的第一级防线，为后续开展变压器状态分级和动态安全裕度估计提供了模型基础。对于放电缺陷，分析了油纸绝缘放电气体产生机理和气体组分的变化趋势，将气隙放电发展过程按能量特性分为 4 个放电阶段；根据不同类型放电产生特征气体的不同，建立了改进杜威三角形法、无编码比值法等多种放电诊断模型；根据局部放电发展过程中的油中溶解气体变化规律和游离特征气体变化规律，建立了变压器放电性故障诊断模型。对于热缺陷，仿真分析表明不同区域热缺陷及其不同过热严重程度均会引起多测点温升值出现显著变化和差异，据此构建了变压器绕组 4 个分区热缺陷在不同过热程度（低温、中温、高温）下对应的温升矩阵，以多测点温升数据作为输入，采用灰色关联映射分析方法实现了绕组热缺陷存在区域的辨识；研究构建了绕组 4 个分区过热严重程度与对应多测点温升之间的多项式量化计算模型，将多测点温升数据代入对应分区的热缺陷严重程度辨识计算模型，即可实现绕组热缺陷严重程度的判定。对于绕组变形，介绍了 3 种传统的变压器绕组形变监测方法，并对其进行了试验对比分析，归纳了传统监测方法在实际使用过程中存在的局限性，提出了基于漏磁感知的变压器绕组形变在线监测方法，既可以实现对变压器绕组形变的分类，也可提供变压器绕组形变程度的信息，更适用变压器绕组形变的在线监测。最后，在变压器典型缺陷辨识方法的基础上，通过获取变压器运行环境条件、运行参数、热缺陷状态参量、放电缺陷状态参量和绕组变形缺陷状态参量，构建了多参量融合的变压器缺陷溯源决策树模型。

第5章
大型变压器主动保护方法

油浸式变压器内部故障的产生存在由轻微缺陷发展为严重缺陷再发展为电弧击穿的演化过程。机械类、过热类和放电类轻微缺陷的辨识方法已在第4章中作过介绍,其辨识结果能够指导运维人员做出应对措施,但辨识缺陷所需的数据时间窗较长,需要比对数月内的前后数据,所以轻微缺陷的辨识方法注重辨识灵敏性,但可靠性存在不足,加之运维人员进行停电检修决策同样需要时间,必然会有轻微缺陷能够躲过在线监测的防护而发展为严重的放电缺陷,第2章的试验表明,严重放电缺陷仅需要数个小时甚至更短的时间即可发展为电弧击穿。构建一个能够反映严重缺陷快速发展的主动保护防线、在电弧击穿之前及时切除变压器,对进一步提升变压器的安全运行水平有重要意义,相关的研究在国内外公开发表的文献中并不多见。严重放电发生时,变压器会伴随有电、声、磁、气等物理参量的变化,前文介绍了通过试验方式获得的多种信号的变化趋势,这些放电表征参量即是构建主动保护方法的基础,本章将基于不同放电缺陷表征参量的特征来探讨变压器主动保护的基本思路和不同的技术路线。

5.1 基于放电特征的变压器主动保护方法

在放电缺陷发展时变压器中会产生丰富的脉冲电流、特高频电磁波和声特征变化,脉冲电流、特高频信号均为脉冲型信号,传播速度快,几乎在放电瞬间即可被检测到,声信号本质为机械波,虽然传播速度不如电磁信号,但是在油箱尺度下也仅会有数毫秒的延时。这三种信号的同步性高、关联特征显著,适于以相近的视角来进行分析,基于此构建的主动保护方法能够对毫秒级别快速发展的放电缺陷及时做出反应。

5.1.1 多参量特征变化机理分析

1. 脉冲电流信号特征变化机理分析

油纸绝缘放电机理可以用图5-1所示放电等效回路来解释,其中 C_g 和 R_g 为放电油隙的等效电容与等效电阻, C_b 和 R_b 为与放电部分串联的绝缘介质的等效电容与等效电阻, C_a 为介质其余部分电容, u 为外施工频交流电压,记 C_g 两端的电压为 u_g 。

由于良好的变压器油与油浸纸板等绝缘材料可认为其流过的有功电流几乎为 0,所以

可认为图 5-1 所示放电等效回路中按电容分压，则 C_g 两端电压可表示为

$$u_g = \frac{C_b}{C_g + C_b} \cdot u \qquad (5-1)$$

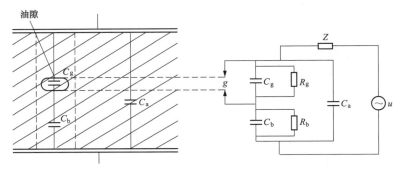

图 5-1　放电等效回路

u_g 随 u 按正弦电压变化，当 u_g 大于局部放电起始放电电压 U_{gi} 时，C_g 击穿，发生该周波内第一次放电，击穿后 u_g 迅速下降，当其小于局部放电熄灭电压 U_{gt} 时，油隙恢复绝缘，u_g 再次随外施电压上升而上升，绝对值大于 U_{gi} 时，放电再次发生，以上过程对应电压、电流波形如图 5-2 所示。由图 5-2 可知，当电压 u_g 的峰值远大于 U_{gi}，且 U_{gi} 与 U_{gt} 越接近时，每个周波中的放电脉冲次数也越多。前文所开展的试验中，利用高频电流互感器（HFCT）直接或间接检测放电回路中的脉冲电流信号，其信号幅值与放电量、脉冲次数和放电次数之间分别有直接的关联。

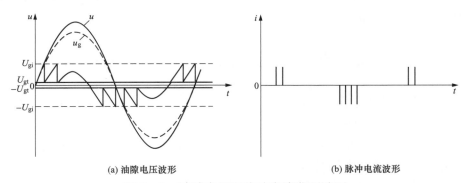

(a) 油隙电压波形　　　　　　　　　　(b) 脉冲电流波形

图 5-2　油隙电压和脉冲电流典型波形

当放电发生后，C_g 两端电压发生变化，电容所存储电荷量的变化即为实际放电电荷量，油隙电压变化值为

$$\Delta U_g = U_{gi} - U_{gt} \qquad (5-2)$$

以 C_g 两端为入口的等效电容 C_{eq} 为

$$C_{eq} = C_g + \frac{C_a C_b}{C_a + C_b} \qquad (5-3)$$

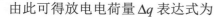

由此可得放电电荷量 Δq 表达式为

$$\Delta q = C_{eq} \cdot \Delta U_g = \left(C_g + \frac{C_a C_b}{C_a + C_b} \right) \Delta U_g \qquad (5-4)$$

工程中所测得视在放电量为外施电压 U 的变化与整个电路等效电容的乘积，即

$$\Delta q_s = \Delta U \cdot \left(C_a + \frac{C_g C_b}{C_g + C_b} \right) = \Delta U_g \cdot \frac{C_b}{C_a + C_b} \cdot \left(C_a + \frac{C_g C_b}{C_g + C_b} \right) \qquad (5-5)$$

在实际电路中通常 $C_a \gg C_g$，$C_a \gg C_b$，则有

$$\Delta q \approx \Delta U_g \cdot (C_g + C_b) \qquad (5-6)$$

$$\Delta q_s \approx \Delta U_g \cdot C_b = \frac{C_b}{C_g + C_b} \cdot \Delta q \qquad (5-7)$$

由式（5-7）可知，真实放电量 Δq 和视在放电量 Δq_s 近似成线性关系，且由于 C_g 远大于 C_b，Δq 比 Δq_s 幅值大得多。若 C_g 为气泡，由于气泡性局部放电起始电压值远低于油中局部放电起始值，并且气泡局部放电起始值与熄灭值的差别较小，介电常数较低，所以对应电容 C_g 一般较小，局部放电电荷量小，脉冲个数多，一般气泡放电的放电量为 $10^2\sim10^3\mathrm{pC}$，单次放电时间约为 $10^{-2}\mu\mathrm{s}$。相对应的，若 C_g 为油隙，放电量一般为 $10^2\sim10^6\mathrm{pC}$，单次放电时间可达 $10\mu\mathrm{s}$，放电量大，重复度更低。一般来说，油中局部放电往往叠加有多个气泡局部放电脉冲,通常认为某个固定测点的脉冲电流信号的幅值是与视在放电量近似成正比的。

当油纸绝缘结构中的油隙被击穿时，放电流注的头部发展到纸板，纸板的绝缘结构会遭到破坏，其破坏原因较为复杂：带电粒子经电场作用加速后冲击绝缘纸板，使纸板中分子结构改变、纤维碎裂，最终影响纸板的绝缘性能；带电粒子撞击绝缘纸板表面后引起纸板表面局部温度上升，温度高于一定程度时纸板产生碳化而使绝缘能力下降；放电具有电解作用，能够产生具有氧化作用的一氧化氮、二氧化氮、原子氧和臭氧等气体，使绝缘介质受到较强的氧化作用等。以上对纸板的损坏均会使其损坏部分的绝缘性能下降，电导率提升，则可认为此部分近似等效为电阻 R_g，此时放电模型的等效电路如图 5-3 所示。

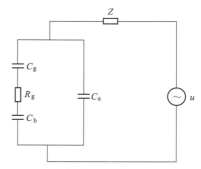

图 5-3　绝缘纸板部分损坏后局部放电等效电路

在绝缘纸板损坏前，有

$$C_g = \frac{\varepsilon_1 S_1}{d_1}, \quad C_b = \frac{\varepsilon_2 S_2}{d_2}, \quad d = d_1 + d_2 \qquad (5-8)$$

式中：S_1 和 S_2 分别为等效的油隙和纸板的电极板面积；d_1 和 d_2 分别为等效的电极间距；ε_1 和 ε_2 分别为油和纸板的相对介电常数。

随着放电的不断发展，纸板表面绝缘劣化且不可恢复，但绝缘油的性能在放电后可以快速恢复，则可认为油隙结构不变，有

$$C_g = \frac{\varepsilon_1 S_1}{d_1}, \quad C_b = \frac{\varepsilon_2 S_2}{d_2'}, \quad R_g = \frac{\rho d_3}{S_3}, \quad d = d_1 + d_2' + d_3 \tag{5-9}$$

式中，ρ、d_3 和 S_3 分别为纸板表面劣化部分的电阻率、等效长度和等效截面积。

假设绝缘纸板损坏部分碳化，则可认为电阻率几乎为 0，因此 C_g 两端的电压仍可认为由式（5-1）可得。随着绝缘纸板不断被破坏，d_3 增大，d_2' 减小，则 C_b 增大，$C_b / (C_g + C_b)$ 增大，在相同外施电压 u 下，u_g 增大，当外施电压按照工频变化时，u_g 会在更靠近电压过零点的相位处等于 U_{gi}，对应放电相位会逐渐左移向过零点靠近。而通过图 5-2 可知，u_g 的峰值越大，在一个周波内越有机会达到击穿电压 U_{gi}，从而令放电次数随缺陷的发展逐渐上升，脉冲电流信号的脉冲次数自然随之上升，又由放电量表达式（5-6）和式（5-7）可知，当 C_b 增大时，不论实际放电量还是视在放电量均增大，相应的，脉冲电流信号的幅值会变大，波形的振荡会更加剧烈。

发生局部放电时，气体产生量与放电量之间有正相关关系，当放电量较小时，气体产生总量大致与放电量成正比，但当放电量较大时，如达到数万皮库及以上，则与放电量的平方成正比，此时，绝缘结构已受到严重损伤。在油纸绝缘缺陷发展过程中，当缺陷劣化程度较为严重且放电量较大时，放电通道可能由多条先后到达纸板的贯穿型树枝状流注组成，且产气量极大，而气体的击穿场强远低于油纸，在极小的时间间隔内可能迅速发生多次气泡放电，在两种因素共同作用下，产生了放电成簇出现的现象，脉冲电流信号的脉冲相应的在微秒级别的极短的时间内成簇出现。图 5-4 所示为 110kV 真型试验变压器中高压侧均压球尖刺放电试验中采集到的脉冲电流成簇现象示意图。

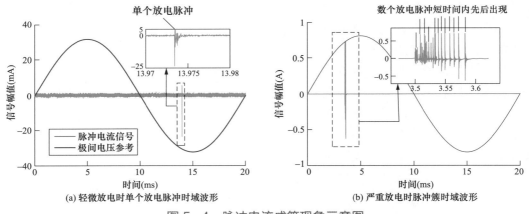

(a) 轻微放电时单个放电脉冲时域波形 (b) 严重放电时脉冲簇时域波形

图 5-4　脉冲电流成簇现象示意图

通过对油隙击穿性放电微观发展过程特性研究发现：油纸绝缘结构中存在纸板屏障的油隙击穿现象，是严重放电的重要表现；油隙击穿性放电形成后，脉冲电流呈现上百微秒的簇状脉冲电流特征；不同极性下放电外形存在明显差异；油隙击穿性放电通道演变过程有着类似长空气间隙放电发展过程。图 5-5 所示为基于 110kV 真型试验变压器的油隙击

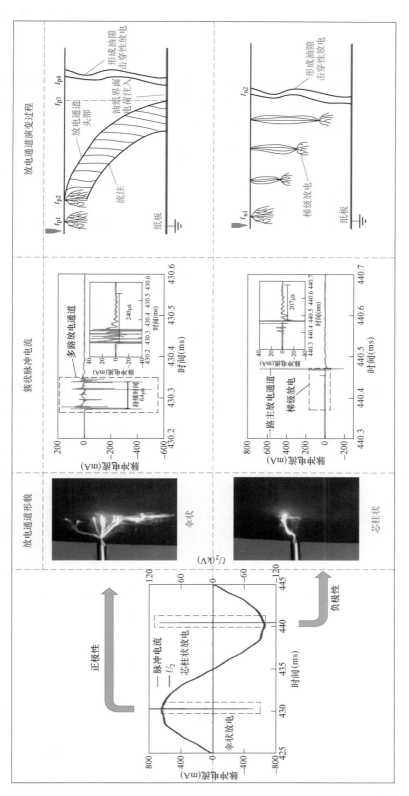

图 5－5　油隙击穿性放电微观发展过程特性

穿性放电微观发展过程特性，试验中记录到了不同极性下出现的不同放电通道形貌及对应的簇状脉冲电流特征。

2. 特高频信号特征变化机理分析

油箱内油纸绝缘结构中发生局部放电时所产生的电磁波可以看成是由一电源发出的，电磁波的产生和传播遵循麦克斯韦的电磁场基本方程，分析局部放电产生的时变电磁场时，引入动态向量位 A 和动态标量 φ，电磁场基本方程组转化为动态位方程，为

$$\begin{cases} \nabla^2 A = -\mu \delta_{\mathrm{c}} + \nabla \left(\mu \varepsilon \dfrac{\partial \varphi}{\partial t} \right) + \nabla (\nabla A) + \mu \varepsilon \dfrac{\partial^2 A}{\partial t^2} \\ \nabla^2 \varphi + \nabla \bullet \dfrac{\partial A}{\partial t} = -\dfrac{\rho}{\varepsilon_0} \end{cases} \tag{5-10}$$

其中，式（5-10）为动态位与激励源 ρ 和电流密度 δ_{c} 之间的关系。设 V 为电荷的空间分布，则其解为

$$\varphi(x,y,z,t) = \frac{1}{4\pi\varepsilon} \int_V \frac{\rho\left(x',y',z',t-\dfrac{r}{v}\right)}{r} \mathrm{d}V$$

$$A(x,y,z,t) = \frac{\mu}{4\pi} \int_V \frac{\delta_{\mathrm{c}}\left(x',y',z',t-\dfrac{r}{v}\right)}{r} \mathrm{d}V \tag{5-11}$$

说明电磁波以速度 v 沿 r 方向传播，是时间和位置的函数。一般来说，局部放电产生的某一固定频段内的特高频信号的时域波形类似于调幅波，局部放电发生时，绝缘介质快速击穿，所生成的电流脉冲上升时间可小于 1ns，激发出的电磁波的频率高达数千兆赫。若直接对电磁波的时域波形进行采样和记录，对于采集装置的硬件要求过高，所以对特高频信号测量更多地关注信号的相位及幅值信息，对放电激发电磁波的检测一般采用混频技术或者包络线检波技术实现信号的降频采样。

乘积型混频器模型示意图如图 5-6 所示，其基本原理是通过将本征信号 $v_{\mathrm{L}}(t)$ 和输入信号 $v_{\mathrm{S}}(t)$ 相乘，将输入信号的频率调制至新的频率值，而后通过带通滤波器滤除不需要的频率分量。

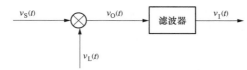

图 5-6 乘积型混频器模型示意图

输入信号 $v_{\mathrm{S}}(t)$ 为调幅波，其表达式为

$$v_{\mathrm{S}}(t) = V_{\mathrm{Sm}} \bullet (1 + m_\alpha \cos \Omega t) \bullet \cos \omega_{\mathrm{S}} t \tag{5-12}$$

$v_{\mathrm{L}}(t)$ 表达式为

$$v_{\mathrm{L}}(t) = V_{\mathrm{Lm}} \cos \omega_{\mathrm{L}} t \tag{5-13}$$

令乘法器增益为 k ，则中频信号 $v_O(t)$ 表达式为

$$v_O(t) = kv_S(t)v_L(t)$$
$$= \frac{k}{2}V_{Sm}V_{Lm}(1 + m_a \cos \Omega t) \cdot [\cos(\omega_L - \omega_S)t + \cos(\omega_L + \omega_S)t] \tag{5-14}$$

利用带通滤波器滤除 $v_O(t)$ 中的高频分量，保留其中的低频分量 $v_I(t)$ 有

$$v_I(t) = V_{Im}(1 + m_a \cos \Omega t) \cdot \cos(\omega_L - \omega_S)t \tag{5-15}$$

对比式（5-12）和式（5-15）可以看到，混频前后特高频信号包络线的频率参数 Ω 并没有发生变化，包络线幅值仅与常数 k 相关，输出的混频信号 $v_I(t)$ 通过调理放大电路后即为对应特高频信号的包络线，如此便实现了对特高频信号保留幅值和相位信息的降频采样。

包络线检波技术工作原理图见图 5-7，图中负载 R 数值较大，负载电容 C 的取值满足在高频时，阻抗远远小于负载 R，可视为短路，而在低频时，其阻抗远远大于负载 R，可视为开路。R_d 为二极管 D 的正向导通电阻。高频信号 U_i 输入时，在其正半

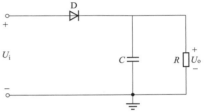

图 5-7　包络线检波技术工作原理图

周，D 导通，C 开始充电，充电时间常数 $R_d C$ 很小，使 C 的电压 U_o 很快达到 U_i 的第 1 个正相峰值，之后 U_i 开始下降，D 在 $U_o > U_i$ 时截止，电容 C 开始通过 R 放电，因放电时间常数 RC 远大于输入信号的周期，故放电很慢，U_o 下降不多时 U_i 达到第 2 个正相峰值，D 又将导通，继续对 C 充电，这样不断循环，便得到信号的包络波形，最终实现对原信号的降频采样，基本保留幅值和相位信息。

经前文分析可知，随着放电缺陷的不断演化，放电本身存在放电量逐渐增大、放电次数逐渐增多、放电相位向电压过零点靠近和放电成簇出现的情况。而特高频信号虽经过调理，但是脉冲相位信息未曾改变，所以也会出现脉冲相位向过零点靠近的趋势；信号调理电路有一定的工作范围，实际输出的信号幅值并不完全能随实际特高频电磁波的幅值正比例变化，所以试验中实测特高频信号的幅值随放电缺陷的发展有轻微增大但变化程度并不明显；统计所得的特高频脉冲次数由于对信号调理时，相距很近的放电信号的波形难免混叠在一起，所以与实际放电次数并不完全一致但差别并不显著，所以随着放电缺陷的演化，特高频信号的脉冲次数同样呈现上升趋势；放电剧烈时，电磁波的振荡程度也会更剧烈，但振荡程度过于剧烈且出现放电成簇现象时，多次放电所产生的特高频信号混叠在一起，经调理电路输出的波形可能会呈现为一个持续时间很长的单峰波形，此时信号的持续时间和信号能量则更能代表缺陷的劣化程度。

3. 声信号特征变化机理分析

一般认为，油中局部放电后产生气泡的气液交界面的振动是产生声信号的原因，放电产生的气泡壁表面附有电荷时，在内部弹性力和外施电场力的共同作用下气泡壁处于平衡状态，当发生放电时气泡表面的电荷被中和，且击穿瞬时有新的气体产生，整个油间隙内的气泡会发生膨胀，但短时间后气泡表面会再次吸附电荷，并在电场力的作用下向内压缩，

气泡交替膨胀、收缩的过程产生声波，在油介质中向四处传播并被传感器检测为声信号。根据声学理论，当假定绝缘油为均匀理想介质且局部放电产生的声波为小振幅声波时，声波在绝缘油中的传播满足如下方程

$$\frac{1}{c_0^2}\frac{\partial^2 p}{\partial t^2}-\nabla^2 p=0 \tag{5-16}$$

式中：c_0 为变压器油中的声速；p 为声压。

气液交界面的声压满足如下方程

$$-\vec{n}\cdot\left(-\frac{\nabla p_0}{\rho}\right)=-\vec{n}\cdot\vec{a} \tag{5-17}$$

式中：ρ 为变压器油密度；p_0 为震源声压；$\vec{a}$ 为气泡壁振动加速度。

气泡表面吸附有一定的电荷所以会受到电场力的作用，在电场力 F_e 和内部弹性力 F_q

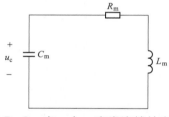

图 5-8　电—力—声类比等效电路

的作用下气泡受力平衡。放电发生时，气泡表面电荷被中和，仅在弹性力 F_q 的作用下气液交界面无法维持平衡，受迫振动发出声波。可以用图 5-8 所示的电—力—声类比等效电路来研究声信号特征规律，其基本思路是用二阶电路的零输入响应等效气泡放电的力学过程。其中电阻 R_m 等效为力阻元件，表征力学系统阻力；电感 L_m 等效为质量元件，表征力学系统惯性；电容 C_m 等效为力顺元件，表征力学系统弹性；电压 u_c 等效为油中气泡壁向外膨胀的弹性力，与声压成正比。

依据上述思路，声压 u_c 满足如下方程

$$L_m C_m \frac{\mathrm{d}^2 u_c}{\mathrm{d}t^2}+R_m C_m \frac{\mathrm{d}u_c}{\mathrm{d}t}+u_c=0 \tag{5-18}$$

求解式（5-18）可得声压 u_c 表达式为

$$u_c=\frac{U_0\omega_0}{\omega}\mathrm{e}^{-\delta t}\sin(\omega t+\beta) \tag{5-19}$$

式中：$\delta=\dfrac{R_m}{2L_m}$，$\omega=\sqrt{\dfrac{1}{L_m C_m}-\left(\dfrac{R_m}{2L_m}\right)^2}$，$\omega_0=\sqrt{\delta+\omega^2}$，$\beta=\arctan\dfrac{\omega}{\delta}$，$U_0=F_e$。

由于 $\delta>0$，声压 u_c 表现为以频率 ω 振荡衰减的形式，又由于通常情况油介质力阻 R_m 较小，由式（5-19）可知，声信号的频率 ω 的大小主要取决于 $1/(L_m C_m)$。当放电量增大，产气量增加引起气泡体积变大、惯性增加，因此用于表征力学系统惯性的回路电感 L_m 的变化同样呈现为增大趋势，从而导致了声信号出现频率下降的现象，即放电产生的声信号的频率与放电量大小有负相关关系。图 5-9 所示为某尖刺放电缺陷发展初期和末期的声信号时域频域图。

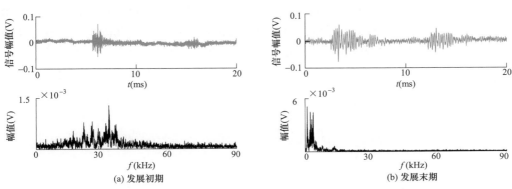

图 5-9　某尖刺放电缺陷不同时期的声信号时域频域图

5.1.2　基于多参量关联性的外部干扰排除方法

　　变压器在线监测系统已有脉冲电流、特高频和声信号的传感器布置在工程现场的案例，但运行经验显示，即使各参量的传感器都是安装在变压器油箱内或者是油箱壁周围，但油箱外的放电以及其他类型的干扰依然会引起各个信号的变化，单纯以某个信号的幅值特征来进行对内部放电的辨识是完全不可靠的，而想要以这些局部放电信号构建主动保护，首要就是保证内部放电辨识的可靠性，为此，可以依靠多参量信号同步采样、融合分析，以它们的时域相关性以及声信号球面波定位的方式进行油箱内外放电故障的识别以及油箱内部故障的粗略定位。

　　本章选取 110kV 油浸式电力变压器油箱内部放电发展试验的多参量测量结果来进行内部故障识别与粗略定位方法的原理说明。试验中，在 110kV 变压器油箱内部的 B 相高压进线处以及油箱外部 B 相高压套管处分别设置了放电故障，在每一相高压侧套管末屏处均安装了 HFCT，在变压器油箱内部安装了内置式的特高频传感器，在油箱外部五个面的中心安装了声传感器，如图 5-10 所示。

图 5-10　声传感器安装位置

在 B 相高压进线尖刺放电试验中，测量到的不同相套管末屏处的脉冲电流时域波形如图 5-11 所示，可以看到，故障所在相的脉冲电流峰值显著大于非故障相，相差可达 10 倍以上，可以利用脉冲电流峰值的大小进行粗略的放电所在相定位。

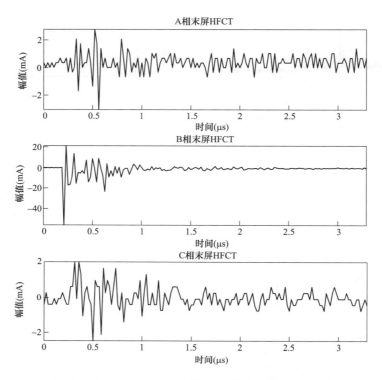

图 5-11　不同相套管末屏处的脉冲电流时域波形

不管是在油箱内部还是外部发生放电，不同位置传感器测量到的声信号波形的到达时间有明显的区别。图 5-12 所示为油箱内部均压球尖刺放电和油箱外部电晕放电时不同位置声信号的时域波形图，声信号的幅值已进行了归一化，可以明显看出不同位置的声信号振荡波形的起振时间有先后差异，这是由于声信号是以机械波的形式在油箱内传播，在不同的介质中有不同的波速，大约在 1300~5000m/s 的范围内，由于放电点到各个传感器的距离不同，各个传感器测量到的声波形的起振时间会有毫秒级别的差距。

可以通过球面波定位粗略计算出放电点的位置，在式（5-20）中，x_n、y_n、z_n 是对应第 n 个传感器的坐标，v 是等值波速，选取最先测得声信号的传感器为参考传感器，T 为参考传感器测得信号时间与声发射时间之差，t_{n1} 是第 n 个传感器和参考传感器声信号到达时间之差，x、y、z 为待求声源位置坐标。试验变压器的油箱的长、宽、高分别为 5.26、1.92、2.72m，以长方体器身的一个顶点为原点建立笛卡尔坐标系，将五个传感器的坐标 x_n、y_n、z_n 和四个声信号波形出现时间差 t_{n1} 代入方程组，通过最小二乘法即可近似计算出放电点的位置。

$$\begin{cases} (x-x_1)^2 + (y-y_1)^2 + (z-z_1)^2 = (vT)^2 \\ (x-x_2)^2 + (y-y_2)^2 + (z-z_2)^2 = [v(T+t_{21})]^2 \\ (x-x_3)^2 + (y-y_3)^2 + (z-z_3)^2 = [v(T+t_{31})]^2 \\ (x-x_4)^2 + (y-y_4)^2 + (z-z_4)^2 = [v(T+t_{41})]^2 \\ (x-x_5)^2 + (y-y_5)^2 + (z-z_5)^2 = [v(T+t_{51})]^2 \end{cases} \qquad （5-20）$$

　　对图 5-12（a）所展示的油箱内部均压球尖刺放电的声信号时域波形进行球面波定位，求得放电点坐标为（2.41，1.39，2.01），而故障真实设置点的坐标为（2.3，1.55，1.9），误差为 0.22m，对图 5-12（b）所展示的油箱外部电晕放电的声信号时域波形进行球面波定位，求得放电点坐标为（3.17，0.65，3.15），而真实放电点的坐标为（2.6，1.25，3.5），误差为 0.89m，虽然球面波定位结果误差的绝对值并不小，但是对于变压器整体尺寸来说足够判定声源信号是在油箱内部还是外部，进而作为放电是否位于油箱内的判定标准，定位结果也可以一定程度上为停电检修提供参考。需要说明的是，由于声信号的传播会受到变压器内部复杂结构的影响，在内部有放电的情况下，在五个面中心布置的声传感器可能并不能同时检测到声信号，也就难以通过式（5-20）进行球面波定位来判断油箱内外部故障，可以通过在同一个面的不同位置增设额外的声传感器的方式来保证球面波定位的方程组有足够多的已知量。

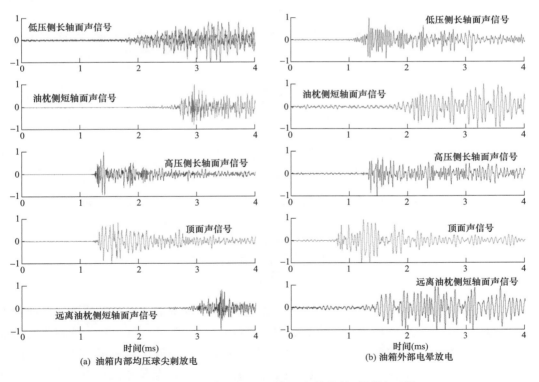

(a) 油箱内部均压球尖刺放电　　　　　　(b) 油箱外部电晕放电

图 5-12　放电情况下不同位置声信号的时域波形图

图 5-13 所示为油箱内尖刺放电和油箱外电晕放电时多参量信号时域波形对比，特高频传感器为内置式，可有效对油箱外电磁信号进行屏蔽，声传感器为贴片式布置于箱壁处，对于沿油箱以外路径传播的声信号并不敏感。在箱内箱外放电时，不同参量的幅值和是否同步出现均有较大差异，可以据此对内外部放电进行识别。

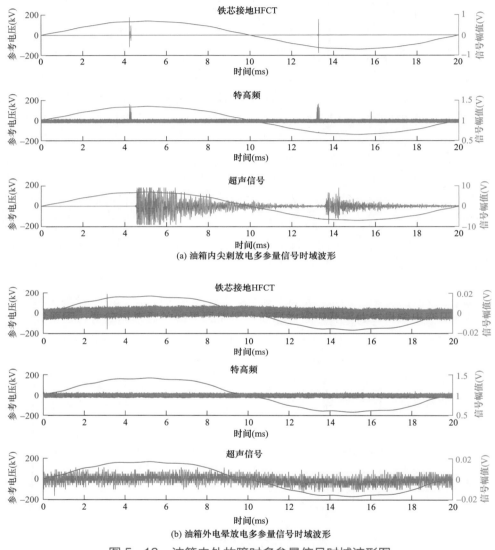

(a) 油箱内尖刺放电多参量信号时域波形

(b) 油箱外电晕放电多参量信号时域波形

图 5-13　油箱内外故障时多参量信号时域波形图

本章还借用冲击电压发生器来模拟变压器油箱外部发生雷击干扰时的情形，冲击电压发生器距离试验变压器摆放距离约 2m，在装置的金属球隙间进行放电，球隙间电压波形为标准雷电冲击电压波形，峰值为 70kV。图 5-14 所示为变压器油箱外部雷击干扰时实测多参量的时域波形图，其中信号幅值已进行了归一化，由测量结果可以看出，位于铁芯接地线处的脉冲电流传感器并未受到电磁干扰，而嵌于油箱壁的特高频传感器及贴在油箱外表面的声传感器均在 10ms 左右检测到了脉冲式信号，由于不同传感器的测量原理不同，所以在外界电磁扰动时受干扰情况不同，利用多参量信号的同步性，可以排除一部分外部电磁干扰对放电辨识的影响，从而保证可靠性。

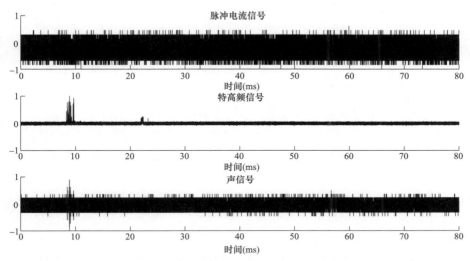

图 5-14　变压器油箱外部雷击干扰时实测多参量的时域波形图

图 5-15 所示为空载合闸干扰时多参量的时域波形图，可见在空载合闸时，脉冲电流信号、特高频信号和声信号在 15ms 左右的合闸瞬间均检测到了脉冲型干扰信号，脉冲电

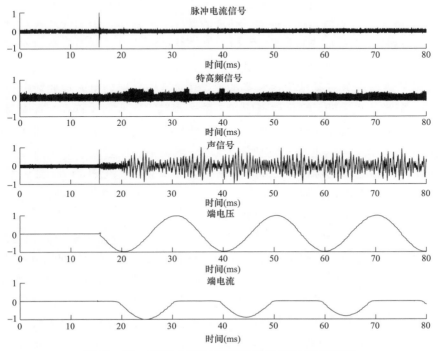

图 5-15　空载合闸干扰时多参量的时域波形图

流信号迅速返回到底噪状态；特高频信号合闸瞬间的脉冲干扰之后还有短时间内轻微的底噪增大的情况；声信号受干扰最严重,在脉冲信号之后还有长时间的低频声波被检测到,这是由于极大的合闸电流令绕组振动后发出的机械波对声信号传感器造成了干扰,在刚合闸的第一个周波,单纯利用信号同步性,并不能对干扰进行滤除。但是脉冲电流信号和特高频信号的干扰持续时间极短,脉冲型干扰并没有重复性,利用信号的重复度仍然可以排除空载合闸干扰的影响。

5.1.3　主动保护方法构建

1. 基于模糊 C 均值聚类分析的放电严重程度判别

第 2 章中借助试验方法得出了脉冲电流信号、特高频信号和声信号的特征随缺陷发展的定性趋势,基于这些变化特征构建主动保护方法还需定量的分析,在本节中,针对各信号的幅值、能量、重复度、相位分布和成簇现象等维度的变化,提取了如下特征进行进一步分析：某采样时间段 T 之内的脉冲电流信号的最大信号幅值、信号能量、脉冲次数、最大脉冲簇中的脉冲数和相位过零区间内的脉冲次数,特高频信号的信号能量、最大信号持续时间、脉冲次数、最大脉冲簇中的脉冲数和相位过零区间内的脉冲次数,声信号 20kHz 以下频率分量的能量占比。其中,最大簇中脉冲数为一段时间所有脉冲簇中脉冲数的最大值,如果没有脉冲成簇现象出现,取值为 1；将距离电压过零点相位差小于 $40°$ 的相位区间定义为过零区间, 即 $0°\sim40°$, $140°\sim220°$, $320°\sim360°$。

借助模糊 C 均值聚类的方法对试验采样点进行分类,以分类结果为基础找出多参量特征和放电严重程度之间的定量关系。图 5-16 所示为对针板模型试验数据以每个周波的脉冲电流信号的最大信号幅值、信号能量、脉冲次数、最大脉冲簇中的脉冲数和过零区间内的脉冲次数五维特征为依据进行模糊 C 均值聚类分析的结果,图中每个点对应一个周波内的参量特征,横纵坐标均进行了归一化,绿色、黄色和红色的散点分别代表三类分类结果,黑色叉号的纵坐标为三类结果每一类的聚类中心,横坐标为每一类的数据点的试验时间的平均值。聚类结果表明,绿色散点所代表的一类数据点主要出现在试验初期,归一化试验时间的平均值约为 0.3, 归一化后的参量特征数值比较小, 黄色散点所代表的一类数据点主要出现在试验中期, 时间平均值约为 0.7, 聚类中心显著大于绿色散点, 说明随着放电缺陷的演化, 被选择的脉冲电流的五个特征量均有明显的上升趋势, 红色散点主要出现在试验末期,最接近电弧击穿的时刻,时间平均值约为 0.85,聚类中心是三类中最大的,最能体现电弧击穿之前特征参量的大小情况。

具体的聚类中心归一化数值及其相对大小如表 5-1 所示,聚类中心的相对大小表明,虽然在放电演化的过程中,选择的五个脉冲电流的特征参量均有上升的趋势,但是最大幅值和信号能量的变化更为显著, 在试验末期相较于试验初期均有 4 倍以上的变化。

图 5-17 所示为针板模型试验数据以归一化之后每个周波的特高频信号的信号能量、最大信号持续时间、脉冲次数、最大脉冲簇中的脉冲数和过零区间脉冲次数五维特征为依据的进行模糊 C 均值聚类分析的结果。与图 5-16 中脉冲电流信号的分类结果相似,绿色、黄色和红色的散点分别代表三类分类结果,黑色叉号的纵坐标为三类结果每一类的聚

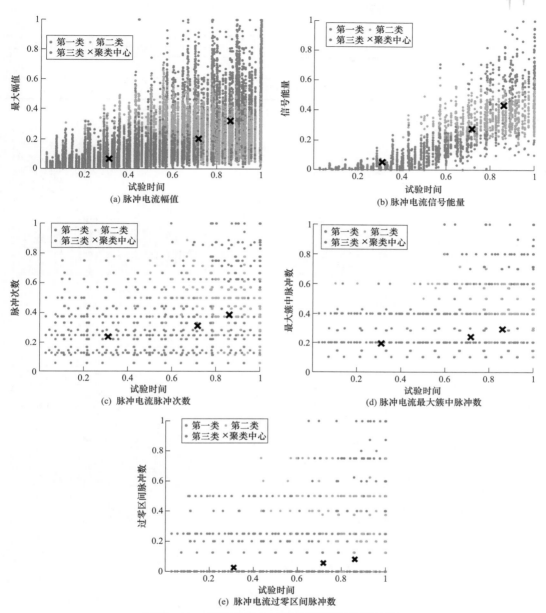

图 5-16　基于脉冲电流特征的聚类分析结果

表 5-1　　　　　基于脉冲电流特征的聚类分析结果具体数值

脉冲电流特征参量名称	最大幅值	信号能量	脉冲次数	最大簇中脉冲数	过零区间脉冲数
第一类聚类中心（归一化）	0.068	0.051	0.239	0.193	0.026
第二类聚类中心（归一化）	0.206	0.279	0.315	0.239	0.056
第三类聚类中心（归一化）	0.324	0.434	0.388	0.293	0.082
第三类与第一类聚类中心之比	4.8	8.5	1.6	1.5	3.2
第三类与第二类聚类中心之比	1.6	1.5	1.2	1.2	1.5

脉冲电流特征参量名称	最大幅值	信号能量	脉冲次数	最大簇中脉冲数	过零区间脉冲数
总基准值	5.8V	$4.56 \times 10^{-5} \text{J}$	7	5	4
第三类聚类中心有名值	1.88V	$1.98 \times 10^{-5} \text{J}$	2.7	1.5	0.3

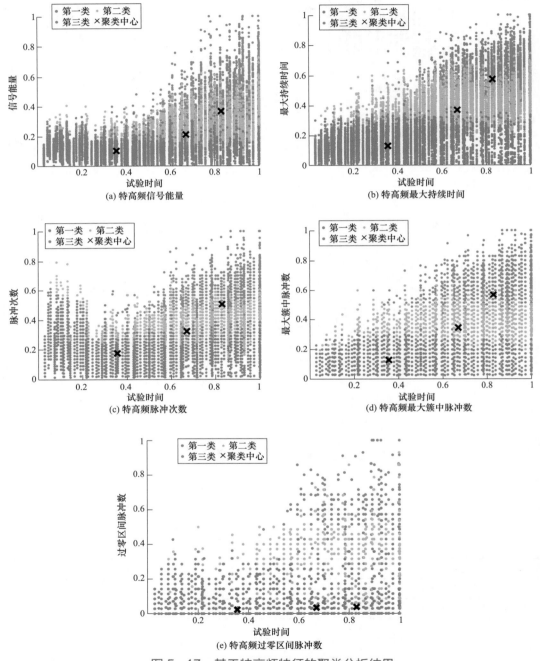

图 5-17 基于特高频特征的聚类分析结果

类中心，横坐标为每一类的数据点的试验时间平均值。聚类结果表明，绿色散点所代表的一类数据点主要出现在试验初期，黄色散点所代表的一类数据点主要出现在试验中期，红色散点主要出现在试验末期，随着放电缺陷的演化，被选择的特高频的五个特征量均有明显的上升趋势。具体的基于特高频信号的聚类中心归一化数值及其相对大小如表 5-2 所示。

表 5-2　　　　　　　　　基于特高频特征的聚类分析结果具体数值

特高频特征参量名称	信号能量	最大信号持续时间	脉冲次数	最大簇中脉冲数	过零区间脉冲数
第一类聚类中心（归一化）	0.103	0.131	0.176	0.128	0.023
第二类聚类中心（归一化）	0.213	0.371	0.327	0.345	0.033
第三类聚类中心（归一化）	0.368	0.575	0.506	0.571	0.038
第三类与第一类聚类中心之比	3.6	4.4	2.9	4.4	1.6
第三类与第二类聚类中心之比	1.7	1.5	1.5	1.7	1.2
总基准值	7.03×10^{-5} J	68μs	44	30	14
第三类聚类中心有名值	2.59×10^{-5} J	39.1μs	22.3	17.1	0.53

由于放电过程中声信号的主要频段在下移，而所用的声传感器的检测频带是固定的，所以被检测到的声信号的能量未必能随放电缺陷的严重程度单调变化。此外，由于声信号的传播速度较电信号更慢且不同放电声波波形容易混叠，声信号的相位和重复度信息并不能很好地反映放电的相位及重复度特征。而利用某一低频段能量的占比能较好地反映放电从轻微到严重的变化，如图 5-18 所示，图中散点颜色表示散点的分布密度，颜色越深密度越大，由于特征较为单一在此不再进行聚类分析。

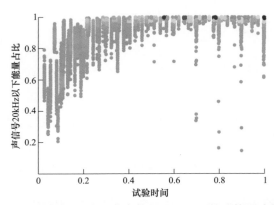

图 5-18　放电发展过程中声信号 20kHz 以下能量占比变化

2. 保护逻辑构建

根据模糊 C 均值聚类的结果可以得出较为明确的脉冲电流和特高频的特征与缺陷演化过程的定量关系，且脉冲电流的最大幅值、信号能量以及特高频的信号能量和最大信号持续时间均有较为明显的增长趋势，可以利用上述脉冲电流信号的五个特征的绝对大小和变化率相结合，构建基于脉冲电流信号的严重放电的判定方式；利用上述特高频信号的五个特征的绝对大小和变化率相结合，构建基于特高频信号的严重放电的判定方式。由图 5-18 可知，声信号的频段下移趋势也很明显，可预先设定阈值，当 20kHz 以下频段的能量占比高于此阈值时，认为当前周波以声信号判断为严重放电，如图 5-19 所示。

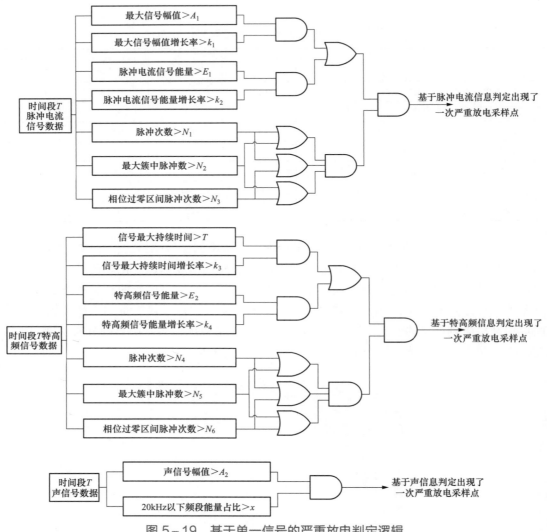

图 5-19　基于单一信号的严重放电判定逻辑

应用图 5-19 的判定逻辑，取 T 为一个工频周期，基于单一信号对某次针板模型放电试验进行严重放电辨识，所得结果如图 5-20 所示，基于各参量所得的严重放电采样点的出现频次随缺陷发展均呈上升趋势，对严重放电采样点的出现频次设置门槛是可以在电弧击穿之前及时发现严重放电缺陷并采取措施的。然而不同信号的判定效果有差异，基于单一量可能出现判定结果单调性不佳和动作过早的问题，而将三个参量的判别结果进行与运算可以更加可靠地反映放电末期的辨识结果。

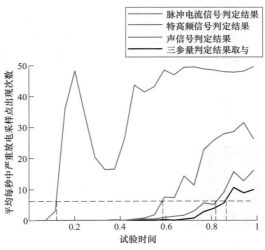

图 5－20　基于单一信号的严重放电辨识结果

　　应用三个参量联合对严重放电缺陷进行辨识，不仅可以锐化辨识结果，提高辨识准确性，还能够利用三参量的时域关联性有效防止外部干扰，提高辨识可靠性，故本文选用脉冲电流信号、特高频信号和声信号融合的严重放电采样点判定逻辑。将图 5－21 所示的判定逻辑应用到五次针板模型放电试验的数据，所得结果如图 5－22 所示，五次模型试验的结果表明，如果对平均每秒中严重放电采样点设定整定值 n，可实现在放电缺陷发展末期对缺陷进行辨识，进而采取主动保护措施，避免电弧击穿故障发生。

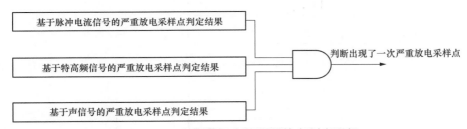

图 5－21　多参量融合的严重放电判定逻辑

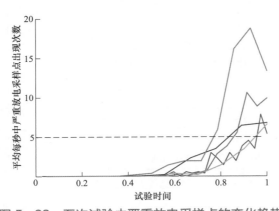

图 5－22　五次试验中严重放电采样点的变化趋势

此外，在试验中还发现击穿之前可能会有较高频次的高能火花放电出现，其相位一般分布在电压峰值附近，在高能火花放电出现时，从放电图像上可以观察到明亮的放电通道，脉冲电流传感器、特高频传感器和声传感器都会测到满量程的信号，脉冲簇中含有极多的放电脉冲。图 5-23 即为某次高能火花放电出现时，放电图像及多参量信号的时域波形及其局部展开图，以图 5-24 所示逻辑对高能火花放电进行监测和判别，在部分工况中也能对电弧击穿故障进行主动式保护。

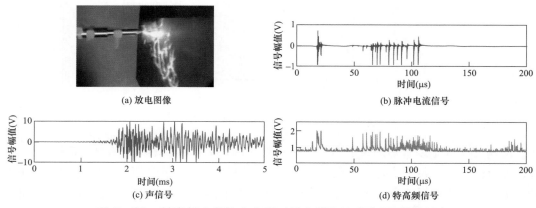

图 5-23　某高能火花放电出现时放电图像及多参量时域波形

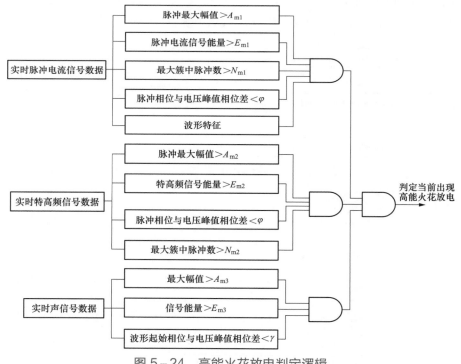

图 5-24　高能火花放电判定逻辑

　　综上，本章提出如图 5-25 所示的基于多参量融合的变压器主动保护方案，对严重放电采样点进行判定的同时还对高能火花放电进行监测，来实现尽可能多情况下油箱内放电缺陷发展过程的辨识及主动保护。

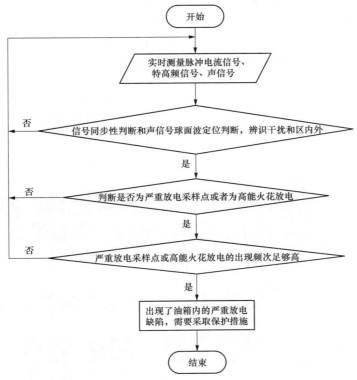

图 5 - 25　基于多参量融合的变压器主动保护方案逻辑简图

5.1.4　主动保护原理试验验证

1. 主动保护原理用样机系统设计

传统变压器保护主要是以反映工频量的故障特征为主，基本依赖于工频电流、工频电压完成保护功能，装置典型采样率为 1.2、2、4kHz 等，且不涉及单一装置采集不同频段范围电气量的要求。相比于传统变压器保护装置在工频故障特征显著时动作，变压器主动保护旨在对变压器故障演变过程中的多种参量特征快速精准提取与实时处理，需要引入的多参量涉及高频脉冲电流、特高频、超声等信号。这些信号的频段范围各有所不同，有至数十兆赫级别，也有至数十千赫级别，还有工频参考电压的接入，所以，主动保护装置接入的多参量信号采样率要求高、存储量大，不同参量的特征频带不一致，现有继电保护装置平台不具备多频段高速同步采样、多源数据实时处理、大容量数据存储等能力，在信号采集传输、全局同步控制、数据实时处理、多业务并行分析等方面均无法满足变压器主动保护要求，为此，本章列出了一些与硬件设计相关的关键技术内容以供读者参考。

（1）样机系统架构。

变压器主动保护原理验证用样机系统架构如图 5-26 所示，采用"主动保护装置+智能传感器"两级架构设计。就地级智能传感器由采集单元与传感器集成设计，可消除模拟信号长距离传输易受干扰的问题；就地级就地适配单元完成传输数据电—光转换，解决数字电信号长距离传输带来的衰减大、抗干扰能力弱的问题。间隔级面向保护对象的主动保护装置置于保护室，完成数据同步采集、高速处理、大容量存储，实现实时录波、实时保护功能。

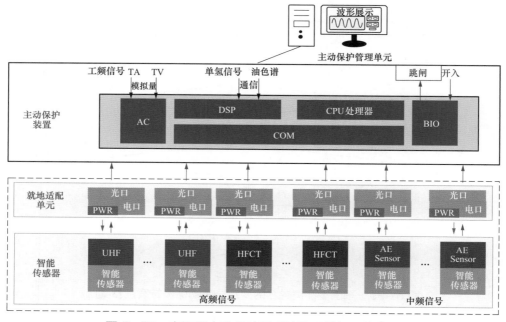

图 5-26　变压器主动保护原理验证用样机系统架构

（2）适应高、中、低频多参量采集的全局同步机制。

对于保护装置，全局同步控制是保护逻辑正确、快速响应的关键。变压器主动保护原理验证系统中各类传感量的时域、频域特征规律各不相同，根据信号的频率，将采集信号分为三类：第一类为低频和工频信号，频率在千赫以下，包括变压器的高、中、低压侧各相电压及电流等；第二类为中频信号，信号频率在千赫范围内，主要为超声传感器输出信号；第三类为高频信号，信号频率在兆赫以上，包括高频脉冲电流传感器输出信号和特高频信号输出。从信号抗混叠滤波、大容量数据存储和实时数据分析等角度出发，三类信号采用高、中、低三种采样率，因此实现采用不同采样率的三类采集数据的同步，适应高、中、低频参量全局同步采样控制是保护样机的关键技术。

本章采用硬同步技术实现样机的全局同步控制，如图 5-27 所示。低速采集单元中央处理器板基于本地温补晶振产生低速采样控制信号 CNVT1、高速采样控制信号 CNVT2 和中速采样控制信号 CNVT3。其中，CNVT1 用于本地低速工频模拟量采集；CNVT2 通过采集信号分发板输出至高速就地采集单元，用于该类装置的高频模拟量采样控制；

CNVT3 通过采集信号分发板输出至中速就地采集单元，用于该类装置的中频模拟量采样控制。

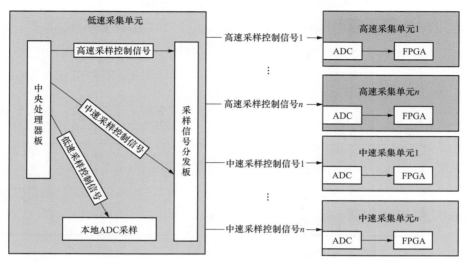

图 5-27　硬同步控制示意图

CNVT1、CNVT2 和 CNVT3 三者基于同源时钟产生，相互之间为倍频关系，同时采用高精度时钟分发芯片扇出信号，三类信号可以做到精准同步。整个系统同步精度主要受同步信号物理传输通道的延时与抖动影响，通过算法修正，系统同步精度误差低于 $1\mu s$。

（3）文件标志机制与数据文件同步生成方法。

主动变压器保护系统中包含多个高速智能传感单元，实时采集数据量大。实时处理是主动保护系统提高运行效率与实现的关键，通过底层实现的文件标志机制与数据文件同步生成方法可解决系统难以直接对数据快速进行文件筛选、交叉比对实现故障数据提取的问题。

底层实现的文件标志机制为：在高速采样单元中的采样控制阶段即对采样数据进行硬件实时故障特征判别，通过专用逻辑在文件生成阶段修改文件特征标志，实现无延时数据文件生成与标志。

数据文件同步生成方法（见图 5-28）为：采集单元依赖于 FPGA 硬件对秒脉冲、采样时刻进行了纳秒级的精确绝对时间戳标记。采样转存模块将连续的采样数据按精确时间戳实现了同步时间窗划分，以此生成了同步数据文件，为多机间数据文件的交叉比对提供了基础。

（4）样机实现及性能指标。

基于以上设计方案完成了变压器主动保护原理验证用样机设计，并在 110kV 真型变压器放电试验中得到应用，现场布置如图 5-29 所示。

样机的主要性能指标包括：① 采集信号覆盖 DC～20MHz 频段；② 信号采样率达到：高速采集单元 48M SPS、中速采集单元 600K SPS、低速采集单元 1.2K SPS；③ 采集数据同步精度不大于 $1\mu s$；④ 实时录波时间不低于 120min。

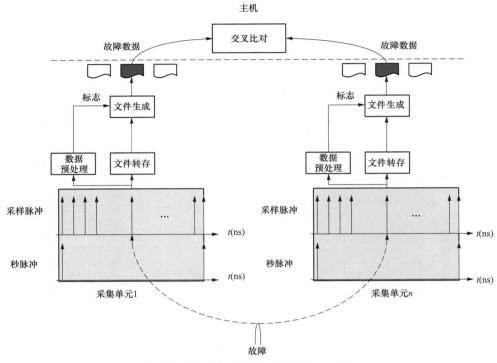

图 5-28 数据文件同步生成示意图

图 5-29 基于 110kV 真型变压器的主动保护原理验证现场布置图

2. 基于 110kV 真型变压器放电试验验证

本章在一台 110kV 油浸式变压器中设置了多个类型的典型放电缺陷,开展放电缺陷发展演化试验,同时接入变压器主动保护原理验证用样机来验证保护方法性能,结果显示,在某些较为轻微、在试验环境中不容易发展为电弧击穿的缺陷下,如高压引线首线夹杂质、引线尖刺、固定气泡、压接板处悬浮颗粒、铁芯极间、静电环悬浮等,放电信号均较为微弱且变化特征不明显,不满足主动保护判别逻辑,保护不动作;而在均压球尖刺放电、地电位尖刺油隙放电、受潮纸板爬电试验过程中,在缺陷发展到后期较为严重且留下碳痕时,脉冲电流、超声、特高频信息特征均满足图 5-25 所示的保护逻辑,主动保护方法可以有效动作。

（1）均压球尖刺放电缺陷（布置方式 1）。

图 5-30 所示为在高压 B 相均压球处设置的尖刺放电故障，高压尖刺与纸板接触，变压器恒压运行直至纸板发生击穿。

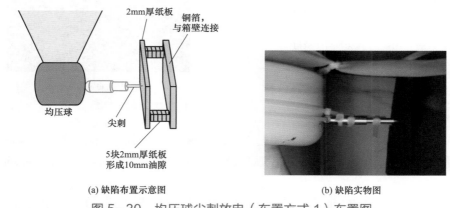

（a）缺陷布置示意图　　　　　　　（b）缺陷实物图

图 5-30　均压球尖刺放电（布置方式 1）布置图

图 5-31 所示为在本次试验中，每秒钟多参量信号最大值的变化情况和保护的动作情况，在整个试验过程中，局部放电一直在持续发生，三个参量的信号幅值均保持在较高水平，通过对严重放电采样点及其出现频次的判定，可以实现在缺陷发展末期主动跳闸，避免电弧击穿故障发生。

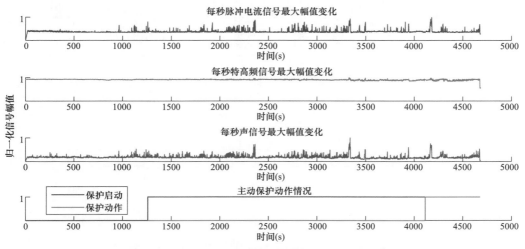

图 5-31　均压球尖刺放电（布置方式 1）试验过程

（2）均压球尖刺放电缺陷（布置方式 2）。

图 5-32 所示为在高压 B 相均压球处以另外一种方式设置的尖刺放电故障，高压尖刺与纸板间有明显的油隙间隔，变压器恒压运行直至纸板发生击穿。

本次试验中，依据图 5-24 所示的判定逻辑对高能火花放电进行辨识，可以得到图 5-33 所示的动作结果，同样能在电弧故障击穿之前有效发出跳闸信号，由于高能火花

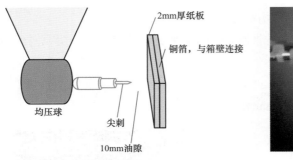

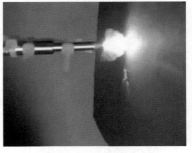

| (a) 缺陷布置示意图 | (b) 缺陷布置实物图 |

图 5-32 均压球尖刺放电（布置方式 2）布置图

放电量极大，所以每秒钟多参量信号的最大幅值在整个放电发展过程中多次出现满量程的情况。图 5-34 所示为均压球尖刺放电试验跳闸信号产生时的多参量信号时域波形图。

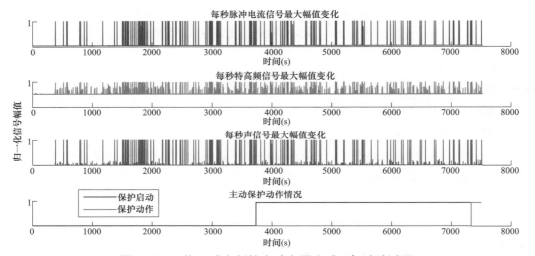

图 5-33 均压球尖刺放电（布置方式 2）试验过程

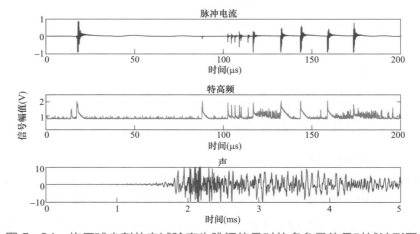

图 5-34 均压球尖刺放电试验产生跳闸信号时的多参量信号时域波形图

（3）地电位尖刺放电缺陷。

地电位尖端油隙放电故障，设置方法为在 C 相高压首端进线正对的箱壁处加工螺纹，将螺钉通过螺纹孔伸入油箱内部对高压进线放电，通过调节螺钉旋入油箱内部长度来调节油隙的长短，布置图如图 5-35 所示。

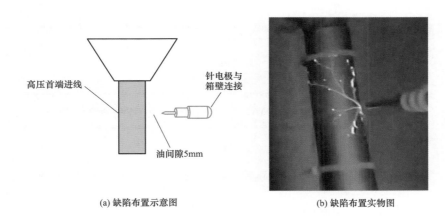

(a) 缺陷布置示意图　　　　　　　　(b) 缺陷布置实物图

图 5-35　地电位尖刺放电缺陷布置图

本次试验中依据图 5-24 所示的判定逻辑对高能火花放电进行辨识，可以得到图 5-36 所示的动作结果，同样能在电弧故障击穿之前有效发出跳闸信号。图 5-37 所示为地电位尖刺试验跳闸信号产生时的多参量信号时域波形图。

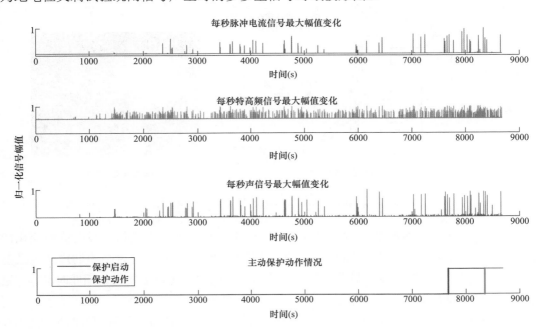

图 5-36　地电位尖刺放电试验过程

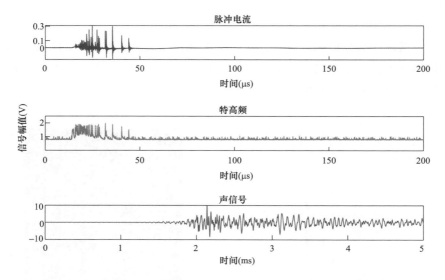

图 5-37 地电位尖刺试验跳闸信号产生时的多参量信号时域波形图

（4）潮湿纸板沿面放电缺陷。

如图 5-38 所示，潮湿纸板沿面放电缺陷是通过手孔将受潮纸板用绝缘绳固定于高压 A 相套管均压球下端设置的，纸板的另一端通过铜带连接油箱壁，变压器恒压运行直至纸板表面出现贯穿性放电通道。

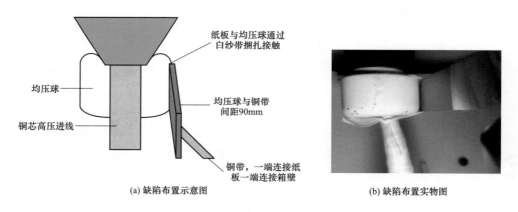

图 5-38 潮湿纸板沿面放电缺陷布置图

图 5-39 所示为潮湿纸板沿面放电缺陷试验中，每秒钟多参量信号最大值的变化情况和保护的动作情况，大部分时间放电信号是较为轻微的，但在贯穿性放电通道产生之前的一段时间内，放电突然变得显著，主动保护同样可以实现在缺陷发展末期即时动作，避免电弧击穿故障发生。

图 5-40 所示为潮湿纸板沿面放电试验中跳闸信号产生时的多参量信号时域波形图，由主动保护样机采集并录波。

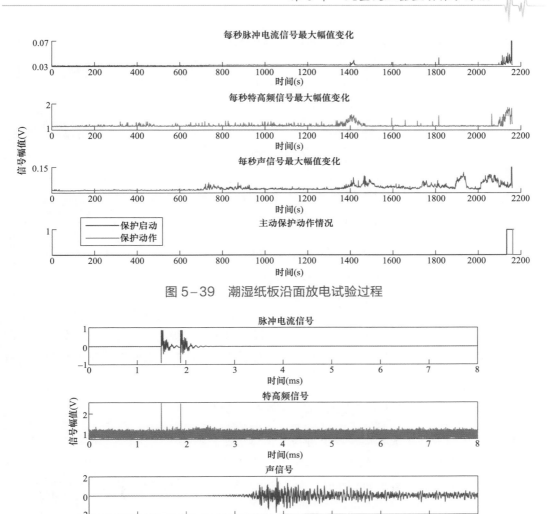

图 5-39　潮湿纸板沿面放电试验过程

图 5-40　潮湿纸板沿面放电试验中跳闸信号产生时的多参量信号时域波形图

5.2　基于游离气体特征的主动保护技术

当变压器内部发生严重放电缺陷时，变压器油在电、热作用下发生气化、分解，产生由多种气体组分构成的混合气体。随着时间推移，所产生游离气体逐渐向瓦斯继电器集气盒内运动汇集，使得集气盒内液面下降，当液面低于设定阈值时，发出报警，构成现有的轻瓦斯保护。现有轻瓦斯保护仅根据油浸式变压器集气装置内部气体体积量是否达到阈值判断保护是否动作，这种单一判据依赖现场经验值进行保护整定（通常为 250～300mL），无法捕捉气体体积达到阈值前的变化特征，也无法实时检测气体可燃性。前者导致保护灵敏度不足，不能在变压器内部电弧故障前阻断缺陷发展；后者导致保护误动风险高，无法鉴别变压器穿越性短路、箱体内部窝气、环境温度变化等内外部干扰因素。两者综合影响下导致现有轻瓦斯保护可靠性不足，如图 5-41 所示。

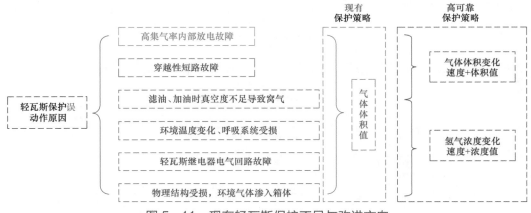

图 5-41 现有轻瓦斯保护不足与改进方向

通过分析缺陷演化过程中汇聚至集气装置的气体理化特征，本章在现有保护策略中添加气体体积变化与氢气浓度变化特征量。前者提高保护灵敏度，后者降低保护误动性，两者结合提出基于气体多参量特征的新型轻瓦斯保护方案，能够对发展过程在小时级别或者时间更长的放电缺陷作出反应，并对上述方案进行了试验验证。

5.2.1 变压器内部典型放电类缺陷下游离气体特征分析

1. 变压器内部典型放电类缺陷下游离气体体积变化特征

（1）针板油纸放电游离故障气体体积变化特征。针板油纸放电演化过程游离故障气体体积随时间变化关系如图 5-42 所示。

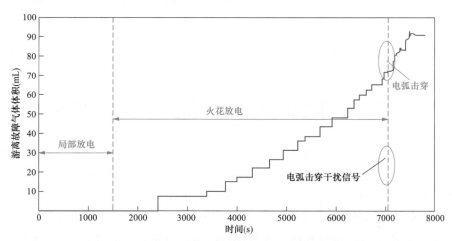

图 5-42 针板油纸放电演化过程游离故障气体体积随时间变化关系

在气体体积量方面，针板油纸局部放电阶段持续数十分钟，由于放电仅产生少量细碎气泡，气泡体积小且均附着于电极与纸板表面，集气盒气体体积无变化；火花放电阶段通常持续数十至上百分钟，数十万次的火花放电产气量多，当箱体内部附着气体体积达到阈值后，累积的大量气体逐渐运动至集气盒中；电弧放电阶段中，燃弧期间短时间内产生大量气体，由于箱内附着气体达到阈值，燃弧产生的气体迅速汇聚至集气盒中。综上所述，针板油纸缺陷演化过程中气体体积量增长较多，该特征可以有效识别火花放电与电弧放电，在识别局部放电方面存在困难。

在游离故障气体体积变化速度方面，针板油纸缺陷局部放电阶段无气体体积变化；火花放电阶段由于存在持续、稳定的产气过程，集气盒内气体体积不断增加，且随着放电能量的提高，产气量增加，盒内气体体积增加速度不断加快，进入火花放电后前 4000s，约 40mL 气体进入集气盒，随后的 3000s 中约 55mL 气体进入集气盒；当缺陷发展至电弧阶段后，约 20mL 游离故障气体在约 500s 内移动至集气盒。综上所述，针板油纸缺陷演化过程中存在气体体积持续变化过程，且速度不断增加，该特征可以识别火花放电与电弧放电，在识别局部放电方面存在困难。

（2）针板纯油隙放电游离故障气体体积变化特征。针板纯油隙放电演化过程游离故障气体体积随时间变化关系如图 5-43 所示。

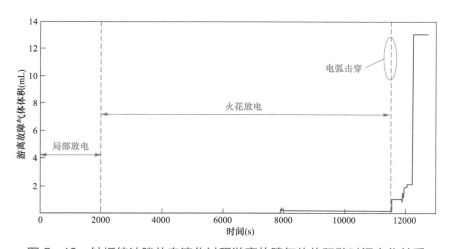

图 5-43　针板纯油隙放电演化过程游离故障气体体积随时间变化关系

在气体体积量方面，针板纯油隙局部放电产气量极低，且气泡均附着于电极表面，集气盒气体体积无变化；火花放电次数少，产气量低且均附着于箱体内部，集气盒气体体积无变化；电弧放电期间产生大量气体，部分汇聚于箱体内部，其余气体迅速移动至集气盒中。综上所述，针板纯油隙缺陷演化过程中气体体积变化量较少，该特征可以有效识别电弧放电，在识别局部放电与火花放电方面存在困难。

在气体体积变化速度方面，由于存在气体附着，针板纯油隙缺陷局部放电阶段与火花放电阶段无气体体积变化；电弧阶段后，约 2mL 游离故障气体在燃弧后约 600s 内移动至集气盒，之后约 200s 内又有约 11mL 气体进入集气盒。综上，针板纯油隙缺陷演化过程中气体体积变化主要出现在燃弧后，该特征可以有效识别电弧放电，在识别局部放电与火花放电方面存在困难。

（3）柱板沿面放电游离故障气体体积变化特征。柱板沿面放电演化过程游离故障气体体积随时间变化关系如图5-44所示。

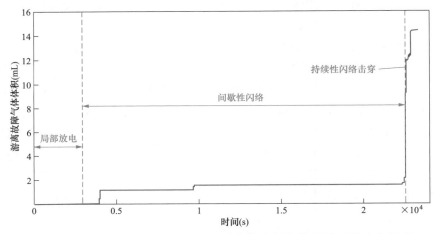

图5-44　柱板沿面放电演化过程游离故障气体体积随时间变化关系

在气体体积量方面，柱板沿面缺陷局部放电阶段产气量极低且附着于电极与纸板表面，集气盒内气体体积无变化；间歇性闪络次数少，产气量低且均附着于箱体内部，集气盒内气体体积无有效变化；持续性闪络期间短时间内剧烈产气，部分汇聚于箱体内部，剩余气体在闪络后迅速汇聚至集气盒。综上，柱板沿面缺陷演化过程中气体体积变化量较少，该特征可以有效识别持续性闪络，在识别局部放电与间歇性闪络方面存在困难。

在气体体积变化速度方面，柱板沿面缺陷局部放电阶段无气体体积变化；间歇性闪络阶段无有效气体体积变化；当缺陷发展至持续性闪络阶段后，约15mL游离故障气体在燃弧后约300s内移动至集气盒。综上，柱板沿面缺陷演化过程中气体体积变化主要出现在燃弧后，该特征可以有效识别持续性闪络，在识别局部放电与间歇性闪络方面存在困难。

2. 变压器内部典型放电类缺陷下游离气体组分变化特征

从图5-45中可看出典型放电缺陷模型试验中不同故障模型在放电发展各阶段的产气规律，其中图5-45（a）、（b）为在纯油隙放电模型下游离气体主要成分随单位时间放电量变化关系，图5-45（c）、（d）为在油中沿面放电模型下游离气体主要成分随单位时间放电量变化关系，图5-45（e）、（f）为在针板油纸放电模型下游离气体主要成分随单位时间放电量变化关系。从这一试验结果可以看出，在油中各种类型放电发展过程中，氢气浓度与乙炔气体浓度在前期都变化较小，其含量基本为零；火花放电/滑闪放电阶段氢气与乙炔浓度逐步增高，且变化速度不断增快；而当发生绝缘击穿后，氢气浓度与乙炔气体浓度都急剧增加。在不同放电模型的放电发展过程中，多次试验所采集的游离气体组分中氢气含量最高，其含量区间为14%~76%，其次为乙炔，乙炔的气体含量区间为7%~19%。因此可以利用瓦斯继电器中所产生游离气体的各组分含量来反映变压器内部缺陷的严重程度。

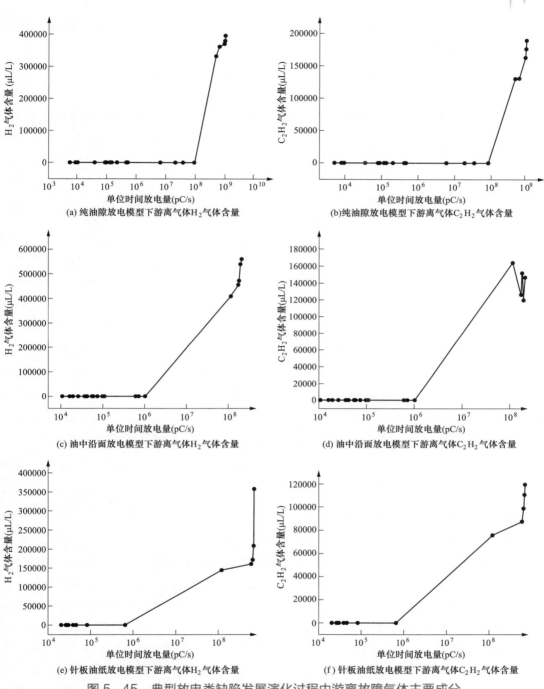

图 5-45 典型放电类缺陷发展演化过程中游离故障气体主要成分
随单位时间放电量变化关系

5.2.2 非故障情况下游离气体特征分析

针对变压器现有轻瓦斯继电器的告警情况进行轻瓦斯气体组分浓度数据的搜集,得到

表 5-3 所示数据，其中分别为轻瓦斯动作后，瓦斯气体中各组分的浓度以及所采集油样中各溶解气体组分的浓度。

表 5-3　　　　　轻瓦斯动作后瓦斯气体中各组分的浓度以及所采集
油样中各溶解气体组分的浓度

序号	H_2	CO	CO_2	CH_4	C_2H_4	C_2H_6	C_2H_2
气样 1	3640	5550	1837.5	141.54	27.33	1.44	102
油样 1	228	957	2440	57.2	12.5	6.82	158
气样 2	35640	6200	85300	43500	25800	2900	1500
油样 2	1400	340	9790	7550	19370	5120	124
气样 3	35828	1613.9	3158.4	2389.4	1225.4	0	3868.7
油样 3	135.4	195.4	2689.9	43.2	157.6	4.9	294.2
气样 4	51412	10123	1225	3499	2302	7550	8121
油样 4	20	112	225	3.5	14.2	0	8.8
气样 5	70931	1869	0	1484	83	2698	5171
油样 5	114	272	1153	16	12	1.5	19
气样 6	0	295.4	3092	8.76	2.3	2.51	0
油样 6	0	208.4	3092	4.36	2.35	1.77	0
气样 7	257	9264	4979	30.7	5.6	2.5	0.2
油样 7	9	1139	7149	14.4	11.8	6.9	0.2
气样 8	28	5217	4248	10.3	7.5	0	0
油样 8	24	880	6274	6.6	15.1	3.3	0

表 5-3 所示 8 个案例中，案例 1～5 为变压器轻瓦斯正确动作案例，其动作原因主要包含均压球接触不良导致放电、分接开关接触不良导致局部过热和放电、冲击合闸时变压器内部放电、雷击等；案例 6～8 为变压器轻瓦斯保护误动作案例，对变压器采取进行多项试验、解体查找故障点以及逐点排查等方法后发现，误动作的主要原因为低温导致的油面下降、变压器管道连接处存在渗油以及外界空气进入导致的油面下降等。将表 5-3 中轻瓦斯正确动作与误动作案例中各气体组分转换为百分比数据绘制成图，如图 5-46 所示。对比发现，在变压器内部发生放电或其他故障时，所产生的气体以氢气、一氧化碳为主，而在各误动案例中，集气盒内收集到的气体以二氧化碳和一氧化碳为主，因此依据变压器内部产生游离气体的组分浓度信息可以区分内部短路故障与其他非故障工况产气。

另一方面，在内部短路故障与其他非故障情况下，瓦斯继电器集气盒处收集到的游离气体体积均有可能超过其动作阈值，但气体体积随时间的变化情况以及其变化速率却存在显著差别。针对加滤油处理过程真空度不足导致窝气、环境温度变化、轻瓦斯继电器二次回路故障、物理结构受损导致环境气体渗入箱体等易引起集气盒内液位变化从而导致轻瓦斯发生误动的情况进行试验模拟，其液位变化各自呈现不同特征。

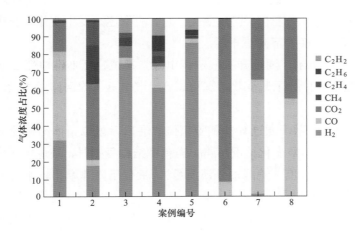

图 5-46　轻瓦斯保护动作案例中各气体组分浓度

如图 5-47（a）所示，通过向试验油箱注油后从油枕处导入气管并向箱体内部进气，模拟加滤油过程真空度不足导致气体在箱体内汇聚现象。观察液位计示数变化情况可得：窝藏气运动至集气盒内时，液位发生一次断崖式下降，而后无变化，不存在发展过程。

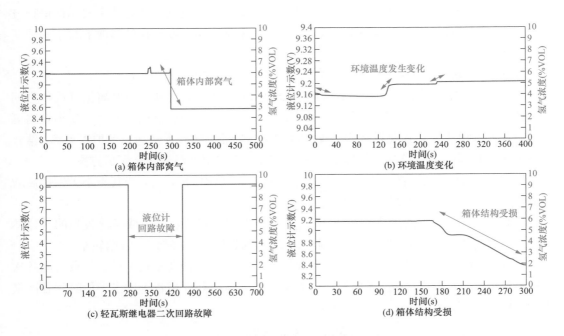

图 5-47　非故障工况导致游离气体体积与氢气浓度随时间变化关系

如图 5-47（b）所示，环境温度变化对于集气盒内液位的影响主要是由于热胀冷缩效应带来的气液两相界面压力不平衡，从而导致液位变化。试验中通过开关气泵影响集气盒内相界面压力差，模拟环境温度变化导致液位下降的现象。观察液位计示数变化情况可得：当气液相界面相对压力变化（温度变化）时，液位逐渐发生变化，变化速率相较于有气体进入导致的液位阶梯式下降更平缓。

如图 5-47（c）所示，通过开关液位计电源，模拟轻瓦斯继电器二次回路故障导致示数失真现象。观察液位计示数变化情况可得：当继电器二次回路发生故障，液位计示数直接归零。

如图 5-47（d）所示，通过开关试验箱体放油口，模拟箱体结构受损导致液位下降的现象。观察集液位计示数变化情况可得：当箱体结构受损时，液位以一定斜率下降，下降斜率取决于箱体破损程度（绝缘油外泄流量），液位下降速率相较于有气体进入导致的液位阶梯式下降更平缓。

同时，表 5-3 中所描述的四种非故障工况发生时，集气盒内所收集气体的氢气浓度均无明显变化，与故障情况下集气盒中氢气浓度变化情况形成鲜明对比。

基于以上内部短路故障与非故障情况下瓦斯继电器集气盒内游离气体的体积变化及气体组分浓度的差异性特征，构建融合游离气体多维特征的高可靠数字式瓦斯保护方案。

5.2.3 融合游离气体多维特征的数字式瓦斯保护技术

根据上述分析，有两种解决思路，一种是在瓦斯继电器集气盒处的数字式瓦斯保护方案；一种结合现有的规范规程要求，从运行工程的实施性，在取气盒处形成的数字式瓦斯保护方案。

1. 基于游离气体多维特征的数字式瓦斯保护方案（集气盒处）

基于气体体积变化特征的轻瓦斯保护策略可以有效识别放电类缺陷演化过程中后期的气体体积特征，提高了轻瓦斯保护灵敏度；基于氢气浓度变化特征的轻瓦斯保护策略可以有效识别放电类缺陷演化过程中后期的氢气浓度特征，降低了轻瓦斯保护误动率。结合上述两种保护策略，提出基于气体多变量特征的油浸式变压器轻瓦斯保护方案。

步骤一：每间隔半小时采集一次瓦斯集气盒内的气体体积 $V_{\text{gas},t}$，若其不小于保护启动阈值 V_{min}，保护启动，否则重复 S1。

步骤二：若当前采集的氢气浓度值 $\rho_{\text{H}_2,t}$ 不小于浓度阈值 C_{max}，或当前采集的气体体积绝对值 $V_{\text{gas},t}$ 不小于体积阈值 V_{max}，则轻瓦斯保护跳闸，方法结束；否则转至 S3。

步骤三：截至当前采集时刻，计算当前采集的氢气浓度分别相较于过去一段时间各次采集氢气浓度的变化量 $\Delta C_{\text{H}_2,n}$，以及当前采集的气体体积分别相较于过去一段时间各次采集气体体积的变化量 $\Delta V_{\text{gas},n}$，计算公式为

$$\begin{cases} \Delta C_{\text{H}_2,n} = C_{\text{H}_2,t} - C_{\text{H}_2,t-n\cdot\Delta t} \\ \Delta V_{\text{gas},n} = V_{\text{gas},t} - V_{\text{gas},t-n\cdot\Delta t} \end{cases} \tag{5-21}$$

式中：$V_{gas,t}$ 为当前采集的气体体积；t 为当前采集时刻；Δt 为采集的时间间隔，即 0.5h；$V_{gas,t-n \cdot \Delta t}$ 为距当前采集时刻 n 个时间间隔采集到的气体体积，$n \in [1,48]$；$\Delta V_{gas,n}$ 为当前采集的气体体积相较于距当前采集时刻 n 个时间间隔采集到的气体体积的变化量；$C_{H_2,t}$ 为当前采集的氢气浓度；$C_{H_2,t-n \cdot \Delta t}$ 为距当前采集时刻 n 个时间间隔采集到的氢气浓度，$n \in [1,48]$；$\Delta C_{H_2,n}$ 为当前采集的氢气浓度相较于距当前采集时刻 n 个时间间隔采集到的氢气浓度的变化量。

步骤四：根据变化量，计算过去一段时间内各采集时刻至当前采集时刻之间的氢气浓度变化速度 $R_{gas,n}$ 与气体体积变化速度 $S_{gas,n}$，计算公式为

$$\begin{cases} R_{gas,n} = \Delta C_{H_2,n} / (n \cdot \Delta t) \\ S_{gas,n} = \Delta V_{gas,n} / (n \cdot \Delta t) \end{cases} \quad (5-22)$$

式中：$S_{gas,n}$ 为截至当前采集时刻，过去时段内 $n \cdot \Delta t$ 的气体体积变化速度；$R_{gas,n}$ 为截至当前采集时刻，过去时段内 $n \cdot \Delta t$ 的氢气浓度变化速度。

步骤五：遍历各时间段内的氢气浓度变化速度 $R_{gas,n}$ 与气体体积变化速度 $S_{gas,n}$，若任意时间段内的气体体积变化速度不小于相应的氢气浓度变化速度阈值 $R_{max,n}$，或任意时间段内的气体体积变化速度不小于相应的体积变化速度阈值 $S_{max,n}$，则轻瓦斯保护告警，方法结束。其中，氢气浓度变化速度与体积变化速度阈值遵循反时限原则。

基于游离气体多维特征的数字式瓦斯保护方案流程如图 5-48 所示。该方案能够在变压器内部油纸类绝缘缺陷火花放电阶段以及各类绝缘缺陷电弧放电阶段及时感知区别于外部扰动的故障特征量，通过综合识别气体物理化学特征降低了保护误动率，提高了现场排查故障工作效率。

2. 基于游离气体特征的数字式轻瓦斯保护方案（取气盒处）

基于前文分析，变压器发生内部故障时，由于绝缘油为碳氢化合物，分解产生的多为氢气、甲烷、乙炔等可燃性气体，从现阶段工程实用化的角度出发，需要从以下几方面考虑构建轻瓦斯保护设计方案：

（1）对现有的变压器结构及内部不进行任何改造情况下，提升轻瓦斯保护性能。

（2）利用现有变压器取气盒承担的功能来进行轻瓦斯保护方案设计。

（3）利用瓦斯继电器气室内气体体积及气体的组分及含量共同构成轻瓦斯保护判据，以提升保护可靠性。从试验以及现场分析的数据看到，变压器内部故障氢气的产生及含量变化是一重要特征，可作为保护判据。

（4）在整个过程需实现自动取气、自动分析及处理，并远程上送报告、定检分析等功能，同时可减少人员现场服务的不利条件。

依据数字式轻瓦斯保护方案，在原有瓦斯继电器的基础上改造了取气盒，设计了如图 5-49（a）所示的数字式轻瓦斯保护结构，其由氢气传感器、液位传感器、三个电磁阀（S1～S3）、两个手动阀和取气盒构成。电磁阀 S1 连接瓦斯继电器，用于瓦斯继电器中的油和气体进入装置取气盒；电磁阀 S2 与电磁阀 S3 通过管道在装置底部共同接入排油口，用于排出装置取气盒内的油；手动阀注气口是在标定检测时与气瓶相连，用于校验

装置准确性；手动阀人工取气口与抽气筒连接，用于轻瓦斯动作气体检测完成后人工取得气体样本进行进一步检测分析。

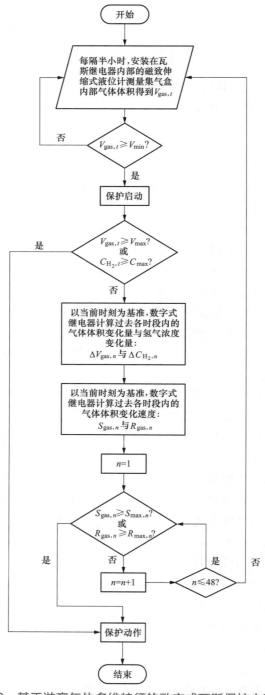

图 5-48 基于游离气体多维特征的数字式瓦斯保护方案流程图

数字式轻瓦斯保护装置的功能采用模块化设计，模块之间相互独立、灵活组合，方便实现不同功能，保护功能结构如图 5-49（b）所示，主要包括初始化模块、轻瓦斯告警取气模块、轻瓦斯测量模块、动作和告警模块、氢气传感器精度校验模块、手动取气模块和一键复归功能模块。该装置具备自动排气注油，自动取气、分析、诊断故障并上送报告等功能。

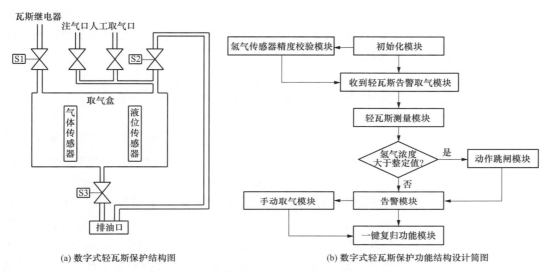

(a) 数字式轻瓦斯保护结构图　　　　　　　　　　(b) 数字式轻瓦斯保护功能结构设计简图

图 5-49　数字式轻瓦斯保护结构及设计图

在国家电网公司（常州）电气设备检测中心搭建了 110kV 变压器试验环境对本装置进行试验验证，布置图如图 5-50 所示。在人工注气口处接上氢气瓶，通过标定检测按钮实现对装置标定检测功能的检验，检测结果如表 5-4 所示。

图 5-50　数字式轻瓦斯保护装置在 110kV 试验变压器前布置图

表 5-4　　　　数字式轻瓦斯保护装置氢气浓度检测结果

序号	氢气瓶标定浓度	装置检测氢气浓度
1	0.3%	0.28%
2	5%	5.12%
3	99.9%	100.00%

　　出于安全考虑未对变压器进行破坏性试验，通过往变压器内部注入空气模拟内部故障，全面验证了数字式轻瓦斯保护装置的动作流程。装置的注油排气、排油取气以及取样测量保护出口均符合设计思路。

5.3　基于漏磁特征的轻微匝间故障保护

　　变压器内部发生轻微匝间短路时，端部电流电压变化很小，常规的变压器保护如差动保护或过流保护均难以灵敏动作，但短路匝内会流过数千安甚至更大的短路电流而导致局部温度激增，绝缘纸碳化、绝缘油气化分解，最终快速发展为恶劣的高压对地短路故障，基于绕组漏磁特征能够在轻微匝间故障发生时即对其进行判别，及时阻止高能电弧故障的发生。本节通过对绕组径向环电流、轴向层电流积分获得绕组在空间产生的磁通密度数学模型，推导出正常运行、空载合闸与外部短路工况下轴向漏磁在空间上均呈对称分布；搭建了"场-路"耦合三相变压器三维仿真模型，提出了漏磁传感器的安装策略，提出了以轴向漏磁对称性、三相漏磁对称性被破坏的特征为依据的变压器匝间故障保护判别方法，可实现1%比例匝间短路灵敏可靠辨识。

5.3.1　变压器内部漏磁场理论计算

　　变压器一次侧绕组上的交变电流，会产生交变磁场，在二次侧绕组上产生感应电动势。由一次侧绕组所产生的磁通通常情况下不会全部贯穿二次侧绕组，反之亦然，仅与一次侧或二次侧绕组相交链、主要通过非磁性介质而形成闭合回路的这部分磁通称为漏磁通。正常变压器中的漏磁通具有轴向对称性，当发生一匝或几匝在轴向上不对称短路时，漏磁通的对称性也会丧失，因此漏磁通可用于匝间故障识别。

　　忽略铁芯对漏磁通轴向对称性的影响，变压器单相绕组几何尺寸如图 5-51 所示，绕组内径与外径分别为 a、b。

　　考虑绕组在空间中某点 $P(x_0,y_0,z_0)$ 产生的磁场，将绕组在轴向高度上分为一系列导体层，进一步在径向上划分为导体环，则导体环截面流过的电流 I_h 为

$$I_h = \frac{NI}{HL}\Delta H \Delta L \tag{5-23}$$

式中：N 为绕组匝数；I 为每匝导线内流过的电流；H 为绕组高度；ΔH 为导体层沿轴向的厚度；L 为绕组内外径之差；ΔL 为导体环内外径之差。

　　图 5-52 所示的导体环上任意一点 $\mathrm{M}(x,y,z)$ 电流元 $I\Delta l$ 在平面内以极坐标形式表示为

$$I\Delta l = \frac{NI}{HL}\Delta H\Delta L\Delta l = \frac{NIr(e_y\cos\theta - e_x\sin\theta)}{HL}\Delta H\Delta L\Delta\theta \tag{5-24}$$

式中：Δl 为电流 I 在平面内的微小线元素；r 为导体环内半径；e_x、e_y 为指向 x、y 轴正方向的单位向量；θ 为 Δl 与 e_y 的夹角；$\Delta\theta$ 为 Δl 弧长对应的角度。

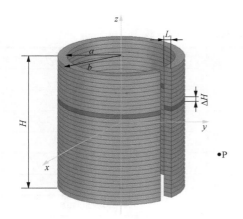

图 5-51　变压器绕组几何尺寸与
导体层示意图

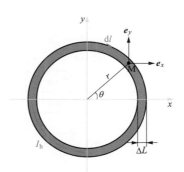

图 5-52　变压器绕组导体环与电流元示意图

则 M 点电流元在 P 点处产生的磁通密度 ΔB 为

$$\Delta B = \frac{\mu}{4\pi}\cdot\frac{NI}{HL}\Delta H\Delta L\Delta l\times\frac{d}{d^3} = \frac{k}{d^3}\Delta l\times d\Delta H\Delta L \tag{5-25}$$

式中：$k = \frac{\mu NI}{4\pi HL}$；$\mu$ 为空间中介质磁导率；d 为 M 点电流微元与空间中 P 点间的距离；d 为由 M 点指向 P 点的向量；e_z 为指向 z 轴正方向的单位向量。

由此得到磁通密度 ΔB 沿 x、y、z 坐标轴的各向分量，积分得到单个绕组在空间某点产生的磁密 B 沿 x、y、z 轴的各向分量表达式为

$$\begin{cases} B_x = e_x\int_{-0.5H}^{0.5H}\int_a^b\int_0^{2\pi}\frac{kr(z_0-z)\cos\theta\,d\theta drdz}{d^3} \\ B_y = e_y\int_{-0.5H}^{0.5H}\int_a^b\int_0^{2\pi}\frac{kr(z_0-z)(-\sin\theta)\,d\theta drdz}{d^3} \\ B_z = e_z\int_{-0.5H}^{0.5H}\int_a^b\int_0^{2\pi}\frac{kr(-y_0\sin\theta+R-x_0\cos\theta)\,d\theta drdz}{d^3} \end{cases} \tag{5-26}$$

证明可得，当每一组位于轴向对称位置的导线内流过的电流相同时，整体合成漏磁具有轴向对称性。即当绕组导线轴向对称绕制时，正常运行、励磁涌流、外部短路及中部匝间短路时，轴向漏磁分布对称。

5.3.2　变压器内部漏磁场仿真计算

为探究不同工况下变压器内部不同位置处漏磁分布规律，以 SSZ11 – 25000/110kV 三相三柱式变压器为研究对象，连接方式采用 YN/yn0/d11 连接，中性点接地。变压器技术参数及几何尺寸如表 5 – 5 所示。

表 5 – 5　　　　　　　SSZ11 – 25000/110kV 变压器基本参数

参数	数值
额定容量（kVA）	25000
额定电压（kV）	110/35/10.5
铁芯直径（mm）	670
窗高（mm）	1145
绕组中心距（mm）	1355
绕组高度（mm）	930
绕组内径（mm）	349.5/429.5/530.5
轴向测量路径距绕组中心轴距离（mm）	335/420/513.5/878
轴向测量路径长度（mm）	1720

根据漏磁场分布的轴向对称性结论，结合实际中漏磁传感器可安装于变压器内部的位置，选择如图 5 – 53 所示的每相轴向与辐向路径，分析不同运行工况下的漏磁场分布差异，包括：位于铁芯与低压绕组间隙的轴向路径Ⅰ；位于低压与中压绕组间隙的轴向路径Ⅱ；位于中压与高压绕组间隙的轴向路径Ⅲ；位于高压绕组外侧油箱壁上的轴向路径Ⅳ与辐向路径Ⅴ。

（1）正常运行。

正常运行时，辐向路径上各点漏磁值随时间变化规律如图 5 – 54 所示，正常运行时三相漏磁幅值相等。因此仅选取 B 相各轴向路径上距绕组首端 1/4 高度处的漏磁时域波形，

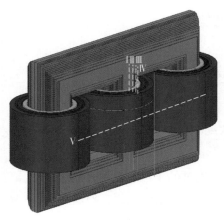

图 5 – 53　漏磁场测量路径示意图

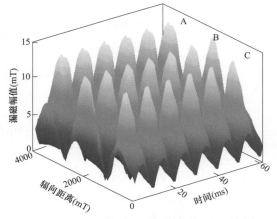

图 5 – 54　正常运行辐向路径漏磁三维图

如图 5−55 所示，同一点处漏磁幅值随时间以正弦规律变化，不同轴向位置漏磁值存在差异，绕组间隙漏磁幅值较高。

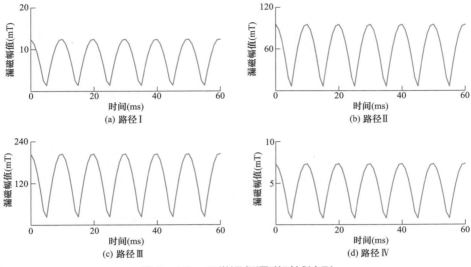

图 5−55　正常运行漏磁时域波形

同一时刻，B 相各轴向路径上的漏磁值如图 5−56 所示，各路径上漏磁分布轴向对称，路径处漏磁最大值位于绕组端部附近，约为 71.83mT。绕组范围内漏磁最小值位于绕组中部，接近于 0；路径 Ⅱ 处漏磁最大值位于绕组中部，约为 105.30mT，并向两侧递减；路径 Ⅲ 处漏磁最大值位于绕组中部，约为 215.11mT，并向两侧递减；路径 Ⅳ 处漏磁最大值位于绕组端部附近，约 13.09mT。绕组范围内漏磁最小值位于绕组中部，接近于 0。

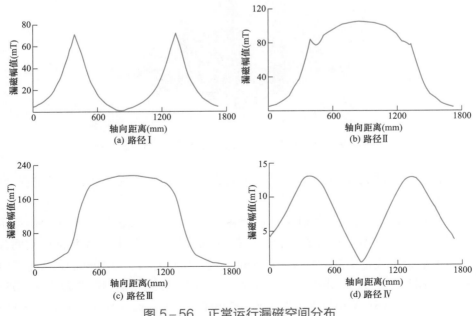

图 5−56　正常运行漏磁空间分布

考虑漏磁场与绕组内电流的关系，四条路径漏磁幅值随负载率变化的关系如图 5-57 所示，随负载率上升漏磁幅值呈线性增长。

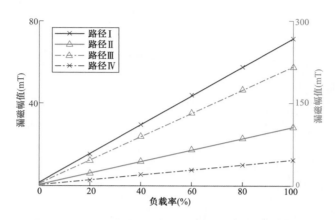

图 5-57　正常运行时漏磁幅值与负载率关系图

（2）空载合闸。

变压器空载合闸时铁芯剩余磁通 $\phi=[0,0,0]$，空载合闸角度 $\alpha=0°$，仿真时长设置为 60ms，辐向路径上各点漏磁值随时间变化规律如图 5-58 所示，三相漏磁时域波形均较正常运行时发生变化。

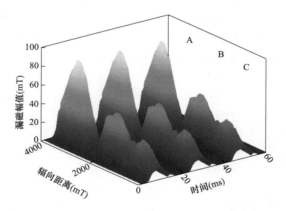

图 5-58　变压器空载合闸工况辐向路径漏磁三维图

漏磁时域波形如图 5-59 所示，同一点处漏磁时域波形出现间断角，0° 空载合闸时，A 相漏磁幅值最高。

三相电流分别达到最大值的时刻，该相各轴向路径上的漏磁值如图 5-60 所示，各路径上漏磁分布轴向对称，以漏磁变化最大的 A 相为例，路径 I 处 A 相漏磁空间分布发生改变，最大值位于绕组中部，约为 710.69mT，较正常运行时位于端部的最大值 71.83mT 上升 889.4%；路径 II 处 A 相漏磁最大值约为 483.88mT，较正常运行时的最大值 105.30mT 上升 360.0%；路径 III 处 A 相最大值约为 514.74mT，较正常运行时的最大值 215.11mT 上升 139.3%；路径Ⅳ处 A 相漏磁最大值仍位于绕组端部附近，约 105.89mT，较正常运时的 13.09mT 上升 708.9%。

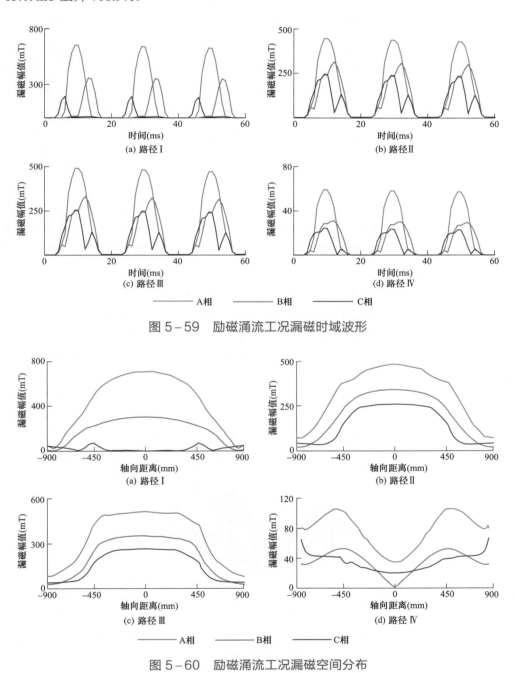

图 5-59　励磁涌流工况漏磁时域波形

图 5-60　励磁涌流工况漏磁空间分布

表 5-6 为变压器不同角度空载合闸三相漏磁最大值，铁芯饱和程度越深，其漏磁值越大，漏磁最高相幅值约 450～480mT。

表 5-6　　　　　　　　不同角度空载合闸后三相漏磁幅值

合闸角度（°）	A 相幅值（mT）	B 相幅值（mT）	C 相幅值（mT）
0	479.96	343.88	260.39
30	468.67	242.82	417.95
60	352.17	282.85	481.81
90	240.25	406.17	466.64
120	260.42	453.99	352.87
150	417.73	448.46	238.09
180	482.97	344.23	260.68
210	468.36	241.22	417.87
240	351.95	261.94	482.45
270	241.88	405.98	464.60
300	260.20	454.37	352.84
330	417.07	448.16	237.86

（3）外部故障。

设置变压器中压侧 B 相单相接地短路，仿真时长 60ms，第 10ms 发生故障。辐向路径上各点漏磁值随时间变化规律如图 5-61 所示，三相漏磁时域波形均较正常运行时发生变化，且故障相漏磁幅值最高。漏磁时域波形如图 5-62 所示，各相漏磁幅值大幅上升，一般为故障相最高，某些位置可能出现故障相与其余相幅值相等或略小。故障发生后，漏磁非周期分量逐渐衰减。

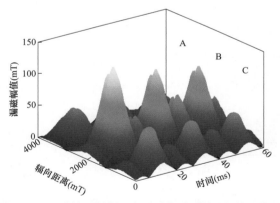

图 5-61　单相接地短路工况辐向路径漏磁三维图

三相电流分别达到最大值的时刻，该相各轴向路径上的漏磁值如图 5-63 所示，各路径上漏磁分布轴向对称，以漏磁变化最大的故障 B 相为例，路径 I 处最大值位于绕组端部，约为 364.12mT，较正常运行时上升 407.0%；路径 II 处约为 1146.9mT，较正常运行时上升 989.2%；路径 III 处约为 3335.3mT，较正常运行时上升 1450.5%；路径 IV 处约156.05mT，较正常运时上升 1092.1%。

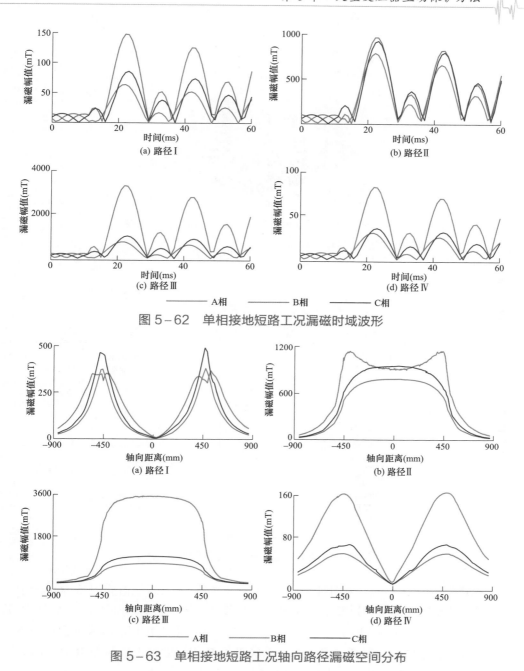

图 5-62　单相接地短路工况漏磁时域波形

图 5-63　单相接地短路工况轴向路径漏磁空间分布

　　设置变压器中压侧外部 AB 相间短路，仿真时长 60ms，第 10ms 发生故障。辐向路径上各点漏磁值随时间变化规律如图 5-64 所示，仅故障相漏磁幅值较正常运行时发生变化，无故障相没有明显变化。

　　进一步选取三相各轴向路径上距绕组首端 1/4 高度处的漏磁时域波形如图 5-65 所示，故障两相漏磁时域波形在数值上基本一致，非故障相在短路前后变化不明显。故障发生后，漏磁非周期分量逐渐衰减。

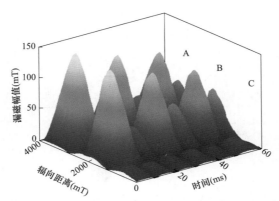

图 5-64 外部相间短路工况辐向路径漏磁三维图

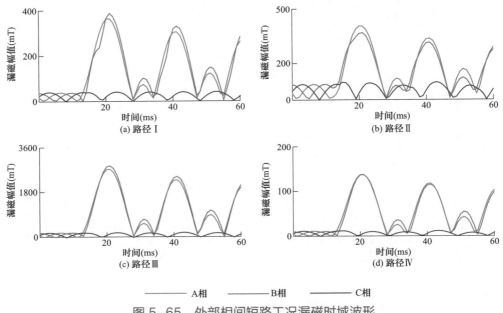

图 5-65 外部相间短路工况漏磁时域波形

三相电流分别达到最大值的时刻，该相各轴向路径上的漏磁值如图 5-66 所示，各路径上漏磁分布轴向对称，以漏磁变化最大的故障 A、B 相为例，路径 Ⅰ 处 A、B 相漏最大值位于绕组端部，约为 545.38mT，上升 659.3%；路径 Ⅱ 处 B 相漏磁最大值位于绕组端部附近，约为 888.13mT，上升 743.43%；路径 Ⅲ 处 B 相漏磁最大值约为 3081.5mT，上升 1332.5%；路径 Ⅳ 处 B 相漏磁最大值约 156.3mT，上升 1092.1%。

（4）匝间短路。

高压绕组在距绕组首端 1/4 高度位置发生 1% 比例匝间短路后，辐向路径上各点漏磁值随时间变化规律如图 5-67 所示，仅故障相漏磁幅值较正常运行时发生变化，无故障相没有明显变化。

由于非故障相漏磁无明显变化，仅选取故障 B 相各轴向路径上的漏磁空间分布如图 5-68 所示。

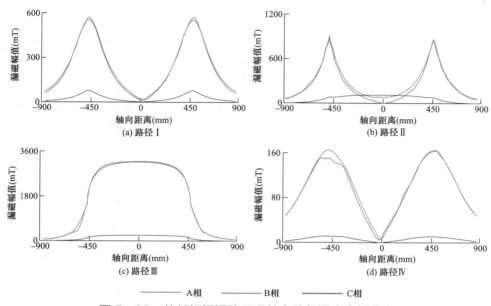

图 5-66　外部相间短路工况轴向路径漏磁空间分布

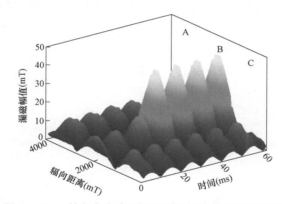

图 5-67　外部相间短路工况辐向路径漏磁三维图

1）路径 I：故障位置成为绕组范围内漏磁值最低点，漏磁变化最大的位置不与其一致，位于绕组中部附近，最大变化量为 58.79mT。

2）路径 II：故障位置成为绕组范围内漏磁值最低点，且漏磁值变化最大的位置，变化量约为 36.58mT。

3）路径 III：故障位置成为绕组范围内漏磁值最低点，且漏磁值变化最大的位置，由于距高压绕组更近，变化量更大，约为 159.26mT。

4）路径 IV：漏磁场发生畸变，畸变程度与故障位置关系不明显，变化量最大值约为 28.51mT。

中压与低压绕组匝间短路后的漏磁分布如图 5-69 及图 5-70 所示，当中压绕组短路时，显著特征为在发生短路的绕组内侧位置（路径 I 与路径 II），与故障匝同高度处轴向漏磁降低（测量位置与故障匝距离较远时变化较小），故障后漏磁分布不再对称。在发

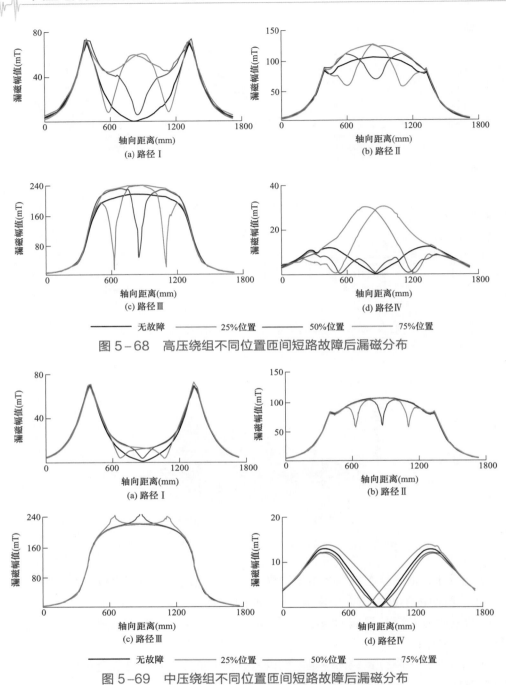

图 5-68　高压绕组不同位置匝间短路故障后漏磁分布

图 5-69　中压绕组不同位置匝间短路故障后漏磁分布

生短路的中压绕组外侧的位置（路径Ⅲ），漏磁在故障点处较近的位置（路径Ⅲ）出现增长的畸变波峰，最大值位置受故障点位置影响。但在离故障点较远时（路径Ⅳ）漏磁分布受短路影响非常微弱。因此，当中压绕组短路时，规律与高压绕组短路类似，但中压绕组短路导致的漏磁畸变程度较高压短路小，影响漏磁分布的范围较小。低压绕组匝间短路后的漏磁规律同样与前述类似，但导致的漏磁畸变程度较高、中压短路更小。

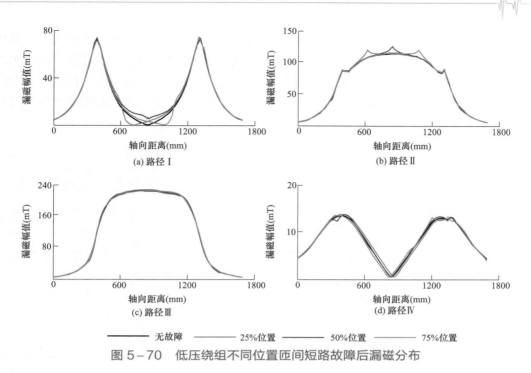

图 5-70　低压绕组不同位置匝间短路故障后漏磁分布

5.3.3　基于漏磁特征的变压器轻微匝间保护技术

基于以上理论与仿真分析工作，不同运行工况下漏磁分布存在如下规律：

（1）正常运行时，三相绕组附近漏磁磁密随时间变化交替达到最大值，仿真得到三相三柱式变压器中各相漏磁幅值相等，且随负载电流增大而增大。漏磁分布在任一时刻都具有对称性，并在与绕组中心平行的任一轴线上均保持该对称。

（2）励磁涌流工况时三相漏磁值均较正常运行时发生较大变化，随合闸角改变 A、B、C 相交替成为漏磁最大相，最大值约 450～480mT。漏磁时域波形出现间断角，漏磁分布同样保持对称。

（3）外部短路工况时整体漏磁分布较正常运行时发生较大变化，与故障类别、故障电流大小、中性点接地方式及变压器连接方式等因素有关，漏磁分布对称性结论不变。

（4）匝间短路发生后，仅故障相漏磁改变，无故障相无明显变化。短路匝附近且与短路匝同高度处，漏磁场畸变程度最大，距离较远时，漏磁变化不明显，高压绕组短路对漏磁分布轴向畸变程度最大，中压、低压绕组次之。除绕组中部匝间短路外，轴向漏磁分布不再对称。

通过前述仿真分析可得，变压器正常运行、励磁涌流、外部短路、匝间短路工况下漏磁分布规律存在明显差异，因此可基于漏磁场轴向对称性及三相对称性进行计及励磁涌流及外部故障影响的匝间保护方法研究。

由于轻微匝间短路工况下漏磁变化较其他工况较小，因此需主要根据匝间短路工况确定漏磁传感器的安装位置。由表 5-7 可得，在路径Ⅱ与路径Ⅲ处，漏磁变化最大值位于故障匝附近，但低压绕组短路时在路径Ⅲ产生的漏磁变化值较小。路径Ⅱ由于距离低压绕组较近，在低压绕组发生小匝间短路时能检测到漏磁的明显增长，而高压与中压绕组发生小匝间短路时能检测到漏磁的大幅下降，且故障匝附近为路径上漏磁变化最大的位置。因此当漏磁传感器安装在低压与中压绕组之间时，不同绕组短路造成的漏磁变化较明显且区别较大。

表 5-7　　　　　　　　　故障匝附近漏磁变化量与该路径上最大漏磁变化量　　　　　　　单位：mT

路径	漏磁变化	高压短路	中压短路	低压短路
路径 A	故障匝处变化量	6.18	−4.19	2.02
路径 A	该路径最大变化量	58.79	11.44	−7.34
路径 B	故障匝处变化量	−36.91	−42.59	12.35
路径 B	该路径最大变化量	−37.39	−42.59	12.372
路径 C	故障匝处变化量	−188.4	27.88	3.26
路径 C	该路径最大变化量	−188.4	31.06	3.26
路径 D	故障匝处变化量	16.59	2.50	0.65
路径 D	该路径最大变化量	28.51	3.51	0.81

根据图 5-71 中路径Ⅱ处的漏磁变化规律，存在低压与中压绕组短路时，故障匝附近漏磁变化区域较小，离故障匝较远时漏磁变化不明显的问题，因此漏磁传感器需要达到一定的数量才能使任意位置的故障被灵敏检测并确定其位置。此外由于高压短路时漏磁有轻微的整体畸变，漏磁变化动作值需要大于 1mT 才能定位至高压绕组的故障匝。图 5-72 显示了设定的漏磁变化动作值与达到了此变化值的范围的关系，即当设定漏磁变化动作值

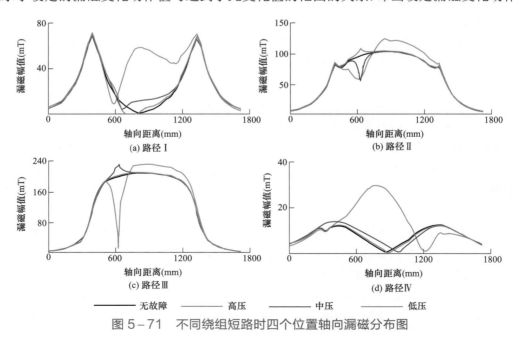

图 5-71　不同绕组短路时四个位置轴向漏磁分布图

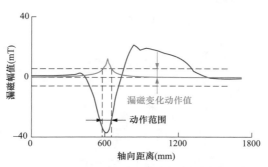

图 5-72 漏磁变化动作值与动作范围示意图

为 2mT 时，可动作范围约故障匝附近±100mm，即每相至少需要 5 个漏磁传感器对称安装在高度为 935mm 的轴向范围内，才能使漏磁变化最小的短路情况（中、低压 1 匝短路）也能被检测到较具体的短路匝位置。

根据匝间短路后轴向漏磁发生畸变的范围，可得每相的安装数量 n 需满足

$$n \geqslant \frac{H}{R_{\Delta B}} \tag{5-27}$$

式中：$R_{\Delta B}$ 为匝间故障后漏磁变化达到了 ΔB 的可动作范围。

漏磁传感器每相安装示意图如图 5-73 所示，传感器距绕组首端的距离 x_i 可表示为

$$x_i = \frac{H}{2n}(2i-1), 1 \leqslant i \leqslant n \tag{5-28}$$

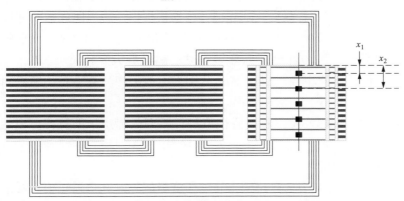

图 5-73 漏磁传感器每相安装示意图

依据理论推导与仿真得到的不同工况下三相漏磁变化值的差异与轴向漏磁对称性规律，基于前述漏磁传感器安装方案，分析不同工况下规律差异的数值表达，设 A 相安装的漏磁传感器从首端至末端依次为 $S_1^A \sim S_n^A$，其检测到的漏磁值分布为 $B_1^A \sim B_n^A$，其余两相同理。

在正常运行时三相传感器检测到的漏磁量存在以下关系

$$\begin{cases} B_i = B_{n+1-i} \\ |\Delta B_i^A| = |\Delta B_i^B| = |\Delta B_i^C| < \Delta B_{set1} \end{cases}$$

在励磁涌流与单相外部接地短路工况时有

$$\begin{cases} B_i = B_{n+1-i} \\ |\Delta B_i^{\mathrm{A}}| \neq |\Delta B_i^{\mathrm{B}}| \neq |\Delta B_i^{\mathrm{C}}| \geqslant \Delta B_{\mathrm{set2}} \end{cases}$$

在外部相间短路工况时有

$$\begin{cases} B_i = B_{n+1-i} \\ |\Delta B_i^{\mathrm{h}}| \leqslant \Delta B_{\mathrm{set2}} \\ |\Delta B_i^{\mathrm{f}}| \geqslant \Delta B_{\mathrm{set2}} \end{cases}$$

在不对称匝间故障工况时有

$$\begin{cases} B_j^{\mathrm{f}} \neq B_{n+1-j}^{\mathrm{f}} \\ B_i = B_{n+1-i} \\ |\Delta B_i^{\mathrm{h}}| < \Delta B_{\mathrm{set1}} \\ |\Delta B_j^{\mathrm{f}}| \geqslant \Delta B_{\mathrm{set1}} \end{cases}$$

在对称匝间故障工况时有

$$\begin{cases} B_i = B_{n+1-i} \\ |\Delta B_i^{\mathrm{h}}| < \Delta B_{\mathrm{set1}} \\ |\Delta B_j^{\mathrm{f}}| \geqslant \Delta B_{\mathrm{set1}} \end{cases}$$

式中：i 为 $1 \sim n$ 的正整数；ΔB_i 为某相第 i 个漏磁传感器测得的漏磁值较正常运行时的差值；ΔB_{set1}、ΔB_{set2} 为设定的漏磁变化动作值，分别依据低压绕组匝间短路与励磁涌流时的漏磁特性设定，ΔB_{set1} 小于低压绕组匝间短路时漏磁最大变化量，ΔB_{set2} 大于匝间短路时的漏磁最大变化量且小于励磁涌流及外部短路时的漏磁最大变化量，$\Delta B_{\mathrm{set1}} < \Delta B_{\mathrm{set2}}$；$j$ 为故障匝附近漏磁传感器的序号；ΔB^{h}、ΔB^{f} 分别为无故障相与故障相传感器测得的漏磁变化值。

利用漏磁场轴向对称性及三相漏磁幅值进行匝间故障辨识的流程可以通过图 5-74 表示。

（1）轴向对称性判据。

假设每一采样时刻，安装于每相低压与中压绕组间隙的 n 个漏磁传感器采集到的漏磁值分别为 $B_i(i=1, 2, \cdots, n)$，分别计算其与正常运行时同一传感器检测到的差值为 ΔB_i。

计算每一相所有 ΔB_i 是否存在大于 ΔB_{set1} 的量，若某一相第 x 个传感器处 $\Delta B_x \geqslant \Delta B_{\mathrm{set1}}$，则进一步判断位于轴向对称位置的第 y 个传感器处的 $\Delta B_y(y=n-x+1)$ 是否在一定误差范围内存在与 ΔB_x 相等的关系，来判断这一时刻该相漏磁通是否对称。若漏磁场分布不对称，则判断为变压器在该相发生了匝间故障，且故障位置位于漏磁变化量最大的传感器附近。

若该相虽存在变化量大于 ΔB_{set1} 的值，但每一组位于对称位置的传感器漏磁值相等，即漏磁轴向对称，则根据三相漏磁值进行下一步判定。

考虑到绕组内电流增大时，误差引起的漏磁场轴向不平衡度也略有增大，因此判断轴向对称性的关系式如式（5-29）所示，后续计算不平衡度时采用该式折算。

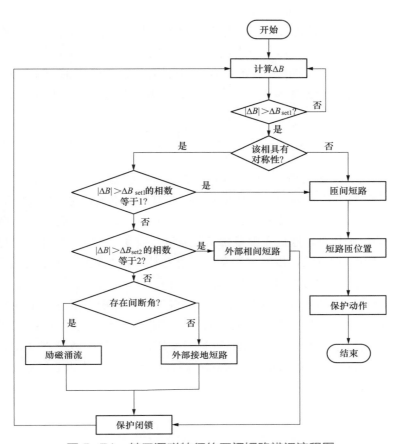

图 5-74 基于漏磁特征的匝间短路辨识流程图

$$\left| \frac{\Delta B_x}{I/I_R} - \frac{\Delta B_y}{I/I_R} \right| \leqslant \Delta B_{set1} \tag{5-29}$$

（2）三相漏磁值判据。

当某一相出现变化量大于ΔB_{set1}的值，但轴向漏磁场分布对称时，则进一步判断同一时刻，是否其余两相的各ΔB_i存在有大于设定动作值ΔB_{set1}的值。若三相中在同一时刻仅有一相存在大于ΔB_{set1}的值，则仍判断为匝间短路工况，且故障位置位于绕组中部。这是由于绕组中部发生匝间短路时，不改变漏磁场的轴向对称性，而励磁涌流及外部故障工况均同时存在两相及以上的漏磁传感器变化量大于ΔB_{set1}，因此当检测到两相及以上大于ΔB_{set1}时，则判定该相匝间故障未发生，判断为励磁涌流或外部故障工况，保护闭锁。

与匝间故障有关的漏磁动作值ΔB_{set1}的设定方法，主要根据低压绕组匝间短路下的漏磁场畸变程度确定。ΔB_{set2}的设定是为进一步区分由于励磁涌流与外部故障，不影响匝间故障的辨识，由于漏磁幅值变化较轻微匝间故障时更大，因此可将ΔB_{set2}设定为较高值以排除匝间短路的影响。

当转为判断励磁涌流与外部故障工况时，依据三相漏磁变化值，若仅存在两相漏磁变化值大于ΔB_{set2}，则判断为外部相间短路发生，当三相漏磁变化值均大于ΔB_{set2}时，判断为励磁涌流工况。尽管受中性点接地方式等因素影响，外部短路故障电流引起的三相漏磁值变化不一定仍满足上述关系，但其不影响匝间故障判别。此外，由于电流与漏磁幅值基本成线性关系，基于电流量的励磁涌流辨识方法同样可应用于漏磁，且不受 TA 饱和的影响，在间断角特征不明显的励磁涌流工况下提升对其的辨识能力，有待于进一步研究。

本 章 小 结

本章主要针对大型电力变压器安全运行的第二级防线进行了相关科学研究和技术路线的介绍，首先针对变压器内部严重放电缺陷，通过脉冲电流信号、特高频信号和声信号等参量多维多域特征与缺陷严重程度的关联关系，介绍了基于电—磁—声多物理场参量融合的变压器主动保护原理，通过多参量幅值、能量、频度、主频及其变化趋势、波形等特征融合的严重放电判别方法，以及多参量的信息互补、相互验证，构建了主动保护逻辑，搭建了 110kV 真型变压器试验平台和主动保护验证用样机检验了保护方法的有效性；针对放电缺陷到击穿阶段的产气，介绍了依据游离气体汇集体积与组分含量特征的轻瓦斯保护方法，同时结合现有的规范规程要求，从工程运维方便性介绍了具备自动取气、注油、分析诊断等功能的数字式轻瓦斯保护装置；针对变压器轻微匝间故障难以灵敏快速辨识难题，介绍了基于漏磁对称性特征的轻微匝间故障保护方法，通过理论分析、仿真建模说明了保护方法的有效性。

第6章
变压器常规保护性能提升方法

为减小变压器内部故障电弧能量，一旦发生绝缘击穿，需要保护灵敏、快速动作，隔离故障，以降低变压器爆燃事故风险。提升常规保护快速性和灵敏性，对于防范事故进一步恶化，至关重要。差动保护是变压器的主保护，基于磁势平衡原理的变压器差动保护受励磁涌流的影响，保护快速性一直难以提升。工程中应用的励磁涌流识别原理主要有二次谐波制动、间断角原理、波形相关性等方法，但受到变压器电磁暂态、星/三角转换、电流互感器传变特性等因素的影响，即使最快的间断角识别也至少需要 20ms，影响了差动保护的快速性。此外，当油浸式电力设备内部绝缘油中产生严重电弧故障时，油箱内部的高温电弧会迅速气化分解其周围的绝缘油，在短时间内产生大量含有氢气、碳氧化合物、烃类气体的混合气体。而周围液态绝缘油的膨胀惰性使得气液两相界面上产生巨大的压力差，并以压力波的形式向外传播，油箱内部压力水平骤升。现有的压力保护措施主要有压力释放阀、压力突变继电器等，但均为机械式装置，动作时间较长，面对严重电弧故障，难以满足保护速动性要求。本章节针对变压器内部各类故障，在第三级防线提出基于主磁通实时估算的差动保护技术、基于压力变化特征的数字式压力保护技术，以提升传统保护性能。

6.1 基于主磁通实时估算的变压器差动保护

6.1.1 变压器主磁链与端部电压突变关联规律

1. 考虑衰减直流分量的电压和磁链分析

磁链的变化产生电压，忽略漏磁链，可得

$$u(t) = \frac{\mathrm{d}\psi(t)}{\mathrm{d}t} \tag{6-1}$$

电压发生突变后，由于磁链不可突变，从而产生了衰减的直流磁链，可能导致铁芯饱和。

假设突变前磁链为

$$\psi(t) = -k_1 \psi_{\mathrm{m}} \cos[\omega(t - t_0) + \varphi] + A_1 \tag{6-2}$$

突变后磁链为

$$\psi(t) = -k_2\psi_{\mathrm{m}}\cos[\omega(t-t_0)+\varphi+\theta] + A_2\mathrm{e}^{-\frac{t-t_0}{\tau}} \qquad (6-3)$$

其中，t_0 为突变时刻；τ 为衰减常数。

突变前后的电压可作如下分析。

突变前电压为

$$u(t) = k_1U_{\mathrm{m}}\sin[\omega(t-t_0)+\varphi] \qquad (6-4)$$

突变后的电压为

$$u(t) = k_2U_{\mathrm{m}}\sin[\omega(t-t_0)+\varphi+\theta] - \frac{A_2}{\tau}\mathrm{e}^{-\frac{t-t_0}{\tau}} \qquad (6-5)$$

其中，$U_{\mathrm{m}} = \omega\psi_{\mathrm{m}}$，突变后的电压考虑了衰减的直流分量，但由于磁链衰减较慢，磁链中直流分量变化慢，故电压中直流分量很小，一般可以忽略，由此，突变后电压可以看作正弦来分析。

由于磁链不可突变，因此

$$A_2 = k_2\psi_{\mathrm{m}}\cos(\varphi+\theta) - k_1\psi_{\mathrm{m}}\cos\varphi + A_1 \qquad (6-6)$$

如果 $k_1 = 0$ 并且 $k_2 = 1$，那么电压的突变为变压器的空载合闸操作，其中 A_1 为剩磁。

将式（6-6）代入式（6-3），可得

$$\psi(t) = -k_2\psi_{\mathrm{m}}\cos[\omega(t-t_0)+\varphi+\theta] + [k_2\psi_{\mathrm{m}}\cos(\varphi+\theta) - k_1\psi_{\mathrm{m}}\cos\varphi + A_1]\mathrm{e}^{-\frac{t-t_0}{\tau}}$$

$$(6-7)$$

式（6-7）即为所求的变压器不同工况下铁芯实时磁链统一数学表达式，k_1、k_2 的不同取值可等效不同的工况，具体参数与工况的对应关系如表 6-1 所示。

表 6-1　　　　　　　　　故障系数与变压器工况的对应关系表

k_1	k_2	典型工况
0	1	空充
1	$0 \leqslant k_2 < 1$	故障（包含匝间短路）
$0 \leqslant k_1 < 1$	1	故障消失

2. 变压器端部电压与主磁链关联关系

如果 $k_1 = 0$ 并且 $k_2 = 1$，式（6-7）则可表示变压器空充时的磁链表达式，为分析显示方便，假设剩磁 A_1 为 0，可得到变压器空充的磁链表达式为

$$\psi(t) = -\psi_{\mathrm{m}}\cos[\omega(t-t_0)+\varphi+\theta] + \psi_{\mathrm{m}}\cos(\varphi+\theta)\mathrm{e}^{-\frac{t-t_0}{\tau}} \qquad (6-8)$$

令变压器空充时刻 t_0 为 0.02ms，则可得到空充后的铁芯实时磁链的结果，如图 6-1 所示。从图中可以看出，当变压器空充瞬间，磁链不突变，为 0，并呈现余弦函数规律变化。合闸角影响变压器磁链中的非周期分量，当合闸为 ±90° 时变压器磁链的非周期分量最小，此时的磁链标幺最大值为 1，不会超过饱和膝点发生饱和；当合闸角为 0° 或 180°

时，变压器磁链中的非周期分量最大，磁链最大值为正常运行时的 2 倍，一般此值会超过变压器的饱和膝点，变压器发生了饱和。

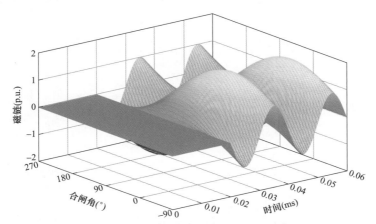

图 6-1 变压器空充时磁链与合闸角的关系

如果 $k_1 = 1$、k_2 为任意小于 1 的值，则式（6-7）可表示变压器发生故障（包含匝间短路）时的磁链，突变时刻 t_0 为 0.02ms，具体如图 6-2 所示，主要以匝间短路为例进行说明。一般匝间短路发生时短路匝较小，此时 k_2 虽小于 1 但很接近 1，此时磁链会略微降低，磁链的最大值小于饱和膝点，不会发生饱和；且短路匝数越大，磁链降低越多，越难饱和，当绕组被完全短接时，磁链降低至 0。此外，还可表示由于接地故障等故障导致变压器出现不同程度电压降低的工况。

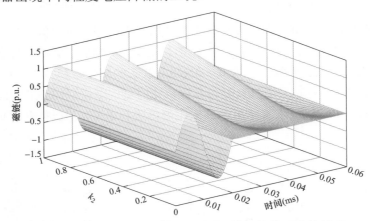

图 6-2 故障（含匝间短路）时磁链与故障程度的关系

当 k_1 为任一小于 1 的值、$k_2 = 1$ 时，则式（6-7）可表示变压器区外故障消失时的磁链，突变时刻 t_0 为 0.02ms，具体如图 6-3 所示。图 6-3 中以变压器可能发生饱和的突变时刻 t_0 进行研究，从图中可以看出，在此工况下，故障越严重，即 k_1 越小，变压器的磁链越容易超过饱和膝点，出现饱和。k_1 为 0 可表示接地短路，故障消失后磁链最大值为额定值的 2 倍，此时磁链已超过饱和膝点，发生了饱和。

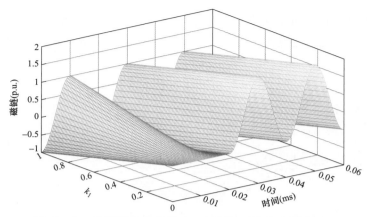

图 6-3　故障消失电压恢复时磁链与故障程度的关系

3. 变压器端部电压与主磁链计算表达式

对 t_0 时刻以后的电压突变的磁链，运用电压积分，在考虑固定衰减常数的条件下，基于前述公式，实时磁链计算得到

$$\psi(t) = \frac{1}{2}\int_{t-\frac{T}{2}}^{t}u(\eta)\mathrm{d}\eta + \frac{1}{2}\int_{0}^{t}\left[u(\eta) + u\left(\eta - \frac{T}{2}\right)\right]\mathrm{d}\eta \qquad (6-9)$$

式中：$\int_{t-\frac{T}{2}}^{t}u(\eta)\mathrm{d}\eta$ 用半周期电压稳态量反映磁链的周期分量；$\int_{0}^{t}\left[u(\eta) + u\left(\eta - \frac{T}{2}\right)\right]\mathrm{d}\eta$ 从电压突变起始时刻开始，用半周期电压变化量反映磁链的非周期分量。

4. 空载合闸实时磁链仿真试验验证

仿真系统如图 6-4 所示。220/35kV 变压器采用基于磁路电路对偶性理论的仿真模型。变压器铁芯为三相组式，绕组接线方式为 YNd11，容量 240MVA。漏电抗标幺值为 0.1p.u.，总铜耗为 0.0025p.u.，铁芯涡流损耗为 0.0025p.u.，铁芯的磁化饱和特性采用 Jiles-Atherton Hysteresis 模型。220kV 线路采用具有分布参数特性的贝瑞隆模型，35kV 线路设置为 2km，运用 PI 模型进行模拟。以下仿真结果中的低压侧电压和电流，均已按变比折算到高压侧，按照有名值显示波形图。

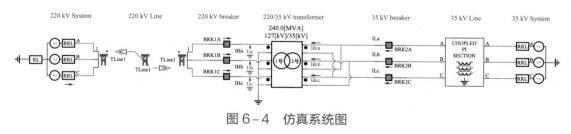

图 6-4　仿真系统图

仿真 1：BRK1 在 $t=1.0$s 进行空载合闸，分别利用 Y 侧和 D 侧电压，按照前述分析的式（6-7）标幺值化后进行积分计算。同时输出变压器的 A 柱仿真磁链。仿真时间设为 50s。仿真结果如图 6-5 所示。

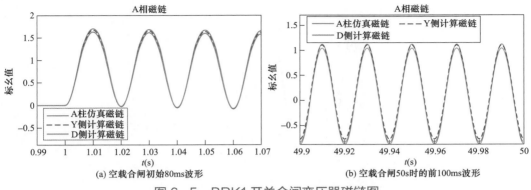

图 6-5　BRK1 开关合闸变压器磁链图

仿真 2：BRK2 在 $t=1.0$s 进行空充，即从 35kV 侧空充。结果如图 6-6 所示。

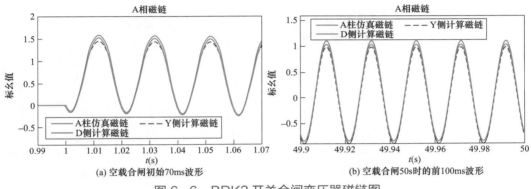

图 6-6　BRK2 开关合闸变压器磁链图

从图 6-5、图 6-6 的仿真结果看，用式（6-7）电压积分均能有效的跟踪 A 柱实时磁链。利用离散值积分相当于用梯形法对正弦量和衰减指数量进行拟合，加之忽略漏磁分量，在仿真的 A 柱磁链的波峰和波谷处，无论利用 Y 侧还是 D 侧电压计算，均存在一定误差，均小于仿真磁链，但误差较小。

对比图 6-5、图 6-6，磁链的峰值处运用激励侧的电压来积分计算要更接近于仿真磁链。实际上相关研究表明，在铁芯饱和时，变压器等效电路中的励磁支路放在激励电压侧能更精确对励磁涌流进行计算。

5. 区外故障及故障切除后电压恢复实时磁链仿真试验验证

仿真 1：$t=1.0$s 在图 6-4 的变压器高压侧设置 A 相接地故障，$t=1.0955$s 跳开 BRK1 的 A 相断路器。

仿真结果如图 6-7 所示。从图 6-7（a）可以看到，在故障切除后，35kV 侧绕组电流为明显的恢复性涌流。图 6-7（b）和图 6-7（c）表明，故障期间两侧电压不一致。图 6-7（d）表明，实际仿真的 A 柱磁链处于运用 Y 侧电压和 D 侧电压计算磁链之间。图 6-7（e）表明，在故障被切除后，无论运用 Y 侧电压还是 D 侧电压进行磁链计算，均能够有效跟踪仿真的 A 相磁链。

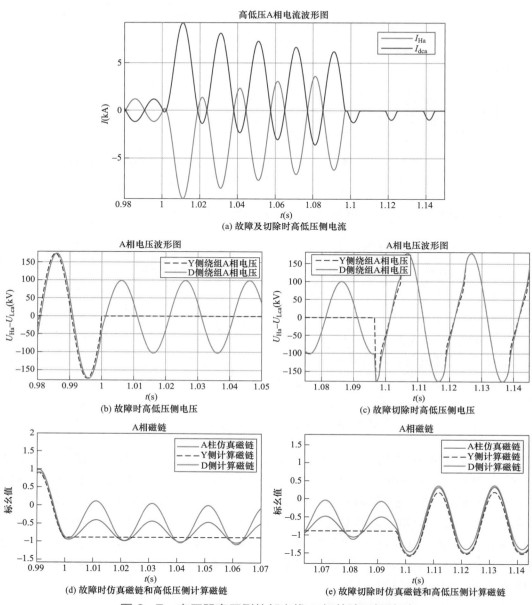

(a) 故障及切除时高低压侧电流

(b) 故障时高低压侧电压

(c) 故障切除时高低压侧电压

(d) 故障时仿真磁链和高低压侧计算磁链

(e) 故障切除时仿真磁链和高低压侧计算磁链

图 6-7　变压器高压侧外部出线 A 相故障及切除时
对应仿真电压和磁链图

仿真 2：t=1.0s 在图 6-4 的 35kV 线路和系统之间设置 AC 两相故障，约 t=1.0955s 跳开 BRK2 三相断路器。仿真结果如图 6-8 所示。

从图 6-8（a）可以看到，由于故障距离较远，故障切除后 A 相出现了比较轻微的恢复性涌流电流。图 6-8（e）可以看到，故障切除后，基于 Y 侧或 D 侧电压来计算磁链都能有效跟踪 A 相仿真磁链。

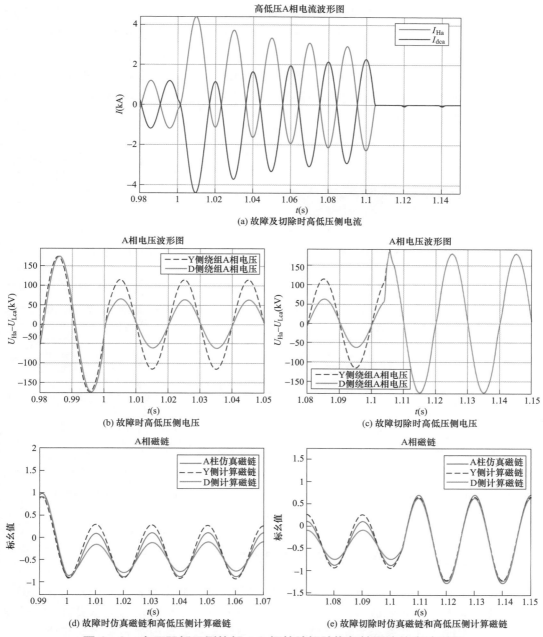

图 6-8　变压器低压侧外部 AC 相故障切除恢复性涌流仿真波形图

6. 和应涌流分析及实时磁链仿真试验验证

和应涌流产生的原因，在于相并联或串联的变压器空投时，可能导致另一台变压器的电压和磁链中出现了衰减的直流分量，从而出现较大励磁电流。相关研究表明，和应涌流产生时，变压器磁链中等效于含有两个不同的衰减直流分量，相当于在式（6-3）磁链和式（6-5）电压后附加一个衰减指数分量。因此，理论上按式（6-7）的积分方法也能够有效计算和应涌流的磁链。可以通过仿真验证，将图 6-4 的变压器并联一台相同的变压器，并保持两台变压器 35kV 侧断路器断开，$t = 1.0s$ 空投相并联的变压器。仿真结果如图 6-9 所示。

从图 6-9（a）可以看到，空投相邻变压器后出现了明显的和应涌流。图 6-9（b）～（d）为不同时段的 A 柱仿真磁链和计算磁链图，从结果可看到，运用积分算法能够有效跟踪任意时段的仿真磁链。

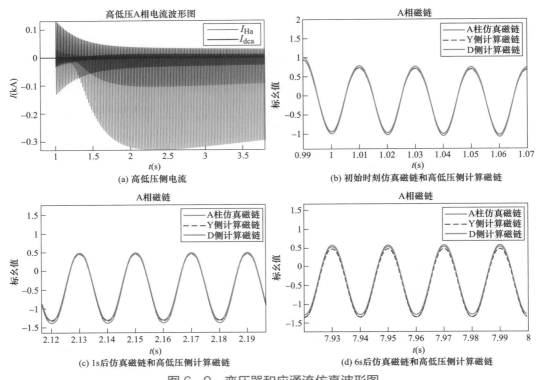

图 6-9　变压器和应涌流仿真波形图

6.1.2　基于主磁通估算的变压器差动保护方法

通过 6.1.1 节分析，依据式（6-9）电压积分均能有效跟踪变压器不同运行工况下铁芯磁链，而根据铁芯磁链值在变压器磁化曲线上的运行轨迹，就可以实时判别变压器当前运行工况下铁芯是否发生饱和。因此，当出现差流，但铁芯实时估算值小于其饱和阈值时，则可判别为因故障产生的差流，快速动作；当出现差流，但铁芯实时估算值大于其饱和阈值时，则说明变压器发生铁芯饱和了，需经制动逻辑处理进一步判别、传统基于波形识别等原理的差动保护进一步判别，此部分为常规差动保护判别方法，不在本书介绍。本节重点介绍变压器正常运行下发生故障时，基于主磁通实时估算的差动保护无需经涌流闭锁，快速开放逻辑，差动保护还需考虑的 TA 饱和、TA 断线等逻辑沿用传统逻辑不在本书介绍。基于装置实现角度方便性考虑，本方法是在现

有差动保护原理上新增的判据，基于主磁通实时估算的变压器差动保护流程如图 6-10
所示。

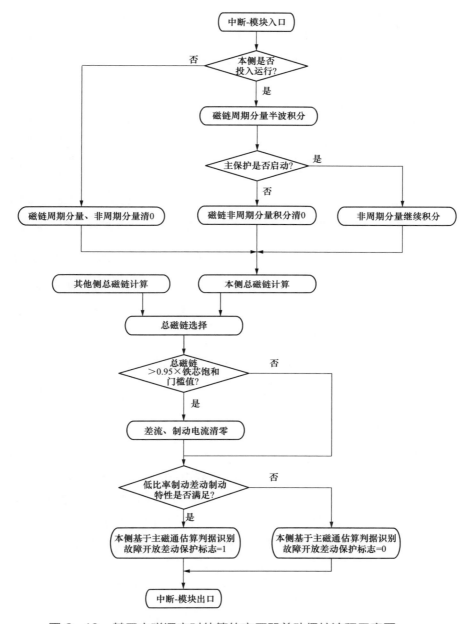

图 6-10　基于主磁通实时估算的变压器差动保护流程示意图

1. 保护判据中的磁链选择

通过前述不同工况分析，除了带有剩磁的空载合闸无法计算，其余工况均可运用变
压器各侧电压进行磁链实时计算。如果变压器在操作或者运行中，各侧电压不等（例
如区外故障、非同期合环），则各侧计算的实时磁链不相等，需要进行合适侧的铁芯磁

链选择。

选择方式为：首先按照式（6-9）计算各侧电压对应的实时磁链；然后比较某一时刻各侧电压各自的计算磁链，对于分相差动保护，按相选取各侧磁链中的最大值（对于纵差保护，选取各侧相关相磁链中的最大值）进行保护判别。此方式的磁链选择是偏保守的选择，同时本方法也忽略了漏阻抗的影响，所以实际用于磁链计算的电压包含了漏阻抗和励磁阻抗上的总压降，计算的磁链值偏大，不存在误开放的风险。

2. 基于主磁通估算的故障识别开放保护逻辑

基于主磁通实时估算的变压器差动保护流程如图6-10所示。本逻辑对于变压器空载合闸工况是退出运行的，主要是考虑变压器剩磁无法精确获取，不清楚其对于实时计算的磁链值是助增还是削弱作用，会影响保护判据的可靠性，故应用中空载合闸工况下此判据始终处于闭锁状态。本逻辑中磁链的周期分量为在每个中断中进行计算，即 $\frac{1}{2}\int_{t-\frac{T}{2}}^{t} u(\eta)\mathrm{d}\eta$，用半周期电压稳态量反映磁链的周期分量；磁链的非周期分量在保护启动后才开始计算，即 $\frac{1}{2}\int_{0}^{t}\left[u(\eta)+u\left(\eta-\frac{T}{2}\right)\right]\mathrm{d}\eta$，电压突变起始时刻开始，用半周期电压变化量反映磁链的非周期分量。通过电压、电流、差流的突变量进行保护启动判别。当保护启动时，进行磁链非周期分量的积分。在每次故障平息系统恢复正常运行后，磁链非周期分量进行清零处理，等待下次保护启动，避免正常运行下扰动影响。

6.1.3 基于主磁通实时估算的差动保护方法性能验证

针对基于主磁通实时估算的差动保护方法，进行了物理动模试验和某换流变压器现场故障录波数据回放试验验证。

1. 物理动模试验验证

根据 GB/T 26864—2011《电力系统继电保护产品动模试验》要求，建立500kV自耦变压器动模系统模型，开展了基于500kV三相自耦变压器的变压器保护物理动模试验，一次系统接线如图6-11所示，500kV侧发电机组经一回输电线路与500kV自耦变压器相连，总装机容量为5000MW，自耦变220kV侧与无穷大等值系统相连。变压器主要参数见表6-2。

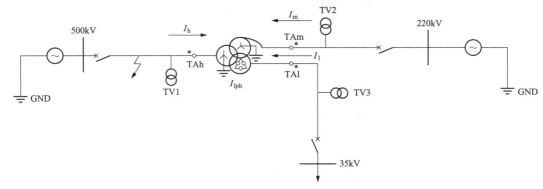

图6-11 500kV自耦变压器动模系统一次系统接线图

表 6-2   500kV 自耦变压器主要参数

	参数名称	数值	单位
变压器	容量	3×462	MVA
	容量比	1:1:1/3	—
	接线组别	Y0 自/Δ-12-11	—
	变比	500/220/35	kV
	短路电抗　高中	0.12	
	短路电抗　高低	0.38	
	短路电抗　中低	0.22	

在高、中压侧变压器空载合闸、变压器高/中/低压侧区内故障（单相接地、相间故障、相间接地故障、三相短路）、变压器高/中/低压侧区外故障（单相接地、相间故障、相间接地故障、三相短路）、变压器匝间故障、经高阻接地故障、转换性故障、发展性故障、区外故障 TA 饱和等试验中，检验结果符合设计要求。图 6-12 为采用上文提到的基于主磁通实时估算的差动保护装置在物理动模试验中的照片。

(a) 一次系统实物图   (b) 主控室保护装置在试验中场景

图 6-12 基于主磁通实时估算的差动保护装置在物理动模试验中

图 6-13 为高压侧三相短路故障录波图，在故障时，计算得到的实时磁链值未超过饱和阈值，判别为区内故障，保护装置 8ms 快速动作。

图 6-14 为高压侧 B 相发生 3%匝间短路录波图，在故障时，计算得到的实时磁链值未超过饱和阈值，判别为区内故障，保护 8ms 快速动作。

图 6-15 为变压器中压侧区外三相短路且 C 相饱和录波图，虽然在故障过程中计算得到的实时磁链值未超过饱和阈值，但受区内外故障 TA 饱和闭锁判据识别为区外故障，保护可靠不动作。

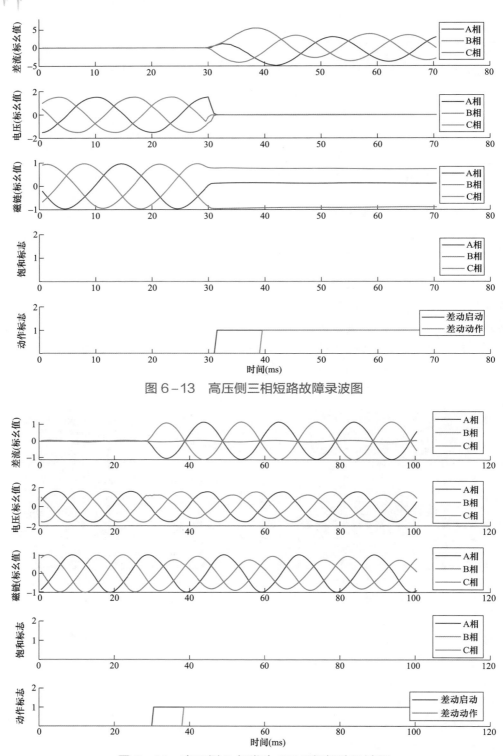

图 6-13　高压侧三相短路故障录波图

图 6-14　高压侧 B 相发生 3% 匝间短路录波图

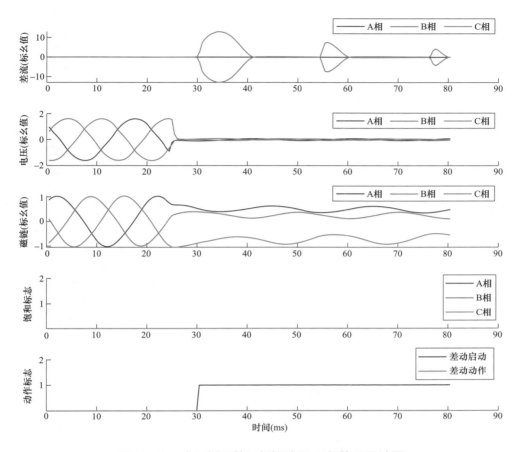

图 6-15　中压侧区外三相短路且 C 相饱和录波图

2. 某换流变压器现场故障录波数据回放试验验证

图 6-16 为某换变发生匝间故障时的录波图，图中电压、电流均为互感器二次侧有名值显示。从图中故障录波器的波形来看，初步分析初始故障相 B 相电压与 B 相电流角度偏差接近 90°，为 B 相匝间故障；发展到后期故障相 B 相电压与 B 相电流角度偏差接近 0°，为匝对地击穿故障。从图 6-16 可以看到，故障发生初始时刻，计算出来的差流谐波含量高于 15%，启动后 45ms 才降为 15% 以下，现场基于谐波闭锁判据的差动保护装置，受二次谐波含量大闭锁保护影响，直到故障持续时间约 59ms 时保护才动作。

通过基于主磁通估算的差动保护技术对现场波形进行故障回放分析，如图 6-17 所示。计算得到的实时磁链值在故障发生后，磁链值始终低于铁芯饱和阈值（饱和阈值设置为 1.15），由此可以判断出，产生差流的原因是内部故障而非励磁涌流，文章提出的基于主磁通估算的差动保护从故障发生到发出跳令约 10ms，相较于传统谐波闭锁的差动保护动作时间减少了近 49ms。可见基于主磁通估算的差动保护技术对于提升保护快速性从而限制内部电弧能量具有重要意义。

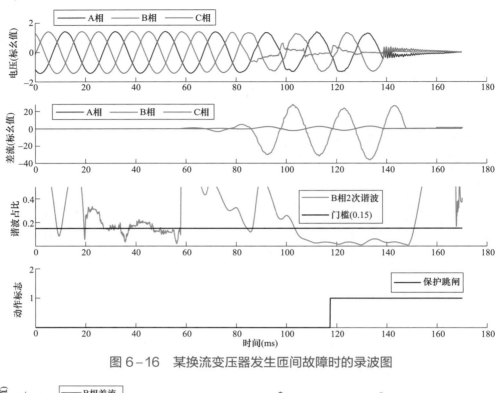

图 6-16　某换流变压器发生匝间故障时的录波图

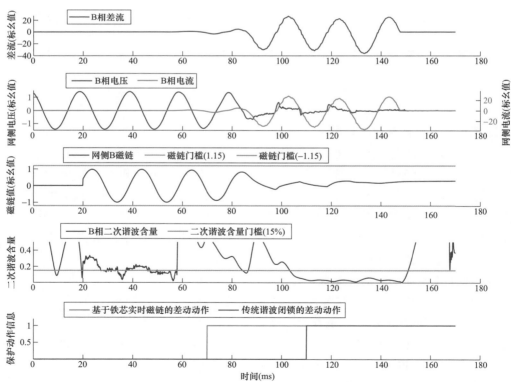

图 6-17　某换流变压器故障录波分析图

6.2　变压器数字式压力保护

当油浸式电力设备内部绝缘油中产生严重电弧故障时，油箱内部的高温电弧会迅速气化分解其周围的绝缘油，在短时间内产生大量含有氢气、碳氧化合物、烃类气体的混合气体。而周围液态绝缘油的膨胀惰性使得气液两相界面上产生巨大的压力差，并以压力波的形式向外传播，油箱内部压力水平骤升。而油箱箱体在内部油压的冲击下将发生一定程度的弹性甚至塑性形变，当箱体局部区域应力超过其材料的强度极限时，箱体将会发生破裂，油箱结构遭到破坏。此时绝缘油及其分解产生的高温混合气体通过破裂口向外释放并与空气混合后点燃，从而发生二次爆炸，引起严重的火灾事故。因此，油箱内部的压力骤升是引起变压器燃爆事故最直接的原因，基于压力的非电量保护装置也是传统非电量保护的重要组成部分。

现有的压力保护装置主要有防爆管、压力释放阀、压力突变继电器等。防爆管和压力释放阀都属于压力释放装置，防爆管多用于小型变压器，由于防爆管薄膜动作值分散、易渗漏、动作速度慢等原因，现在已较少使用。压力释放阀用于大、中型变压器，其开启压力大小为变压器油箱强度的 0.5～0.6 倍。压力释放阀具有压力误差小、开启速度快、动作后自动恢复、可重复使用等优势，已被广泛应用。但一方面，其孔径较小，排压效果较弱；另一方面，其单纯作用与压力幅值越线，在外部短路情况下容易误动。压力突变继电器是一种新型的非电量保护元件，目前新生产的油浸电力变压器大多安装有突变继电器，它的优点是可以实现对压力的动态响应和保护。在变压器故障早期，油箱压力变化速率即大幅增大，压力突变继电器可以及时监测并动作，防止事故扩大。但它只能检测压力变化速率，并不能在第一时间释放压力。

6.2.1　变压器内外部故障下油箱内部压力差异性特征

当变压器内部发生严重电弧故障时，油箱壁上压力波形如图 6-18 所示。一方面，部分绝缘油气化、分解为密度更小的混合气体，推动绝缘油向外涌动，对应压力波中存在 10Hz 以下低频分量；另一方面，混合气体气泡在电弧作用下快速膨胀收缩，造成压力波动，对应压力波中 300～500Hz 频率分量；同时，压力波在箱体中的折反射使得波形中叠加有幅值较小的数千 Hz 的高频分量。电弧产生后一段时间内，变压器油箱内部压力呈波动上升趋势，直至故障切除或压力释放阀动作。

而当变压器发生外部短路故障或空载合闸产生较大励磁涌流时，油箱壁上压力波形如图 6-19、图 6-20 所示。其造成油箱内部压力波动的机理均是变压器绕组在外部短路电流/励磁涌流所产生的电动力冲击下发生形变、位移、剧烈震动，形成压力震源，向外传播压力波，造成油箱内部压力变化。此时，变压器油箱内部压力波动特征主要表现为：幅值有限，不会随外部短路故障的持续而明显增大；内部压力随绕组往复振动而出现正负交替波动，振动频率主要集中在 50Hz 和 100Hz。

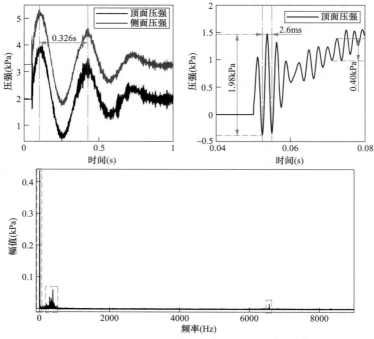

图 6-18　内部电弧故障下典型压力波形

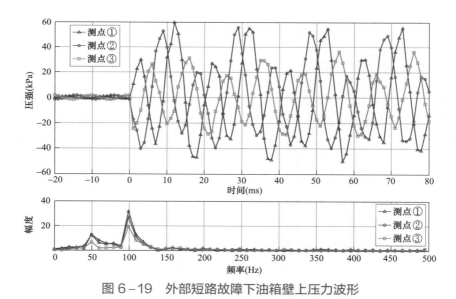

图 6-19　外部短路故障下油箱壁上压力波形

　　基于以上内部故障与外部短路以及励磁涌流情况下油箱内部压力特征的典型差异，构建基于压力信号特征的数字式变压器压力保护方案。

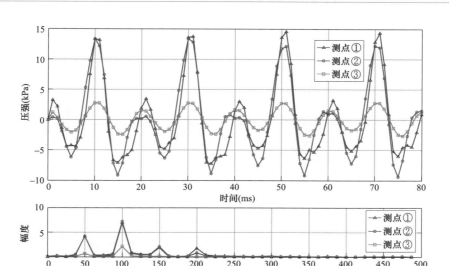

图 6-20　励磁涌流下油箱壁上压力波形

6.2.2　基于压力幅值特征的变压器数字式压力保护

　　基于压力幅值特征的变压器自适应保护方案如图 6-21 所示，该方案主要由压力启动元件、压力保护元件及空载合闸保护元件组成。其基本原理是通过特定时间窗内油箱单点压力平均值 $p_{\text{op.d}}$ 来区分变压器内外部故障，其中 $p_{\text{op.d}}$ 定义如式（6-10）所示。内部故障条件下油箱测点压力波动上升，$p_{\text{op.d}}$ 表现为波动上升趋势；外部扰动条件下，压力围绕 0 轴周期性振荡，$p_{\text{op.d}}$ 经时间积分后正负半波相互抵消在 0 轴附近小幅波动。

　　1. 保护启动元件

　　基于压力单量信息的保护判据以一段时间内油箱内部单个测点压力平均值为特征量，在变压器正常运行状态下（包括外部短路故障及励磁涌流），单测点压力周期性叠加抵消得到一个不为 0 的动作压强 $p_{\text{op.d}}$。

$$p_{\text{op.d}} = \frac{1}{T} \int_{t-T}^{t} \frac{1}{N} \sum_{i=1}^{N} p_{\text{ms}.i}(t) \, \mathrm{d}t \qquad (6-10)$$

式中：T 为数据窗长度；$i = 1, 2, \cdots, N$，为故障压强测点个数；$p_{\text{ms}.i}(t)$ 为第 i 个测点 t 时刻测量到的瞬时压强，为相对于标准大气压强 p_0 的计示压强。

　　为了确保压力保护能够在故障及非正常扰动条件下启动工作，设置保护启动判据为

$$p_{\text{ms}.i}(t) \geqslant p_{\text{st}} \qquad (6-11)$$

式中：启动门槛 p_{st} 定义为

$$p_{\text{st}} = k_{\text{rel}} p_{\text{nm.max}} \qquad (6-12)$$

式中：k_{rel} 为可靠系数，取 1.2；$p_{\text{nm.max}}$ 为变压器正常运行条件下瞬态压力峰值。

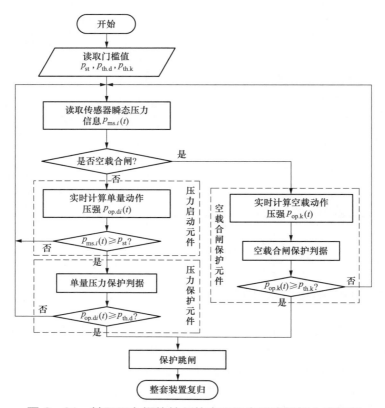

图6-21　基于压力幅值特征的变压器自适应保护方案框图

2. 压力单量保护元件

压力单量保护利用变压器正常运行、外部短路或励磁涌流条件下单个测点压力信息呈现幅值有限、周期性振荡的特征,针对单个测点的瞬态压力信息 $p_{ms.i}(t)$ 进行时间积分,计算得到的单量动作压强 $p_{op.di}$,通过与保护门槛值 $p_{th.d}$ 进行比对,决定保护的动作行为。当发生变压器内部故障,故障气体生成及压力波传播将导致油箱内部压强骤升,此时 $p_{op.di}$ 大于保护门槛值。

$$p_{op.di} = \frac{1}{T}\int_{t-T}^{t} p_{ms.i}(t)\mathrm{d}t \geqslant p_{th.d} \qquad (6-13)$$

为保证基于压力单量信息的变压器保护在外部最严重短路故障时不误动,定义门槛值 $p_{th.d}$ 为

$$p_{th.d} = k_{rel}p_{ub.dmax} \qquad (6-14)$$

式中:$p_{ub.dmax}$ 为外部最严重短路故障情况下油箱内部单个测点有效压强中的最大值。鉴于变压器正常运行、外部短路及励磁涌流条件下油箱内部压力振荡频率主要集中在 100、50Hz,选取时间窗长 $T = 20\mathrm{ms}$ 以获得外部最严重短路故障情况下单个测点较小的不平衡量,提高保护灵敏度和速动性。

3. 空载合闸保护元件

本保护方案讨论根据励磁涌流条件下产生的最大不平衡压强计算保护门槛的方法,设计只针对空投于故障的空载合闸保护元件,以提高保护的速动性和可靠性。同时,鉴于保护固有时间窗是影响空载合闸元件保护动作速度的另一个重要因素,因此在兼顾保护可靠性的同时缩短计算时间窗,根据励磁涌流情况下压力变化特征,本保护方案选取时间窗长 $T'=10\text{ms}$。

空载合闸元件的保护判据以油箱内部多个测点压力平均值为特征量,在变压器励磁涌流条件下,压力周期性变化,定义的压强动作量 $p_{\text{op.k}}$ 为

$$p_{\text{op.k}} = \frac{1}{T}\int_{t-T'}^{t}\frac{1}{N}\sum_{i=1}^{N}p_{\text{ms.}i}(t)\text{d}t \qquad (6-15)$$

在变压器励磁涌流条件下,压强动作量 $p_{\text{op.k}}$ 为一个不为 0 的不平衡量 $p_{\text{ub.k}}$,小于保护门槛值 $p_{\text{th.k}}$;一旦空投于内部短路故障,故障气体生成及压力波传播将导致油箱内部压强骤升,此时 $p_{\text{op.k}}$ 将大于门槛值。

$$p_{\text{op.k}} = \frac{1}{T}\int_{t-T'}^{t}\frac{1}{N}\sum_{i=1}^{N}p_{\text{ms.}i}(t)\,\text{d}t \geqslant p_{\text{th.k}} \qquad (6-16)$$

与前文保护策略相同,为保证空载合闸保护元件在励磁涌流产生的最严重压力波动条件下不误动,定义门槛值 $p_{\text{th.k}}$ 为

$$p_{\text{th.k}} = k_{\text{rel}}p_{\text{ub.kmax}} \qquad (6-17)$$

式中: $p_{\text{ub.kmax}}$ 为励磁涌流产生的最大压力波动情况下油箱内部压强动作量的不平衡量。

按照如下步骤实现保护方案:

① 基于压力特征的变压器自适应保护在上电启动之后,设定被保护变压器的保护启动元件、压力单量保护元件及空载合闸保护元件对应的门槛值及数据时间窗长。

② 实时采集布置在变压器油箱内部的压力传感器信息,根据瞬时压力数据突变判定保护元件是否启动,若启动进入步骤③,否则返回步骤①重新采集下一时刻变压器油箱内部各个测点的压力信息。

③ 结合变压器电气量信息,判断当前时刻下变压器是否处于空载合闸状态;若是,则利用空载合闸保护元件判别变压器是否存在内部故障;若存在内部故障,则保护动作,跳闸切除故障,同时整套装置复归,否则返回步骤①重新采集下一时刻变压器油箱内部各个测点的压力信息。

④ 若变压器未处于空载合闸状态,实时计算单个压力测点的动作压强 $p_{\text{op.}di}$,同时,比较各测点瞬态压力是否达到预设启动门槛来判定保护元件是否启动,若启动进入步骤⑤,否则返回步骤②重新采集下一时刻变压器油箱内部各个测点的瞬态压力信息。

⑤ 利用压力保护元件判别当前变压器是否存在内部故障;若是,则保护动作,跳闸切除故障,同时整套装置复归;否则返回步骤②重新采集下一时刻变压器油箱内部各个测点的压力信息。

6.2.3 基于压力波动特征的变压器数字式压力保护

基于压力波动特征的变压器数字式压力保护方案，如图 6－22 所示，利用内部故障与外部扰动下油箱内部压力波动形式有显著差异的特征，能够正确判别油浸式变压器内部故障和外部扰动，避免保护动作元件在外部扰动下发生误动。内部故障条件下油箱上各测点压力波动上升，且故障电弧在产生瞬间会产生一个冲击波，导致压力幅值激增，在一定时间窗内压力变化量显著增大；而外部扰动条件下，压力信号围绕 0 轴周期性振荡，在一个周期内压力变化量较小。同时，该方案利用对于小振幅压力波动依然能够有效识别其波

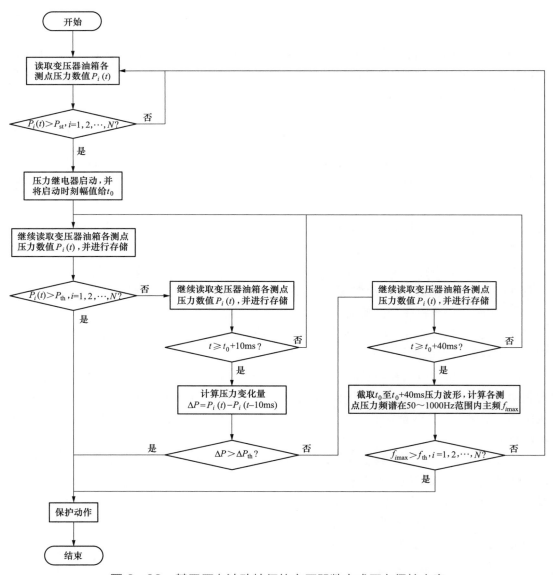

图 6－22 基于压力波动特征的变压器数字式压力保护方案

动频率的特性，能够有效识别低能量电弧故障，避免保护动作元件在低能量电弧故障时由于压力值上升不明显，压力整定值不合适而拒动。

方案包括如下步骤：

① 保护上电前，设定被保护油浸式变压器的继电器启动压力门槛值 P_{st}、压力幅值动作门槛值 P_{th}、压力变化量动作门槛值 ΔP_{th} 和频率动作门槛值 f_{th}。

② 被保护油浸式变压器运行时，信号采集装置通过 N 个压力传感器实时对被保护油浸式变压器油箱壁上的压力波形进行采样，得到各测点处压力瞬时值 $P_i(t)$。

③ 依据各测点处压力瞬时值 $P_i(t)$ 是否达到继电器启动压力门槛值 P_{st} 来判断压力继电器是否启动；若启动，记录继电器启动时刻并进入步骤④；否则返回步骤②，继续采集各测点处压力瞬时值 $P_i(t)$。

④ 采集并存储各测点压力瞬时值 $P_i(t)$。

⑤ 将各测点压力瞬时值 $P_i(t)$ 与压力幅值动作门槛值 P_{th} 进行比较，若 $P_i(t)$ 大于门槛值 P_{th}，判定油浸式变压器发生内部故障，压力保护动作并跳开断路器；否则进入步骤⑥。

⑥ 判断当前时间与继电器启动时刻相隔是否超过 10ms，若超过则计算最近 10ms 内压力变化量 ΔP；否则返回步骤④。

⑦ 比较压力变化量 ΔP 与压力变化量动作门槛值 ΔP_{th}，若压力变化量 ΔP 大于保护动作门槛值 ΔP_{th}，判定油浸式变压器发生内部故障，压力保护动作并跳开断路器；否则进入步骤⑧。

⑧ 判断当前时间与继电器启动时刻相隔是否超过 40ms，若超过则进入步骤⑨；否则返回步骤④。

⑨ 从压力继电器启动时刻开始截取各测点处 $T=40ms$ 内的压力波形，通过傅里叶变换得到数据窗时长内压力波形频谱，并计算 50～1000Hz 范围内各测点压力频谱主频 $f_{i\max}$，若各测点处压力频谱主频 $f_{i\max}$ 大于频率动作门槛值 f_{th}，判定油浸式变压器发生内部故障，压力保护动作并跳开断路器；否则，判定为外部扰动，压力保护不动作，返回步骤②继续采集各测点处压力瞬时值 $P_i(t)$。

保护方案中所述保护启动门槛值 P_{st} 计算公式为

$$P_{st} = K_{rel1}P_{nor.max} \tag{6-18}$$

式中：K_{rel1} 为启动压力可靠系数，取值为 1.2；$P_{nor.max}$ 为正常运行时油浸式变压器油箱压力最大值。

本方案中以压力幅值越线作为后备保护，压力幅值动作门槛值 P_{th} 计算公式为

$$P_{th} = K_{rel1}P_{ext.max} \tag{6-19}$$

式中：K_{rel1} 为可靠系数，取值为 1.2；$P_{ext.max}$ 为外部最严重短路故障情况下油箱内部单个测点有效压强中的最大值。

本方案中以 10ms（外部短路情况下压力震荡周期）内压力变化量越线作为保护的第一级防线，压力变化量动作门槛值 ΔP_{th} 计算公式为

$$\Delta P_{\text{th}} = K_{\text{rel1}} \Delta P_{\text{ext.max}} \tag{6-20}$$

式中：K_{rel1} 为可靠系数，取值为 1.2；$\Delta P_{\text{ext.max}}$ 为外部最严重短路故障情况下油箱内部单个测点任意 10ms 内压力变化量中的最大值。

本方案中以压力波形频谱主频变化作为保护判据，频率动作门槛值 f_{th} 计算公式为

$$f_{\text{th}} = K_{\text{rel2}} f_{\text{um}} \tag{6-21}$$

式中：K_{rel2} 为保护动作可靠系数，取值为 1.25；f_{um} 为外部扰动下油浸式电力变压器油箱内压力波形频谱主频，通过试验得到该值可以取 $f_{\text{um}} = 100\text{Hz}$。

方案中所述压力波形频谱 $F(\omega)$ 及其各测点压力频谱主频 $f_{i\max}$ 计算公式为

$$F(w) = \mathcal{F}\left[P_i(t_0) \cdots P_i(t_0 + 40\text{ms})\right]$$
$$f_{i\max} = \max[F(w), \omega \in (50\text{Hz}, 1000\text{Hz})] \tag{6-22}$$

式中：t_0 为压力继电器启动时刻；$P_i(t_0)$、$P_i(t_0 + 40\text{ms})$ 分别是数据窗长初始时刻和末尾时刻的各测点压力瞬时值。

本保护方案一方面利用变压器油箱内部压力在内部贯穿性电弧故障及剧烈放电作用下与外部短路冲击下呈现明显不同的波动频率特征的特点，可以有效鉴别变压器内部故障与外部短路冲击。另一方面，针对电弧能量较低的内部短路故障以及贯穿性故障发生前严重缺陷阶段的剧烈放电，其造成的油箱内部压力升高均不显著。此时，传统的动作于压力幅值越线的压力保护装置难以准确识别并进行有效保护。而以上两种情况下，压力信号的频率特征依旧存在，因此基于压力频率特征的保护方法可以有效识别低能量电弧故障与贯穿性故障发生前的剧烈放电，一定程度上将保护动作时间提前，在更早期切除故障，提高了压力保护装置的可靠性与速动性。

本 章 小 结

面向大型电力变压器安全运行的第三级防线，本章首先建立了变压器各种运行工况铁芯磁链统一数学计算模型，用半周期电压变化量反映磁链的非周期分量，用半周期电压稳态量反映磁链的周期分量，从而在电压变化半个工频周期时间，获得此次变化磁链可能达到的最大值。据此基于实时计算磁链设计了变压器差动保护新方案，通过动模和现场录波数据验证了基于实时计算磁链的差动保护方案在变压器发生严重区内和轻微匝间故障时 10ms 内均能快速动作。依据内部故障下压力信号随故障持续时间波动上升，外部短路及励磁涌流下压力信号以 100Hz 主频绕零轴作小幅振荡的差异性特征，介绍了综合压力信号幅值、频率等特性的数字式压力保护方法，相比于传统非电量保护，在速动性方面有所提升，一定程度上缩短了保护动作时间，可降低变压器爆燃事故风险。

第 7 章
变压器动态安全裕度评估与主动调控方法

针对变压器状态由"正常→缺陷→轻微故障→严重故障"的发展阶段，第 4 章介绍了变压器典型缺陷在线辨识方法，第 5 章介绍了大型变压器主动保护方法。一般而言，变压器从正常到缺陷的运行时间很长，并且内部存在一些缺陷时，变压器的功率传输、电压变换能力并不会急剧降低，此时可以配合采取有针对性降负荷或运行方式调整措施，即可抑制变压器缺陷发展速度，甚至消除缺陷，从而避免变压器缺陷演变为故障。然而，现有变压器故障保护方法通常并未考虑变压器的实际运行状态和缺陷耐受能力，选择"刚性"的跳闸，对于电力系统的安全稳定运行是不友好的，对客户供电的可靠性和连续性也是不利的。因此，本章在第 4 章变压器缺陷辨识的基础上，进一步基于多参量融合方法，判断变压器的安全状态，估计变压器的动态安全裕度，进而提出了计及变压器动态安全裕度的主动调控策略及实现方法，即：在变压器安全裕度较大时，利用变压器过载能力支撑系统调控，保证客户供电连续性；在变压器安全裕度不足时，配合系统运行方式调整、负荷转供等措施，达到保证变压器运行安全的目的，实现紧急状态下变压器与电网的安全互济支撑。

7.1 变压器状态分级及安全裕度评估方法

在 4.4 节基于多参量融合的变压器缺陷溯源方法的基础上，进一步考虑变压器运行的电气工况、内部绕组结构完整程度、绝缘老化程度，以及外部散热环境等内外参量动态叠加作用，结合变压器安全性能变化规律，同时考虑变压器负载率、绕组热点温度、放电剧烈程度、绕组形变量等的耐受极限，基于多参量特征融合表征变压器安全域，建立包括保守层、过渡层和危险层的变压器超平面空间安全域模型，该模型以雷达图形式表征，如图 7-1 所示。

确定变压器的状态分级时，首先建立多参量融合的变压器热缺陷、放电缺陷、绕组变形缺陷的严重度评估函数，通过设定各评估函数的阈值范围，将安全域超平面空间划分为保守层、过渡层与危险层，上述各层在超平面空间中对应的区域可分别用下述模型表示

$$\Omega_{zc} = \left\{ (T, A, W) \left| \begin{matrix} T < T_{tr} \\ A < A_{tr} \\ W < W_{tr} \end{matrix} \right. \right\} \qquad (7-1)$$

$$\Omega_{gd} = \left\{ (T, A, W) \left| \begin{matrix} T_{tr} \leqslant T < T_{cr} \\ A_{tr} \leqslant A < T_{cr} \\ W_{tr} \leqslant W < T_{cr} \end{matrix} \right. \right\} \qquad (7-2)$$

$$\Omega_{wx} = \left\{ (T, A, W) \left| \begin{matrix} T \geqslant T_{cr} \\ A \geqslant A_{cr} \\ W \geqslant W_{cr} \end{matrix} \right. \right\} \qquad (7-3)$$

三式中：T、A、W 分别为变压器热缺陷、放电缺陷、绕组变形缺陷的严重度评估函数；T_{tr}、A_{tr}、W_{tr} 分别为热缺陷、放电缺陷、绕组变形缺陷由保守层转变至过渡层的临界严重程度函数值；T_{cr}、A_{cr}、W_{cr} 分别为热缺陷、放电缺陷、绕组变形缺陷由过渡层转变至危险层的临界严重程度函数值；(T, A, W) 为由各缺陷评估函数值确定的安全域超平面空间中的点；Ω_{zc}、Ω_{gd}、Ω_{wx} 分别为保守层、过渡层和危险层在安全域超平面空间中对应的区域，用满足各自划分阈值条件的所有点的集合表示。

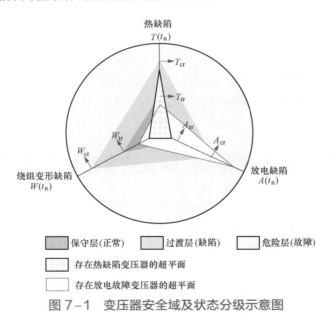

图 7-1　变压器安全域及状态分级示意图

依据变压器实时运行参数及各状态参量监测数据，可计算得到各缺陷严重程度评估函数的值，进而结合变压器安全域模型确定变压器所处安全层：当变压器各类缺陷的评估函数值均在保守层内时，变压器内部不存在缺陷，处于正常运行状态；当变压器存在某一缺陷时，与其对应缺陷的严重度评估函数值将位于过渡层内；当变压器内部缺陷短时间后将转变或已经发展为故障时，与其对应缺陷的严重度评估函数值将位于危险层内。

除了明确变压器所处安全状态外,评估变压器的安全裕度并掌握其安全耐受能力对于电网采取针对性调控和保护措施至关重要。

以变压器热缺陷为例,其热缺陷由过渡层转变为危险层的临界严重程度值为 T_{cr},因此可定义由变压器当前监测信息计算得到的严重度评估值 $T(t_n)$ 与变压器由缺陷向故障过渡的临界严重程度 T_{cr} 二者之间距离为变压器的热安全裕度 SM_T,即有

$$SM_T(t_n) = T_{cr} - T(t_n) \tag{7-4}$$

同理,变压器的放电缺陷及绕组变形缺陷距离演变为故障的安全裕度 SM_A、SM_W 可分别表示为

$$SM_A(t_n) = A_{cr} - A(t_n) \tag{7-5}$$

$$SM_W(t_n) = W_{cr} - W(t_n) \tag{7-6}$$

式中:$SM_T(t_n)$、$SM_A(t_n)$、$SM_W(t_n)$ 分别为 t_n 时刻热缺陷、放电缺陷、绕组变形缺陷距离演变为故障的安全裕度;$T(t_n)$、$A(t_n)$、$W(t_n)$ 分别为 t_n 时刻变压器热缺陷、放电缺陷、绕组变形缺陷的严重度评估函数值。

结合数据挖掘获得的变压器缺陷演变规律,利用数值积分法可求得变压器由缺陷状态演变为故障状态的耐受时间:取较小的时间步长 Δt,计算该时间区段内变压器缺陷严重度函数 T 的变化量 ΔT,直至变压器缺陷严重度函数值等于由过渡层转变为危险层的临界严重程度值 T_{cr},该过程中所有步长时间 Δt 之和即为热缺陷安全耐受时间 $t_{s,T}$,即

$$\begin{cases} \Delta T / \Delta t = f_T[\boldsymbol{x}(t_n), T(t_n)] \\ t_{s,T} = \sum_{T(t_0)}^{T_{cr}} \Delta t \end{cases} \tag{7-7}$$

式中:$\boldsymbol{x}(t_n)$ 为 t_n 时刻时变压器的状态监测量矩阵;$T(t_n)$ 为 t_n 时刻时的热缺陷严重度函数值;$f_T[\boldsymbol{x}(t_n), T(t_n)]$ 为 t_n 时刻下热缺陷严重度函数变化率随当前状态监测信息及缺陷严重程度的变化关系,可在变压器温升模型的基础上考虑异常工况及缺陷影响推导得到;$T(t_0)$ 为初始时刻的热缺陷严重度函数值。

同理,对于变压器放电缺陷可求得其对应放电缺陷安全耐受时间 $t_{s,A}$,即

$$\begin{cases} \Delta A / \Delta t_A = f_A[\boldsymbol{x}(t_n), A(t_n)] \\ t_{s,A} = \sum_{A(t_0)}^{A_{cr}} \Delta t_A \end{cases} \tag{7-8}$$

式中:$A(t_n)$ 为 t_n 时刻时的放电缺陷严重度函数值;$f_A[\boldsymbol{x}(t_n), A(t_n)]$ 为 t_n 时刻下放电缺陷严重度函数变化率随当前状态监测信息及缺陷严重程度的变化关系,可利用历史缺陷数据通过参数拟合得到;$A(t_0)$ 为初始时刻的放电缺陷严重度函数值。

当变压器同时存在热缺陷和放电缺陷时,取耐受时间的最小值作为变压器缺陷状态下的安全耐受时间 t_s,即

$$t_s = \min\{t_{s,T}\ ,\ t_{s,A}\} \tag{7-9}$$

对于变压器绕组变形缺陷，随着缺陷严重程度的提升，主要受影响的是其耐受短路冲击电流的能力，因此变压器绕组变形缺陷的安全耐受能力可用变压器所能耐受的最大短路电流大小衡量。为了保证电网发生故障时，变压器不会因为冲击电流过大，造成绕组或结构永久性损伤，可根据变压器的实时状态监测信息评估其最大短路电流耐受能力，并据此采取短路电流限制措施，避免变压器遭受短路冲击损伤。

变压器的状态转变过程是非平稳的，即在系统稳定性变化的过程中会出现突然的灾难性转变，导致系统性能急剧下降，过渡到故障状态。上述变压器安全域模型根据变压器缺陷的严重程度，将缺陷发展演化过程用三个状态表示：正常运行状态、缺陷状态（过渡状态）以及故障状态，缺陷发展动态如图7-2所示。

图7-2　变压器的缺陷发展演变过程

基于获得的变压器安全裕度，可以采取主动调控措施，其核心思想在于：当缺陷变压器具有安全裕度或是安全耐受时间足够时，可让变压器持续负载运行，以保证客户供电的连续性和可靠性；此时，为了避免变压器缺陷持续发展，需要采取针对性主动安全调控措施。当变压器安全裕度越限或安全耐受时间不足时，需立即动作，跳开变压器各侧断路器，实现变压器的及时隔离，避免事故扩大。

7.2　变压器的载流安全裕度估计方法

变压器等输变电设备在设计时留有较大负载安全裕度，具有一定的过载运行能力，对设备负载能力开展评估是释放其潜在传输容量的关键环节。在系统异常工况时，考虑设备的过载灵活性，在提升通道传输容量的同时，利用其过载能力可为系统调控提供支撑，可避免过早采取切机、切负荷措施。变压器虽具有一定的过载能力，但过载带来的温升可能导致变压器绝缘老化、劣化，严重时甚至引发爆炸等灾难性事故。因此，利用变压器过载能力和制定过载运行策略，必须以全面了解变压器所处安全状态为前提。本节分析输变电通道过载耐受能力，给出了变压器的温升计算和过载耐受时间计算方法，为后文系统紧急状态时变压器与电网的协同安全调控提供模型基础。

7.2.1　输变电通道过载耐受能力分析

根据变电站电气主接线的拓扑关系，电流通路中承载一次电流的设备包括开关设备、电流互感器、架空输电线路和变压器，有些以载波方式进行保护通信的输电线路还有阻波器。如图 7-3 所示，红色线条表示的传输路径中，各设备之间属于"串联"关系，共同承受一次电流。其中，架空输电线路暴露于大气环境之中，分布范围广，跨越距离长，气象差异大；而开关设备、互感器、变压器等集中于变电站之内，处在绝缘油或 SF_6 气体密闭的环境之中。因此，需要逐一分析各设备的电热安全耐受能力，明确输电通道电热安全薄弱环节。

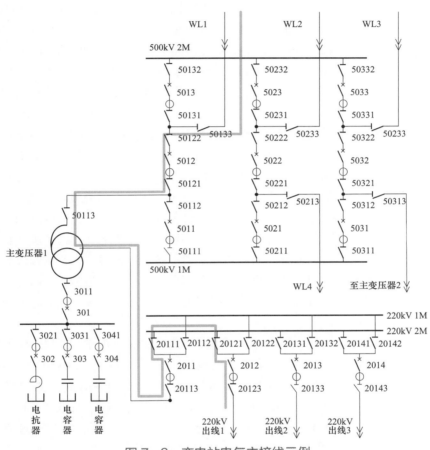

图 7-3　变电站电气主接线示例

7.2.1.1　设备过载时的安全指标

大电流流过导体的显著效应是损耗发热和电动力。按照 GB/T 1094.7—2008《电力变压器　第 7 部分：油浸式电力变压器负载导则》，大型电力变压器具备长期急救负载（long-time emergency loading）和短期急救负载（short-time emergency loading）能力。其中，长期急救负载指由于系统中某些设备长时间退出运行而引起的一种负载方式，在变压器达到一个新的、较高的稳态温度之前，这些设备不会重新投入运行。短期急救负载是指由于系统中发生了一个或多个事故，严重干扰了系统的正常负载分配，从而产生的暂态（少于 30min）严重过负载。按照 GB/T 11022—2020《高压交流开关设备和控制设备标准的共用技术要求》和 GB/T 20840.1—2010《互感器　第 1 部分：通用技术要求》规定的使用和性能条件，设备能够持续承载额定电流（rated current，I_r），而不出现温升越限。超过额定电流有两种情况，一是流过短路电流，二是设备过载。

设备耐受短路电流的能力通过热稳定和动稳定极限规定，涉及耐受短路电流以及短路电流持续时间。例如：表征开关设备的耐受短路电流的能力是额定短时耐受电流（rated short-time withstand current，I_k）和额定峰值耐受电流（rated peak withstand current，I_p）以及额定短路持续时间（rated duration of short-circuit，t_k）；表征互感器耐受短路电流的参数是额定短时热电流（rated short-time thermal current，I_{th}）、额定动稳电流（rated dynamic current，I_{dyn}）和额定一次短路电流（rated primary short-circuit current，I_{psc}），I_{th} 关联到发热限值，I_{psc} 关联到准确度限值，通常 $I_{psc} < I_{th}$。在设备选型后都需要校验热稳定和动稳定是否满足要求。

第二种超额定电流的情况是负荷变化或网络拓扑改变引起过载电流。由于过载电流远小于短路电流，因此过载时一般不会出现动稳定问题。由于电流流过电力设备时，因电阻焦耳热损耗，铁磁设备的磁损耗，以及绝缘材料的介电损耗等会产生热量，导致导体和部件温度升高。温升是指设备通过电流时各部位的温度与周围空气温度的差值。开关设备温升过高会使部件、材料和绝缘介质的物理和化学性能发生变化，引起机械操动机构和电气性能的下降，也可能会导致故障。温度过高会加速互感器绝缘老化，进一步增加电磁互感器的介质损耗，影响电子式互感器和光电式互感器的传变准确度。钢芯铝绞线温度过高会导致弧垂增大，减少导线对地或交叉跨越空气间隙距离，引起放电故障；温度过高也会加速导线热力退火，引起抗拉强度降低，缩短线路寿命。因此，设备过载引起的温升发热问题不容忽视。

GB/T 11022—2020《高压交流开关设备和控制设备标准的共用技术要求》、GB 50545—2010《110kV～750kV 架空输电线路设计规范》和 GB/T 20840.2—2014《互感器　第 2 部分：电流互感器的补充技术要求》分别规定了开关设备、架空导线和电流互感器的温升限值，具体可查阅相关标准，本章仅列举典型值，如表 7-1 所示。而对于变压器，DL/T 572—2021《电力变压器运行规程》规定了油浸式变压器顶层油温在额定电压下的一般限值，如表 7-2 所示；油浸式变压器在各类负载状态下的负载电流和温度的最大限值如表 7-3 所示，并在其附录 A 中给出了正常周期性、长期急救、短期急救负载运行时间。

表 7-1　　　　　　　　　　　　设备最高允许温度限值

设备名称	开关设备	电流互感器	钢芯铝绞线
正常使用条件环境温度	≤40℃	≤40℃	≤40℃
特殊使用条件环境温度	≤55℃	≤50℃	—
设备最高允许温度 （标准里的典型值）	90℃（油中） 105℃（SF₆）	100℃（沥青胶） 110℃（油中）	70℃（长期） 100℃（短时）

表 7-2 油浸式变压器顶层油温在额定电压下的一般限值

冷却方式	冷却介质最高温度（℃）	最高顶层油温（℃）
自然循环自冷、风冷	40	95
强迫油循环风冷	40	85
强迫油循环水冷	30	70

表 7-3 变压器负载电流和温度最大限值

负载类型		中型变压器	大型变压器
正常周期性负载	电流（p.u.）	1.5	1.3
	顶层油温（℃）	105	105
	绕组热点温度及与纤维绝缘材料接触的金属部件的温度（℃）	120	120
	其他金属部件的热点温度 （与油、聚酰胺纸、玻璃纤维材料接触）（℃）	140	140
长期急救周期性负载	电流（p.u.）	1.5	1.3
	顶层油温（℃）	115	115
	绕组热点温度及与纤维绝缘材料接触的金属部件的温度（℃）	140	130
	其他金属部件的热点温度 （与油、聚酰胺纸、玻璃纤维材料接触）（℃）	160	160
短期急救负载	电流（p.u.）	1.8	1.5
	顶层油温（℃）	115	115
	绕组热点温度及与纤维绝缘材料接触的金属部件的温度（℃）	160	160
	其他金属部件的热点温度 （与油、聚酰胺纸、玻璃纤维材料接触）（℃）	180	180

7.2.1.2 设备安全过载能力

如前所述,体现设备静态负载能力的关键指标有设计使用气象环境条件下的设备额定电流和设备最高允许温度。由于设备使用环境条件的动态变化和热惯性影响,设备还具有一定的过载能力,可以用 2 个关键参数表征:① 设备连续过载耐受能力,可用设备动态热容量表征;② 短时过载耐受能力,可用过载倍率和暂态温升时间表征。

1. 设备连续过载耐受能力

设备连续过载耐受能力是指在规定的使用环境气象条件之内,由于更有利于散热的环境条件,按照设备的最高允许温度运行时,通过稳态热平衡方程折算的最大负载电流,如图 7-4 所示,其基本关系为

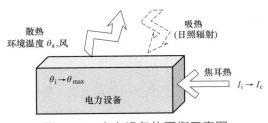

图 7-4　电力设备热平衡示意图

$$I_c = f(\theta_{max}, \theta_i, I_i, W) \qquad (7-10)$$

式中：θ_{max} 表示设备允许的最高温度；θ_i 表示过载前设备的运行温度；I_i 表示过载前的初始负载电流；W 表示设备所处的运行环境，包括实时的环境温度 θ_a，实况风速和风向，日照强度。

设备连续过载能力实质上是动态增容问题，即考虑的是"使用环境"动态变化后设备可以长时间承受的过载电流，它受限于设备最高允许温度值，可根据温升限值、运行环境条件和当前实际温度值等计算得到，见表 7-4。由于开关设备、互感器、钢芯铝绞线和变压器是"串联"关系，因此其中的最小值决定了该条输电通道上的最大允许连续负载电流，称之为"卡口电流"，可以作为调度人员确定输电线路传输功率大小，安排电网运行方式的重要依据。

表 7-4　　　　　　　　　电力设备的允许连续负载电流

设备类型	开关设备	电流互感器	钢芯铝绞线	变压器
额定电流	$I_r > I_{Lmax}$	$I_r \geqslant 1.25 I_{Lmax}$	I_{Lmax}	I_{Tmax}
允许连续负载电流参考依据	GB/T 11022—2020	GB/T 20840.2—2014	GB/T 1094.7—2008	DL/T 572—2021

2. 设备短时过载耐受能力

对于电网潮流转移等事故过负荷问题，由于热惯性，电流跃变并不立即引起设备温度越限，而是有一定的温升增长时间，如图 7-5 所示，这一温升增长过程不仅与过载倍数、温升限值有关，还与设备过载前的实际电流、热时间常数、周围环境温度等有关。设备的短时过载耐受时间（当前运行温度到最高允许运行温度的时间）可用式（7-11）表示，

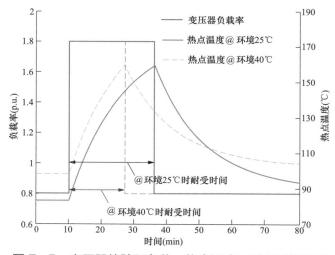

图 7-5　变压器的阶跃负载—热点温度—耐受时间示例

（注：SZ11-100000/220 变压器，额定容量 100MVA，在 10min 时负载率由 0.8p.u.阶跃变化至 1.8p.u.）

具体可根据基于设备温升试验或热路模型计算。

$$t_S = f(\theta_{max}, \theta_a, \theta_i, I_i, I_S) \qquad (7-11)$$

式中：I_S 表示短时过载电流，其余同式（7-10）。

因此，当变压器的负载电流越过其长期运行允许电流时，需要经过一段时间才能达到变压器的最高允许运行温度，根据不同的运行工况和气象环境条件，可计算得到一系列的"过载电流—耐受时间"曲线。例如，采用 ONAF（Oil Natural Air Forced）冷却方式，容量为 90MVA 的变压器，最高允许运行温度选取短时急救性负载的温度限值160℃，变压器的短时"过载电流—耐受时间"曲线如图 7-6 所示。这些"过载电流—耐受时间"动态特征曲线可以更准确地反映设备的短时过载耐受能力，可以得到"过载后特定时刻的运行温度""需要过载多大电流时允许运行多长时间""需要过载多长时间时允许过载多大的电流"等有用信息，为设备过载后的负荷调整、过载保护整定提供依据。

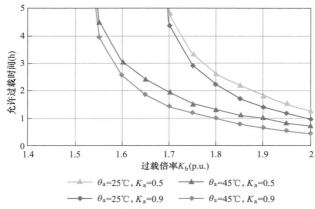

图 7-6 某中型变压器的"过载电流—耐受时间"曲线

7.2.2 变压器过载耐受能力计算方法

7.2.2.1 变压器温升与过载耐受时间计算

对于变压器安全过载耐受能力的研究，可以分为两个研究步骤：① 构建变压器热点温度模型，计算绕组热点温度值；② 基于热点温度计算结果，确定变压器过载运行能力。热点温度指的是电力变压器运行时绕组最热区域达到的温度，是限制变压器负载能力的主要因素。热点温度的计算模型主要包括标准计算模型、有限元计算模型和热路计算模型三种类型。

目前比较有代表性的标准计算模型包括：IEEE Std C57.91-2011 和 IEC 60076-7-2005。其中，IEEE Std C57.91-2011 提供的热点温度计算模型通过一阶导数计算顶层油温对环境温度的温升，得到变压器的稳态温度，然后利用变压器热点温度与平均油温、顶层油温、绕组平均温度和温度系数的关系计算热点温度；IEC 60076－7－2005 提供的热点温度计算模型认为热点温度是热点温度与油箱内顶层油温之差、油箱内顶层油温与环境温度之差、环境温度三者之和。GB/T 1094.7—2008 考虑到我国实际情况，在 IEC 60076－7－2005 的基础上进行了相关参数修正。变压器热点温度的标准计算模型比较简单且易实现，可以反映实时工况下变压器热点温度的变化规律，但计算结果与实际温度误差较大。为了详细分析变压器内部温度的分布规律，有学者基于传热学和流体力学理论，利用有限元仿真软件实现变压器内部电磁—流体—温度场的耦合建模，建立了变压器热点温度的有限元计算模型。有限元计算模型相对繁琐复杂，采用该方法需要考虑绕组结构、散热介质对变压器内部温度分布的影响，计算量较大，实时计算性能较差，无法适用于应急情况下变压器热点温度的计算。热路模型基于传热学原理和热电类比法，将变压器的空载损耗和负载损耗等效为电流源，顶层油温和环境温度等效为电压源，引入等效热容和等效热阻模拟变压器内部的热传递过程，实现热点温度的准确计算。

本章综合借鉴现有标准计算模型的优势，主要采用热电类比法构建变压器的安全过载耐受能力计算模型。热电类比法将变压器的热传导过程简化为电路模型，可以直接反映变压器的物理过程，得到较为准确的热点温度。在不同负载率和不同环境温度下，变压器顶层油温的计算公式为

$$\frac{K^2 R+1}{R+1}(\Delta\theta_{\mathrm{oil,R}})^{\frac{1}{n}} = \tau_{\mathrm{oil}}\frac{\mathrm{d}\theta_{\mathrm{oil}}}{\mathrm{d}t} + (\theta_{\mathrm{oil}} - \theta_{\mathrm{a}})^{\frac{1}{n}} \qquad (7-12)$$

式中：θ_{oil} 为顶层油温，℃；n 为非线性指数，采用 ONAF 冷却模式的中大型变压器取 0.9；K 为负载系数；R 为额定负载下负载损耗与空载损耗的比值；$\Delta\theta_{\mathrm{oil,R}}$ 为额定负载下变压器顶层油温相对环境温度的稳态温升，℃；τ_{oil} 是油时间常数，min。

通过变压器顶层油温，即可按式（7－13）估算变压器热点温度。

$$K^2(\Delta\theta_{\mathrm{hst,R}})^{\frac{1}{m}} = \tau_{\mathrm{wnd}}\frac{\mathrm{d}\theta_{\mathrm{hst}}}{\mathrm{d}t} + (\theta_{\mathrm{hst}} - \theta_{\mathrm{oil}})^{\frac{1}{m}} \qquad (7-13)$$

式中：θ_{hst} 为变压器热点温度，℃；m 为非线性指数，采用 ONAF 冷却模式的中大型变压器取 0.8；$\Delta\theta_{\mathrm{hst,R}}$ 是额定负载下变压器绕组相对顶层油的稳态温升，℃；τ_{wnd} 是绕组时间常数，min。

根据变压器顶层油温与热点温度的计算公式，可以借助 MATLAB/Simulink 仿真平台搭建顶层油温和热点温度的计算模型，如图 7－7 所示。模型的输入量包括变压器的实时负载率以及环境温度，输出量为变压器的顶层油温以及热点温度。该仿真模型采用 Runge-Kutta 方法求解，输出的顶层油温与热点温度的误差满足要求。

变压器的连续过载能力可以在保障变压器安全的前提下，充分挖掘其负载潜力，提升负载能力。变压器长期运行允许电流的负载系数以变压器承载正常周期性负载的热点温度限值为计算条件，基于实时环境温度，结合变压器的稳态热平衡方程计算。具体求解的方程组如式（7－14）所示。

$$\begin{cases} \theta_{\mathrm{oil}} = \left(\dfrac{K_{\mathrm{c1}}{}^2 R + 1}{R+1} \right)^{n} \Delta\theta_{\mathrm{oil,R}} + \theta_{\mathrm{a}} \\[3mm] K_{\mathrm{c1}} = \left(\dfrac{\theta_{\mathrm{hst,max}} - \theta_{\mathrm{oil}}}{\Delta\theta_{\mathrm{hst,R}}} \right)^{\frac{1}{2m}} \end{cases} \qquad (7-14)$$

式中：$\theta_{\mathrm{hst,max}}$ 是变压器承载正常周期性负载的热点温度限值，对于中大型变压器而言，$\theta_{\mathrm{hst,max}}$=120℃；$K_{\mathrm{c1}}$ 为温度限制下变压器长期运行电流的负载系数。

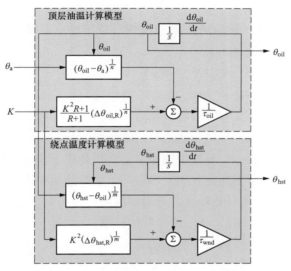

图 7-7　顶层油温以及热点温度的计算框图

如 GB/T 1094.7—2008 所示，变压器的连续过载能力也可表现为额定负载的过载倍数。当变压器承载正常周期性负载时，其长期运行允许电流的负载系数可允许为 K_{c2}=1.5。而温度限制和电流限制不同时适用，故变压器长期运行允许电流的负载系数可由式（7-15）确定。

$$K_{\mathrm{c}} = \min\{K_{\mathrm{c1}}, K_{\mathrm{c2}}\} \qquad (7-15)$$

式中：K_{c} 是变压器长期运行允许电流的负载系数。

变压器的短时过载耐受时间不仅与负载过载倍数、热点温度限值有关，还与变压器过载前的负载系数、周围环境温度等有关，其表达式的具体推导过程如下。

首先，变压器在承受潮流转移过负荷前的稳态热点温度值 $\theta_{\mathrm{hst,a}}$ 可用式（7-16）计算。

$$\theta_{\mathrm{hst,a}} = K_{\mathrm{a}}{}^{2m} \Delta\theta_{\mathrm{hst,R}} + \left(\frac{K_{\mathrm{a}}{}^2 R + 1}{R+1} \right)^{n} \Delta\theta_{\mathrm{oil,R}} + \theta_{\mathrm{a}} \qquad (7-16)$$

式中：K_{a} 是变压器承受潮流转移过负荷前的负载系数。

然后，变压器在承受潮流转移过负荷后的稳态热点温度值 $\theta_{\mathrm{hst,b}}$ 可用式（7-17）计算。

$$\theta_{hst,b} = K_b{}^{2m}\Delta\theta_{hst,R} + \left(\frac{K_b{}^2 R + 1}{R + 1}\right)^n \Delta\theta_{oil,R} + \theta_a \tag{7-17}$$

式中：K_b 是变压器承受潮流转移过负荷后的负载系数。

考察变压器负载系数从 K_a 阶跃变化至 K_b 情况下的温升响应，结合变压器承受潮流转移过负荷前后的热点温度，变压器的短时过载耐受时间可用式（7-18）表示。

$$t_{ts} = -\tau_{th}\ln\left(1 - \frac{\theta_{max,t} - \theta_{hst,a}}{\theta_{hst,b} - \theta_{hst,a}}\right) \tag{7-18}$$

式中：$\theta_{max,t}$ 为变压器承载长期或者短期急救性负载的热点温度限值，即 $\theta_{max,t}=140℃$ 或 $160℃$；τ_{th} 为变压器的等值热时间常数。τ_{th} 的计算公式为

$$\begin{cases} \tau_{th} = C_{th}(R_{oth} + R_{ath}) \\ R_{oth} = R_{on} + R_{bt} \\ R_{ath} = R_{an}R_{af}R_{dr}/(R_{an}R_{af} + R_{af}R_{dr} + R_{af}R_{dr}) \end{cases} \tag{7-19}$$

式中：C_{th} 为变压器内绝缘油、绕组和油箱等组成的等值热容；R_{oth} 为变压器内部的等值热阻，R_{ath} 为空气侧等值热阻；R_{on} 为变压器热量由绕组传递至绝缘油的热阻；R_{bt} 为常规油循环方式下不同温度绝缘油相混合对应的热阻；R_{dr} 为散热器向周围空气传热的辐射热阻；R_{an} 和 R_{af} 为风冷散热中空气自然对流、强迫对流的热阻。对于等值热容与热阻，可通过非线性最小二乘法计算 C_{th}、R_{oth}、R_{ath} 的参数估计值。

此外，还可以基于变压器负载按阶跃函数变化的温升试验数据，结合式（7-19）获得以变压器的等值热时间常数 τ_{th} 为未知量的方程组，再采用最小二乘法计算 τ_{th} 的参数估计值。按照热电类比法计算的变压器热点温度和热点温度实测值显示出较好的一致性，可以正确反映热点温度随时间的变化，具有较高的精度。由试验对比分析可知，热电类比法计算的绕组热点温度略高于实测温度，但误差在可接受范围之内；同时，由于 τ_{th} 考虑的是变压器整体的等值参数，受变压器的整体热容和热阻影响，所以计算结果更为保守。因此，式（7-18）计算的短时过载耐受时间更有利于变压器的安全运行。

7.2.2.2 采取降温措施时变压器热点温度估计

大型电力变压器多采用强迫油循环风冷的冷却方式，在极端高温和高负荷环境下还会用带电喷淋、放置冰块等人工降温措施。变压器运行时的热量主要源自空载损耗和负载损耗，其中空载损耗保持不变，负载损耗与负载电流和短路损耗相关。热源、散热方式和环境温度共同影响变压器内部的温度分布，绝缘油经油泵进入变压器底层，通过自然对流或强迫循环流进绕组，再向上流到变压器上层并回流至散热器。绝缘油在绕组中以对流方式吸收热量，然后高温油流进风冷散热器，经辐射和对流向周围环境散热。变压器在人工降温措施下的油路及特征温度点示意如图 7-8 所示。外部冷却源通过与空气的热交换降低变压器运行的环境温度，从而降低其热点温度及顶层油温。因此，在变压器的顶层油温和热点温度估计中应考虑人工降温措施下外部冷却源的影响。

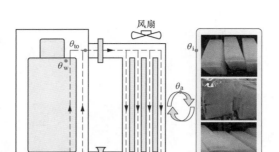

图 7-8   变压器在人工降温措施下的油路及特征温度点示意图

采用热电类比法可建立强迫油循环风冷变压器的等效热模型，如图 7-9（a）所示。其中变压器绕组热源由电流源 q_t 等值，包括绕组、铁芯和杂散损耗；C_{th} 为变压器内绝缘油、绕组和油箱等组成的等值热容，R_{on}、R_{of} 为变压器热量传递至绝缘油的自然换流和强迫换流热阻；R_{bt} 为常规的强迫油循环方式下不同温度绝缘油相混合对应的热阻，泵口的冷油在一定压力下送入线圈、线饼和铁芯的油道，内部油温分布更加均匀，此时近似认为 $R_{bt}=0$；R_{dr} 为散热器向周围空气传热的辐射热阻，R_{an}、R_{af} 为风冷散热中空气自然对流、强迫对流的热阻。对变压器油侧和空气侧的热阻分别进行合并可得

$$\begin{cases} R_{oth} = \dfrac{R_{on}R_{of}}{R_{on}+R_{of}}+R_{bt} \\[3mm] R_{ath} = \dfrac{R_{an}R_{af}R_{dr}}{R_{an}R_{af}+R_{an}R_{dr}+R_{af}R_{dr}} \end{cases} \tag{7-20}$$

根据 GB/T 1094.7—2008 和 IEC 60076-7 导则可知变压器的热源为与空载损耗、短路损耗和负荷系数相关的函数 $q_t = (P_0+k^2P_k)^m$。将其代入图 7-9（a）简化等值模型，可得变压器绕组温度 θ_w^t、底层油温 θ_{bo}^t 和顶层油温 θ_{to}^t 的微分方程为

$$\begin{cases} C_{th}(R_{oth}+R_{ath})\dfrac{d\theta_w^t}{dt}+\theta_w^t-\theta_a^t=[P_0+(K^t)^2P_k]^m(R_{oth}+R_{ath}), \\[3mm] \theta_{to}^t = \dfrac{R_{ath}}{R_{oth}+R_{ath}}\theta_w^t+\dfrac{R_{oth}}{R_{oth}+R_{ath}}\theta_a^t, \\[3mm] \theta_{bo}^t = \dfrac{R_{ath}+R_{bt}}{R_{oth}+R_{ath}}\theta_w^t+\dfrac{R_{oth}-R_{bt}}{R_{oth}+R_{ath}}\theta_a^t \end{cases} \tag{7-21}$$

式中：C_{th}、R_{oth}、R_{ath}、P_0、P_k 和 m 由变压器设计参数决定，且 R_{oth} 和 R_{ath} 还分别与油泵和风扇的台数、额定功率有关。

施加人工强制性降温措施下变压器的简化热模型如图 7-9（b）所示，人工强制性降温的冷源温度 θ_i^t 和环境温度 θ_a^t 之间的温差，主要由热阻 R_{ir} 和外部冷源相对于环境的热容 C_a 决定。由图可得人工降温措施下环境温度 θ_a^t 的微分方程为

$$C_a\left(\frac{R_{ath}R_{ir}}{R_{ath}+R_{ir}}\right)\frac{d\theta_a^t}{dt}+\theta_a^t-\frac{R_{ir}\theta_{to}^t}{R_{ath}+R_{ir}}-\frac{R_{ath}\theta_i^t}{R_{ath}+R_{ir}}=0 \qquad (7-22)$$

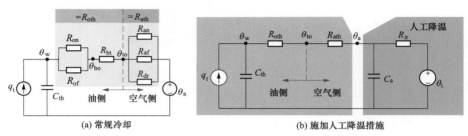

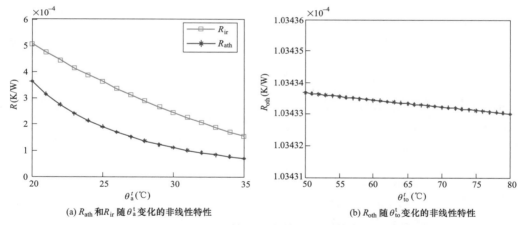

图 7-9　强迫油循环风冷变压器等效热模型

在人工降温措施下，通过外部冷却源与空气的热交换降低变压器运行环境温度，进而降低热点温度及顶层油温。在不同的外部冷却条件下，空气热阻 R_{ir} 和外部冷却源的温度是不同的。此外，由于热阻的非线性特性，R_{ath}、R_{oth}、R_{ir}、C_a、C_{th} 也将随温度变化。假设油泵在运行，空气侧自然对流空气侧热阻 R_{an} 可以忽略不计。图 7-10 对热阻相对于温度的非线性特性进行了拟合，其中 R_{ir} 的曲线总结自热传导试验。

图 7-10　热阻的非线性特性曲线

从图 7-10（a）可以看出，R_{ath} 和 R_{ir} 随环境温度 θ_a^t 非线性变化，R_{ath} 和 R_{ir} 的最大差异大于 2.5×10^{-4}K/W。而不同的是，从图 7-10（b）可以看出，在传热过程中，顶层油温 θ_{to}^t 对 R_{oth} 几乎没有影响。因此，与空气侧热阻相比，R_{oth} 被视为一个固定常数，可以忽略其非线性特性。由图 7-10（a）可得，R_{ath} 和 R_{ir} 可以近似为关于 θ_a^t 的二次函数。

$$f(\theta_a^t)=a_{qa}+b_{qa}\cdot\theta_a^t+c_{qa}\cdot(\theta_a^t)^2 \qquad (7-23)$$

式中：$f(\theta_a^t)$ 表示 $[R_{ath},R_{ir}]^T$；a_{qa}、b_{qa}、c_{qa} 为多次项系数。

根据 IEC 60076 - 7 导则,变压器热点温度 θ_{hs}^t 可表示为与绕组温度 θ_w^t、顶层油温 θ_{to}^t 及平均油温 θ_{ao}^t 相关的函数式,其中平均油温可设为 $\theta_{ao}^t = (\theta_{to}^t + \theta_{bo}^t)/2$,则热点温度估算式为

$$\theta_{hs}^t = H\left(\theta_w^t - \frac{\theta_{to}^t + \theta_{bo}^t}{2} \right) + \theta_{to}^t \qquad (7-24)$$

式中:H 为热点温度系数,$H = 1.3$。

变压器热点温度和顶层油温的动态行为不能在短时间内达到稳态,但从稳态的角度,认为热点温度和顶层油温变化量可以用于评估变压器的动态负载能力。

7.3　系统紧急状态时的协同安全调控方法

电力系统在遭受大扰动(或事故)后常出现大的功率不平衡,系统的某些安全性约束条件受到破坏,例如变压器的负荷超过限值,称之为系统紧急状态。现有的后备保护策略依据设备的静态安全边界确定动作条件,不能很好适应系统紧急状态时的潮流转移冲击过负荷或系统振荡,会加速系统潮流转移引发连锁跳闸。在紧急状态下,为了能维持送受两端的功率平衡,在设备传输容量受限的情况下,被迫采取切机、切负荷等措施,需要付出巨大的稳定控制成本。如能尽量保持网架的完整性,维持足够的传输容量,可以为系统功率平衡提供安全支撑,这就要求在到达设备安全边界之前,不因短时过载而过早跳闸。因此,需要研究变压器过载保护(或后备保护)与传输容量支撑之间的协调策略,实现设备安全与系统安全的兼顾。本节提出了计及变压器动态安全裕度的主动调控策略及实现方法,并通过基于设备过载状态的自适应主动安全控制、基于分钟级电网运行方式调整的变压器转供优化,以及变电站内并联运行变压器的负荷控制优化三种典型应用场景,结合算例验证紧急状态下变压器与电网的安全互济支撑的效果。

7.3.1　基于设备过载状态的自适应主动安全控制

在 7.2.2 中明确了输变电设备过载耐受能力后,为充分利用其过载耐受能力,根据设备状态来设置保护策略,基于设备过载状态的自适应主动保护控制策略,如图 7-11 所示。对于设备发生故障,由反应故障状态的主保护和后备保护动作,予以切除。对于设备发生各类严重缺陷,由第 5、6 章所提的主动保护方法予以切除或择机停运。而对于反应输变电设备过负荷等异常运行状态的功能,只要过载程度没有超过设备动态传输容量或者过载后的温升没有越限之前,都没有必要快速地将设备过早切除,可以采取主动安全控制,即:当负载电流接近设备的动态负载能力(长期耐受能力)时采取重载告警;当负载电流超过动态载流能力时,在短时耐受时间之内采取转供、切负荷等主动控制措施;当过载持续、设备温度超过最高允许运行温度时,由过载保护发出跳闸指令,切除温升过热的设备。

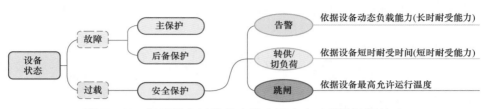

图 7-11　基于设备过载状态的自适应主动保护控制策略

7.3.1.1　基于连续负载能力的过载告警

目前电网调度运行人员主要以输变电设备额定电流作为安全运行的界线，将运行电流超过输变电设备额定电流的 80%视为设备重载，在运行时予以特别关注。如前所述，大多数情况下输电设备都运行在规定的使用极限条件之内，其允许的连续负载电流都有一定的裕度，充分利用这部分动态传输容量，可以提高设备的利用效率，带来可观的经济效益。除此之外，在遇到电力系统紧急状况时，还可以缓解网络传输容量限制，支撑保障系统运行安全。但是，动态热容量的利用需要特别小心，因为保证安全是第一位的，不能盲目动态增容而导致设备过载和过热烧损。

由于输电通道上变压器、开关设备、互感器、架空导线等是"串联"关系，因此它们中动态容量的最小值决定了该输电通道上的最大允许连续负载电流，称之为"卡口电流"。

$$I_{bn} = \min\{I_{cT}, I_{cS}, I_{cD}, I_{cC}, I_{cCT}\} \tag{7-25}$$

式中：I_{bn} 表示输电通道的卡口电流；I_{cT}、I_{cS}、I_{cD}、I_{cC} 分别表示变压器、断路器、隔离开关和导线的动态热容量，即某一环境温度下允许的连续负载电流；I_{cCT} 表示电流互感器的额定连续热电流。

卡口电流可以作为调度人员确定输电通道传输功率大小、安排电力系统运行方式的依据之一。因此，可以在卡口电流的基础上乘以某一小于 1 的可靠系数，作为重载运行时的安全预警。

$$I > I_{alert}，发重载预警信号 \tag{7-26}$$

$$I_{alert} = kI_{bn} \tag{7-27}$$

两式中：I_{alert} 表示重载警戒电流阈值；I_{bn} 表示卡口电流；k 为可靠系数，可取 0.8~0.9。

7.3.1.2　基于短时过载耐受能力的方式调整

当电流超过卡口电流后，调度运行人员需要密切关注设备的过载电流大小和温升增长情况。因此，可以根据当前环境温度 θ_a、过载前设备稳态温度 θ_i、过载前的负载电流 I_i 和过载后的电流 I_s，在线计算过载耐受时间 t_s，在允许过载时间之内采取必要的功率调控措施，消除设备过载。由于调度运行人员采取负荷转供或切除部分负荷措施需要一定的时

间 t_{dp}，因此如果过载耐受时间 $t_S \geq t_{dp}$，则由调度人员采取负荷转供；如果 $t_S < t_{dp}$，则由安全自动装置在达到过载耐受时间之前，切除过载的那一部分负荷。

$$\begin{cases} if\ I > I_{bn}\ \&\ t_S \geq t_{dp}, \text{在线调整方式、负荷转供} \\ if\ I > I_{bn}\ \&\ t_S < t_{dp}, \text{切除过载的部分负荷} \end{cases} \quad (7-28)$$

其中，过载耐受时间由通路上所有设备的最小耐受时间决定，即

$$t_S = \min\{t_{ST}, t_{SS}, t_{SD}, t_{SC}, t_{SCT}\} \quad (7-29)$$

式中：t_{ST}、t_{SS}、t_{SD}、t_{SC}、t_{SCT} 分别表示变压器、断路器、隔离开关、导线和电流互感器的过载耐受时间。

而当调度人员来不及采取转供时，需要切除的最小负荷量为

$$I_{LSmin} = I - I_{bn} \quad (7-30)$$

7.3.1.3　基于过热耐受极限的保护跳闸

如果输变电设备过载持续，而负荷转供或过载部分切除未达到要求，则在设备温度到达最高允许温度时，或耐受时间达到允许的时间，则需要切除过载的设备，防止设备因温度过高而烧损。因此，可以根据设备的耐受极限设置保护跳闸逻辑，其逻辑如图 7-12 所示，其保护跳闸动作条件为

$$I \geq I_{bn}\ \&\ t \geq t_S \quad (7-31)$$

或

$$\theta > \alpha\theta_{max} \quad (7-32)$$

式中：θ_{max} 表示设备最高允许温度；α 为大于 1 的可靠系数，可取 1.05～1.1。

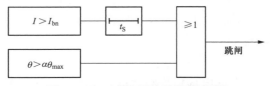

图 7-12　过载保护跳闸逻辑图

7.3.1.4　算例分析

1. 算例描述

中国的风电优质资源多分布在电网相对薄弱的偏远地区，且受选址和线路走廊限制，多采取风电场群集中并网。由于风电开发周期远小于电网建设周期，致使风电外送通道建设难以跟进风力发电的快速增长，限制了风电集群的电力外送。风电外送能力有限，导致风电大发时送端电网难以满足 $N-1$ 安全约束，为了限制输电线路和升压变压器过载，不

得不限制风电出力，产生大量的弃风，不利于清洁能源消纳。经测算，在 200～300km 以内的风电集中送出通道，输电线路的热稳定极限容量，特别是并联线路在 $N-1$ 方式下的过载能力，成为制约风电送出的瓶颈。

对变压器而言，目前针对系统紧急情况下潮流转移引起的事故过负荷，采用的保护策略是快速闭锁后备保护，由稳控装置实施切机、切负荷等紧急控制措施来消除过负荷。但目前稳控系统无法实时获取变压器的安全承受能力及其变化趋势的准确信息，无法准确把握设备当前状态偏离安全临界值的程度与趋势，以及判断变压器的安全耐受时间，为此，必须预留很大的安全裕度以兼顾设备和系统安全，安全控制策略未达到最优。制约变压器负载能力的核心因素是绝缘性能，可归结为运行温度限制。因此，可以基于变压器热点温度，有针对性地设计风电并网升压变压器的紧急过载运行策略，以更好地应对潮流转移冲击过负荷等复杂工况。当负载电流接近送出线路及变压器的长时过载电流时采取重载预警；当送出线路及变压器的过载程度超过其连续载流能力之后，在短时耐受时间之内利用稳控装置采取切机控制解决风电机组出力过大问题；当过载持续，根据送出线路及变压器的耐受极限设置保护跳闸逻辑，切除运行温度越限的设备。

例如，福建电网某 220kV 变电站集中接入的风电场集群，如图 7-13 所示，风电装机容量为 178MW，其中龙源风电 100MW，嘉儒风电 48MW，玉山风电 30MW。该区域集有多个风电场，经过多条联络的串接，最终通过 110kV 华迳 I 路、II 路并入 220kV 主网。为方便区分，本书将华迳 I 路、II 路称为风电送出线路。

为保证电网供电可靠性，110kV 华迳 I 路、II 路以及送出变压器均采用并列运行方式。送出线路的型号为 LGJ-240/30，单条输电线路的最大传输容量为 95MW（联络线的静态载流值为 494A）。假设变压器的型号为 SFS11-90000/220，容量为 90MVA。

由于台湾海峡的"峡管效应"，福建省沿海风能资源丰富，风电场的盛风发电期主要集中在秋冬季节。龙源、嘉儒和玉山 3 个风电场的实际出力多次超过其装机容量的 80%。在负荷低谷时，流经送出线路以及变压器的潮流可达 100MW 以上，不满足 $N-1$ 安全约束。因此需要优化风电场集群的送出线路及变压器的紧急过载策略，以更好地适应风电出力大幅变化等复杂运行工况。

2. 结果及分析

下面以图 7-13 所示的含风电场集群的送端网络为例，进行多场景分析。

（1）输电通道重载预警。

除去高山变电站、前进变电站和北厝变电站所带的负荷，该风电场集群某日逐小时的出力曲线如图 7-14 所示。该地区当日逐小时气象环境参数如图 7-15 所示。

基于该地区当日的实时气象环境参数，分别计算送出线路和变压器的长期过载允许电流，并以此确定输电线路和变压器的重载预警电流。

当日的实际负荷电流 I_t，单回送出线路的长期过载允许电流 I_{cc}，单台变压器的长期过载允许电流 I_{ct}，以及相应的重载预警电流 $I_{alert,c}$、$I_{alert,t}$ 的评估结果，如图 7-16 所示。由

图 7-16 可知,送出线路以及变压器的连续载流能力可以适应风电出力随机性和不确定性对潮流的影响,依据送出线路以及变压器的连续载流能力确定设备安全运行的边界可以提高设备的输电能力以及利用效率。

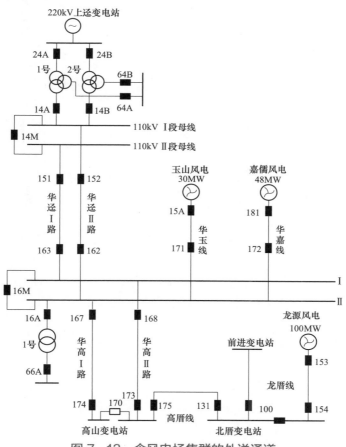

图 7-13 含风电场集群的外送通道

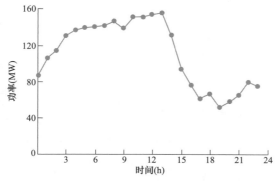

图 7-14 风电场集群某日逐小时的出力曲线

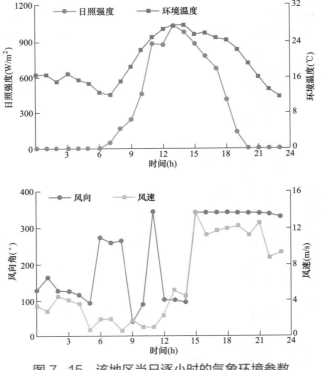

图 7-15　该地区当日逐小时的气象环境参数

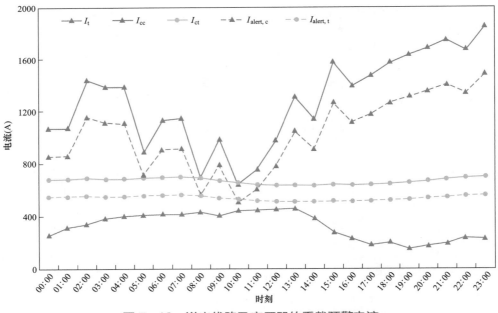

图 7-16　送出线路及变压器的重载预警电流

（2）*N*-1 情况下紧急过载策略的效果。

假设其中一回送出线路因故障退出运行，从 10:00—14:00，历经 4h。当该回线路退出运行时，健全送出线路将会在该时段内承受潮流转移过负荷。线路的负荷电流跃变至原来的 2 倍，大于长期过载允许电流，基于气象环境参数，可以计算输电线路和变压器的温度变化轨迹，具体如图 7-17（a）所示。由输电线路的过载温升耐受时间可知，如果故障期间未采取措施消除设备过载，经过 10.02min 健全线路的温升越限，过载热保护动作，如图 7-17（b）所示。根据紧急过载策略，应在该段时间内利用稳控装置进行切机操作，解决风电出力过大的问题，消除线路过载。

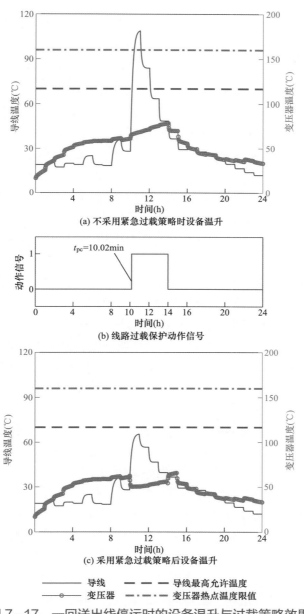

图 7-17　一回送出线停运时的设备温升与过载策略效果

在潮流转移的 4h 之内，计算稳控装置在每个单位时间内需要最少切除的风电机组台数，如表 7-5 所示。

表 7-5   稳控装置需要切除的风电机组台数

时刻	切机台数
10:00—11:00	29
11:00—12:00	15
12:00—13:00	0
13:00—14:00	0

由表 7-5 可知，为消除线路过载，稳控装置需要切除的风电机组台数为 29，即 43.5MW 风电。为保证线路的安全运行，可留有 5℃ 的安全裕度，则可切除 49.5MW 风电。稳控装置完成切机后送出线路及变压器的温度变化轨迹如图 7-20（c）所示。切除风电机组之后，送出线路的温度于 11:05 达到了 64.5℃，低于运行温度限值。

现有送出线路的过负荷保护是按照输电线路的静态载流值确定保护门槛值，按照 N-1 安全稳定约束，需要切除较多的风电机组，无法在故障期间维持风电外送，而所提紧急过载策略可在故障期间输送风电功率 411.7MWh，提高了经济效益。

类似于送出线路，假设其中一台送出变压器因故障检修退出运行，送出线路及变压器的温度变化轨迹如图 7-18（a）所示。如果故障期间未采取措施消除设备过载，经过 75.64min 后变压器热点温度达到限值，过载热保护动作，如图 7-18（b）所示，则应在此时间内利用稳控装置进行切机操作，消除送出变压器过载。

由于稳控装置至少需要切除 12 台风电机组，即 18MW 风电，才可消除变压器的过负荷。为确保变压器的安全运行，同时最大程度地发掘变压器的输送能力，变压器应承载长期急救性负荷，即热点温度应低于 140℃，则可切除 30MW 风电。稳控装置完成切机后送出线路及变压器的温度变化轨迹如图 7-18（c）所示，故障时段内变压器运行最高温度为 139.7℃，低于温度限制。

现有稳控系统是依据变压器的额定电流进行切机控制，以消除变压器过载，故障期间输送功率为 309.7MWh；而本节所提紧急过载策略利用变压器的短时过载能力，可在故障期间输送风电功率 489.7MWh，提高了风电外送能力。

（3）N-2 情况下紧急过载策略的效果。

假设其中一回送出线路以及变压器因故障检修退出运行，从 10:00—14:00，历经 4h，送出线路及变压器的温度变化轨迹如图 7-19（a）所示。如果故障期间未采取措施消除设备过载，线路、变压器将分别经过 10.02、75.64min 后温升越限，为确保安全运行，过载保护应在两者间的较小值，即 10.02min 后动作，具体如图 7-19（b）所示。参照送出线路退出运行时的紧急过载策略，稳控装置需要切除 49.5MW 风电，稳控装置完成切机后送出线路及变压器的温度变化轨迹如图 7-19（c）所示。相比于现有的过载策略，所提紧急过载策略可在故障期间输送风电功率 411.7MWh。

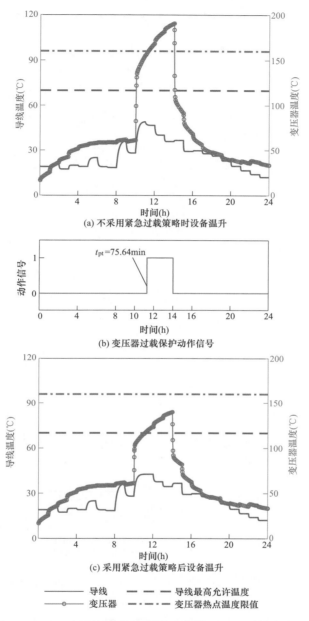

(a) 不采用紧急过载策略时设备温升

(b) 变压器过载保护动作信号

(c) 采用紧急过载策略后设备温升

图 7-18 一台变压器停运时的设备温升与过载策略效果

　　综上可知，基于变压器的过载能力动态评估的紧急过载策略，通过短时过载耐受时间与稳控装置的动态协调配合，能够有效消除设备过载，可以更好地适应紧急情况下设备的过载工况。相比于设备现有的过载策略，可以实现紧急情况下风电的持续外送，一定程度上减少了弃风，缓解了风电送出矛盾。

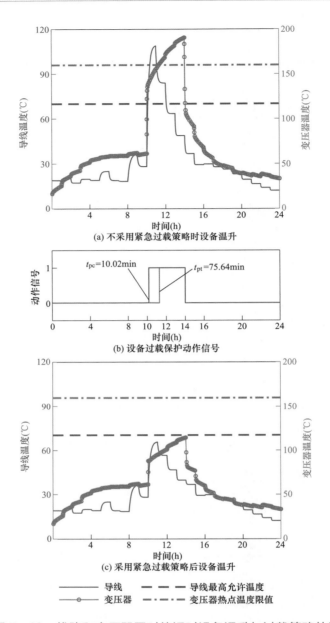

图 7-19　线路和变压器同时停运时设备温升与过载策略效果

7.3.2　基于分钟级电网运行方式调整的变压器转供优化

7.3.2.1　计及变压器温升约束的电力系统转供优化模型

对于 220kV 站主变压器温升越限，可对其所带的 110kV 站进行实时方式调整，通过负荷转供来消除 220kV 主变压器热点温度及顶层油温过高问题。因此，结合变压器热点温度及顶层油温约束、110kV 配电网有功平衡方程及典型拓扑约束，本文建立变压器温升约束的电力系统转供优化模型。

1. 目标函数

当第 t 个时段 110kV 电网方式调整时，应考虑 110kV 线路开关的总动作次数最少，尽可能减少改变和恢复电网运行方式的远方操作次数，也就是受端电网转供后的特殊运行方式尽量接近预定的电网标准运行方式。其控制目标表示如下

$$\min_{\boldsymbol{S}^{t+1}\in N} \quad G^{t+1}=\sum_{j=1}^{N_{\mathrm{s}}}(S_j^{t+1}-S_j^t)^2=\sum_{j=1}^{N_{\mathrm{s}}}[(S_j^{t+1})^2-2S_j^{t+1}\cdot S_j^t+(S_j^t)^2]=\sum_{j=1}^{N_{\mathrm{s}}}(S_j^{t+1}-2S_j^{t+1}\cdot S_j^t+S_j^t)$$

$$(7-33)$$

式中：S_j^t 为第 t 时刻 110kV 线路开关 j 的状态，0 表示开关是拉开状态，1 表示开关是运行状态；S_j^{t+1} 为第 $t+1$ 时刻 110kV 线路开关 j 的状态；N_{s} 表示总的 110kV 线路开关个数。

2. 约束条件

（1）有功平衡约束。在负荷转供优化周期 Δt 内，假设负荷大小几乎保持不变，则当时刻 t 的负荷转供优化任务执行完以后，高压电网的 110kV 线路开关状态须满足 110kV 电网的有功平衡约束。设 $P_{\mathrm{S},i}^t$ 表示时段 t 时第 i 个 220kV 站主变压器的下网有功功率，$n_{\mathrm{S},i}$ 为第 i 个 220kV 变电站内变压器个数；$n_{\mathrm{S},i}\cdot S_{\mathrm{N},i}$ 为第 i 个 220kV 变电站内所有变压器允许传输的最大有功功率，N_T 为 220kV 变电站个数，则有功平衡约束可表示为

$$P_{\mathrm{S},i}^{t+1}=\boldsymbol{L}_i^{t+1}\boldsymbol{S}^{t+1}+\boldsymbol{b}_i^{t+1},\ \forall i\in N_T,\forall t\in T \qquad (7-34)$$

$$0\leqslant P_{\mathrm{S},i}^{t+1}\leqslant(n_{\mathrm{S},i}\cdot S_{\mathrm{N},i}),\forall i\in N_T,\forall t\in T \qquad (7-35)$$

式中：$\boldsymbol{L}_i^{t+1}$ 和 $\boldsymbol{b}_i^{t+1}$ 分别指第 $t+1$ 时刻高压电网转供方程的负荷系数，其中 i 表示第 i 个变电站；$\boldsymbol{L}_i^{t+1}\approx\boldsymbol{L}_i^t$，$\boldsymbol{b}_i^{t+1}\approx\boldsymbol{b}_i^t$，可通过典型接线方式的有功平衡方程获取。图 7-20 给出了 110kV 变电站直供接线方式和串供接线方式。对图 7-20（a）中 110kV 变电站直供接线方式，可得其有功功率平衡方程为

$$\begin{bmatrix} P_{\mathrm{A1}}^t \\ P_{\mathrm{A2}}^t \end{bmatrix}=\boldsymbol{L}^t\begin{bmatrix} S_i^t \\ S_j^t \end{bmatrix}+\boldsymbol{b}^t=\begin{bmatrix} P_{\mathrm{c}}^t & 0 \\ 0 & P_{\mathrm{c}}^t \end{bmatrix}\begin{bmatrix} S_i^t \\ S_j^t \end{bmatrix}=0 \qquad (7-36)$$

对于 110kV 串供接线方式，可得其功率平衡方程为

$$\begin{bmatrix} P_{\mathrm{A1}}^t \\ P_{\mathrm{A2}}^t \end{bmatrix}=\boldsymbol{L}^t\begin{bmatrix} S_i^t \\ S_j^t \\ S_k^t \end{bmatrix}+\boldsymbol{b}^t=\begin{bmatrix} P_{\mathrm{c}}^t+P_{\mathrm{d}}^t & P_{\mathrm{d}}^t & 0 \\ 0 & P_{\mathrm{c}}^t & P_{\mathrm{c}}^t+P_{\mathrm{d}}^t \end{bmatrix}\begin{bmatrix} S_i^t \\ S_j^t \\ S_k^t \end{bmatrix}+\begin{bmatrix} -P_{\mathrm{d}}^t \\ -P_{\mathrm{c}}^t \end{bmatrix}=0 \qquad (7-37)$$

（2）辐射性网络拓扑约束。由于 110kV 电网的辐射型运行特性，110kV 变电站直供接线方式需满足辐射型约束条件为

$$S_i^{t+1}+S_j^{t+1}=1 \qquad (7-38)$$

串供接线方式需满足辐射型约束条件为

$$S_i^{t+1}+S_j^{t+1}+S_k^{t+1}=2 \qquad (7-39)$$

根据式（7-34），220kV 变压器在时刻 t 和 $t+1$ 之间的转供负荷大小为

$$\Delta\boldsymbol{P}_{\mathrm{S}}^t=\boldsymbol{L}^{t+1}\cdot\Delta\boldsymbol{S}^t+\boldsymbol{b}^{t+1}=\boldsymbol{L}^{t+1}(\boldsymbol{S}^{t+1}-\boldsymbol{S}^t)+\boldsymbol{b}^{t+1} \qquad (7-40)$$

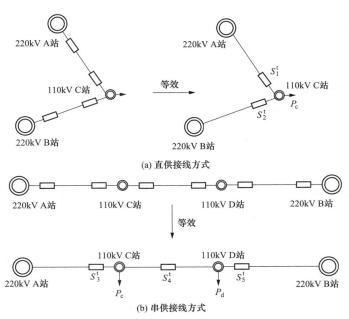

(a) 直供接线方式

(b) 串供接线方式

图 7-20　220kV/110kV 电网两种典型接线方式

（3）变压器热点温度及顶层油温约束。通过转供优化计算获取到转供后变压器负荷变化量，代入可计算得到转供后变压器热点温度及顶层油温，变压器热点温度及顶层油温约束可表示为

$$
\begin{bmatrix} \theta_{hs}^{t+1} \\ \theta_{to}^{t+1} \end{bmatrix} = \begin{bmatrix} \theta_{hs}^{t} \\ \theta_{to}^{t} \end{bmatrix} + \boldsymbol{\omega}_1 \begin{bmatrix} \Delta P_S^t / S_N \\ \Delta \theta_i^t \end{bmatrix} + \boldsymbol{\omega}_2 \begin{bmatrix} \Delta \theta_a^{t-1} \\ \Delta \theta_{to}^{t-1} \end{bmatrix} \leqslant \begin{bmatrix} \theta_{hs\_max} \\ \theta_{to\_max} \end{bmatrix} \tag{7-41}
$$

7.3.2.2　考虑热阻变化的变压器温升约束线性化

由于上述电网转供优化模型中的变压器顶层油温和热点温度是非线性函数，不利于优化模型求解，为此在时刻 t，采用扰动法对式（7-21）和式（7-22）进行线性化处理，其中变压器热点油温和顶层油温的变化量为 $\Delta \theta_{hs}^t = \theta_{hs}^{t+1} - \theta_{hs}^t$、$\Delta \theta_{to}^t = \theta_{to}^{t+1} - \theta_{to}^t$，可得

$$
\begin{aligned}
\begin{bmatrix} \dfrac{\mathrm{d}\Delta\theta_a^t}{\mathrm{d}t} \\[2mm] \dfrac{\mathrm{d}\Delta\theta_{to}^t}{\mathrm{d}t} \end{bmatrix} &= \begin{bmatrix} \dfrac{-(R_{ath}+R_{ir})}{C_a R_{ath} R_{ir}} & \dfrac{1}{C_a R_{ath}} \\[3mm] \dfrac{\eta_o(R_{ath}+R_{ir})}{C_a R_{ath} R_{ir}} + \dfrac{\eta_o}{C_{th} R_{oth}} & -\eta_o\left(\dfrac{1}{C_a R_{ath}} + \dfrac{1}{C_{th} R_{oth}}\right) \end{bmatrix} \begin{bmatrix} \Delta\theta_a^t \\[2mm] \Delta\theta_{to}^t \end{bmatrix} \\[3mm]
&+ \begin{bmatrix} 0 & \dfrac{1}{C_a R_{ir}} \\[3mm] \dfrac{(1-\eta_o)K_e}{C_{th}} & \dfrac{-\eta_o}{C_a R_{ir}} \end{bmatrix} \begin{bmatrix} \Delta K^t \\[2mm] \Delta\theta_i^t \end{bmatrix} \\[3mm]
&= \boldsymbol{A} \begin{bmatrix} \Delta\theta_a^t \\[2mm] \Delta\theta_{to}^t \end{bmatrix} + \boldsymbol{B} \begin{bmatrix} \Delta K^t \\[2mm] \Delta\theta_i^t \end{bmatrix}
\end{aligned} \tag{7-42}
$$

$$\begin{bmatrix} \Delta\theta_{hs}^{t} \\ \Delta\theta_{to}^{t} \end{bmatrix} = \begin{bmatrix} \dfrac{-H(2R_{oth}-R_{bt})}{2R_{ath}} & 1+\dfrac{H(2R_{oth}-R_{bt})}{2R_{ath}} \\ 0 & 1 \end{bmatrix} \begin{bmatrix} \Delta\theta_{a}^{t} \\ \Delta\theta_{to}^{t} \end{bmatrix} \qquad (7-43)$$

式中：$\eta_{o}=R_{oth}/(R_{oth}+R_{ath})$，$K_{e}=2K^{t}P_{k}m[P_{0}+(K^{t})^{2}P_{k}]^{m-1}$，$\boldsymbol{A}$ 和 $\boldsymbol{B}$ 为时刻 t 的常数矩阵，即

$$\begin{cases} \boldsymbol{A} = \begin{bmatrix} \dfrac{-(R_{ath}+R_{ir})}{C_{a}R_{ath}R_{ir}} & \dfrac{1}{C_{a}R_{ath}} \\ \dfrac{\eta_{o}(R_{ath}+R_{ir})}{C_{a}R_{ath}R_{ir}}+\dfrac{\eta_{o}}{C_{th}R_{oth}} & -\eta_{o}\left(\dfrac{1}{C_{a}R_{ath}}+\dfrac{1}{C_{th}R_{oth}}\right) \end{bmatrix} \\ \boldsymbol{B} = \begin{bmatrix} 0 & \dfrac{1}{C_{a}R_{ir}} \\ \dfrac{(1-\eta_{o})K_{e}}{C_{th}} & \dfrac{-\eta_{o}}{C_{a}R_{ir}} \end{bmatrix} \end{cases} \qquad (7-44)$$

当不施加人工降温措施时，$R_{ir}=0$，$\Delta\theta_{i}^{t}=\Delta\theta_{a}^{t}$。

采用隐性梯形法对式（7-42）进行离散化，取离散化时间区间 Δt，则 $\Delta\theta_{a}^{t}$ 和 $\Delta\theta_{to}^{t}$ 可根据改进欧拉法得到，该方法包含一个预测步长和一个校正步长。首先，在预测步长中，可得到预测 $\Delta\hat{\theta}_{a}^{t}$ 和 $\Delta\hat{\theta}_{to}^{t}$。

$$\begin{bmatrix} \Delta\hat{\theta}_{a}^{t} \\ \Delta\hat{\theta}_{to}^{t} \end{bmatrix} = \begin{bmatrix} \Delta\theta_{a}^{t-1} \\ \Delta\theta_{to}^{t-1} \end{bmatrix} + \Delta t \frac{\mathrm{d}}{\mathrm{d}t}\begin{bmatrix} \Delta\theta_{a} \\ \Delta\theta_{to} \end{bmatrix}\Bigg|_{\substack{\Delta\theta_{a}=\Delta\hat{\theta}_{a}^{t-1} \\ \Delta\theta_{to}=\Delta\hat{\theta}_{to}^{t-1}}} \qquad (7-45)$$

然后，代入式（7-43）预测的 $\Delta\hat{\theta}_{a}^{t}$ 和 $\Delta\hat{\theta}_{to}^{t}$ 进入校正步长，则推出时刻 t 的 $\Delta\theta_{a}^{t}$ 和 $\Delta\theta_{to}^{t}$ 为

$$\begin{bmatrix} \Delta\theta_{a}^{t} \\ \Delta\theta_{to}^{t} \end{bmatrix} = \begin{bmatrix} \Delta\theta_{a}^{t-1} \\ \Delta\theta_{to}^{t-1} \end{bmatrix} + \frac{\Delta t}{2}\left(\frac{\mathrm{d}}{\mathrm{d}t}\begin{bmatrix} \Delta\theta_{a} \\ \Delta\theta_{to} \end{bmatrix}\Bigg|_{\substack{\Delta\theta_{a}=\Delta\theta_{a}^{t-1} \\ \Delta\theta_{to}=\Delta\theta_{to}^{t-1}}} + \frac{\mathrm{d}}{\mathrm{d}t}\begin{bmatrix} \Delta\theta_{a} \\ \Delta\theta_{to} \end{bmatrix}\Bigg|_{\substack{\Delta\theta_{a}=\Delta\hat{\theta}_{a}^{t} \\ \Delta\theta_{to}=\Delta\hat{\theta}_{to}^{t}}} \right) \qquad (7-46)$$

需要注意的是，在时刻 t 和时刻 $t+1$ 之间引入离散化时间区间 Δt，实际上表示了一个负荷转供优化周期。在实际中，变压器温度的热时间常数普遍大于变压器温度采集装置的采样周期 $\Delta\tau$。这些与时间相关的参数关系如图 7-21 所示，在图中每一个绿色正方体表示 1 个采样周期 $\Delta\tau$。在一个负荷转供优化周期 Δt 内，$\Delta\theta_{i}^{t}$ 可忽略，即 $\Delta\theta_{i}^{t}\approx0$。将 $K^{t}=P_{S}^{t}/S_{N}$、$\Delta K^{t}=\Delta P_{S}^{t}/S_{N}$ 和式（7-42）代入式（7-46），得到

$$\begin{bmatrix} \Delta\theta_{\mathrm{hs}}^{t} \\ \Delta\theta_{\mathrm{to}}^{t} \end{bmatrix} = \begin{bmatrix} \dfrac{(1-\eta_{\mathrm{o}})K_{\mathrm{e}}\Delta t}{C_{\mathrm{th}}}\left(\dfrac{C_{1}\Delta t}{2C_{\mathrm{a}}R_{\mathrm{ath}}} + C_{2}D_{2} \right) & C_{1}D_{1}+C_{2}D_{3} \\ \dfrac{(1-\eta_{\mathrm{o}})K_{\mathrm{e}}\Delta t}{C_{\mathrm{th}}}D_{2} & D_{3} \end{bmatrix} \begin{bmatrix} \Delta P_{\mathrm{S}}^{t}/S_{\mathrm{N}} \\ \Delta\theta_{\mathrm{i}}^{t} \end{bmatrix}$$

$$+ \begin{bmatrix} C_{1} & C_{2} \\ 0 & 0 \end{bmatrix}\left(1+\Delta t\boldsymbol{A}+\dfrac{\Delta t^{2}}{2}\boldsymbol{A}^{2} \right) \begin{bmatrix} \Delta\theta_{\mathrm{a}}^{t-1} \\ \Delta\theta_{\mathrm{to}}^{t-1} \end{bmatrix} \qquad (7-47)$$

$$= \omega_{1}\begin{bmatrix} \Delta P_{\mathrm{S}}^{t}/S_{\mathrm{N}} \\ \Delta\theta_{\mathrm{i}}^{t} \end{bmatrix} + \omega_{2}\begin{bmatrix} \Delta\theta_{\mathrm{a}}^{t-1} \\ \Delta\theta_{\mathrm{to}}^{t-1} \end{bmatrix}$$

式中：$C_{1}=-H(2R_{\mathrm{oth}}-R_{\mathrm{bt}})/(2R_{\mathrm{ath}})$，$C_{2}=1-C_{1}$，常数矩阵 $\boldsymbol{A}$ 由式（7-44）获得；D_{1}、D_{2}、D_{3} 可以写成式（7-48），ω_{1}、ω_{2} 可以由式（7-49）计算得到。

$$\begin{cases} D_{1}=\dfrac{\Delta t}{C_{\mathrm{a}}R_{\mathrm{ir}}} - \dfrac{\Delta t^{2}}{2C_{\mathrm{a}}^{2}R_{\mathrm{ir}}R_{\mathrm{ath}}}\left(1+\eta_{\mathrm{o}}+\dfrac{R_{\mathrm{ath}}}{R_{\mathrm{ir}}} \right) \\[3mm] D_{2}=1-\dfrac{\eta_{\mathrm{o}}\Delta t}{2C_{\mathrm{a}}R_{\mathrm{ath}}} - \dfrac{\eta_{\mathrm{o}}\Delta t}{2C_{\mathrm{th}}R_{\mathrm{oth}}} \\[3mm] D_{3}=\dfrac{\eta_{\mathrm{o}}\Delta t}{C_{\mathrm{a}}R_{\mathrm{ir}}}\left(\dfrac{(R_{\mathrm{ath}}+(1+\eta_{\mathrm{o}})R_{\mathrm{ir}})\Delta t}{2C_{\mathrm{a}}R_{\mathrm{ir}}R_{\mathrm{ath}}} + \dfrac{(1+\eta_{\mathrm{o}})\Delta t}{2C_{\mathrm{th}}R_{\mathrm{oth}}} - 1 \right) \end{cases} \qquad (7-48)$$

$$\begin{cases} \omega_{1}=\begin{bmatrix} \dfrac{(1-\eta_{\mathrm{o}})K_{\mathrm{e}}\Delta t}{C_{\mathrm{th}}}\left(\dfrac{C_{1}\Delta t}{2C_{\mathrm{a}}R_{\mathrm{ath}}} + C_{2}D_{2} \right) & C_{1}D_{1}+C_{2}D_{3} \\ \dfrac{(1-\eta_{\mathrm{o}})K_{\mathrm{e}}\Delta t}{C_{\mathrm{th}}}D_{2} & D_{3} \end{bmatrix} \\[8mm] \omega_{2}=\begin{bmatrix} C_{1} & C_{2} \\ 0 & 0 \end{bmatrix}\left(1+\Delta t\boldsymbol{A}+\dfrac{\Delta t^{2}}{2}\boldsymbol{A}^{2} \right) \end{cases} \qquad (7-49)$$

由此可得到 220kV 变压器顶层油温和热点油温的线性约束，即

$$\begin{bmatrix} \theta_{\mathrm{hs}}^{t+1} \\ \theta_{\mathrm{to}}^{t+1} \end{bmatrix} = \begin{bmatrix} \theta_{\mathrm{hs}}^{t} \\ \theta_{\mathrm{to}}^{t} \end{bmatrix} + \omega_{1}\begin{bmatrix} \Delta P_{\mathrm{S}}^{t}/S_{\mathrm{N}} \\ \Delta\theta_{\mathrm{i}}^{t} \end{bmatrix} + \omega_{2}\begin{bmatrix} \Delta\theta_{\mathrm{a}}^{t-1} \\ \Delta\theta_{\mathrm{to}}^{t-1} \end{bmatrix} \leqslant \begin{bmatrix} \theta_{\mathrm{hs\_max}} \\ \theta_{\mathrm{to\_max}} \end{bmatrix} \qquad (7-50)$$

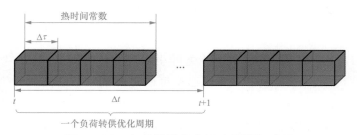

图 7-21　负荷转供优化调度周期示意图

7.3.2.3　算例分析

下面以某实际 220/110kV 高压电网为例，进行变压器负荷转供优化算例测试，如图 7-22 所示。该高压电网有 17 个 220kV 变电站，标记为黑色长方体；57 个 110kV 变电站，标记为黑色圆圈。三个区域分别标有 A、B、C，这三个区域具有不同的负荷需求特征。由表 7-6 可知，220kV 变电站容量大小分别为 150、180 和 240MVA。变压器冷却系统分为油浸风冷（ONAF）和强迫油循环风冷（OFAF）两种，最后两列分别为 θ_{hs-max} 和 θ_{to-max}。假设在此算例中，在 TP 站变压器散热器钢板下放置数块外部冰块，实时负荷、变压器绕组温度和变压器顶层油温均由 SCADA 系统于 2020 年 7 月 20 日 0 时至 24 时进行测量，所有变压器抽头均可从 0.95p.u.到 1.05p.u.进行连续调整，所有节点的电压限值都从 1.0p.u.到 1.1p.u.，220kV 变电站高压侧所有电压水平为常数 1.05p.u.，变压器绕组的最小时间常数为 420s，$\Delta\tau=60s$，$\Delta t=900s$。

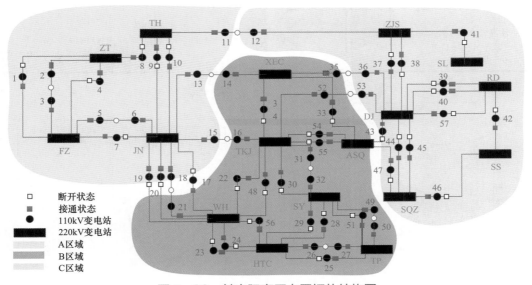

图 7-22　某实际高压电网拓扑结构图

表 7-6　　　　　　　　　　　　220kV 站变压器参数

变电站	容量（MVA）	θ_{hs-max}（℃）	θ_{to-max}（℃）
XEC，WH，ZJS，RD	2×150	105	80
TKJ，ASQ，DJ	2×180	105	80
ZT，FZ，HTC	2×180	105	85
SY	2×150	105	85
JN，SQZ，SL，SS，TP	2×240	105	85

1. 变压器顶层油温的计算精度

通过实测变压器顶层油温与理论计算变压器顶层油温的对比测试，验证了外部冷却条件下变压器顶层油温计算的准确性。该试验也可用于验证热模型中参数估计的准确。表 7-7 为 TP 站将多个外部冰块集成在散热器钢板下的变压器的估计参数，采用非线性最小二乘算法估计热阻 R_{ath} 和 R_{ir}。本次对比试验是在 7 月 20 日该变压器正常运行期间进行的，在 12:30—13:30 期间强制使用该专用外部冷却器降低环境温度。图 7-23 给出了 TP 站某台变压器同一天的负荷因数 K^t、环境温度 θ_a^t、外部冷却源温度 θ_i^t，图 7-24 对比了计算的变压器顶层油温与现场测量的变压器顶层油温。

表 7-7   TP 站变压器参数

P_0	103.1kW	P_k	506kW	R_{oth}	3.2×10^{-5} K/W
m	1	C_{th}	2.1×10^5 W·s/K	R_{ath}	$a_{qa}=6.91 \times 10^{-5}$ K/W $b_{qa}=0.3 \times 10^{-7}$ K/W·T $c_{qa}=0.1 \times 10^{-9}$ K/W·T
仅油浸风冷冷却系统	C_a	0	R_{ir}		0K/W
油浸风冷及外部冰块 （单个外部冷却源）	C_a	1.6×10^5 W·s/K	R_{ir}		$a_{qa}=0.12 \times 10^{-4}$ K/W $b_{qa}=0.33 \times 10^{-6}$ K/W·T $c_{qa}=0.1 \times 10^{-8}$ K/W·T

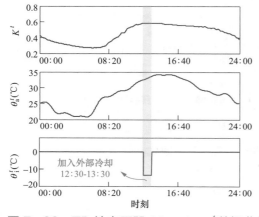

图 7-23 TP 站变压器 K^t、θ_a^t、θ_i^t 数据曲线   图 7-24 计算及实测顶层油温对比曲线

观察图 7-24，可得 24h 内采样变压器顶层油温与计算变压器顶层油温二者的近似差距均小于 0.96℃。由此可见，计算出的变压器顶层油温误差仅在可接受的 1% 以内（即 0.9677/79≈1%）。由于在有和没有外部冷却的各种物理条件下，测量变压器顶层油温与计算变压器顶层油温之间的差距都非常小，因此可以认为表 7-7 中的参数是正确的。此外，当外部冷却器启动和关闭时，变压器顶层油温转换时间间隔分别为 12:30 和 13:30。由于热时间常数比采样时间 $\Delta\tau=60$s 大 420s，因此外部冷却器和油浸风冷（ONAF）之间的切换过程非常平滑。这表明采样系统能够完全感知空气冷却与外部冷却之间的温度变化。

下面设计了一个采用油循环风冷（OFAF）冷却系统的变压器的仿真测试，分析油循环冷却和空气冷却的切换过程。一般情况下，该变压器的空气冷却系统被激活，以流过散热器或通过风扇进行热交换。无风机运行时，则强制空气对流的空气侧热阻 $R_{af}=0$；否则，R_{ath} 应该包括 R_{af} 且 $R_{af}\neq0$。假设水泵在运行。表 7-8 给出了两种场景：场景Ⅰ：无风扇运行，即 $R_{af}=0$；场景Ⅱ：8 个风扇运行，即 $R_{af}\neq0$。

图 7-25 给出了负载系数 K^t、环境温度 θ_a^t 以及风扇运行时间，图 7-26 为求解所得的变压器顶层油温曲线。

表 7-8　　　　　　　　　　　油循环风冷变压器参数

P_0	67.1kW	P_k	368kW
R_{oth}	6.8×10^{-5} K/W	C_{th}	6.0×10^5 W·s/K
场景Ⅰ：无风扇运行		R_{ath}	$a_{qa}=1.29\times10^{-4}$ K/W
			$b_{qa}=0.16\times10^{-6}$ K/W·T
			$c_{qa}=0.18\times10^{-8}$ K/W·T
场景Ⅱ：8 个风扇运行		R_{ath}	$a_{qa}=0.76\times10^{-4}$ K/W
			$b_{qa}=0.9\times10^{-6}$ K/W·T
			$c_{qa}=0.1\times10^{-8}$ K/W·T

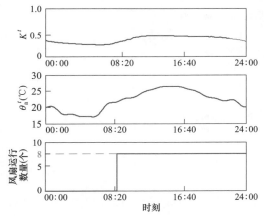

图 7-25　负载系数 K^t、环境温度 θ_a^t 以及风扇　　　　图 7-26　计算的顶层油温曲线
运行时间曲线

由图 7-26 可以看出，采用油循环风冷（OFAF）冷却系统的变压器在场景Ⅰ和场景Ⅱ下计算出的变压器顶层油温曲线有明显不同。风扇驱动冷却与自然冷却之间的温度变化是相当显著的。当八个风扇启动，流过散热器时，变压器顶层油温迅速降低，因为 08:20时记录到温度发生急剧变化。

2. 过载条件下的负荷转供优化验证

表 7-9 给出了过载变压器数量、θ_{hs} 和 θ_{to} 发生越界的变压器初始台数，以及不同负荷转供优化调度周期下的最优开关动作次数。第一列表示各种负荷转供优化任务的调度周

期，第二列表示变压器在三个区域中变压器处于过载状态的初始变压器数量；第三列表示三个区域中变压器热点温度和顶层油温越限的初始变电站站数，第四列表示最优动作时间，最后一列表示最大无功裕度百分比 $\lambda_{\mathrm{PCC}}^{t}$。

表 7-9 初始条件及优化方案

负荷转供调度时间	初始条件						优化结果	
	过载主变压器个数			主变压器热点温度及顶层油温越限个数			开关动作次数	最大 $\lambda_{\mathrm{PCC}}^{t}$
	A	B	C	A	B	C		
11:45	2	0	0	0	0	0	10	17.1%
12:15	0	1	0	0	0	0	2	19.0%
17:45	0	0	0	3	0	0	8	20.1%
19:15	0	0	0	0	1	0	2	20.7%
19:45	0	0	0	0	1	0	2	24.1%

过载变压器的测试结果表明，在 11:45 和 12:15 时，分别有 10 次和 2 次开关动作可以消除过载问题。对应地，图 7-27（a）和（b）为 110kV 拓扑单元在 11:45 和 12:15 时的重新配置，红色点框内为动作了的开关。

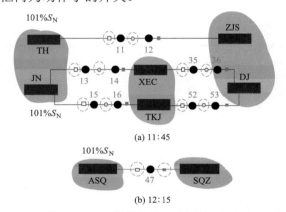

(a) 11:45

(b) 12:15

图 7-27 转供优化开关动作方案

图 7-27（a）显示，TH 站和 JN 站 2 台变压器在 11:45 处于过载状态。11、13、15 号变电站的变压器负荷从 A 区的 TH 站和 JN 站转移到 B 区的其他站。35 号变电站和 52 号变电站的 220kV 电源从 B 区切换至 C 区。该负荷转供优化方案利用 C 区变电站的剩余容量，以避免 A 区变电站出现过载问题。应用此开关切换方案后，如果应用此负荷转供优化解决方案，则不会发生过载问题。12:15 时，47 号变电站主电源由 ASQ 站切换至 SQZ 站为最佳选择，如图 7-27（b）所示。在 11:45—12:15 之间的整个过程就像一个跷跷板有效地消除了过载问题，并在重构的网络结构中将电压幅值调节到允许的范围内。此外，表 7-9 中的百分比 $\lambda_{\mathrm{pcc}}^{t}$ 结果也表明，高压配电网可以在相对较高的电压水平内为输电系统提供灵活的无功功率。

3. 温度偏移下负荷转供优化验证

由表 7-6 可知，XEC、TKJ、WH 站变压器在 $\theta_{\mathrm{to\_max}}=80℃$ 下均安装了油循环冷却

（OFAF）系统。这意味着，与其他使用油浸冷却（ONAF）系统的变压器相比，这些变压器无法快速散热。图 7−28（a）～（c）分别为 17:45、19:15 和 19:45 的最优开关动作方案，开关动作如红色虚线圈所示，上下方框内分别显示变压器顶层油温和热点温度。

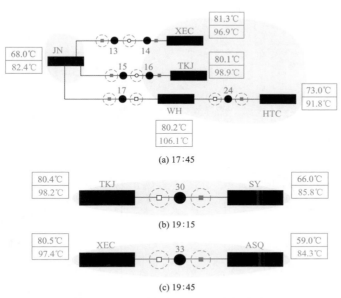

图 7−28　转供优化开关动作方案

由图 7−28（a）可知，13、15、17 号变电站的负荷转供至变压器已冷却的 JN 站，24号变电站的负荷重新配置为正常温度的 HTC 站。由于环境温度和负荷的快速上升，TKJ站变压器的顶层油温在 19:15 时再次超过上限。对于 3 个负荷转供优化任务来说，将 30号变电站转至 SY 站，如图 7−28（b）所示。当 t=19:45 时，XEC 站变压器遇到与 TKJ站在 19:15 时类似的问题，因此将 33 号变电站切换至 ASQ 站，如图 7−28（c）所示。因此，在 17:45 只需要开关开断 8 次，在 19:15 和 19:45 分别需要开断 2 次。

为了证明 17:45、19:15 和 19:45 时段的最优开关动作方案，我们利用实测负载和实测变压器顶层油温绘制了图 7−29（a）～（d），得到了变电站 JN、XEC、TKJ、WH 在 $\Delta \tau$=60s 下24h 的变压器热点温度数据。这些图解释了为何图 7−27（a）～（b）和图 7−28（a）～（c）所涉及的方案为最佳负荷转供优化方案。图 7−29（a）～（d）也显示这些站点的原始负荷（见图中不含负荷转供优化的负荷），并通过恢复最佳的负荷转供优化方案来进行对比证明。

从图 7−29（a）～（d）可以看出，四站变压器实测的变压器热点温度和实测的变压器顶层油温均在允许范围内，而实测的变压器热点温度高于实测的变压器顶层油温。11:45时，由图 7−29（a）可以看出，最优开关方案不仅可以消除 JN 站变压器持续近 1.5h 的过载问题，而且还能显著降低变压器顶层油温约 4.3℃。从图 7−29（b）和（c）可以看出，XEC 站和 TKJ 站在 17:45 的变压器顶层油温漂移是由它们的重载引起的；而 11:45—17:45之间，这两个站点的变压器负荷均大于 11:45 时未执行最优开关方案的变电站。换句话说，这些外加负荷引起了温度越限问题。

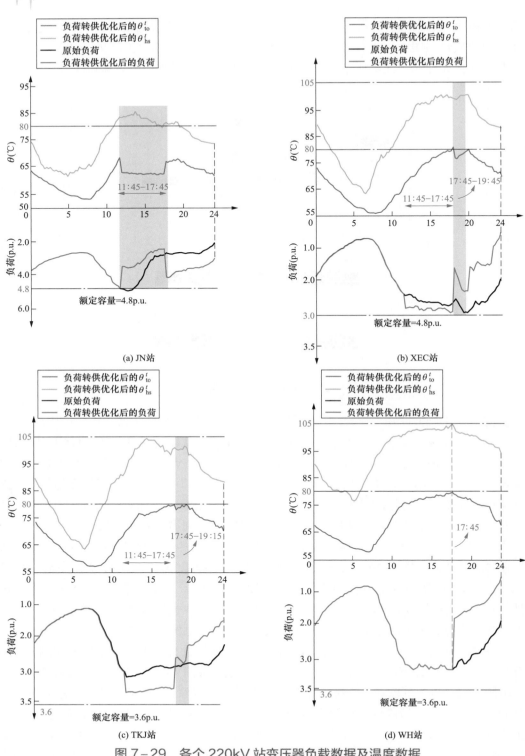

图 7-29　各个 220kV 站变压器负载数据及温度数据

随着负荷和环境温度的增长，变压器顶层油温分别在 19:15 和 19:45 时越限。然后，采用两种对应的负荷转供优化开关方案立即消除温度越限，这也可以在图 7-29（b）和（c）中 19:45 和 19:15 的负荷急剧下降中体现出来。图 7-29（d）显示 WH 站变压器热点温度和顶层油温同步偏移。在 17:45 执行最优开关动作方案可以消除这两个温度越限，但同时也增加了大量的减负荷成本。

表 7-10 给出了在 $t=17:45$ 时，测量温度与负荷转供优化模型理论计算温度的对比。经过 $\Delta t=900\mathrm{s}$（15min），得出了最佳计算值 θ_{hs}^{t+1*} 及 θ_{to}^{t+1*}。表 7-10 最后一行也提供了 18:00 的实测变压器顶层油温。

表 7-10　　　　　测量及优化方案计算所得热点温度、顶层油温　　　　　单位：℃

时间区间	XEC		TKJ		WH		JN		HTC	
	θ_{hs}^{t}	θ_{to}^{t}	θ_{hs}^{t}	θ_{to}^{t}	θ_{hs}^{t}	θ_{to}^{t}	θ_{hs}^{t}	θ_{to}^{t}	θ_{hs}^{t}	θ_{to}^{t}
17:45	**81.3**	96.9	**80.1**	98.9	**80.2**	**113.1**	68.0	82.4	73.0	91.8
时间区间	XEC		TKJ		WH		JN		HTC	
	θ_{hs}^{t+1*}	θ_{to}^{t+1*}	θ_{hs}^{t+1*}	θ_{to}^{t+1*}	θ_{hs}^{t+1*}	θ_{to}^{t+1*}	θ_{hs}^{t+1*}	θ_{to}^{t+1*}	θ_{hs}^{t+1*}	θ_{to}^{t+1*}
18:00 计算温度	**77.2**	92.3	**77.0**	96.7	**77.9**	**104.7**	74.4	89.5	75.5	93.4
18:00 测量温度	**76.1**	—	**76.5**	—	**78.0**	—	73.3	—	74.3	—

表 7-10 显示，一旦变压器顶层油温或热点温度在 17:45 超过上限，负荷转供优化任务将被激活。调度周期结束后，对于线性化的变压器顶层油温计算，测量数据与最优计算 θ_{to}^{t+1*} 之间的最大误差小于 2%。在线性化近似的基础上，该精度还取决于负荷转供优化调度周期内的负荷波动。然而，这种温度偏差对负荷转供优化结果的准确性影响不大。显然，这是因为每个负荷转供优化方案的减负荷能力相对较大。例如，19:15，TKJ 站只有 1 个进行开关转换的变电站（30 号），其中切负荷占 TKJ 站变压器总负荷的 18%。这一特性意味着，保守的负荷转供优化方案可以保证在温度误差完全在范围内的情况下，大幅度降低变压器热点温度和顶层油温。

7.3.3　变电站内并联运行变压器的负荷控制优化

变电站作为电力系统中电能汇集和分配的关键环节，其主要功能是向终端用户分配电能。降压变电站的供电能力是衡量变电站性能的主要指标，科学评估变电站的供电能力对电力系统的安全可靠运行至关重要。变电站的负载能力受变压器容量与联络开关容量影响较大，现有文献较少考虑主变压器过载因素。

另一方面，对于计及 N-1 安全准则的配电系统供电能力计算方法，是考虑系统任意时刻硬性满足 N-1 安全准则。但在实际电网运行中，尖峰负荷和均值负荷差距较大，依此原则评估得到的系统供电能力将具有很大裕度；不同 N-1 情形下（故障或检修）系统的供电能力也会有很大差别，只评估满足 N-1 安全准则下的变电站系统的负载能力不能充分利用系统的供电资源，不利于提高供电设备利用率。

鉴于此，本节提出一种基于设备动态载流能力的变电站负荷控制策略。通过考虑变压器、开关设备、线路的动态容量，根据实时负荷，利用最大流方法，分别计算具体 $N-1$ 情形下变电站与负荷点的负载能力，求出负载安全裕度。对超出负载能力的情形，提出相应负荷控制措施，按负荷优先级切除次要负荷，保证对重要负荷供电。该方法能有效计算变电站系统在 $N-1$ 情形下的最大负载能力，结合负荷预测，方便相关部门对紧急情况提前采取应对措施，确保供电安全。最后，通过算例验证了本方法的正确性和有效性。

7.3.3.1 计及主接线连通性的变电站负载能力

变电站的负载能力，是指变电站系统在满足约束条件下所能提供的最大负荷，用容量来表征，单位为 MVA，由变电站内变压器、开关、线路容量和系统运行方式决定。变电站的负载能力（或供电能力）与配电网的供电能力有许多不同。变电站的负载能力不涉及复杂的暂态稳定问题，一般只考虑稳态问题，其核心是通过网络进行供电和 $N-1$ 后的转供问题。变电站系统线路较短，电压偏移及功率损耗较小，容量约束比电压约束更严格。本章主要考虑网络结构、联络关系和容量等因素，不进行潮流计算。

变电站供电能力其目标函数为

$$\max S = \sum_{j=1}^{N} S_{0j} \tag{7-51}$$

式中：S 为所能提供的最大容量；S_{0j} 为节点 j 的当前实际容量；N 为负荷节点数，目标函数为当前实际容量的总和。

在评估模型上，约束条件为支路容量约束，即

$$S_t \leqslant S_{t\max} \tag{7-52}$$

式中：S_t 和 $S_{t\max}$ 分别为支路传输的容量和支路的容量限值。

$N-1$ 安全准则是电力系统规划和运行的基本准则，根据《城市电力网规划设计导则》，$N-1$ 安全准则是指配电网在网络常态工况下，一个元件发生意外故障或设备事故冲击时，配电网及其他元件的安全稳定运行状态不被破坏，仍能保持正常供电而不损失负荷。

由于实际电网运行中以 $N-1$ 安全准则约束下评估得到的系统的供电能力将具有很大裕度，不同 $N-1$ 情形下系统的供电能力也会有很大差别，只评估满足 $N-1$ 安全准则下的变电站系统的负载能力相对保守。为了充分利用系统的供电资源，在考虑设备动态容量的基础上，本文从母线段负荷点和变电站系统两个方面出发，计及网络转供能力，对具体 $N-1$ 情形下的变电站供电能力进行评估。

（1）母线段负荷点的供电能力评估：对发生检修或故障的变电站，考虑转供情况，计算该站母线（段）出线负荷的负载能力大小。

（2）变电站系统的供电能力评估：即发生 $N-1$ 检修或故障后，根据当前网络结构，

计及站内转供和站间转供，计算变电站系统的最大供电能力。

当变电站发生 $N{-}1$ 检修情形时，根据当前负荷水平考虑内部转供能力，将站内转供、站间转供作为负荷控制措施，再计算变电站的供电能力。发生 $N{-}1$ 故障时，优先考虑站内转供，将多余负荷转供给同站主变压器；不能满足时再考虑通过站间转供，最大限度确保供电需求；如果负荷水平超出了整个系统的供电极限，供电不能满足负荷需要，此时需要采取切负荷措施，包括站内转供、站间转供和切除负荷三类。

7.3.3.2　基于最大流方法的负载安全裕度评估

变电站系统与流量网络在概念上具有很好的对应关系，变电站的正常运行约束就是网络流的容量约束，最大负载能力对应网络中的最大允许流通容量。因此，本节通过将变电站系统等效为流量网络，采用有向图模型描述站间联络关系，运用最大流方法计算变电站的负载能力，得到变电站和负荷点的安全裕度，并依此确定负荷控制策略，确保系统供电安全可靠。

1. 最大流方法

网络最大流是网络中最大允许流通流量的网络流，它涉及图论与运筹学的知识，目的是计算在有容量限制的网络中所能传输的最大容量。本节基于宽度优先网络最大流求解算法，将变电站系统拓扑结构等效为网络结构，以此得到网络传输的最大容量。

定义一个容量网络 $G=(V, A, C)$，G 为连通赋权的有向图，V 代表节点集，A 是有向边（弧）集，C 是弧上的容量大小。f_{st} 为容量网络中从始点 S 到终点 T 的流，线性规划模型为

$$\sum_j f(i,j) - \sum_j f(j,i) = \begin{cases} f_{st}, i = S \\ 0, i \neq S, T \\ -f_{st}, i = T \end{cases} \tag{7-53}$$

$$0 \leqslant f(i,j) \leqslant C(i,j), \forall (i,j) \in A(G)$$

f_{st} 是网络 G 的一个可行流，$C(i,j)$ 为弧 (v_i, v_j) 上的容量上限，在所有满足条件的可行流中，流量最大的可行流 $f_{\max}$ 称为最大流。式（7-53）中，$f(i,j) = C(i,j)$ 的弧为饱和弧，$f(i,j) < C(i,j)$ 的弧为非饱和弧。

网络最大流问题存在以下条件：

（1）网络中的起点和终点都只有一个，如果存在多个起（终）点情况，则通过增加虚拟节点，将其转化为只有唯一起点和终点的网络。

（2）该网络为具有方向性的容量网络，如果是不满足条件的混合网络，需要将其转换为有向的流量网络。

（3）网络上每条弧都有最大容量限制，实际流过弧上的容量应该大于等于 0 且不超过最大容量。

（4）容量网络中，除了起点和终点，其他点应满足流量平衡，节点流入量和流出量

相等，即 $\sum f_{ij} = \sum f_{ji}, i \neq s, t$。

增广链的定义如下：设 f 为 G 的可行流，对于容量网络中一条弧（v_i，v_j）所对应的链 P（v_i，v_j），若 P 的前向弧为 f 非饱和弧，后向弧为 f 饱和弧，则称 P 为 G 中关于 f 的（v_i，v_j）增广链。

最大流的数学模型为

$$\max \quad v$$
$$\text{s.t.} \begin{cases} \sum\limits_{j:(v_i,v_j)\in A} f_{ij} - \sum\limits_{j:(v_i,v_j)\in A} f_{ji} = \begin{cases} v, i = s \\ 0, i \neq s, t \\ -v, i = t \end{cases} \\ 0 \leqslant f_{ij} \leqslant C_{ij}, \forall (v_i, v_j) \in A \end{cases} \qquad (7-54)$$

对包含可行流的容量网络，根据非饱和弧及相应节点确定剩余容量网络 $U(f) = [V, A(f), C(f)]$，由含可行流的容量网络图中所有非饱和弧及所有节点组成，用反向弧在网络中标记出饱和弧和当前流，满足两个关系：

（1）$(i, j) \in A(G)$，若 $f(i, j) < CG(i, j)$，则 $CU(i, j) = CG(i, j) - f(i, j)$；

（2）$(i, j) \in A(G)$，若 $f(i, j) > 0$，则 $CU(j, i) = f(i, j)$。

其中，$CG(i, j)$ 为原网络 G 中弧（v_i，v_j）的容量，$CU(i, j)$ 为剩余网络 U 中弧（v_i，v_j）的容量。因此，最大流算法步骤如下述。

初始化：在容量网络 $G = (V, A, C)$ 中，取任意一个可行流开始，一般取零流。

第一步：从始点 v_S 出发，利用宽度优先原则，找一条从始点 v_S 到终点 v_T 包含剩余容量最大的弧的最短增广链 P。如果不存在，结束，f 就是 G 的最大流。

第二步：求出该最短增广链 P 上各弧容量的最小值。删除饱和弧，并在最短增广链 P 的各弧上减去最小值。

第三步：修复增广链 P，转第二步；如果不能修复，则转第一步。

直到在剩余容量网络中，找不到包含剩余容量最大的弧的最短增广链时，计算结束。

2. 变电站负载安全裕度

负载安全裕度也指剩余供电裕度，代表系统到达供电极限的容量差。负载裕度为正，表示变电站满足供电需求，系统还有供电余量；负载裕度为负，代表负荷已经超过供电容量，无法满足供电需求。运用最大流方法对变电站进行供电能力评估，在得到最大供电能力的基础上，根据负荷水平确定负载安全裕度，变电站的负载安全裕度也分为两类：

第一类：变电站的负载安全裕度。

第二类：母线（段）出线负荷的负载安全裕度。

根据负荷水平，将其分为三类，再分别计算负载安全裕度。

第一类：各母线段的负荷均未超过各变电站主变压器容量，满足供电需求，无需转供和切除负荷，计算各母线段负荷点的安全裕度。

第二类：包括未超过主变压器容量和超过主变压器容量两种负荷。首先，挑出超过主变压器容量的负荷 A，将其负荷流设置为零，剩余负荷点按负荷容量设置可行流，利用最大流方法计算得到其流量网络 G_1，接着用原始网络 G 减去 G_1 得到剩余流量网络 G_2，再运用最大流方法计算网络 G_2，得到流量网络 G_3，根据 G_3 确定负荷点 A 的最大负荷量；与现有工作点的负荷对比，大于现有负荷代表满足供电，无需切除，小于现有负荷则不能满足供电需求，需要切除负荷。

　　第三类：各母线段负载全部超过各自主变压器容量，已经无法转供，根据各自容量差额切除相应负荷。

　　综上，变电站动态负载安全裕度评估流程如图 7-30 所示。

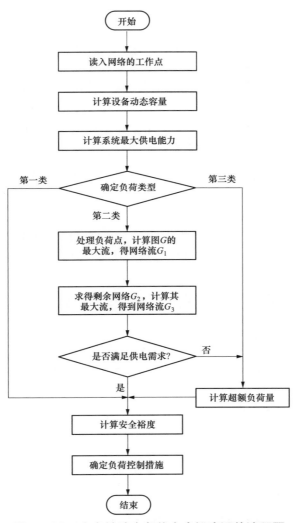

图 7-30　变电站动态负载安全裕度评估流程图

7.3.3.3 考虑变压器负载能力的负荷控制策略

如表 7-11 所示，本节所考虑变压器负载能力的变电站级负荷控制策略包括站内转供、站间转供、切负荷三种控制措施，分布在两个环节。在变电站负载安全裕度评估时，先根据负荷大小情况，考虑站内转供、站间转供措施计算变电站系统的供电能力，再根据负载安全裕度结果，对裕度为负的情况结合负荷重要度采取切负荷措施。考虑负荷线路供电的优先级，切除线路负荷量总和不小于需切除负荷容量，确定需要切除的负荷线路。

表 7-11 负 荷 控 制 策 略

负荷控制措施	站内转供	站间转供	切除负荷
情况	单个变压器不能满足各自负荷需求	母线段负荷超出同站主变压器总容量	负载安全裕度为负

不同于按综合指标对供电分区进行评价，本节按负荷重要度大小对其赋予权重，以此确定变电站负荷线路的优先级。

如图 7-31 所示，变电站的低压母线出线端有多条负荷线路 $L_1 \sim L_k$，每条线路有多个负荷点，按供电可靠性要求将电力负荷分为三个等级，按照电力负荷等级划分标准，根据对供电可靠性的要求及中断供电在政治、经济上所造成损失或影响的程度，根据对负荷区的权重定义方法，将负荷划分为一级负荷、二级负荷和三级负荷，其权重系数分别为10、3、0.1。结合负荷量与负荷点权重，得各负荷线路的综合负荷量 λ_k 为

$$\lambda_k = \sum_{i=1}^{M} \omega_i P_{ki} \tag{7-55}$$

式中：M 为负荷线路 L_k 下的负荷节点数，ω_i 为第 i 个节点负荷的权重，表示该负荷的重要程度级别；P_{ki} 为负荷线路下第 i 个节点的负荷功率。根据式（7-55)求得变电站各负荷馈线的各综合负荷量，将 k 条线路综合负荷量 λ 按大小进行排序，便可得到各负荷线路的重要程度与供电的优先级，k 条负荷线路中，负荷量大的优先供电。

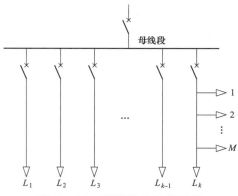

图 7-31 母线段的负荷馈线

7.3.3.4　算例分析

本节选择图 7−32 所示某 110kV/10kV 降压变电站作为算例，该系统包含两座 110kV 变电站 S1、S2，变压器 4 台 T1～T4，联络开关设备 1～5（由于线路和变压器的开关容量均较大，本书将其归入线路和变压器所在边），负荷端为母线段 I、母线段 II。先根据设备型号、温度等条件计算主设备的动态载流能力，再运用最大流方法结合设备动态负载能力，算出变电站系统网络在 $N-1$ 情形下的最大负载能力，得到负载安全裕度，确定负荷控制策略。

变电站内变压器、断路器隔离开关等基础参数如表 7−12～表 7−14 所示。选择某日 24h 内的气温作为计算条件，见图 7−33 所示。

由于高压侧断路器和隔离开关的额定电流较变压器高压侧额定电流大 2 倍多，因此在计算动态负载能力时可忽略高压侧的开关设备。仅计算变压器（T1～T4）、低压侧断路器（QF−LV）、低压侧隔离开关（QS−LV）在 24h 内的载流能力大小，结果如图 7−34 所示。由图可见，变电站主设备的动态负载能力受环境温度影响，拥有一致的变化趋势。

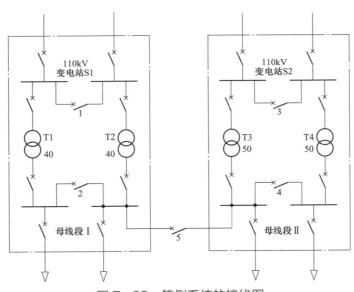

图 7−32　算例系统的接线图

表 7−12　　　　　　　　　　　变 压 器 参 数

变压器	变压器型号	冷却方式	β	$\Delta\theta_{oilR}$（℃）	$\Delta\theta_{hstR}$（℃）	$\theta_{hst,max}$（℃）	n	m
T1	SFZ8—40000/110	ONAF	3.9	52	26	120	0.9	0.8
T2	SFZ8—40000/110	ONAF	3.9	52	26	120	0.9	0.8
T3	SFZ8—50000/110	ONAF	3.9	52	26	120	0.9	0.8
T4	SFZ9—50000/110（H3）	ONAF	4.22	52	26	120	0.9	0.8

表 7－13   断 路 器 参 数

断路器型号	额定电流（A）	θ_{max}（℃）	θ_r（℃）
高压侧 3AP1FG	3150	115	75
低压侧 VD41231—40	3150	115	75

表 7－14   隔 离 开 关 参 数

隔离开关型号	额定电流（A）	θ_{max}（℃）	θ_r（℃）
高压侧 CR12—MH25	630	115	75
低压侧 GL—3150/3J	3150	115	75

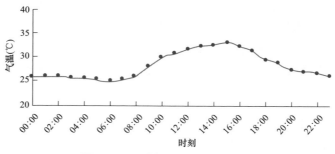

图 7－33 某日 24h 气温曲线

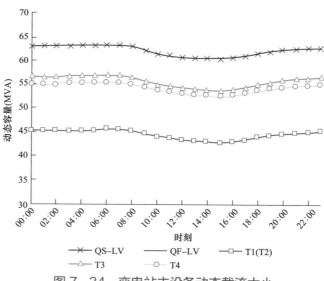

图 7－34 变电站主设备动态载流大小

  在得到设备动态载流能力的基础上，计算变电站在发生单一停运情况下的最大传输能力，根据负荷水平确定负载安全裕度，结合负荷权重系数与负荷量确定各负荷的优先级，在供电不足情况下按供电优先级切除优先级靠后的负荷。

  图 7－35 为设备在额定状态下运用最大流算法计算供电能力所得到的系统网络流。

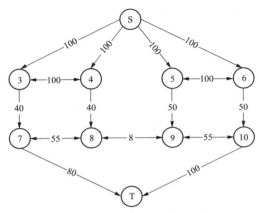

图 7-35　变电站网络流

　　将 $N-1$ 停运分为变压器停运、110kV 母线联络开关、10kV 联络线路停运三种情况，根据设备动态负载容量，运用最大流方法求出不同 $N-1$ 情形下的系统最大供电能力和安全裕度，并确定相应的负荷控制措施，结果如表 7-15～表 7-17 所示。对比可见，在各类 $N-1$ 情形中，变电站系统受变压器停运影响较大，其他线路断开情况对负荷供电影响较小。

　　如图 7-36 所示，母线段 I 包含 7 条负荷线路。对于供电不足的情况，通过每条线路中所含负荷等级与负荷量，算出 7 条负荷线路各自的综合负荷量，得到负荷线路的优先级见表 7-18，根据负载安全裕度，确定需要切除的负荷线路，如表 7-19 所示。

　　在表 7-20 中列出未考虑动态载流、负荷控制时需要切除负荷的情况。对比可以看出，通过计及设备动态负载能力、考虑负荷转供等措施，能提高变电站系统的供电能力及负载安全裕度；在发生 $N-1$ 情形时，通过主设备短时间超铭牌运行、站间转供来增加供电输出，缓解供电压力，提高系统供电的可靠性，对过载运行情况结合供电优先级采取切负荷措施，确保供电安全性，最大程度减少故障造成的损失。

表 7-15　　变压器 T1 停运时变电站 24h 供电能力及负荷控制措施

时刻	母线段 I（MVA）	母线段 II（MVA）	T1 或 T2（MVA）	T3（MVA）	T4（MVA）	系统供电能力（MVA）	母线段 I 负载能力（MVA）	母线段 I 安全裕度（MVA）	负荷控制措施
00:00	28	35	45.31	56.64	56.59	158.54	53.31	25.31	站内转供
01:00	28	35	45.31	56.64	56.59	158.54	53.31	25.31	站内转供
02:00	28	35	45.35	56.69	56.64	158.68	53.35	25.35	站内转供
03:00	28	35	45.39	56.74	56.74	158.87	53.39	25.39	站内转供
04:00	29	37	45.47	56.84	56.74	159.04	53.47	24.47	站内转供
05:00	30	38	45.47	56.84	56.79	159.09	53.47	23.47	站内转供
06:00	30	38	45.55	56.93	56.88	159.37	53.55	23.55	站内转供
07:00	42	53	45.51	56.88	56.84	159.23	53.51	11.51	站内转供

续表

时刻	母线段 I（MVA）	母线段 II（MVA）	T1 或 T2（MVA）	T3（MVA）	T4（MVA）	系统供电能力（MVA）	母线段 I 负载能力（MVA）	母线段 I 安全裕度（MVA）	负荷控制措施
08:00	40	50	45.35	56.69	56.64	158.68	53.35	13.35	站内转供
09:00	48	60	44.61	55.76	55.76	156.13	52.61	4.61	站间转供
10:00	60	75	44.06	55.08	54.98	154.12	52.06	−7.94	切负荷 7.94
11:00	58	73	43.79	54.74	54.69	153.21	51.79	−6.21	切负荷 6.21
12:00	54	68	43.52	54.39	54.30	152.21	51.52	−2.48	切负荷 2.48
13:00	50	63	43.28	54.10	54.05	151.44	51.28	1.28	站间转供
14:00	55	69	43.24	54.05	54.00	151.30	51.24	−3.76	切负荷 3.76
15:00	54	68	42.97	53.71	53.71	150.39	50.97	−3.03	切负荷 3.03
16:00	52	65	43.28	54.10	54.05	151.44	51.28	−0.72	切负荷 0.72
17:00	57	71	43.59	54.49	54.39	152.48	51.59	−5.41	切负荷 5.41
18:00	56	70	44.14	55.18	55.13	154.44	52.14	−3.86	切负荷 3.86
19:00	54	68	44.38	55.47	55.37	155.21	52.38	−1.63	切负荷 1.63
20:00	50	63	44.84	56.05	55.96	156.86	52.84	2.84	站间转供
21:00	46	58	44.92	56.15	56.15	157.23	52.92	6.92	站间转供
22:00	35	44	45.08	56.35	56.25	157.68	53.08	18.08	站内转供
23:00	32	40	45.20	56.49	56.45	158.13	53.20	21.20	站内转供

表 7-16　　　110kV 联络开关 1 停运时安全裕度与负荷控制措施

时刻	母线段 I（MVA）	母线段 II（MVA）	T1 或 T2（MVA）	T3（MVA）	T4（MVA）	系统供电能力（MVA）	安全裕度（MVA）		负荷控制措施
							母线段 I	母线段 II	
05:00	30	40	45.47	56.84	56.79	159.09	60.94	73.62	—
06:00	30	40	45.55	56.93	56.88	159.37	61.09	73.82	—
07:00	42	53	45.51	56.88	56.84	159.23	49.02	60.72	—
08:00	40	50	45.35	56.69	56.64	158.68	50.70	63.33	—
09:00	48	60	44.61	55.76	55.76	156.13	41.22	51.52	—
10:00	60	80	44.06	55.08	54.98	154.12	28.13	30.06	—
11:00	58	76	43.79	54.74	54.69	153.21	29.58	33.42	—

表 7-17　　　联络线 L5 停运时安全裕度与负荷控制措施

时刻	母线段 I（MVA）	母线段 II（MVA）	T1 或 T2（MVA）	T3（MVA）	T4（MVA）	系统供电能力（MVA）	安全裕度（MVA）		负荷控制措施
							母线段 I	母线段 II	
05:00	30	40	45.47	56.84	56.79	159.09	60.94	73.62	—
06:00	30	40	45.55	56.93	56.88	159.37	61.09	73.82	—
07:00	42	53	45.51	56.88	56.84	159.23	49.02	60.72	—
08:00	40	50	45.35	56.69	56.64	158.68	50.70	63.33	—
09:00	48	60	44.61	55.76	55.76	156.13	41.22	51.52	—
10:00	60	80	44.06	55.08	54.98	154.12	28.13	30.06	—
11:00	58	76	43.79	54.74	54.69	153.21	29.58	33.42	—

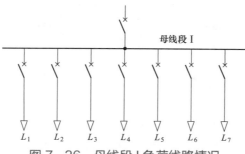

图 7-36　母线段 I 负荷线路情况

表 7-18　　　　　　　　　　　母线段 I 各线路优先级

线路	综合负荷量	优先级别
L_1	4.4	5
L_2	23.7	3
L_3	30.62	2
L_4	0.8	7
L_5	11.28	4
L_6	33	1
L_7	3.63	6

表 7-19　　　　　　变压器 T1 停运导致供电能力不足切除负荷情况

时刻	系统供电能力（MVA）	切负荷容量（MVA）	切除线路
10:00	154.12	7.94	L_4、L_7
11:00	153.21	6.21	L_4、L_7
12:00	152.21	2.48	L_4
14:00	151.30	3.76	L_4
15:00	150.39	3.03	L_4
16:00	151.44	0.72	L_4
17:00	152.48	5.41	L_4
18:00	154.44	3.86	L_4
19:00	155.21	1.63	L_4

表 7-20　　　　　　未考虑动态载流和负荷转控制需要切除负荷情况

时刻	未考虑设备动态负载能力		未考虑负荷转供策略	
	系统供电能力（MVA）	切负荷容量（MVA）	系统供电能力（MVA）	切负荷容量（MVA）
10:00	150	12	154.12	15.94
11:00	150	10	153.21	14.21
12:00	150	6	152.21	10.48

续表

时刻	未考虑设备动态负载能力		未考虑负荷转供策略	
	系统供电能力（MVA）	切负荷容量（MVA）	系统供电能力（MVA）	切负荷容量（MVA）
14:00	150	7	151.30	11.76
15:00	150	6	150.39	11.03
16:00	150	4	151.44	8.72
17:00	150	9	152.48	13.41
18:00	150	8	154.44	11.86
19:00	150	6	155.21	9.63

本 章 小 结

电力系统安全包含设备安全和系统安全，设备安全是系统安全的约束条件，利用设备的动态安全裕度，可以支撑电力系统紧急安全。本章在变压器典型缺陷辨识方法的基础上，通过获取变压器运行环境条件、运行参数、热缺陷状态参量、放电缺陷状态参量和绕组变形缺陷状态参量，构建了多参量融合的变压器超平面空间安全域模型，提出了变压器热缺陷、放电缺陷、绕组变形缺陷的严重度评估函数，通过设定各严重度评估函数的阈值范围，将安全域超平面空间划分为保守层、过渡层与危险层三层，并定义严重度评估值与缺陷向故障过渡的临界严重程度之间距离为变压器的安全裕度。在此基础上，提出了计及变压器动态安全裕度的主动调控策略，在变压器安全裕度较大时，利用变压器过载能力支撑系统调控，保证客户供电连续性；在变压器安全裕度不足时，配合系统运行方式调整、负荷转供等措施，达到保证变压器运行安全的目的，实现紧急状态下变压器与电网的安全互济支撑。按照变压器与系统协同安全的策略，通过基于设备过载状态的自适应主动安全控制、基于分钟级电网运行方式调整的变压器转供优化，以及变电站内并联运行变压器的负荷控制优化三种典型应用场景，结合算例验证紧急状态下变压器与电网的安全互济支撑的效果。未来，人工智能技术、风险预警及安全辨识技术可提升电网安全分析和风险感知能力，配合输变电设备紧急支撑、保护控制协调、源网荷资源主动响应技术，可提升电网紧急事件应对处置能力。

参　考　文　献

［1］ 郑玉平，郝治国，薛众鑫，等. 大型电力变压器安全运行与主动保护技术探索［J］. 电力系统自动化，2023，47（20）：1－12.

［2］ 魏意恒，杨丽君，徐治仁，等. "快速发展型"放电故障及其对油纸绝缘的损伤特性［J］. 电工技术学报，2022，37（4）：1020－1030.

［3］ 范文杰，张志斌，夏昌杰，等. 多手段测量下的油纸绝缘针板电极局部放电的演化规律分析［J］. 高电压技术，2022，48（3）：914－927.

［4］ 程养春，李成榕，岳华山，等. 变压器油纸绝缘针板放电缺陷发展过程［J］. 高电压技术，2011，37（6）：1362－1370.

［5］ 万福，陈伟根，王品一，等. 基于频率锁定吸收光谱技术的变压器故障特征气体检测研究［J］. 中国电机工程学报，2017，37（18）：5504－5510.

［6］ 苏小平，陈伟根，胡启元，等. 基于解析－数值技术的变压器绕组温度分布计算［J］. 高电压技术，2014，40（10）：3164－3170.

［7］ 李军浩，韩旭涛，刘泽辉，等. 电气设备局部放电检测技术述评［J］. 高电压技术，2015，41（8）：2583－2601.

［8］ 荣智海，齐波，张鹏，等. 基于核主成分分析的油色谱在线监测装置异常状态快速辨识［J］. 高电压技术，2019，45（10）：3308－3316.

［9］ 曹成，张剑峰，程涣超，等. 变压器局部放电超声定位技术改进研究［J］. 变压器，2021，58（3）：76－79.

［10］ 郑涛，刘万顺，吴春华，等. 基于瞬时功率的变压器励磁涌流和内部故障电流识别新方法［J］. 电力系统自动化，2003，27（23）：51－55.

［11］ 郝治国，张保会，褚云龙，等. 基于等值回路平衡方程的变压器保护原理［J］. 中国电机工程学报，2006，26（10）：67－72.

［12］ Calcara L, Sangiovanni S, Pompili M. Standardized methods for the determination of breakdown voltages of liquid dielectrics［J］. IEEE Transactions on Dielectrics and Electrical Insulation, 2019, 26(1): 101－106.

［13］ Bastard P, Bertrand P, Meunier M. A Transformer Model for Winding Fault Studies［J］. IEEE Transactions on Power Delivery, 1994, 9(2): 690－699.

［14］ Zhang X, Pietsch G, Gockenbach E. Investigation of the Thermal Transfer Coefficient by the Energy Balance of Fault Arcs in Electrical Installations［J］. IEEE Transactions on Power Delivery, 2006, 21(1): 425－431.

［15］ Rayleigh J. On the pressure developed in a liquid during the collapse of a spherical cavity［J］. Philosophical Magazine, 1917, 34(200): 94－98.

［16］ 高春嘉，齐波，高原，等. 大尺寸油纸绝缘结构空间电场非接触式测量的光学传感器［J］. 中国

电机工程学报，2019，39（16）：4949－4957＋4997.

［17］ Wu H, Wang H, Zhang P, et al. The assess method of validity for partial discharge sensor based on multiple criterion ［C］//2016 IEEE Conference on Electrical Insulation and Dielectric Phenomena(CEIDP), Toronto, Canada, IEEE, 2016, pp. 1－4.

［18］ 冀茂，黄猛，郑玉平，等. 一种适应变压器内部环境的高灵敏光学压力感知方法 ［J］. 中国电机工程学报，2022，42（10）：3826－3836.

［19］ Zhao Xinyu, Chen Ke, Guo Min, et al. Ultra-high sensitive multipass absorption enhanced fiber-optic photoacoustic gas analyzer ［J］. IEEE Transactions on Instrumentation and Measurement, 2023, 72: 7006708.

［20］ Chiu Shao-Yen, Huang Hsuan-Wei, Huang Tze-Hsuan, et al. High-sensitivity metal-semiconductor-metal hydrogen sensors with a mixture of Pd and SiO_2 forming three-dimensional dipoles ［J］. IEEE Electron Device Letters, 2008, 29(12): 1328－1331.

［21］ 齐波，冀茂，郑玉平，等. 电力物联网技术在输变电设备状态评估中的应用现状与发展展望 ［J］. 高电压技术，2022，48（8）：3012－3031.

［22］ 冀茂，齐波，黄猛，等. 用于油浸式电力变压器内部压力测量的传感器结构设计 ［J］. 高压电器，2020，56（9）：33－38＋45.

［23］ Ji Mao, Huang Meng, Lyu Haoming, et al. A metal-free optical pressure sensor with high sensitivity and extensive range ［J］. CSEE Journal of Power and Energy Systems, 2024, 10(3): 1291－1300.

［24］ 姬彤. 基于光纤光栅感知的变压器内部电弧放电声纹特征研究 ［D］. 华北电力大学（北京），2023.

［25］ 温钊. 基于时差法的油流速超声测量方法研究 ［D］. 华北电力大学（北京），2022.

［26］ 滕皓楠. 变压器内部电弧放电情况下油流速场分布特性研究 ［D］. 华北电力大学（北京），2023.

［27］ Pablo Zubiate, Jesus M. Corres, Carlos R. Zamarreño, et al. Fabrication of Optical Fiber Sensors for Measuring Ageing Transformer Oil in Wavelength ［J］. IEEE Sensors Journal, 2016, 16(12): 4798－4802.

［28］ Wang Xue, Jiang Junfeng, Wang Shuang, et al. All-silicon dual-cavity fiber-optic pressure sensor with ultralow pressure-temperature cross-sensitivity and wide working temperature range ［J］. Photonics Research, 2021, 9(4): 04000521.

［29］ 闫晨光，张保会，郝治国，等. 电力变压器油箱内部故障压力特征建模及仿真 ［J］. 中国电机工程学报，2014，34（1）：179－185.

［30］ Camilo A. R. Díaz, Arnaldo G. Leal-Junior, Paulo S. B. André, et al. Liquid Level Measurement Based on FBG-Embedded Diaphragms with Temperature Compensation ［J］. IEEE sensors journal, 2018, 18(1): 193－200.

［31］ Zhang Tongzhi, Pang Fufei, Liu Huanhuan, et al. A Fiber-Optic Sensor for Acoustic Emission Detection in a High Voltage Cable System ［J］. Sensors, 2016, 16(12): 2026.

［32］ Fang Zehua, Hu Liang, Mao Kai, et al. Similarity Judgment-Based Double-Threshold Method for Time-of-Flight Determination in an Ultrasonic Gas Flowmeter ［J］. IEEE Transactions on Instrumentation and Measurement, 2018, 67(1): 24－32.

［33］ Chen Ke, Guo Min, Yang Beilei, et al. Highly sensitive optical fiber photoacoustic sensor for in situ detection of dissolved gas in oil［J］. IEEE Transactions on Instrumentation and Measurement, 2021, 70: 7005808.

［34］ 王建新，陈伟根，王品一，等. 变压器故障特征气体空芯反谐振光纤增强拉曼光谱检测［J］. 中国电机工程学报，2022，42（16）：6136－6144＋6187.

［35］ 冀茂，齐波，郑伟，等. 变压器典型绕组缺陷的漏磁分布规律及编码辨识方法研究［J］. 电网技术，2024，48（5）：2133－2142.

［36］ Working Group A2. 33. Guide for Transformer Fire Safety Practices［S］. Paris, France: CIGRE, 2013.

［37］ Xie Bo, Chen Weigen, Zhou Qu, et al. Partition of the development stage of air-gap discharge in oil-paper insulation based on wavelet packet energy entropy［J］. IEEE Transactions on Dielectrics and Electrical Insulation, 2016, 23(2): 866－872.

［38］ Du Jinchao, Chen Weigen, Cui Lu, et al. Investigation on the propagation characteristics of PD-induced electromagnetic waves in an actual 110 kV power transformer and its simulation results［J］. IEEE Transactions on Dielectrics and Electrical Insulation, 2018, 25(5): 1941－1948.

［39］ 陈伟根，龙震泽，谢波，等. 不同气隙尺寸的油纸绝缘气隙放电特征及发展阶段识别［J］. 电工技术学报，2016，31（10）：49－58.

［40］ Wu Jie, Liu Cong, Zhang Xianliang, et al. Influence of Harmonic Current on the Winding Loss and Temperature Distribution of AC Transformer［C］//2021 6th Asia Conference on Power and Electrical Engineering(ACPEE), Chongqing, China, 2021, pp. 1492－1498.

［41］ Qian Guochao, Dai Weiju, Wu Jie, et al. AC Superimplicate Different Proportional Harmonic Current Influence on Transformer Hot Spot Temperature［C］//2022 IEEE International Conference on High Voltage Engineering and Applications(ICHVE), Chongqing, China, 2022, pp. 1－4.

［42］ Ouyang Xi, Zhou Quan, Shang Hujun, et al. Toward a Comprehensive Evaluation on the Online Methods for Monitoring Transformer Turn-to-Turn Faults［J］. IEEE Transactions on Industrial Electronics, 2024, 71(2): 1997－2007.

［43］ Shang Hujun, Ouyang Xi, Zhou Quan, et al. Analysis of Transformer Winding Deformation and Its Locations with High Probability of Occurrence［J］. IEEE Access, 2023, 11: 71683－71691.

［44］ 郑玉平，彭凯，李雪飞，等. 基于游离气体特征的新型轻瓦斯保护技术［J］. 电力系统自动化，2023，47（21）：165－172.

［45］ 郑玉平，龚心怡，潘书燕，等. 变压器匝间短路故障工况下的漏磁特性分析［J］. 电力系统自动化，2022，46（15）：121－127.

［46］ Zhang Yucheng, Hao Zhiguo, Zheng Yuping, et al. Developing Characteristics of Oil-immersed Transformer Internal Fault with Dignostic Method Using Convergence Patterns of Free Gas［C］//2021 IEEE 2nd China International Youth Conference on Electrical Engineering(CIYCEE), Chengdu, China, 2021, pp. 1－6.

［47］ 施围，邱毓昌，张乔根. 高电压工程基础［M］. 北京：机械工业出版社，2014：155－156.

［48］ 冯慈璋，马西奎. 工程电磁场导论［M］. 北京：高等教育出版社，2000：156－159.

［49］ 李燕青. 超声波法检测电力变压器局部放电的研究［D］. 华北电力大学（保定），2004.

［50］ P. M. Anderson. 电力系统保护［M］.《电力系统保护》翻译组，译. 北京：中国电力出版社，2019.

［51］ 郑玉平，何大瑞，潘书燕. 变压器铁芯饱和统一模型建立及其判别方法［J］. 电力系统自动化，2016，40（24）：118－124.

［52］ 郑玉平，潘书燕，柴济民，等. 新一代调相机变压器组启机过流保护误动作原因及对策［J］. 电力系统自动化，2022，46（5）：105－111.

［53］ 郑玉平，等. 电网继电保护技术与应用［M］. 北京：中国电力出版社，2020.

［54］ IEEE Power and Energy Society. IEEE Std C57. 91－2011 IEEE Guide for Loading Mineral-Oil-Immersed Transformers and Step-Voltage Regulators［S］. New York, USA: IEEE, 2012.

［55］ International Electrotechnical Commission. IEC 60076－7－2005 Loading guide for oil-immersed power transformers［S］. Geneva, Switzerland: IEC, 2005.

［56］ Wang Jian, Xiong Xiaofu, Hu Jian, et al. Safety strategy of power transmission channel coordinated with transfer capability support for power system emergency［J］. International Journal of Electrical Power and Energy Systems, 2019, 110: 232－245.

［57］ Wang Jian, Wan Yi, Xiong Zhangmin, et al. Cooperative overload control strategy of power grid-transformer considering dynamic security margin of transformer in emergencies［J］. International Journal of Electrical Power and Energy Systems, 2022, 140: 108098.

［58］ 王强钢，郭莹霏，莫复雪，等. 计及变压器短期急救负载的城市高压配电网负荷优化分配［J］. 电力系统自动化，2023，47（19）：106－115.

［59］ 陈强，王建，熊小伏，等. 考虑设备动态过载能力的风电送出通道紧急过载运行策略［J］. 电力系统自动化，2020，44（15）：163－171.

［60］ 王强钢，李钰双，雷超，等. 计及主变上层油温约束的受端电网转供优化模型［J］. 中国电机工程学报，2018，38（16）：4747－4758＋4979.

［61］ DJAMALI M, TENBOHLEN S. Malfunction Detection of the Cooling System in Air-Forced Power Transformers Using Online Thermal Monitoring［J］. IEEE Transactions on Power Delivery, 2017, 32(2): 1058－1067.

［62］ Lei Cao, Bu Siqi, Wang Qianggang, et al. Load Transfer Optimization Considering Hot-Spot and Top-Oil Temperature Limits of Transformers［J］. IEEE Transactions on Power Delivery, 2022,37(3): 2194－2208.

［63］ 周念成，莫复雪，肖舒严，等. 计及多电压等级配电网拓扑约束的协调转供优化［J］. 中国电机工程学报，2021，41（9）：3106－3120.

［64］ 黄文韬，张波，王建，等. 变电站动态负载安全裕度评估及负荷控制方法［J］. 电力系统保护与控制，2021，49（24）：59－68.